松嫩草地生态环境及变化

——吉林松嫩草地生态系统国家野外科学观测研究站生态环境本底

王德利　主编

科学出版社

北　京

内 容 简 介

松嫩草地位于欧亚大陆草原带的东缘，横跨黑龙江、吉林与内蒙古部分地区。松嫩草地的自然环境条件良好，水热丰沛，土壤肥沃，具有丰富的生物多样性、较高的生产力及固碳能力。

本书以"吉林松嫩草地生态系统国家野外科学观测研究站"为主体，较为系统地阐述了松嫩平原的地质背景与古环境演化，松嫩草地的水文、气候、土壤、植被、动物、微生物特征，家畜资源与草地利用，以及土地利用方式变化。本书为草地资源保护与管理利用提供了大量基础数据与相关理论及技术，为区域草牧业发展和生态系统管理提供了重要科技支撑。

本书可供从事草地与生态的科技工作者、管理人员，以及与生态、环境、地理领域的高等院校与科研机构的师生参考。

审图号：GS 京（2023）1041 号

图书在版编目（CIP）数据

松嫩草地生态环境及变化：吉林松嫩草地生态系统国家野外科学观测研究站生态环境本底／王德利主编 . —北京：科学出版社，2023.6
ISBN 978-7-03-075550-6

Ⅰ.①松… Ⅱ.①王… Ⅲ.①松嫩平原–草地–生态环境–环境监测–研究 Ⅳ.①X321.2

中国国家版本馆 CIP 数据核字（2023）第 086204 号

责任编辑：霍志国 郑欣虹／责任校对：杜子昂
责任印制：肖 兴／封面设计：东方人华

科 学 出 版 社 出版
北京东黄城根北街 16 号
邮政编码：100717
http://www.sciencep.com

北京九天鸿程印刷有限责任公司 印刷
科学出版社发行 各地新华书店经销
*
2023 年 6 月第 一 版 开本：720×1000 1/16
2023 年 6 月第一次印刷 印张：26 1/4
字数：520 000
定价：168.00 元
（如有印装质量问题，我社负责调换）

编　委　会

序

"天苍苍，野茫茫，风吹草低见牛羊……"，这是对我国北方草原景观的永恒写照，彰显了人类与自然和谐共生、游牧文化的狂野坦荡之原生态情怀！位于东北腹地的松嫩草地是我国北方温带草原的重要组成部分，承载着为人类发展供给众多生态服务的地域功能。人类社会经济的绿色发展依赖于自然生态系统的动植物生产，供给丰富的资源、高质量的食物、健康的生态环境。松嫩草地是我国重要的草地畜牧业（草牧业）基地，该区域广袤的草地是东北黑土区不可替代的生态屏障，为区域涵养水分，防御风沙，维持着生物多样性。松嫩平原地区还是我国北方游牧民族的发源地及聚集地，更是古往今来的游牧文化与农耕文化碰撞交融、培植繁荣的沃野绿原。

松嫩草地地处东北大平原，其地质构造在第三纪后到第四纪时期基本形成，经过漫长的植被、土壤及气候的协同演变，发育成了现在的森林草原、草甸草原和草甸，成为欧亚大陆草原带的重要组成部分。松嫩草地是欧亚大陆草原带的东端起点，向西延伸至蒙古高原，直至中亚到东欧大草原。

草甸草原与草甸是最具代表性的地带性植被类型。松嫩平原周围有大、小兴安岭及长白山环绕，丰沛的水热资源和肥沃的土壤基质，使得松嫩草地成为我国生产力最高、生物多样性最丰富、固碳能力最强、畜牧利用条件最好的草地。同时，松嫩草地还毗邻我国"黄金玉米带"，不仅保护着大面积的黑土农田，其草地的植物和动物生产也提供了丰富的草畜产品，具有得天独厚的发展农牧结合的区域草牧业的自然条件。

松嫩草地独特而重要的地理与生态区位，使其成为了生态学、草地科学研究的重要平台。20世纪50年代，祝廷成、李继桐、李建东等老一辈科学家就在东北草原开展科学研究，开创了我国草地生态学研究之先河。1955年祝廷成先生发表了被誉为我国草地生态学研究的第一篇论文（黑龙江省萨尔图附近植被的初步分析. 植物学报，4：117-135）。其后东北师范大学、东北林业大学、中国科学院沈阳应用生态研究所、东北地理与农业生态研究所等大学和科研机构相继展开了草地植被、土壤，以及生态系统过程与功能等系列工作，获得了大量第一手研究资料，并在很多方面取得了重要研究进展和突破，在国内外产生了较高的学术影响，也为区域的生态环境建设、草地畜牧业发展提供了有力支撑。

该书是由东北师范大学王德利教授及其团队合作完成的关于松嫩草地生态环境科学研究的学术著作。该著作是对松嫩草地阶段性科学研究的系统总结，汇集了对松嫩草地生态系统及环境变化的科学认知。该著作系统性分析和科学认识了松嫩平原的自然与社会概况,地质、水文、气候、土壤背景,植被、动物、微生物、家畜特征与变化,以及草地、农田土地利用方式状态及变化过程,详细汇总了松嫩草地的主要植物、昆虫、土壤动物及菌根真菌名录。基于近半个世纪的对松嫩草地科学研究成果,该著作还总结和分析了区域的生态本底和各方面的生态与环境变化,论述了松嫩草地生态系统的格局、过程及功能变化的生态学机制,为全方位研究松嫩草地生态系统提供了翔实数据。该著作还包含较多的生态学基础知识和实用技术,涉及草地管理、草地资源利用、生物多样性保护、草牧业关键技术等方面,为区域草牧业发展和生态系统管理提供了重要参考。

　　1980 年东北师范大学在吉林省长岭县设立的"东北师范大学草原研究站"(松嫩草地生态研究站),2020 年被科技部纳入国家野外科学观测台站建设序列,2021 年正式成为"吉林松嫩草地生态系统国家野外科学观测研究站"。该研究站具有独特的地理与生态区位代表性。经过 40 余年的建设发展,该研究站已成为我国乃至欧亚大陆草原的重要科技创新基地之一。基于在松嫩草地国家生态系统科学观测研究站,综合开展观测、研究、示范和服务,进行科技创新,获得长期连续性的野外定位观测数据,凝聚并培养优秀的野外科技工作者,必将为我国及全球生态学学科及区域可持续发展做出新的贡献。在此,祝贺该著作的应时问世,更祝愿生态研究站在未来的松嫩草地科学研究中书写新篇章!

中国科学院院士

2022 年于"6.18 草原保护日"

前　言

　　松嫩平原位于我国最大平原——东北平原上。自新生代第三纪晚期，历经300多万年的东北平原地貌地质构造形成，气候条件转变，以及土壤与植被的演化发育过程，出现了森林草原与草原景观。迄今的地质化石、古生物证据，以及历史古籍都显示，从远古至近代，松嫩草地为东北区域的人类繁衍及社会发展奠定了主要物质基础。

　　在我国，天然草地主要分布于蒙古高原、青藏高原、黄土高原及新疆天山地区，而松嫩草地则是在平原地区面积最大的草地。松嫩草地与科尔沁草地、呼伦贝尔草地共同组成了我国东北草地，是我国八大重点牧区之一。处于特殊的地理环境，松嫩草地拥有优良的自然禀赋。本区域充沛良好的气候、土壤及生物资源，使得松嫩草地成为我国草地畜牧业（草牧业）基地；由于能够持续不断地提供生态系统功能及服务，松嫩草地又是区域及毗邻农田与城市不可替代的生态屏障；同时，本区域一直是众多民族的繁衍聚集地，数千年以来各种人类文化交融发展。因此，松嫩草地为我国社会稳定快速发展提供了食物安全、生态安全与社会安全等全方位保障。

　　系统而深刻地认识松嫩草地的生态环境本底与变化，有益于更科学合理地利用草地资源，充分发挥草地的多功能性或服务，真正理解草地的维持与保护在东北地区的潜在价值与现实意义。对于松嫩草地研究，早在20世纪初的民国时期就已经开始，至今已有超过一个世纪的历史。早期主要集中于草地的生物资源特征、植被分布与生产力变化、家畜放牧对草地植被与生境作用等方面。在20世纪50年代，祝廷成、李建东等著名学者对包括松嫩草地的东北草地开始深入研究。进入80年代，研究者开始以"生态系统"角度，进行野外调查与定位观测，从实验与理论上探讨研究草地生态系统的基本格局、生态过程与系统功能问题，诸如草地的生产力形成与能量过程、物质循环（水、碳、氮、磷等循环）与分解者亚系统、植物种群与群落生态、放牧生态与火生态、盐碱化与恢复治理等。跨入本世纪，随着生态学、草地科学、生物学、土壤学、地理及环境科学的多学科发展，对于松嫩草地的研究和认识也达到新的高度。一些大学、科研机构的研究团队在草地生态系统生态学、草地植物生态学、草地放牧生态学与管理、草地全球变化生态学、草地环境与生态安全、牧草育种与栽培生产、盐碱化草地恢复理论与技术等诸多方面不断深入拓展，很多研究开始走向本学科领域的国际前沿，在某些方面不仅有系统性的研究成果，而且也获得了一些重要的进展和突破。实际上，本书是对以往和现今在松嫩草地研究成果的系统梳理和凝练总结。本书的内容主要包括：自然地理与环境特征，诸如气候、水文、土壤及古环境演化；还有草地植被、动物、微生物及家畜资源；以及放牧与刈割利用，土地利用方式变化等。本书不仅阐述了松嫩平原与草地生态环境的基况，也对随全球变化与人类活动而导致草地各个方面的变化趋向及原因等进行了深刻解析。此外，本书还对松嫩草地的重要基础数据资料进行了整理，在附录中列出了植物名录、昆虫名录、土壤动物名录等。

　　开展草地研究的首要方式是野外观察，可以直接获得第一手研究资料；同时，现在越来越需要通过定位的操纵性实验，以获得大量各方面基础数据，系统全面地进行草地过程观测与功能解析；此外，对于与草地相关的各种理论也必须在"现实草地系统"中验证、完善及发展，对于草地生产的关键技术也需要在实地进行技术示范。因此，建立草地研究基地具有突出的科学意义和实际价值。在松嫩草地上建立的第一个规范性研究基地，是1980年东北师范大学在吉林省长岭县设立的"东北师范大学草原研究站"（后又更名为东北师范大学松嫩草地生态研究站）。在该研究站几代研究者对松嫩草地开展了系统而深入理论与实验研究。同时，中国科学院东北地理与农业生态研究所还建立了"中国大安碱地生态试验站"（2003），以及"吉林大安农田生态系统国家野外科学观测研究站"（2021），并进行了有关草地土壤、生态及农业方面的理论与技术研究。经过40多年的建设发展，依托东北师范大学、中国科学院东北地理与农业生态研究所，于2021年获批"吉林松嫩草地生态系统国家野外科学观测研究站"。自1980年以来，这个研究站既有高水平的学术成果产出，也有实用性的技术研发应用，还培养了一大批高质量的优秀人才。本书也着重阐述了这个研究站及附近的生态环境本底，特别是对于受到人为利用、全球变化及其共同作用下的某些生态系统过程及功能的变化趋向、规律性与机制问题。

　　本书的内容共包括11部分：第1章松嫩草地与松嫩研究站区位，由王德利撰写；第2章松嫩草地地质背景与古环境演化，由介冬梅、陈念康撰写；第3章松嫩草地水文特征，由秦丽杰、吕明珠撰写；第4章松嫩草地气候特征，由孙伟、史宝库撰写；第5章松嫩草地土壤特征，由黄迎新、刘鞠善、李强撰写；第6章松嫩草地植被，由高莹、李海燕撰写；第7章松嫩草地动物资源，由吴东辉、朱慧、钟志伟、王海霞、李晓强、杨菁婧撰写；第8章松嫩草地土壤微生物，由张涛、杨玉荣撰写；第9章松嫩草地的家畜资源与草地利用，由王岭、王建永、姜鑫撰写；第10章松嫩草地的土地利用变化，由张继权、峰芝撰写；附录分别由李海燕、朱慧、吴东辉、张涛、周帮伟整理撰写。全书由王德利负责统稿。感谢参与本书撰写的所有作者，特别感谢为本书绘图、数据整理、收集资料、校对的一些研究生们，为本书提供各种资料与帮助的同仁们，以及为出版做出大量努力与工作的编辑，对他们的无私付出表示衷心谢意。

王德利

2022 年 6 月 8 日

目　　录

第1章 松嫩草地与松嫩研究站区位

松嫩平原（the Songnen Plain）是由松花江、嫩江冲积形成的，也因此得名。松嫩平原位于东北平原的北部，是我国东北平原的三个组成部分（其他为三江平原与辽河平原）之一。特殊的地理环境特征，以及优良的自然资源禀赋，使得松嫩平原成为我国及东北亚地区的重要地理环境单元；同时，松嫩平原也成为支撑本地区及相邻区域的社会经济发展与生态环境建设的天然保障基础。

1.1 松 嫩 平 原

松嫩平原地处于我国温带的东北地区，具有特定的地貌、地形、水文、土壤、气候及植被等自然地理特征；其行政分布范围地跨吉林与黑龙江两省，也包括内蒙古东部的一部分。由于位居东北地区腹地，松嫩平原在这一地区，乃至我国的社会经济发展中具有重要的作用。

1.1.1 自然地理特征

松嫩平原位于我国东北地区的中心地带，是由大、小兴安岭与长白山脉及松辽分水岭之间合围的松辽盆地中部区域。该平原西以突泉的哈拉沁——扎赉特旗的巴达尔胡、阿尔本格勒——龙江的景星、朱家坎——甘南太平湖一线与大兴安岭相接，东部及东北部以科洛河——七星泡——小兴安岭——南北河西——铁力——巴彦龙泉镇与小兴安岭为界，东南与龙凤山——五常安家——阿城亚沟——滨西以东与东部山地为界，南达松辽分水岭（张盛学，1998）（图1-1）。从区域形状上看，该平原是由周围的山体合围呈现的大致"马蹄形"或"菱形"区域。松嫩平原的地理位置是在北纬43°20′~49°30′，东经121°30′~128°10′。南北长约690km，东西宽约480km；总面积约21.5万km²，平均海拔140~160m。

1. 地貌与地形

松嫩平原区域可分为3个地貌单元：东部隆起区、西部台地区（又称山前冲积、洪积台地或高平原或漫岗），以及冲积平原区（裴善文，2008）。山前台地分布于东、北、西三面，海拔在180~300m，地面波状起伏，岗甸相间，形态复杂，现代侵蚀严重，多冲沟，水土流失明显。冲积平原海拔在110~180m，地形

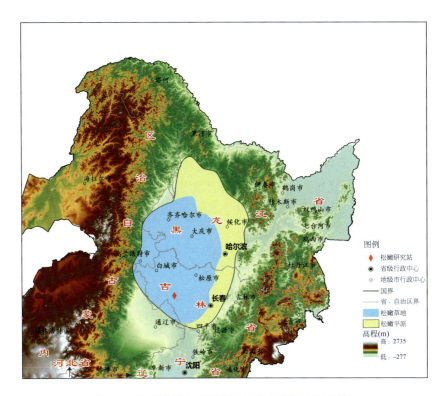

图 1-1 松嫩平原与松嫩草地的分布范围（峰芝绘）

平坦开阔，但微地形复杂，沟谷稀少，排水不畅，多盐碱湖泡、沼泽凹地，且风积地貌发育，沙丘、沙岗分布广泛。

尽管松嫩平原的周围为山地，该平原的一部分为山前台地，但在地貌划分上仍属平原区。该平原的山前台地依其特点和分布可分为：①大兴安岭东坡侵蚀剥蚀台地，这些台地位于平原西部大兴安岭丘陵的山前地带，主要呈由东北向西南的条带状分布，东西较狭窄，台面较为平坦，目前整个台地仍处于新构造运动的上升区，来自大兴安岭山区的河流在这些台地上形成切割作用；②小兴安岭及东部山地西侧山前冲积洪积台地，这部分位于松嫩平原东部，即沿小兴安岭及东部山地西侧的山前地带，现处于新构造运动的上升区，由于河流的切割作用，台面呈现波状起伏，并有垄岗状、丘陵状、波状和平坦倾斜状等地貌形态（裴善文，2008）。

该地区由台地向平原内部是松嫩冲积平原，其范围是大兴安岭以东，小兴安岭及东部山地山前洪积台地西侧，松辽分水岭以北，这是松嫩平原的主体部分。在构造上中部平原属于松嫩断陷的中央凹陷区，整个平原都被第四系更新统黄土状亚黏土所覆盖。松嫩冲积平原的大地形平坦，地貌相对简单，主要由河漫滩和一级阶地组成，地表物质以亚黏土为主（张盛学，1998）。松嫩冲积平原的特点是：①河漫滩宽广，主要分布在松花江及嫩江两侧，沿江、河成带状分布，宽窄不一，在 2～10km，一般是自上游至下游逐渐展宽；②一级阶地广大，在嫩江、讷谟尔河、乌裕尔河右岸都是断续条带状分布，最宽处可达 150km；③沼泽湿地广布，湖泊（泡）众多，该平原的沼泽湿地面积大，在嫩江与松花江流域有大片分布，而多数湖泊（泡）主要是分布在松嫩平原的西部地区（张盛学，1998）。

松嫩平原的地形特点是：地形倾向于西南，在嫩江与松花江汇流处的地势最低。嫩江和松花江河谷的平均海拔为 140～150m。它们的下游及其西南部，常有条带状的沙丘和积水洼地相间分布。发源于小兴安岭的乌裕尔河、双阳河和发源于大兴安岭的呼尔达河、霍林河等均为没有外流的无尾河。在广阔的松嫩平原上，分布有许多高差不大的小丘和洼地。相对于三江平原与辽河平原，松嫩平原的海拔处于中等程度，在 120～200m；辽河平原的海拔最高，可达 400m，而三江平原的海拔基本上是在 50m 以下。

总体上东北平原的地势相对和缓，但微地形十分复杂，其中三江平原湖泊沼泽较多，辽河平原分布着一些河曲与沙洲，但松嫩平原有较多的漫岗。从地理景观上看，松嫩平原西南部具有"坨甸相间分布"特征。其中的"坨"即是漫岗地，实际上是条带形的固定沙丘链，而"甸"是漫岗地或坨之间的低地（吉林省西部沙化土地景观生态建设课题组，1990）（图 1-2）。在松嫩平原西南部，分布有几十条长短不一的固定沙丘链，长的有上百公里，短的有数公里。这些沙丘链的走向大体沿着西北向东南行进，基本上是与主要的风力作用方向一致。

2. 气候与水文

1）气候

松嫩平原的气候，因海陆热力性质的差异，主要受到太平洋、北冰洋与西伯利亚气团的影响，形成了温带大陆性季风气候。本区域的气候特征基本是：气候变化明显，冷热四季分明；雨热同季，夏季温暖，降雨量大，冬季寒冷，降水量（降雪）小。相对于我国北方其他地区，松嫩平原具有优良的气候资源条件。

整个松嫩平原区域，由于存在纬度与经度的变化，导致从南至北产生一定的温度梯度，而从东到西也形成明显的降水梯度。一方面对于温度变化，年平均气温由南到北为降低趋势，有 5℃ 的降幅；另一方面对于降水变化，从东至西年降雨量呈现减小的趋势，在东部有 600mm 多，而西部则低于 350mm。近几十年，

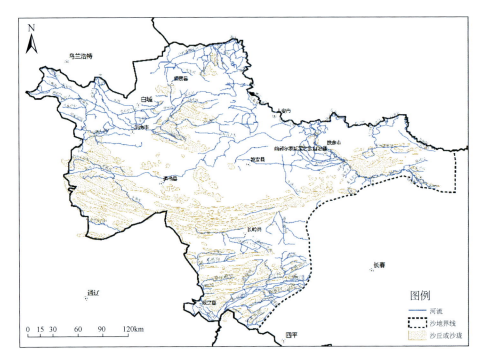

图 1-2　松嫩平原西南部的沙丘分布示意图
(吉林省西部沙化土地景观生态建设课题组,1990)

随着全球气候变化,这一地区也出现了气候暖湿发展趋向,同时,温度与降水的变异增大。

从气候条件上看,这一区域既能够对农业生产,也能够为草地畜牧业生产提供丰沛的水热资源。对于农业生产而言,首先这一区域的光照资源十分丰富,不仅有较长的日照时间,全年日照时数为 2600～2900h,还有充足的光合有效辐射,为 2200～2600MJ/m²;其次是热量条件适宜,区域的年平均气温为 0～5℃,每年大于 10℃,积温 2200～3000℃;同时,也有较充足的降水。这些气候资源保证了玉米 (*Zea mays*)、大豆 (*Glycine max*)、高粱 (*Sorghum vulgare*)、水稻 (*Oryza sativa*) 等农作物的正常生长发育。所以,松嫩平原十分适宜开展大面积农作物种植,这里也是我国粮食作物的重要生产基地。对于草地植被生长与家畜生产来说,松嫩平原是我国温带最好的地区,也被作为我国的重点牧区之一。在畜牧气候区划分区上,这一区域属于半湿润、半干旱中温带草甸草原和草甸草场,是牛、绵羊、马气候区 (中国牧区畜牧气候区划科研协作组,1988)。可见,松嫩平原独特的地理环境为区域动植物生产,乃至人类生活都提供了较好的气候资源基础。

2）水文

松嫩平原属于内陆冲积平原，与我国华北平原、长江中下游平原相比，其面积不大，但地质构造不同，所处的地理位置也不一样，进而造成了其独特的水文条件，水资源与水文变化也不同于其他平原。尤其是，这一区域的地质构造和地貌条件提供了一个良好的地表水汇集场所和地下径流汇集的储水构造盆地，对河流、湖泡的地表水与地下水形成和赋存创造极了为有利的基础条件。

由于本区域有嫩江、西流松花江、松花江干流及其支流等众多水域，还有大小不一的湖泊、泡沼遍布，因此，水资源总量还相当丰富。据水利部松辽水利委员会统计，从1956至2016年的多年平均年水资源总量为：嫩江347.8亿 m³、西流松花江184.2亿 m³、松花江（三岔河口以下）408.3亿 m³。本区域三个主要河流是嫩江与西流松花江、松花江干流，此外还有拉林河、呼兰河、洮儿河、乌裕尔河与霍林河等。其中，嫩江的流域面积最大，为 $29.7×10^4 km^2$；其次为西流松花江，流域面积 $7.37×10^4 km^2$。湖泊、泡沼在松嫩平原也有星罗棋布的广泛分布。本区域共有较大的湖泡（面积大于 $6.6 hm^2$）7397 个，这些湖泡集中分布于齐齐哈尔、白城与松原地区（刘兴土，2001）（表1-1）。可见，本区域的地表水资源较为丰富，但其时空分布变异较大。尽管大部分地表水都可以通过主要河流流出平原，但在许多地段，地表水经常排泄不畅，由此造成在泡沼或低地的季节性积水。

表1-1　松嫩平原湖泊集中分布区（刘兴土，2001）

地区	数量（个）	面积（km²）	占湖泊总面积（%）
齐齐哈尔市	36	39.51	1
杜尔伯特蒙古族自治县	128	1579.36	39
肇源县	84	391.11	10
泰来县	101	106.38	3
镇赉县	568	413.45	10
大安市	44	287.82	7
前郭尔罗斯蒙古族自治县	27	315.83	8
通榆县	347	150.28	4
乾安县	74	139.18	3
总计	1409	3422.92	85

松嫩平原水文条件的另一个特征是具有十分丰富的地下水，而且地下水位较高。本区域是一个包含多个含水层的盆地，各含水层都具有各自相对独立的水流

系统。主要地下水层有：浅层地下水系统、中、深层压水系统。其中浅层地下水的水位埋深仅有 1～10m。然而，在很多地段的浅层地下水的矿化度较高，特别是 HCO_3^- 浓度较高，说明这些地下水的碱性较强。

3. 土壤

由冲积作用而形成松嫩平原的过程中，土壤也逐渐发育形成。土壤是成土母质在一定水热条件和生物的作用下，经过一系列物理、化学和生物的作用而形成，但这个漫长过程可能需要数万乃至百万年的时间。由于这一区域的气候、基质等自然条件相对良好，植被逐渐发育。有关粒度与孢粉组合的分析显示，这一区域的代表性土壤——黑土，历经 4 个古土壤形成期，即从 8500～1100a B. P.，其中全新世中期的温湿气候更有利于植被和土壤的发育，植被以森林草原和森林草甸草原为主，为腐殖质的形成奠定了物质基础（林年丰等，1999；张新荣和焦洁钰，2020）。

松嫩平原的主要土壤类型包括：黑土、黑钙土、暗棕壤、草甸土、沼泽土、盐土、碱土、风沙土和栗钙土等。这些土壤类型的分布面积也有较大差异，其中，以草甸土、黑钙土与黑土占据比例较高，分别为区域面积的 24.25%、20.4%、19.03%（刘兴土，2001）（表1-2）。从土壤分布情况看，黑土与草甸土主要分布于黑龙江省部分，而黑钙土、盐土、碱土与风沙土大部分位于吉林省部分。在松嫩草地的集中分布区域的土壤多为黑钙土，为 187.22 万 hm^2，碱土与风沙土分别高达 37.29 万 hm^2 与 80.94 万 hm^2。

表1-2　松嫩平原各地市的主要土壤类型面积统计（刘兴土，2001）

（单位：万 hm^2）

地区	暗棕壤	白浆土	黑土	黑钙土	草甸土	沼泽土	泥炭土	盐土	碱土	风沙土
齐齐哈尔市	23.24		114.64	109.32	185.28	17.54		3.15	3.28	30.04
大庆市				20.74	14.75	0.22		3.97	0.04	5.07
绥化市	38.00	4.54	105.09	93.27	130.37	9.40	0.29	6.12	0.49	
哈尔滨市部分市县	74.12	30.72	85.37	8.85	56.49	2.51	0.96			
黑河市部分市县	101.30	0.01	33.88		19.62	20.60	0.02			
长春市	12.38	11.87	67.16	29.88	45.28	1.36	0.51	0.38	1.17	4.41
松原市、白城市			9.24	187.22	82.02	6.78	0.58	4.82	37.29	80.94
四平市部分市县	10.34	10.02	13.71	10.56	(13.00)	0.13	0.08			(1.50)
合计	259.38	57.16	429.09	459.84	546.81	58.54	2.44	18.44	42.27	121.96

黑土的有机质含量最高，也是东北及我国最为肥沃的土壤。由于其质地、结

构、通透性及养分特征，使之适宜大面积耕种农作物。例如，在松嫩平原农田的耕层中有机质含量超过 20g/kg。加之，黑土区域的充沛降水与充足热量，因此，在松嫩平原形成了我国的"黄金玉米带"，此外，还有较大规模的大豆等农田。

草甸土作为一类非地带性土壤，从山前台地到平原低地均有分布，在吉林省就有 5.8% 的土地属于草甸土。草甸土的养分含量也较高，也适于种植农作物，尤其是由于水分与养分含量高，经常被开垦种植水稻等。草甸土多分布于湖泡、河流两岸及泛滥平原，在一些低地也经常可见。在草甸土上发育的植被主要为草甸与草甸草原。

盐碱土（盐土与碱土的统称）是本区域的代表性土壤类型之一。在松嫩平原形成过程中，其土壤基质就含有大量各类盐碱成分，诸如 Na^+、HCO_3^- 等，这为盐渍化土壤形成提供了直接的物源基础（邓伟等，2006）。盐碱土上发育的植被主要是耐盐碱植物群落，大部分盐碱土的分布地段为草原植被，但也有一些地方是农田。在这一区域，由于高强度地利用草地与农田，已经导致盐碱化的面积与程度都出现加剧的趋势（刘兴土，2001；王德利和郭继勋，2019）。

4. 植被

松嫩平原的植被类型多样复杂，其代表性的植被类型为草原、疏林、沼泽，以及人工植被（李建东等，2001）（图 1-3）。在植被区划上属森林草原区，生态区划上为农牧交错带区。

榆树疏林　　　　　　　　　　　草甸草原

芦苇沼泽　　　　　　　　　　　玉米农田

图 1-3　松嫩平原的主要植被类型（王德利摄）

草原类型主要为草甸草原与草甸。地带性代表植被狼针草（*Stipa baicalensis*）、羊草（*Leymus chinensis*）草甸草原。在大兴安岭东侧山前台地上，土壤为黑钙土与栗钙土，其上除了有狼针草草甸草原外，还有线叶菊（*Filifolium sibiricum*）草甸草原。在广大的低平地草甸，羊草群落占优势，其中也有盐生植物，经常与羊草伴生。

在我国北方地区，榆树疏林分布在东北的呼伦贝尔到内蒙古高原的腾格里沙漠之间。榆树疏林主要在固定沙丘上发育生长，在松嫩平原也有成片分布。榆树疏林的优势种或建群种为榆（*Ulmus pumila*）与大果榆（*U. macrocarpa*）。在榆树疏林中还常常有灌木——山杏（*Armeniaca sibirica*）。

沼泽主要分布于湖泊（泡）、河漫滩及低地。沼泽植被在松嫩平原有良好的发育，其土壤主要为草甸沼泽土和腐殖质沼泽土。沼泽的类型相对单一，典型沼泽植被为芦苇（*Phragmites australis*）群落、膨囊苔草（*Carex lehmanii*）、大叶章（*Deyeuxia purpurea*）群落（赵魁义，1999）。由于水土条件良好，近几十年，沼泽湿地被不同程度地开垦，并在开垦的土地上种植水稻、玉米等农作物。

人工植被主要是由农田及其防护林构成。作为我国"黄金玉米带"的核心地段，松嫩平原也是玉米的主要产区，其中农安县、梨树县、榆树市是位居全国前列的粮食生产产区。此外，还有一定面积的水稻、高粱，以及赤豆（*Vigna angularis*）、粟（*Setaria italica*）等杂粮作物。农田防护林在松嫩平原广泛分布，主要位于岗地或沙坨之上。自1978年开始进行了大规模的农田防护林建植，在许多地段上种植了速生的单一树种——杨属（*Populus*）。尽管在农田的生态保护作用方面获得较高效益，但由于单一树种对病虫害的抵抗能力较弱，同时，杨树的大量蒸腾耗水作用，使得本区域的地下水位急剧下降，由此也带来了一些生态问题。

1.1.2　行政范围

松嫩平原是我国东北平原中最大的组成部分，地跨黑龙江、吉林两省，西北接内蒙古东部。该平原的行政范围涵盖我国东北地区除辽宁省的所有省区。松嫩平原的行政区域共包括58个县市区（县级市或市区），总面积为21.5万km²。松嫩平原在各省区内的面积有较大差异，分别占吉林省的41.89%，黑龙江省的25.40%，内蒙古的1.40%（图1-4）。

在黑龙江省境内的松嫩平原面积为12.01万km²。该平原涉及黑龙江省的34个市（县），分别为：哈尔滨市、齐齐哈尔市、大庆市、绥化市、黑河市、伊春市5个地级市，具体包括哈尔滨市的市辖区、五常市、宾县、巴彦县、木兰县5个市（县）；齐齐哈尔市的市辖区、讷河市、龙江县、泰来县、甘南县、富裕县、依安县、克山县、克东县、拜泉县10个市（县）；大庆市的市辖区、杜尔伯特蒙古族自治县、林甸县、肇州县、肇源县5个市（县）；绥化市的市辖区、肇

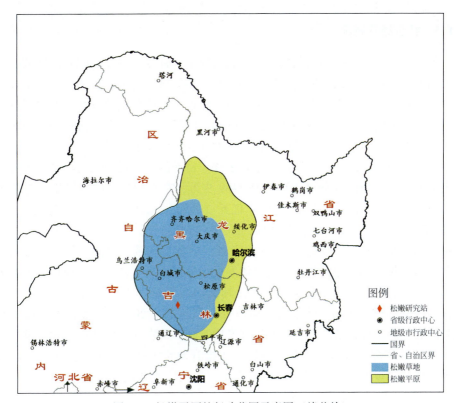

图 1-4 松嫩平原的行政范围示意图 (峰芝绘)

东市、安达市、海伦市、望奎县、明水县、兰西县、青冈县、庆安县、绥棱县
10 个市 (县);黑河市的北安市、嫩江县、五大连池市 3 个市 (县);以及伊春
市的铁力市 (黑龙江省地方志编纂委员会,1996)。

在吉林省境内的松嫩平原面积为 7.85 万 km^2。该平原涉及吉林省的 18 个市
县,分别为:长春市、松原市、白城市、四平市 4 个地级市。具体包括长春市的
市辖区、榆树市、德惠市、农安县、公主岭市 5 个市 (县);松原市的市辖区、
宁江区,前郭尔罗斯蒙古族自治县,长岭县,乾安县 5 个市 (县);白城市的市
辖区、洮南市、大安市、镇赉县、通榆县 5 个市 (县);四平市的梨树县、双辽
市、伊通满族自治县 3 个市 (县)。

在内蒙古自治区境内的松嫩平原面积仅为 1.64 万 km^2,涉及内蒙古自治区
的兴安盟和通辽市 (原名哲里木盟),具体包括乌兰浩特市、扎赉特旗、科尔沁
右翼前旗、科尔沁右翼中旗、突泉县,以及科尔沁左翼中旗 6 个市县。

可见,松嫩平原在吉林、黑龙江两个省的分布面积最大,涵盖的行政区县最
多,在邻近的内蒙古仅有较小分布。

1.1.3 社会经济概况

松嫩平原地区是我国东北地区人口相对集中、社会经济发展较好的区域。在新中国成立前后的一段时期内，以长春、哈尔滨等城市为中心，率先开展了较大规模的基础建设，特别是在铁路交通、城市建设、工业基础等方面，获得了较快发展，由此奠定了东北区域的社会经济基础。历经半个多世纪，松嫩平原地区已有显著发展，这得益于东北及内蒙古良好的社会经济发展支撑。

本区域的社会经济具有较强的基础条件。目前的本区域的社会经济主要特征见表1-3。区域2019年的总人口达到3469.9万，在不同省区的国民生产总值分别为1934.6亿元（黑龙江）、1592.4亿元（吉林）、228.9亿元（内蒙古），合计为3755.9亿元（黑龙江省统计局，2020；吉林省统计局，2020；内蒙古自治区统计局，2020）。从区域经济发展水平看，尽管本区域相对前一阶段有较大的提升，但与我国其他地区相比，其总体发展水平还不高。这主要体现在，工业等第二产业不够发达，除了大庆市以外，其比例均不超过20%，农业等第一产业所占的比例都相对较高，除了大庆市以外，都超过了20%。然而，本区域是我国东北老工业基地，其产业仍然有较好发展基础，在农业领域是作为我国重要的"粮仓"，这些都为区域经济社会的进一步提升奠定了必要基础。同时，本区域的生态环境质量始终是处于我国较高水平，这与吉林省与黑龙江省都为我国的"生态省建设"试点有密切关系。

表1-3　松嫩平原行政区域的社会经济特征

省份	涵盖地级市	涵盖土地面积(10^4km²)	涵盖区总人口(截至2019年末)(万人)	地区平均生产总值(截至2019年末)(亿元)	地区平均人均生产总值(元)	地区平均第一产业总值(亿元)及比重	地区平均第二产业总值(亿元)及比重	地区平均第三产业总值(亿元)及比重
黑龙江省	哈尔滨市	12.01	788.2	963.09	37640	81.72(8%)	215.89(22%)	665.48(70%)
	齐齐哈尔市		526.7	117.03	20054	33.81(29%)	26.69(23%)	56.49(48%)
	大庆市		274.7	513.6	55679	43.98(9%)	270.26(53%)	199.40(39%)
	绥化市		521.7	111.24	20900	51.10(46%)	11.84(11%)	48.30(43%)
	黑河市		121.0	149.53	36798	68.17(46%)	17.06(11%)	64.30(43%)
	伊春市		34.1	80.16	27853	37.90(47%)	18.80(23%)	23.40(29%)

省份	涵盖地级市	涵盖土地面积（10^4km^2）	涵盖区总人口（截至2019年末）（万人）	地区平均生产总值（截至2019年末）（亿元）	地区平均人均生产总值（元）	地区平均第一产业总值（亿元）及比重	地区平均第二产业总值（亿元）及比重	地区平均第三产业总值（亿元）及比重
吉林省	长春市	7.85	856.7	1241.58	42662	85.52（7%）	512.40（41%）	643.66（52%）
	四平市		158.1	106.40	21502	49.70（47%）	11.07（10%）	45.60（43%）
	松原市		274.6	146.00	26799	38.54（26%）	28.64（20%）	78.82（54%）
	白城市		188.5	98.40	25914	24.84（25%）	16.08（16%）	57.08（59%）
内蒙古自治区	通辽市（原名哲里木盟）	1.64	52.0	128.80	24766	53.70（42%）	25.30（20%）	49.80（39%）
	兴安盟		159.0	100.14	31406	33.52（33%）	24.22（24%）	42.46（43%）

1.2　松嫩草地

松嫩草地位于我国东北平原地区，欧亚大陆草原的最东端，因三面环山，南部为松辽分水岭，因此，形成一个独立的草原区。松嫩草地的分布范围是：北纬43°30′~48°0′，东经121°30′~126°30′；总面积为 13.2 万 km^2（注：依据1980年的全国草场资源普查数据与全国植被图数据确定的当时面积）（图 1-1 和图 1-4）。

1.2.1　草地形成

我国草地的形成是一个漫长的地质历史演变过程，其演化时间有二三百万年。草地形成主要是历经区域的地形构造、土壤与气候演变，以及植被建植等阶段。

在喜马拉雅造山运动过程中，蒙古高原的地质构造开始形成，相应地在东北平原也出现了大、小兴安岭与长白山隆起的地质运动。在中生代期间，内蒙古的气候温暖湿润，植物葱郁，森林繁茂；而后在中生代后期，气候逐渐趋向于干旱化，至新生代第三纪的渐新世，随着气温不断降低，一些常绿木本植物逐渐退却，出现了从森林植被向温带落叶阔叶林的演化趋向。在渐新世至第四纪初，蒙古高原的地质构造已基本形成，并且出现了大陆性气候，具体表现为降水减少，干旱化特征加强，气温也再度下降，同时昼夜温差较大。这时蒙古高原开始了从森林向着疏林草原和草原的演变（刘钟龄，2011）。

东北平原在经过古生代及中生代的地质运动后，开始演化类似于现在的东北地形构造，并且进一步在古生界结晶基岩基底上发育形成了松嫩平原盆地；再经过第三纪与第四纪的平原塑造，即盆地由于沉积增厚与冲积而抬起，尤其是在多种应力作用下，松嫩平原的现代地貌及水系开始显现，随之出现了低平原与河谷平原。在松嫩平原的地形构造形成中，也逐渐开始成土过程。松嫩平原东南部的地层分析表明，区域的第四系土层主要是黄土状土、砂砾石层与淤泥质亚黏土等，地层下伏为巨厚的白垩系砂岩与泥页岩（何岩，1990）。其中，黄土状土在本区域分布最为广泛，厚度最大，在一级与二级阶地上的厚度为 2～30m。因此，这些地形及土壤演化为本区域草原植被的发育创造了基质条件。

根据钻孔地层的孢粉分析，在中新世时期松嫩平原已有森林植被的存在，但气候开始由较温暖湿润向温和半湿润发展，一些地区出现寒冷干旱特征。孢粉的古植被与古气候研究显示，这一区域既有森林植被存在，也有草本植物发育，典型的古植被有疏林草原、草甸草原、蒿类–禾草草原等（表1-4）（夏玉梅和汪佩芳，1990）。从晚更新世（3万～6万年）到晚全新世（距今2500年），汪佩芳与夏玉梅（1990）依据孢分特征构建了草原植被演替过程：暗针叶林草原→桦林草原→疏林草原/干草原→草甸草原/疏林草原→森林草原/草甸→草甸草原。

表1-4 松嫩平原晚第三纪–更新世孢粉地层简表（夏玉梅和汪佩芳，1990）

时代		序列	孢粉组合	植被	气候状况
第四纪	晚更新世	XⅢ	蒿–藜–禾本科（有麻黄、石松参加）	蒿类–禾草草原（冰缘草原）	干冷
		XⅡ₂ 松–桦–蒿（榆、榛参加）		松桦林草原	温凉半湿润
		XⅡ	XⅡ₁ 松–云杉–卷柏–阴地蕨	暗针叶林草原	冷湿
		XI	蒿–藜–水龙骨	蒿类草原	干冷
	中更新世	X	松–桦–柳–禾草类	阔叶疏林+草原	温和半湿润
		IX	松–云杉–藜–禾草类	暗针叶林+草原	冷湿（低温期）
		VIII	松–桦–榆–菊	阔叶疏林草甸草原	温和半湿润
		VII	麻黄–柽柳–藜	南部草原、北部桦林草原	干冷
	早更新世	VI	云杉–柳–蓼–杂类草（桦、榆、栎参加）	阔叶疏林草原	温和半湿润
		V	桦–蒿–禾草类	桦林草原	温凉半干旱
		IV	蒿–菊–藜	疏林草原	寒冷干旱

续表

时代		序列	孢粉组合	植被	气候状况
晚第三纪	上新世	III	松–云杉–榆–鹅耳枥	针阔叶混交林和草原出现	温凉
		II	松–桦–赤杨–杜鹃	阔叶落叶为主混交林	温暖变干
	中新世	I	松–铁杉–榆	针阔叶混交林	较温暖湿润

在松嫩平原上，与气候、植被相应地也出现了原始动物类群。在吉林省乾安县大布苏湖的考古发掘中，这一地区出土了大量动物化石（共有 15 科，35 属，65 种）（姜鹏，1990）。其中哺乳动物化石属种与数量都十分丰富，分布也极为广泛。相关研究还表明，披毛犀–猛犸象（*Coelodonta-Mammuthus*）动物群是主导类群，还有北极狐（*Alopex lagopus*）、麝牛（*Ovibos mosehatus*）、大角鹿（*Megaceros ordosianus*）等。这些大型草食动物的存在说明，草原植被已经占据优势。

由地质研究与考古证据可知，气候逐渐从温暖湿润向寒冷干旱过渡，土壤也向着有利于森林与草原植被的方向发育演化。松嫩草原在中更新世后期就已经形成，这一地区主要的地理景观为温带森林草原与草甸草原。

1.2.2　草地区域的植被类型

在 20 世纪 80 年代以前，松嫩平原的草地分布十分广泛。依据 1980 年全国草场资源调查数据分析结果，确定的草地分布范围如图 1-1。松嫩草地分布面积占本区域面积的 61.4%，主要分布在中西部地区。然而，在近半个世纪里，由于不断加剧的人类活动已使草地分布区域明显缩小。

在松嫩草地区域内，主要草地植被不仅有地带性类型（图 1-5），还包括较大面积的非地带性植被类型。地带性植被主要有狼针草草甸草原、羊草草甸草原、线叶菊草甸草原、榆树疏林及山杏灌丛等；非地带性的植被包括杂类草草甸、盐生草甸，以及沼泽化草甸等。

狼针草草甸草原　　　　　　　　　　　　羊草草甸草原

线叶菊草甸草原　　　　　　　　　　　疏林草原

图 1-5　松嫩草地的主要植被类型（王德利摄）

1. 狼针草草甸草原

松嫩草地地处半湿润与半干旱气候区域，代表性的植被为草甸草原与草甸，其中草甸草原是以狼针草为建群种或优势种。狼针草草甸草原也是欧亚草原区东端森林草原与草甸草原地带所特有的一个草原类型。这类草原分布面积较大，在我国草地牧业生产中起到较大作用。狼针草草原分布于半湿润地区，在地形部位上，相当稳定地分布于排水良好的丘陵坡地、山前台地、平原的稍高平地。这类草原的土壤较肥沃，主要为黑钙土及黑钙土型沙土。由于小地形或局部基质和土壤条件差异，狼针草草甸草原与羊草草甸草原或线叶菊草甸草原会出现交替分布。这类草原植被中狼针草中占有绝对优势，相对盖度达45%，相对重量30%~40%，频度100%；其他亚优势植物有羊草、线叶菊、野古草（*Arundinella hirta*）、黄囊薹草（*Carex korshinskyi*）、地榆（*Sanguisorba officinalis*）、花苜蓿（*Trigonella ruthenica*）、斜茎黄芪（*Astragalus laxmannii*）、小黄花菜（*Hemerocallis minor*）、裂叶蒿（*Artemisia tanacetifolia*）、南牡蒿（*A. eriopoda*）等。狼针草草甸草原对人为活动与气候变化较为敏感，近几十年在很多地区多呈现衰退趋势。

2. 羊草草甸草原

羊草草甸草原是松嫩草地最主要的代表类型。这类草原广泛分布于我国的东北平原和内蒙古高原，以及俄罗斯的外贝加尔、蒙古国的东部与北部，其特点是生产力高，类型复杂多样。我国羊草草甸草原大体可分为2类：羊草+杂类草草原（羊草草甸草原）和羊草+盐生杂类草草甸（羊草盐湿化草甸）。本地区的羊草草甸草原基本上是在大兴安岭前台地以及松嫩平原的森林草原地带，土壤为黑钙土，还多见于碱化草甸土上。这类草原的群落草群繁茂，总盖度可达70%~90%，种类组成丰富，种的饱和度大，每平方米15~20种，高者达25种。中生杂类草主要有地榆、匍枝委陵菜（*Potentilla flagellaris*）、山野豌豆（*Vicia* amoena）、广布野豌豆（*V. cracca*）、欧山黧豆（*Lathyrus palustris*）、五脉山黧豆（*L. quinquenervius*）、野火球（*Trifolium lupinaster*）、小黄花菜、箭头唐松草（*Thalictrum simplex*）、蓬子菜（*Galium verum*）、裂叶蒿等。羊草+盐生杂类草草甸分布于松嫩平原低平地，以及湖泡外围低地，土壤为草甸土、碱化草甸土及柱状碱土。相对地羊草茂密生长，其他植物数量与种饱和度变化较大。具指示意义的伴生种有驴耳风毛菊（*Saussurea amara*）、西伯利亚蓼（*Polygonum sibiricum*）、马蔺（*Iris pallasii*）、碱蒿（*A. anethifolia*）、星星草（*Puccinellia tenuiflora*）、朝鲜碱茅（*P. chinampoensis*）等。由于土壤条件相对较好，羊草草甸草原是本区域被开垦最为严重的地带。

3. 线叶菊草甸草原

具有山地草原性质的线叶菊草甸草原，主要分布在大兴安岭东西两麓低山丘陵地带，位于呼伦贝尔和锡林郭勒草原东部及松嫩平原北部。这类草原植被中，线叶菊占绝对优势，相对盖度与相对重量均达 40%~50% 或更高，频度近 100%。群落的种类组成丰富，种饱和度一般很高，每平方米 20 种左右，最高可达 35 种；其他起亚优势作用的植物有狼针草、羊茅（*Festuca ovina*），还有羊草、野古草、大油芒（*Spodiopogon sibiricus*）、柄状薹草（*C. pediformis*）、黄囊薹草（*C. korshinskyi*），以及灌木山杏、耧斗菜叶绣线菊（*Spiraea aquilegifolia*）等。常见植物种类还有糙隐子草（*Cleistogenes squarrosa*）、菭草（*Koeleria cristata*）、展枝唐松草（*T. squarrosum*）、地榆、委陵菜（*P. chinensis*）、山野豌豆、蒙古沙参（*Adenophora mongolica*）、红柴胡（*Bupleurum scorzonerifolium*）、防风（*Saposhnikovia divaricata*）、黄芩（*Scutellaria baicalensis*）、火绒草（*Leontopodium leontopodioides*）、裂叶蒿，以及小半灌木尖叶铁扫帚（*Lespedeza hedysaroides*）与兴安胡枝子（*L. davurica*）等。

4. 杂类草草甸与盐生草甸

松嫩草地拥有数量很大、分布广泛的杂类草草甸，它们即出现于森林林缘，也在河漫滩、湖泡周边，以及盐碱化低地。典型的有以地榆、裂叶蒿为主的草甸，以及朝鲜碱茅、短芒大麦草（*Hordeum brevisubulatum*）、碱蓬（*Suaeda glauca*）为主的盐生草甸。地榆、裂叶蒿为主的杂类草草甸，群落种类组成十分丰富，每平方米饱和度达 20~25 种，以中生杂类草占优势为特征。群落生产力很高。草甸的土壤十分肥沃，易于开垦种植农作物。这类草甸建群层片以中生杂类草为主，主要有地榆、裂叶蒿、山野豌豆、蓬子菜、柳叶蒿（*A. integrifolia*）、沙参（*Adenophora stricta*），还有拂子茅（*Calamagrostis epigeios*）、大叶章、黄花菜、山丹（*Lilium pumilum*）、日阴菅等。盐生草甸分布地区多为盐碱土和盐化草甸土，这类土壤含盐量较高，地下水较浅，土壤经常比较湿润。群落植物以丛生禾草和根茎禾草为主，但也包含一些耐盐性的杂类草，群落的伴生成分中，还有耐盐、抗盐的一年生盐生植物，诸如星星草、碱地肤（*Kochia sieversiana*）、虎尾草（*Chloris virgata*）等。

5. 榆树疏林

松嫩平原的榆树疏林草原主要分布在固定沙丘上。未受干扰以前植被生长茂密，郁闭度大，由于人为干扰破坏才由榆树林变成榆树疏林。该群落木本植物单纯，优势种为榆树，其中也有桑（*Morus alba*）等。由于受干旱和风的影响，这些树生长受到抑制，树高在 5～10m，树干弯曲，树冠平散，具有"公园式"景观。林间灌木主要有山杏、一叶萩（*Flueggea suffruticosa*），藤本植物有杠柳（*Periploca sepium*）、乌头叶蛇葡萄（*Ampelopsis aconitifolia*），半灌木有驼绒藜（*Krascheninnikovia ceratoides*）、万年蒿（*A. sacrorum*）、多年生草本植物主要有冰草（*Agropyron cristatum*）、糙隐子草、兴安胡枝子、委陵菜、展枝唐松草等。

1.3 草地利用历史

自有人类在松嫩平原出现就存在着草地利用的问题。整体上看，受不同历史时期的文化、经济、军事冲突等因素的影响，这一区域的草地利用呈现出：放牧家畜数量越来越多，草地的利用也逐渐增强，草地的面积也不断萎缩。

1.3.1 石器时代的人类利用

近些年考古研究发现，在东北地区出土的旧石器时代人类化石、文化遗物和动物化石材料十分丰富。早在中更新世时期人类就已居住在东北南部地区，其后到了晚更新世已基本遍布于东北各地。在 30 万～1 万年间的旧石器时代，于前郭、榆树、哈尔滨等地均发现智人制作的大量石器，也出现一些骨、角、牙、蚌器，还有针、锥、铲和鱼叉等工具（赵宾福，2006）；在乾安传字井的南岗遗址，也出土了大量陶瓷残片、蚌壳和成堆的鱼骨和兽骨，并有细石器混杂其中。可见，适应于当时的气候与植被环境——森林草原与半湿润或半干旱草原，人类已经在松嫩平原开始了渔猎活动，他们能够制造并利用简单工具，从草原或森林中猎取一些野生动物，作为食物饱腹。到了新石器时代，乃至青铜时代，人类的制作工具能力逐渐增强，这也提升了他们的活动与生存能力。在长岭、大安、镇赉、肇州、昂昂溪、讷河等有更多的生产器具出土（赵宾福，2007a，

2007b)，这些器具进一步提升了人类的渔猎水平或效率。在松嫩平原上有更多的人类聚集地遗址发现，说明人类越来越多地利用自然环境资源，诸如野生动物与植物、鱼类等生存繁衍，种群数量不断增长。总体上看，东北地区早期人类对草地利用的形式简单、强度不大，主要是渔猎方式，并未对草地植被及环境有较大影响。

1.3.2　古代、近代的草地游牧

　　自夏商朝代以后，与我国中原地区一样，开始有相对紧密的人类社会出现。现有文献资料还难以考证当时的社会形态，以及相应的基本特征。在其后的数千年里，在我国形成了两类不同的社会族群与生产方式：一类是以中原汉民族为代表的农耕方式，中原与南方地区的气候温暖，水土条件适宜，有利于开展农作物种植；另一类是以北方多种民族为代表的游牧方式，北方的气候寒冷干旱，有大面积的森林草原与草原存在，易于放牧家畜。自 1 万年前，农耕文化出现，继而向四方传播，在我国历史上出现了以"农牧分界线变迁"为特征的农牧之争，其中草原就不仅是一个自然演变体，草原面积与利用方式都在发生变化（王德利等，2011）。对于东北地区，特别是松嫩平原，自周朝及其后的秦汉时期始终是北方游牧民族的领地。这一区域当时的早期游牧民族主要是东胡、秽貊、肃慎；其后又分化为乌桓、鲜卑；再后演变出契丹、室韦（后来的蒙古族）、女真（后来的满族）等（林幹，2007）。东北地区的游牧民族与我国西北及蒙古、俄罗斯及中亚的民族既有频繁的相通性，也有鲜明的地域特色，其中起源于东北的女真（金国与清朝）、契丹（辽国）与蒙古（元朝）都在我国不同历史时期出现社会崛起，在我国历史上有重要的影响。

　　在辽、金、元时期，这里的民族主要是盛行森林游牧与草原游牧。契丹、蒙古是以草原利用为主，他们在东北及蒙古高原草原上游牧；而鲜卑、女真则是以利用森林草原为主，他们基本上是以东北为领地，既有草原与森林游牧，也有渔猎方式。在历史上，肃慎、女真、满族相继是松嫩平原的主体生活民族，而室韦及其后蒙古则是从元代后才成为松嫩平原游牧民族的主体之一。由于松嫩平原周围有大、小兴安岭及长白山，长春、哈尔滨地区是典型的森林草原地带，女真及其后的满族多从事疏林放牧。从史书记载的社会经济情况来看，他们饲养放牧最多的家畜是马，其次是牛，然后是羊（宋德金，2006）。因为马是狩猎的必备之物，也经常用于部落或地区战争，社会经济特征常常是"其富以马"。同时，也有较多数量的牛，因为牛适应于森林草原的自然环境，有充足的高大禾草可供饲用。而松嫩平原西北部，地接蒙古高原草原，草原地形开阔，这里主要是契丹和蒙古人生活，他们对草原的利用是传统的"逐水草而居"游牧方式。该区域的

河流主要是嫩江、松花江、东辽河及洮儿河等，在河流岸边或河漫滩植被生长茂盛，牧草种类多样，生产力很高，还可为人畜提供充足的水源。因此，这种生境条件既宜于牛、羊等家畜放牧，也宜于牧人生活。对于契丹与蒙古人，他们基本的游牧方式是户→群牧→部落形式（乔幼梅，1997）。牧人游牧在地点与时间上形成了一定规律性：时间上是早出（早 3~4 点出牧）与晚归（晚 7~8 点归牧）；地点上有夏秋（水草丰美的凉爽之地）与冬春牧场（避风有积雪之地）之分。游牧的家畜是以羊为主，其次是牛，然后是马（或与牛相当），最后是驼。在游牧过程中，畜群结构是以混群形式为主（额灯套格套，2013）。

　　总体上看，从古代到近代，相对于我国中原地区，本区域的社会生产主要是畜牧业、农业及手工业（宋德金，2006；程妮娜，2007），其中畜牧业体现为"游牧经济"特征。在这一漫长时期，尽管人口数量呈现不断增长趋势，但对松嫩草地而言，放牧家畜总体上数量不多，人们能够通过"游牧"方式，自由调节对草地的利用程度，不会对草地植被与土壤造成很大压力。然而，在金、元，乃至明清时期，出现了官营主导的畜牧业，即"官牧"（宝音德力根，2011）。随之，在松嫩草地的放牧家畜数量有较快地增加。金朝世宗大定末年有记载，拥有马 47 万匹、牛 13 万头、羊 87 万只、驼 4000 峰（程妮娜，2007）。此外，到清朝末期，在一些地区还出现不同程度的开垦活动，这主要是大量的汉族和一些满族进行农作物耕种，也由此带来了草地开垦问题。

1.3.3　中华人民共和国成立后的草地利用

　　在中华人民共和国成立后，本地域的草原利用大致上分为三个阶段：1980年前、1980 年至 21 世纪初及 2010 年后。

　　20 世纪 50 年代到 80 年代，由于建立了新型社会组织形式，对于松嫩平原草地的利用已经不同于清末及民国时期的状态。与北方其他牧区一样，实施国营与集体两种基本的所有制形式。那么，由于土地或草场范围的具体确定，对于草场使用也不可能有大空间尺度的游牧，这里就成为我国最早的草原定居放牧地区。这一时期本区域的人口增加速度较快，例如，杜尔伯特后新屯在 1948~1958 年的 10 年间，人口增加了 12 倍，在 60 年代还出现全国性的生育高峰（中国科学院民族研究所黑龙江少数民族社会历史调查组，1985），同时，还开展了村庄、道路等基础设施建设，但还是能够维持草地的基本面积。据 1980 年全国草场资源普查结果，吉林省部分的松嫩草地仍然有超过 200 万 hm²。在吉林省、黑龙江省及内蒙古东部的松嫩草地区域，相应建立了牧业旗、牧业乡村（如杜尔伯特、前郭尔罗斯等），还建立了种马场、种羊场等，这些草地畜牧业专门生产单位对草地利用带来了较大影响。这一区域草地利用特点是：其一，依据草地状况，尤其是植被生产特性，划分了专门的放牧场与割草场，放牧场面积较大，一般在居民点附近的草地或疏林，而割草场多位于水肥条件好、生产力高的低地草甸；其二，在某些地区开始出现"草库伦"，祝廷成和李建东（1974）基于科尔沁牧区草地利用状况，提出在退化草场上修建"粮、草、林、料"四结合的"草库伦"，实质上是兼顾放牧家畜管理与草场资源平衡利用的一种方式；其三，对于放牧家畜实施品种改良及繁育，培育出一些适宜本区域的放牧家畜品种，如草原红牛、东北美利奴细毛羊，这些家畜继承了原有蒙古及东北地区的家畜品种优良特征，还在生产与适应性方面有很大改善。

1980 年之后至 21 世纪初，松嫩草地的植被格局、规模与质量都发生了巨大变化。首先是植被格局变化，随着本区域人口数量的急剧增加，人类活动不断加强，直接体现为耕地面积逐渐扩大，村庄乡镇与道路建设、一些地区的石油开采，以及农田防护林的大规模建设，使得原始森林（疏林）植被大面积减少消失，仅在一些岗地上保留了耐干旱树种（如榆树和灌丛），即草地与疏林草地面积比例降低，而农田与防护林面积比例上升；其次是草地的利用强度增加，草场的质量下降，由于人口增加而带来对食物、特别是肉类的基本需求不断增长，几乎在所有草地上都出现了超载过牧，例如，吉林省西部白城市，1950 年人口 159万，家畜 180 万个羊单位，到 2000 年人口增加到 505 万，家畜增加达到 1005 万个羊单位，数倍的放牧压力导致草地植被生产力减小、草群质量下降，进而出现大面积的盐碱化与沙化；最后是草地面积出现不可逆转的减小，这一区域由于人类各种生产建设活动，特别是草地的普遍性开垦，种植了农作物与杂粮，由此造成了草地面积的急剧萎缩。利用卫星遥感技术，深入分析数据与资料，发现吉林省西部草地面积实际变化是：1980 年为 207.0 万 hm^2，1995 年为 173.6 万 hm^2，2000 年为 166.1 万 hm^2，2005 年为 165.9 万 hm^2，2012 年为 128.5 万 hm^2，从1980 年到 2012 年平均每年减少 5.3 万 hm^2。总体上看，这一时期的松嫩草地利用，尽管在一些草地上也实行了季节轮换或控制放牧，但大部分还是粗放式自由放牧。因此，草地总体演进态势并不乐观。

在 2003 年我国开始实施"退牧还草"工程，2011 年又完善了"退牧还草"政策。黑龙江省与吉林省都实施了严格的围栏禁牧。从 2010 年以后，在松嫩草地上开始强化禁牧封育、草原保护及退化草地恢复治理，这些是草原生态保护与可持续发展的关键举措。目前，这一区域的草地大面积开垦得到基本遏制，草地处于封育恢复阶段，仅有特殊公共牧场地段，以及农闲地可以进行放牧。对于家畜饲养，主要采取"舍饲"和"半舍饲"方式。

未来关于松嫩草地如何进行可持续性利用，还有很多需要深入系统探讨研究的问题，诸如基于本区域半农半牧特点的草牧业生产范式、草地的多样化家畜放牧方式、草地的放牧–割草混用制度，以及家畜的放牧–舍饲模式与技术等。

1.4 草地研究沿革

对松嫩平原草地的研究历史已超过一个世纪。大体上是从上个世纪初开始的零散研究，到新中国建立后形成的一些基础性研究；至 20 世纪 80 年代后，进入以"生态系统"角度开展的系统性研究阶段；跨入 21 世纪，在本区域的草地科学、生态学及相关研究开始走向国际前沿，在某些方面既有系统性研究成果，也获得了一些重要进展或突破。

1.4.1 1950 年以前的研究

对松嫩草地的研究始于俄国与日本学者在草原上开展的调查工作。在 19 世纪末至 20 世纪初，沙俄实行了"东进"政策，1925 年在哈尔滨成立了"东省文物研究会"。这段时期的一些俄国研究者在内蒙古与东北草原上进行了植物采集和调查，也发表了有关松嫩平原植被及土壤的研究报道（Komarov，1895，Flora & Manshuriae，1901—1907）。其后，日本对我国东北实施大规模"拓殖"，一些研究者开始对东北地质及自然资源进行调查。1909 年矢部吉祯等对辽河流域考察，出版了"南满植物名录"（1912）；1933 年"关东军"派出"亚尔加里地带"（碱土地带）调查团，在东北及内蒙古地区开展植被、动物及自然资源等一系列调查，出版了调查报告（1940），并发表 20 余篇论文。日本研究者的工作包括植物与动物分类、植物形态解剖学、植物地理学及群落生态学，以及应用植物学方面（北川政夫，1939；竹内亮，1939）。例如，野田光藏（1939）发表了论文"碱土地带的植物生态"；岩田悦行等（1943）撰写了内蒙古及东北的植被调查报告，其中划分了羊草群落、狼针草等 12 个草原群落类型。

1.4.2 1950～1980 年的研究

新中国成立以后，对松嫩草地的研究不断加深。在 20 世纪 50 年代，国内外学者通过野外草地调查发表了一些论文。祝廷成（1955）发表了"黑龙江省萨尔图附近植被的初步分析"，这是我国学者研究松嫩草地的第一篇论文，也开创了我国草地生态学领域。俄国学者 Т. П. 高尔捷也夫（1954，1957）也发表了关于草原土壤与地质学论文。中共中央东北局先后组织了东北牧草调查（1954）和东北草原防护林调查（1955），通过这些考察，赵大昌和魏均（1958）发表了"黑龙江省松嫩平原安达地区的植被"。在 1959 至 1960 年期间，受吉林省与黑龙江省政府委托，东北师范大学组织百余名师生对松嫩草地进行调查，发表了论文

"东北西部及内蒙古东部草原的类型"，其中对松嫩草地的类型开展了探讨。其后，1962 年东北师范大学草原研究室在吉林省镇赉县镇南国营种羊场建立了定位实验点，开始对狼针草草原植被变化进行观测研究。在 1964 年中共中央东北局科委组织中国科学院沈阳林业土壤研究所、东北师范大学、东北农业大学等 5 个单位的 22 名研究者，在黑龙江省杜尔伯特靠山奶牛场建立了"草原样板田"，在样板田里不仅开展理论研究，还对实际草地生产问题进行探讨，诸如人工种植羊草，退化草地治理，草地合理利用等问题。

　　这期间的松嫩草地研究成果多发表于东北草地学术会议的历次论文集之中（吉林师范大学生物系，1960；黑龙江省植物学会和吉林省植物学会，1964、1980；吉林省植物学会和黑龙江省植物学会，1982）。这些论文集既展示了不同时期对东北草原的研究进展，又反映了我国当时的草原研究水平。1960 年 5 月在长春召开了第一次"东北西部及内蒙东部草原科学报告会"，收集论文 35 篇。刘慎谔做了"东北西部及内蒙东部草原研究中几个问题"的报告，祝廷成做了"东北西部和内蒙东部的草原"的报告；1964 年 10 月在哈尔滨召开了第二次东北草原学术会议，收集论文 69 篇，祝廷成做了"概述东北草原的特点及其研究"的报告，周以良做了"中国东北中部平原植被的主要类型及其分布规律"的报告。1979 年 8 月在齐齐哈尔市召开了第三次东北草原学术会议，祝廷成做了"草原生态系统"的报告。在 20 世纪 60 年代，中国科学院林业土壤研究所与东北地理研究所、东北农学院的研究者，还分别对草原植被动态及景观、盐碱化草地的盐渍土及立地条件等进行了调查研究（南寅镐和侯家龙，1964；李崇皓等，1964；何万云，1964）。另一项重要工作是，中国科学院长春地理研究所李崇皓、赵魁义等（1972）通过对松嫩草原的调查，绘制出版了第一个松嫩草原区的植被图（1 : 75 万）。

　　这期间在本区域的草地研究有两个特点：第一，认识与研究草地的视角是基于地植物学（生态学），进而形成草地生态学；第二，已经开始对松嫩草原有较为系统性的研究，包括草原植被特征、分类、生产性能，也有草原的生态问题——碱斑成因及恢复；第三，针对区域草地研究已经形成多个稳定的研究团队，主要包括东北师范大学、中国科学院长春地理研究所、吉林省农业科学院、吉林农业大学等，这在我国早期的草地研究领域并不多见。

1.4.3　1980 ~ 2000 年的研究

　　20 世纪 80 年代以后，对松嫩草地的研究越来越多，也获得了更丰富的研究成果，这得益于对松嫩草地研究的新视角，即基于生态系统开展草地各个方面的探讨。东北师范大学的祝廷成教授、李建东教授率领其研究生，相继开展了草地生产力形成与种子生产，植物群落能量流动与分解过程，草地水分循环、碳循环，氮循环及磷循环等研究，还拓展了新的研究方向，诸如草地植物抗性、植物化学、放牧生态、土壤生态等。同时，吉林省农业科学院、中国科学院东北地理与农业生态研究所和植物研究所、吉林农业大学及东北林业大学的研究者也从草地的植被改良、土壤盐碱化治理等方面开展了许多研究。这些研究主要体现在如下方面。

（1）草地生产力与能量生态学

在松嫩平原的羊草草地上，探讨了东北草原主要优势植物——羊草种群地上部生物量的形成规律（李月树和祝廷成，1983）；研究了放牧对草地植被及净第一性生产力的影响，发现放牧对羊草草地植被的多方面作用。从 20 世纪 80～90 年代开始对羊草种群与群落进行定位观测，系统研究了羊草种群与群落的能量环境特征、能量代谢及流动，以及能量代谢与群落稳定性等理论问题（祖元刚和祝廷成，1987）。

（2）草地生态系统过程（水分及碳、氮与磷循环）与分解者亚系统

东北师范大学是最先对我国草地的水、碳、氮、磷循环等生态系统过程研究的团队。这些研究发现，羊草草地开花期是群落生物量形成和水分供应的关键时期，提高群落贮水量的最有效方法是提高群落的吸水速率（常杰和祝廷成，1989）；羊草草地土壤是氮素的一个巨大储存库，其储量占整个羊草群落的 98%（呼天明和祝廷成，1987），其后还应用同位素 ^{15}N 进一步探讨了氮在植物与土壤中的迁移转化过程（李育中等，1996）；对于不同物候期羊草种群碳同化物分配转移动态研究发现，整个物候期羊草同化物在不同部位分配呈现一定规律性（冯强，1987）；对于草地土壤-植物的磷素迁移过程研究，也解析了土壤磷素转化及流通规律（傅林谦和祝廷成，1994）。对于草地分解者亚系统也有较多研究，主要针对枯枝落叶的生产、分解和积累及其生态效用，分解者种类组成、数量及其分解机理，以及能量与营养物质动态等开展探讨，建立了草地分解者亚系统的研究框架（郭继勋和祝廷成，1988，1992；王娓等，2003）。

（3）草地植物种群、放牧生态及火生态学

关于植物种群生态学研究也是松嫩草地上开展最为系统而突出的工作，这方面研究是从羊草种群的种子生产，扩展到种子雨、种子库、种子散布、营养繁殖、年龄结构、密度制约等。例如，揭示了气候年变化是引起羊草种群种子生产丰欠年的重要因素之一；提出气候因子对羊草种群种子生产有明显滞后的生态效应（杨允菲和张宝田，1992；杨允菲和祝玲，1993），在种群年龄结构划分中，创建了把分蘖节存活的世代数作为羊草分株的年龄，按形态特征判别各分蘖株年龄的方法（杨允菲等，1998）。在羊草草地放牧生态学方面开始涉猎，探讨了放牧导致的植被演替梯度上植被群落特征、种群动态及土壤生境变化过程，以及植

被与土壤环境间的相互关系（王仁忠和李建东，1991，1993），还分析了沿着放牧梯度的植物多样性变化格局（王德利等，1996）。同时，在草地火生态方面也有系列实验研究，包括草地火速度、火强度、火形态、火烧迹地形状，以及火生态与气象因子、可燃物、可燃物床特性的关系，发现风速与火强度、火深度、火烧迹地形状呈现显著正相关，构建了草地火速度、火强度、火烧迹地形状的预测模型（周道玮，1996；周道玮等，1998）。

（4）草地植被学与植被图编纂

人们对松嫩草地植被学的研究也不断深入。东北师范大学李建东、杨允菲，中国科学院植物研究所郑慧莹，以及长春地理研究所的李崇皓、赵魁义等先后对草地植被的类型、分类及群落特征开展了野外调查与分析，在草地植被分布、群落定量分类与特征等方面获得了系统性认识（郑慧莹和李建东，1993，1999；李建东和郑慧莹，1997）。例如，首次用法瑞学派方法定量研究草原群落分类，建立了东北草地植被分类系统；比较分析了我国东北内蒙古与松嫩草地植被、土壤与气候特征，确定松嫩平原地带性代表植被为狼针草草甸草原，其研究成果形成了系列草地植被学专著。另一项重要工作是本区域的植被图编纂。在1981年祝廷成等以植被调查资料为基础，编绘出吉林省1：250万植被图（祝廷成和张文仲，1984），系统地阐述了吉林省植被概貌和地理分布规律。其后，在1991年利用卫星影像编制出吉林省1：50万植被类型图，对吉林省植被的空间分布格局和生态条件进行了详细阐述（白玉光和祝廷成，1991）。他们还参与了《中华人民共和国植被图1：100万》的编纂工作，并于2011年作为参与者获得国家自然科学二等奖。

（5）草地盐碱化的基础与技术性研究

松嫩平原的自然环境背景与人为利用导致草地出现大面积盐碱化。多年来在这一区域东北师范大学、中国科学院东北地理与农业生态研究所与植物研究所、吉林农业大学、吉林省农业科学院，以及黑龙江省的一些学者开展了很多有关草地盐碱化的理论与应用研究。这些工作主要包括：①植物耐盐碱适应性，从生理生态角度开展了盐碱胁迫下的植物耐受或抗性特征及机理的探讨，发现羊草、碱茅、碱蓬等耐盐碱植物，可通过产生或提高抗氧化酶、有机酸、可溶性蛋白提升其盐碱抗性（殷立娟等，1994；阎秀峰和孙国荣，2000）；②盐碱化草地植被变化，在放牧与割草利用下的植物种群格局与群落特征，解析了盐碱梯度上植物群落格局的形成原因（高琼等，1996）；③盐碱化草地土壤动态，研究盐碱化过程中土壤理化性质、水盐运动，以及植被退化与土壤盐渍化关系（张为政，1994；宋新山等，2000）；④盐碱化草地的恢复治理，本区域多个团队开展了盐碱化草地的化学、物理与生物生态治理技术探讨，例如，通过松土、施肥、铺沙压碱、排水、冲洗等物理方法改良盐碱化土壤的技术，利用化学方法，即施用化学药剂改变土壤胶体吸附性离子的组成，加大土壤溶液中的钙含量，置换土壤胶体上吸附钠离子和镁离子，使钠质亲水胶体变为钙质疏水胶体，从而使土壤结构和通透性得到改善，进而利于植物生长，然而，最为有效的是生物生态治理方式，例如，"碱茅种植"技术（吴青年，1983；徐安凯，1990；陈自胜等，1993）、"覆盖枯草层+种植耐盐碱植物"技术（郭继勋等，1994，1996）及其他各类技术等（赵兰坡等，1999）。

1.4.4 新世纪的松嫩草地研究（2000年至今）

进入新世纪，随着研究队伍扩大，研究能力提升，特别是社会对区域生态环境建设与草牧业发展的需求增加，在松嫩草地上针对一些重大科学问题与关键技术开展了深入而系统的研究探索。主要研究有如下方面。

（1）草地生态系统生态学与植物生态学

这一领域的研究集中于生物多样性变化、多物种相互作用关系，营养级效应调控，以及生物适应策略等多个方面。草地上的生物种类多样，受气候变化与人为干扰，其相互作用过程十分复杂，通过野外系列实验，研究者获得对放牧动物与各营养级物种之间互作机制的新认识。例如，放牧绵羊与昆虫间的食性差异能够导致两者产生间接的互惠关系（Zhong et al.，2014），放牧黄牛可以通过植物性状调节对蝗虫种群产生负向作用（Zhu et al.，2019），还能够以多种途径与草地蚂蚁之间形成互惠关系（Li et al.，2018；Zhong et al.，2022）。一些长期放牧研究，探讨了草地多营养级——"昆虫/草食家畜–植物–菌根真菌、细菌/放线菌、线虫"之间生物多样性关系及营养级调控，发现混合放牧使植物与昆虫多样性之间关系逆转（Zhu et al.，2012），放牧家畜具有"生态工程师"作用，绵羊放牧能够改变级联效应，即减弱上行效应与下行效应（Zhong et al.，2017）；同时，还检验了家畜放牧（放牧组合与强度）对草地植被、土壤，尤其是生物多样性的作用效果，例如，牛放牧可以提升植物多样性，而羊放牧则降低植物多样性，但牛羊混合放牧会提升植物多样性，乃至生态系统多样性（Liu et al.，2015；Wang et al.，2019），放牧强度也会改变土壤质量，重度放牧降低了草地土壤呼吸与固碳能力（Li & Zhou，2018）。此外，在松嫩草地植物的异速生长规律方面有新的认识，发现植物的叶片大小和数量之间具有显著的权衡关系，叶片权衡与生物量分配在两个水平上发生，而需要进行整合分析（Huang et al.，2016）。

（2）草地放牧生态学与管理

针对草地退化导致的生产–生态功能受损、牧民收入降低问题，东北师范大学研究团队通过长期定位与大尺度放牧实验，在草地放牧的基础理论和关键技术获得系列重要研究成果：采用所创建的原位土壤可利用氮 hotspot 法，揭示了放牧过程中动物排泄物归还对草地氮循环速率的突出效应及调控机制，首次提出放牧对草地氮循环速率的影响强烈依赖于草食动物的种类特征及植物群落特征的新观点（Liu et al.，2018）；发现草食动物的食性选择与植物多样性特征是调节放牧对草地土壤氮空间异质性作用效应的重要因素（Liu et al.，2016）；提出草地生产–生态功能耦合提升的多样化家畜放牧理论（Wang et al.，2010，2019，2020）；以此为科学基础，研发出多种精准放牧技术（诸如《草地牛羊混合放牧技术规程》、《松嫩草地动态放牧率测算方法》等多项技术标准、《基于草地特征的牛精准载畜率管理系统》等多项软件）；建立了"草地放牧–舍饲"技术模式；最终集成优化创建了草地精准放牧管理新范式。

（3）草地全球变化生态学

理解全球变化背景下草地结构与功能维持机理，有助于推进全球变化相关理论研究水平。东北师范大学研究团队通过长期野外原位模拟实验，深入研究植物群落结构和生态系统功能对增温、氮沉降、降水、干旱等响应与适应机理（Meng et al.，2021；Shi et al.，2020）。系统地阐明了草地地上与地下生产力对氮添加的非对称性响应及其控制机制，明晰了氮添加增大草地地上生产力干旱敏感性的作用机理；提出氮添加影响草地生产力稳定性的时间依赖性及物种丰富度和优势种特性对草地生产力稳定性的调控理论；揭示降水格局变化与氮添加互作影响草地氮循环的微生物学机制，提出草地群落结构和生物地球化学循环过程对降水格局变化与氮添加耦合的响应和适应机理。相关研究成果连续在高水平期刊发表，显著地推进了关于全球变化背景下草地多功能性维持机理的认识，也有益于对多重全球变化因子影响下的生态系统反馈预测和评估。

（4）草地环境与生态安全

东北师范大学是我国最早系统开展草原火生态学，以及火灾与生态安全评价的研究机构。从 20 世纪 90 年代，在我国率先将灾害风险评价技术应用在草原火灾预警与应急管理决策中，依托国家科技支撑计划与公益性行业（农业）科研专项等项目，提出了草原火灾风险评价框架，构建了适合我国国情的静态和动态风险耦合的草原火灾评价技术体系和基于风险评价的草原火灾风险预警、应急决策技术体系及软件系统，解决了草原火灾应急管理的关键性问题。这方面的理论成果主要体现在研究专著《主要气象灾害风险评价与管理研究的数量化方法及其应用》（2007）、《中国北方草原火灾风险评价、预警及管理研究》（2012）和《草原火灾风险评价技术及其应用研究》（2015）之中；获得多项技术性成果，包括："草原火灾损失评估规程"（2013）与"草原火灾风险评价规程"（2013），被农业部审定为行业标准（2013）；"草原火灾动态风险评估系统 V1.0"（2012）、

"草原火灾风险评价与风险图绘制系统 V1.0"（2013），获得了软件著作权。研发的这些草原火灾风险预警、应急决策技术体系及软件系统，已经作为目前农业部草原防火指挥办公室"草原火灾应急管理系统"的重要组成部分，为国家和地方各级草原防火主管部门提供了一个共用平台。

（5）牧草育种与栽培生产

在松嫩草地区域开展的牧草育种与栽培工作快速推进，这主要得益于越来越多的科研团队持续不断地研究这方面工作。其中在牧草育种方面获得更多成效，主要基于本区域气候寒冷与土壤盐碱化特点，以抗逆、高产、优质为育种目标，采用驯化、杂交等多种育种手段，积极组织并开展了牧草新品种选育及生产技术的示范推广工作。吉林省农业科学院培育出"公农 1 号、2 号、3 号、4 号苜蓿与吉农朝鲜碱茅、白城小花碱茅"等；东北师范大学培育出"东苜 1 号、2 号苜蓿、松原罗布麻、克力玛猫尾草、延边东方野豌豆"等，黑龙江省畜牧研究所培育出"肇东苜蓿"等。其后，这些国家审定的新品种及生产技术在吉林省、黑龙江省、内蒙古东部地区开展多点技术示范和生产推广工作，取得了显著社会效益。

（6）盐碱化草地恢复理论与技术

这方面的研究是在以往大量工作基础上的拓展与深化。东北师范大学、中国科学院东北地理与农业生态研究所等团队，系统地研究了松嫩草地土壤盐碱化成因及其盐碱化草地分布，明晰了松嫩草地植被特征及植物耐盐碱的生理与分子机制，研发出利用恢复演替理论的盐碱化草地生态改良技术，以及"插玉米秸秆播种禾草的技术"（何念鹏等，2004）、"重度盐碱地羊草移栽"（黄立华等，2008）技术等；制定出"不同退化程度松嫩草地合理利用技术规程"等标准，提出了盐碱退化草地系统性恢复理论，出版《松嫩盐碱化草地的恢复理论与技术》专著（王德利和郭继勋，2019），为盐碱退化草地恢复提供了坚实科技支撑。

1.5　草地研究站区位

"吉林松嫩草地生态系统国家野外科学观测研究站"（书中简称"松嫩研究站"）是我国松嫩平原唯一的草地生态系统研究站（附录5）。由于松嫩研究站独特的地理位置、典型的草地类型，以及系统而厚重的研究基础，使其具有多方面的突出优势与代表性（图1-6）。

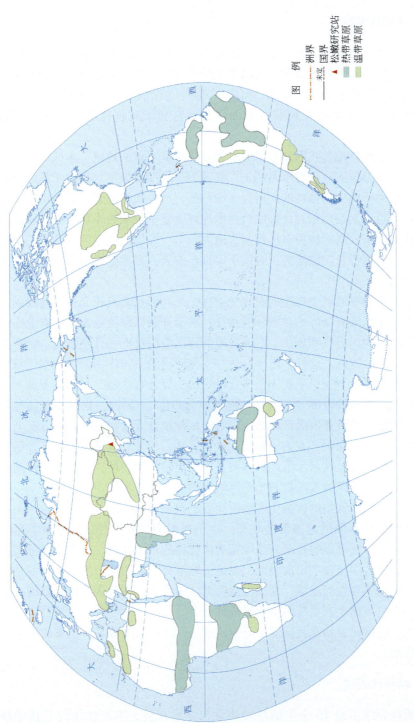

图 1-6　松嫩站在欧亚大陆草原带的位置（修改自 Coupland, 1992）

1.5.1　区域代表性

作为国家野外科学观测台站，松嫩研究站具有鲜明而显著的区域代表性。

首先，松嫩研究站地处欧亚大陆草原带的起点。松嫩草地位于我国北方温带草原的东缘，是欧亚大陆草原带（steppe zone）的"起点"（starting point）。在这里开展有关草地生态系统的各方面研究，有利于对总体北方草原的完整性认识。

其次，松嫩草地是我国北方草原生物多样性最丰富的地区。本区域地处温带半湿润、半干旱地区，土壤以黑钙土、草甸土、风沙土为主，相比于我国其他草地类型，松嫩草地具有独特的气候与土壤特征，水热条件适宜植被、动物及其他生物发育繁衍。复杂而相对良好的自然地理环境使本区域的生物区系变得较为复杂，由此形成了较高的物种多样性与草地生产力。可见，在本区域开展的草地生态系统格局、过程及功能研究，有助于丰富、发展、完善生态学与草地科学等相关学科理论。

再次，松嫩平原属于典型的农牧交错区，是我国东北农牧交错区地段的主体部分。由于本区域有良好的自然环境条件，易于开展以种植业为主的农业生产活动，尤其是在我国近代和现代，有大规模的移民屯田及土地开垦活动，已形成明显的农牧交错区特征。此外，由于自然与人为活动的共同作用，导致本区域出现大面积盐碱化草地。这里是我国土壤盐碱化的主要分布区域，是与中亚地区、非洲尼罗河地区并称的世界"三大盐碱地集中分布区"。同时，松嫩草地还是我国东北的三大重点草牧业发展区域之一，对于区域粮食或食物安全、生态安全（黑土农田与生态环境保护）具有不可替代性的作用。因此，在松嫩研究站开展的科学观测、理论研究及技术示范成果将有益于草地的多功能性，尤其是生产与生态服务评估，进而为草牧业发展与生态环境保护提供科技支撑。

最后，松嫩研究站的区域生态系统代表类型是草甸草原与草甸。这两类草地是从森林到干旱草原的过渡典型类型，也是半湿润气候的代表性草地类型。其中，草甸草原主要是以狼针草与线叶菊为优势种的草地群落，前者主要分布在平原与低地；后者多出现于山前台地，也是山地草甸草原的典型群落。草甸是以羊草为优势种，主要在河漫滩、湖泊泡沼及低洼地分布，并且多为盐化草甸。这些草地类型也是我国生态系统的重要组成部分。

因此，松嫩研究站在我国温带草原或欧亚大陆草原带都具有重要而不可替代的区位优势。

1.5.2　学科代表性

松嫩研究站历经 40 余年的持续建设与学术积淀，也充分体现了其学科代表性。

其一，本区域最早开始我国草原植被研究。从 20 世纪 50 年代伊始，东北师范大学以祝廷成教授为首的老一辈生态学家就率先开展草地植被研究，发表了被认为是我国第一篇从植物生态学的角度研究中国草原植被的论文（黑龙江省萨尔图附近植被的初步分析），它代表了中国草原研究的一个新领域（祝廷成，1955）。其后开展的一系列有关草地植被、动物、土壤等方面的工作为我国草地科学与生态学研究奠定了坚实基础。

其二，松嫩研究站是国内最先开展草地生态系统定位监测的研究站之一。自 1980 年建站以来，以草甸草原的植物遗传特性、生理生态特性、种群生态特性、群落生态特性、草地生态系统特性、草地管理、草地生态建设等为重点研究内容，积累了大批植被、生产力数据（祝廷成，2004；李建东和杨允菲，2011）。自 20 世纪 90 年代，开始记录降水等气象数据。2007 年，建立涡度塔，系统监测生态系统与大气碳水交换、日照强度、温度、降水、土壤含水量等数据。另外，近十几年，还建立了多个实验平台，如长期放牧平台，气候变化研究平台等，开展长期生态学实验的观测研究。依托科技基础性工作专项项目（我国温带草原重点牧区草地资源退化状况与成因调查）、国家公益性行业（农业）科研专项（东北牧区家庭牧场资源优化配置技术模式试验与示范，东北松嫩草地承载力与家畜配置）、国家自然科学基金重点项目（草食动物采食调节下的草地多营养级生物多样性关系及其生态功能）和国家重点研发计划（草甸草原智慧修复与生产–生态协同提升技术及示范）等项目。

其三，在草地生态系统的研究领域已经形成系统性与突破性工作。在松嫩研究站，通过长期的定位监测与控制实验，对于以羊草为优势种的生态系统，从生态系统结构——多物种相互作用关系、营养级效应及调控，生态系统过程——C、N、P 等养分迁移、转化，以及光合与呼吸过程，生态系统功能——生物多样性维持、固碳及多功能性等具有全面研究，一些实验研究正与国际生态网络同步进行，一些研究获得了突破性进展，例如，发现草地多物种之间以食性、性状、生境等多种机制形成竞争或互惠作用，进而阐释生态系统中普遍存在的互惠作用有益于维持生物多样性及稳定性；揭示多样化家畜放牧能够提高草地多营养级生物多样性，进而促进生态系统多功能性；系统阐明了草地地上地下生产力对氮添加和干旱胁迫的非对称性响应及其控制机制，提出氮添加影响草地生产力稳定性的时间依赖性及物种丰富度和优势种对草地生产力稳定性的调控理论。这方面的研究结果在 *PNAS*、*Ecology*、*Journal of Ecology*、*Global Change Biology* 等发表一系列高质量论文，也出版了相关专著。

其四，人才培养与学科建设。东北师范大学的生态学科始建于 20 世纪 50 年代，历经60余年的传承与发展，该学科已经成为我国积淀丰厚、特色明显、科研能力突出，在国内外具有较强影响和较高学术声望的生态学人才培养和科学研究基地。东北师范大学拥有植被生态科学教育部重点实验室；生态学科在2017年第四轮学科评估中位列"A类"（为全国2%～5%水平），2020年软科排名进入世界500强；环境科学与生态学在2019年7月进入ESI排名全球前1%。

　　因此，松嫩研究站是东北师范大学植被生态科学教育部重点实验室及生态学和草学科学研究、人才培养和社会服务的重要支撑，该站具有突出的学科代表性。

主要参考文献

白玉光，祝廷成．1991．利用卫星影像编制吉林省植被类型图（1∶50万）．地理科学，11（1）：67-75．

宝音德力根．2011．内蒙古通史（第二卷蒙元时期的内蒙古地区）．北京：人民出版社．

常杰，祝廷成．1989．羊草群落水分状况的初步研究．植物生态学与地植物学学报，13（3）：219-229．

陈自胜，赵明清，孙中心．1993．松嫩平原退化草场改良技术研究．牧草与饲料，4：19-22．

程妮娜．2007．中国地方史纲．长春：吉林大学出版社．

邓伟，裘善文，梁正伟．2006．中国大安碱地生态试验站区域生态环境背景．北京：科学出版社．

额灯套格套．2013．游牧社会形态论．沈阳：辽宁民族出版社．

冯强．1987．不同物候期羊草种群同化物转移分配的初步研究．中国草业科学，4（1）：45-46．

傅林谦，祝廷成．1994．羊草草地土壤生态系统磷素转化及循环规律的研究．草地学报，2（1）：1-8．

高尔捷也夫 Т.П.1954．东北和内蒙古自治区东部土壤概论．土壤学报，2（4）：223-267．

高尔捷也夫 Т.П.1957．黑龙江滨州铁路沿线碱土草原地质学概论（祝廷成译）．植物生态学与地植物学资料丛刊，科学出版社第11号．

高琼，李建东，郑慧莹．1996．碱化草地景观动态及其对气候变化的响应与多样性和空间格局的关系．植物学报，38（1）：18-30．

郭继勋，马文明，张贵福．1996．东北盐碱化羊草草地生物治理的研究．植物生态学报，20（5）：478-484．

郭继勋，张宝田，消洪兴．1994．枯枝落叶在改良盐碱化土壤的作用．农业与技术，2：31-34．

郭继勋，祝廷成．1988．羊草草甸枯枝落叶的分解、积累与营养物质含量动态．植物生态学与地植物学学报，12（3）：197-204．

郭继勋，祝廷成．1992．羊草草原枯枝落叶分解的研究——主要优势植物的分解速率和损失率．生态学报，12（4）：295-301．

何念鹏，吴泠，姜世成，等．2004．扦插玉米秸秆改良松嫩平原次生光碱斑的研究．应用生态学报，15（6）：969-972．

何万云．1964．松嫩平原盐渍土的研究．哈尔滨：一九六四年东北西部草原学术会议论文集：185-188．

何岩．1990．长春市区黄土状土沉积环境的初步研究．中国东北平原第四纪自然环境形成与演化（《东北平原第四纪自然环境形成与演化》基金课题组）．哈尔滨：哈尔滨地图出版社：68-78．

黑龙江省地方志编纂委员会．1996．黑龙江省志．哈尔滨：黑龙江人民出版社．

黑龙江省统计局．2020．黑龙江统计年鉴2020．北京：中国统计出版社．

黑龙江省植物学会，吉林省植物学会．1960．长春：东北西部及内蒙（古）东部第一次草原科学报告会议论文集．

黑龙江植物学会，吉林植物学会．1964．哈尔滨：一九六四年东北西部草原学术会议论文集．

黑龙江植物学会，吉林植物学会．1980．长春：第三届东北草原学术会议论文集．

呼天明，祝廷成．1987．氮素在羊草——土壤中的分配及其季节动态的初步研究．生态学杂志，6（4）：14-18．

黄立华，梁正伟，马红媛．2008．移栽羊草在不同 pH 土壤上的生长反应及主要生理变化．中国草地学报，3：42-47．

吉林省统计局．2020．吉林省统计年鉴2020．北京：中国统计出版社．

吉林省西部沙化土地景观生态建设课题组．1990．吉林省西部沙化土地景观生态建设．长春：东北师范大学出版社．

吉林省植物学会，黑龙江省植物学会．1982．长春：第四届东北草原学术会议论文集．

吉林师范大学生物系．1960．东北西部及内蒙（古）东部第一次草原科学报告会论文集．长春：吉林师范大学生物系．

姜鹏．1990．松嫩平原晚更新世猛犸象、披毛犀动物群与环境的研究．中国东北平原第四纪自然环境形成与演化（《东北平原第四纪自然环境形成与演化》基金课题组）．哈尔滨：哈尔滨地图出版社：24-29．

李崇皓，叶居新，唐树本，等．1964．黑龙江省杜尔伯特蒙古族自治县的草原植被．哈尔滨：一九六四年东北西部草原学术会议论文集：59-60．

李建东，吴榜华，盛连喜．2001．吉林省植被．长春：吉林科学技术出版社．

李建东，杨允菲．2011．松嫩平原植物群落时空变化及数据库．北京：科学出版社．

李建东，郑慧莹．1997．松嫩平原盐碱化草地治理及其生物生态机理．北京：科学出版社．

李育中，祝廷成，李建东，等．1996．同位素 15N 在草地氮循环中的应用．中国草地，3：61-65．

李月树，祝廷成．1983．羊草种群地上部生物量形成规律的探讨．植物生态学与地植物学丛刊，（4）：289-298．

林幹．2007．东胡史．呼和浩特：内蒙古人民出版社．

林年丰，汤洁，卞建民，等．1999．东北平原第四纪环境演化与荒漠化问题．第四纪研究，5：448-455．

刘兴朋，张继权．2015．草原火灾风险评价技术及其应用研究．北京：科学出版社．

刘兴土．2001．松嫩平原退化土地整治与农业发展．北京：科学出版社．

刘钟龄 . 2011. 内蒙古通史（第八卷生态环境与生态文明）. 北京：人民出版社 .

南寅镐，侯家龙 . 1964. 富裕-北安地区的植被动态及其景观 . 哈尔滨：一九六四年东北西部草原学术会议论文集：15-26.

内蒙古自治区统计局 . 2020. 2020 内蒙古统计年鉴 . 北京：中国统计出版社 .

乔幼梅 . 1997. 金代的畜牧业 . 山东大学学报，3：80-86.

裴善文 . 2008. 中国东北地貌第四纪研究与应用 . 长春：吉林科学技术出版社 .

宋德金 . 2006. 中国历史金史 . 北京：人民出版社 .

宋新山，何岩，邓伟，等 . 2000. 松嫩平原盐碱土水分扩散率研究 . 土壤与环境，3：210-213.

汪佩芳，夏玉梅 . 1990. 松嫩平原晚更新世以来古植被演替的初步研究 . 中国东北平原第四纪自然环境形成与演化（《东北平原第四纪自然环境形成与演化》基金课题组）. 哈尔滨：哈尔滨地图出版社：60-67.

王德利，郭继勋 . 2019. 松嫩盐碱化草地的恢复理论与技术 . 北京：科学出版社 .

王德利，林海峻，金晓明 . 1996. 吉林西部牧草资源的生物多样性的研究 . 东北师范大学学报，(3)：103-107.

王德利，吕进英，王岭，等 . 2011. 中国草原资源及重点草原史 . 洪绂曾 . 中国草业史 . 北京：中国农业出版社：65-122.

王仁忠，李建东 . 1991. 采用系统聚类分析法对羊草草地放牧演替阶段的划分 . 生态学报，11 (4)：367-371.

王仁忠，李建东 . 1993. 放牧对松嫩平原羊草草地植物种群分布的影响 . 草业科学，10 (3)：27-31.

王娓，郭继勋，张宝田 . 2003. 东北松嫩草地羊草群落环境因素与凋落物分解季节动态 . 草业学报，12 (1)：47-52.

吴青年 . 1983. 种碱茅改良碱斑植被的研究效果 . 饲料研究，2：1-6.

夏玉梅，汪佩芳 . 1990. 松嫩平原晚第三纪—更新世孢分组和及古植被与古气候的研究 . 中国东北平原第四纪自然环境形成与演化（《东北平原第四纪自然环境形成与演化》基金课题组）. 哈尔滨：哈尔滨地图出版社：12-23.

徐安凯 . 1990. 吉林西部地区的朝鲜碱茅和小花碱茅及其利用 . 中国草地，1：62-65.

阎秀峰，孙国荣 . 2000. 星星草生理生态研究 . 北京：科学出版社 .

杨允菲，张宝田 . 1992. 松嫩平原羊草种群营养繁殖的季节动态及其生物量与密度关系的分析 . 植物学报，34 (6)：443-449.

杨允菲，郑慧莹，李建东 . 1998. 根茎禾草无性系种群年龄结构的研究方法 . 东北师范大学学报，1：49-53.

杨允菲，祝玲 . 1993. 松嫩平原天然羊草种群结实器管性状的波动与气候因子关系的研究 . 植物学报，35 (6)：472-479.

殷立娟，石德成，薛萍 . 1994. 松嫩平原草原 5 种耐盐牧草体内 K^+、Na^+ 的分布与积累的研究 . 植物生态学报，18 (1)：34-40.

张继权 . 2012. 中国北方草原火灾风险评价、预警及管理研究 . 北京：中国农业出版社 .

张继权，李宁 . 2007. 主要气象灾害风险评价与管理研究的数量化方法及其应用 . 北京：北京师范大学出版社.

张盛学. 1998. 黑龙江省志 (第三卷地理志). 哈尔滨: 黑龙江人民出版社.

张为政. 1994. 松嫩平原羊草草地植被退化与土壤盐渍化的关系. 植物生态学报, 18 (1):
50-55.

张新荣, 焦洁钰. 2020. 黑土形成与演化研究现状. 吉林大学学报 (地球科学版), 2:
553-568.

赵宾福. 2006. 东北旧石器时代的古人类、古文化与古环境. 学习与探索, 163 (2): 188-191.

赵宾福. 2007a. 嫩江流域三种新石器文化的辨析. 边疆考古研究, 2: 101-112.

赵宾福. 2007b. 松嫩平原早期青铜文化的发现与认识. 边疆考古研究, 1: 181-193.

赵大昌, 魏均. 1958. 黑龙江省松嫩平原安达地区的植被. 中国科学院林业土壤研究所研究报
告集 (土壤集刊). 科学出版社, 1: 70-88.

赵魁义. 1999. 中国沼泽志. 北京: 科学出版社.

赵兰坡, 王宇, 郄瑞卿, 等. 1999. 苏打盐碱土草原退化防治技术研究. 吉林农业大学学报,
3: 64-67.

郑慧莹, 李建东. 1993. 松嫩平原的草地植被及其利用保护. 北京: 科学出版社.

郑慧莹, 李建东. 1999. 松嫩平原盐生植物与盐碱化草地的恢复. 北京: 科学出版社.

中国科学院民族研究所黑龙江少数民族社会历史调查组. 1985. 黑龙江省蒙古族社会历史调查
报告. 黑龙江民族丛刊, 1: 118-187.

中国牧区畜牧气候区划科研协作组. 1988. 中国牧区畜牧气候. 北京: 气象出版社.

周道玮. 1996. 草地火燃烧、火行为和火气候. 中国草地, 3: 74-77.

周道玮, 郭平, 岳秀泉, 等. 1998. 松嫩草原火干扰状况研究. 草业学报, 7 (3): 8-13.

竹内亮. 1939. 北满滨江省西部盐碱土地带植物生育相概观. 植物及动物, 7 (4): 709-718.

祝廷成. 1955. 黑龙江省萨尔图附近植被的初步分析. 植物学报, 4 (2): 117-135.

祝廷成. 2004. 羊草生物生态学. 长春: 吉林科学技术出版社.

祝廷成, 李建东. 1974. 草库伦. 植物学杂志, 4: 8-12.

祝廷成, 张文仲. 1984. 吉林省 1: 2500000 植被图及其说明. 植物生态学报, 8 (2):
146-155.

祖元刚, 祝廷成. 1987. 羊草种群的能量流动及其稳定性分析. 植物学报, 29 (1): 95-103.

Coupland R T. 1992. Ecosystems of the World 8A. Natural Grasslands: Introduction and Western
Hemisphere. Amsterdam: Elsevier.

Huang Y, Lechowicz M J, Price C A, et al. 2016. The underlying basis for the tradeoff between leaf
size and leafing intensity. Functional Ecology, 30: 199-205.

Li Q, Zhou D. 2018. Soil respiration versus vegetation degradation under the influence of three grazing
pressures in the Songnen Plain. Land Degradation and Development, 29: 2403-2416.

Li X, Zhong Z, Sanders D, et al. 2018. Reciprocal facilitation between large herbivores and ants in a
semi-arid grassland. Proceedings of Royal Society B, 285: 20181665.

Liu C, Song X, Wang L, et al. 2016. Effects of grazing on soil nitrogen spatial heterogeneity depend
on herbivore assemblage and pre-grazing plant diversity. Journal of Applied Ecology, 53: 242-250.

Liu C, Wang L, Song X, et al. 2018. Towards a mechanistic understanding of the effect that different species of large grazers have on grassland soil N availability. Journal of Ecology, 106: 357-366.

Liu J, Feng C, Wang D, et al. 2015. Impacts of grazing by different large herbivores in grassland depend on plant species diversity. Journal of Applied Ecology, 52: 1053-1062.

Meng B, Li J, Maurer G E, et al. 2021. Nitrogen addition amplifies the nonlinear drought response of grassland productivity to extended growing-season droughts. Ecology, 102: e03483.

Shi B, Hua G, Henry H A L, et al. 2020. Temporal changes in the spatial variability of soil respiration in a meadow steppe: The role of abiotic and biotic factors. Agricultural and Forest Meteorology, 287: 107958.

Wang L, Delgado-Baquerizo M, Wang D, et al. 2019. Diversifying livestock promotes multidiversity and multifunctionality in managed grasslands. Proceedings of the National Academy of Sciences of the United States of America, 116: 6187-6192.

Wang L, Delgado-Baquerizo M, Zhao X, et al. 2020. Livestock overgrazing disrupts the positive associations between soil biodiversity and nitrogen availability. Functional Ecology, 34: 1713-1720.

Wang L, Wang D, He Z, et al. 2010. Mechanisms linking plant species richness to foraging of a large herbivore. Journal of Applied Ecology, 47: 868-875.

Zhong Z, Li X, Dean P, et al. 2017. Ecosystem engineering strengthens bottom-up and weakens top-down effects via trait-mediated indirect interactions. Proceedings of Royal Society B, 284: 20170475.

Zhong Z, Li X, Smit C, et al. 2022. Large herbivores facilitatea dominant grassland forb viamultiple indirect effects. Ecology, 103: e3635.

Zhong Z, Wang D, Zhu H, et al. 2014. Positive interactions between large herbivores and grasshoppers, and their consequences for grassland plant diversity. Ecology, 95: 1055-1064.

Zhu H, Wang D, Wang L, et al. 2012. The effects of large herbivore grazing on meadow steppe plant and insect diversity. Journal of Applied Ecology, 49: 1075-1083.

Zhu Y, Zhong Z, Pages Jordi F, et al. 2019. Negative effects of vertebrate on invertebrate herbivores mediated by enhanced plant nitrogen content. Journal of Ecology, 107: 901-912.

第 2 章　松嫩草地地质背景与古环境演化

中国东北地区处于古亚洲构造板块和环太平洋板块的交错复合带，其构造运动频繁且形式多样，是全球岩石圈演化最复杂的地区之一，同时也是油气、煤炭等矿产资源的重要产区，所以，受到了广大地质工作者的关注。另外，东北地区属于典型的温带季风气候区，其地理环境对于全球气候的变化尤其敏感，因此，该区域的古气候状况和演化也成为学界的研究热点之一。本章主要介绍松嫩草地的地质历史和古环境重建过程，解析该区域的地质演化与环境变迁之间可能存在的联系，为认识松嫩平原草地的地质与古环境，以及未来环境变化预测提供有关依据。

2.1　区域地貌特征

松嫩草地位于松辽盆地，地处中朝板块和西伯利亚板块的交界处。它属于克拉通转化型盆地（林年丰，2002；Yu et al., 2013）。盆地下部位于亚洲东部巨型上地幔隆起带的中段，基底为古生代和前古生代变质岩系，属天山至兴安岭华力西褶皱带的一部分。古生代的中国东北地区位于西伯利亚克拉通和中朝克拉通之间的古亚洲洋，古生代时期的亚洲洋域的构造演化基本奠定了中国东北区的松辽盆地构造格局。后期中、新生代太平洋域的挤压造成了板块内部的变形，这使得东北区造山带发生拆离、伸展塌陷、逆冲等运动，在此基础上松辽盆地开始发育。在现地质构造中，松辽盆地被挟持在四周的隆起带之中，它与隆起带之间由深大断裂分开，其中的北东向和北西向深大断裂控制了盆地构造和沉积演化过程。松辽盆地的东界主要是由哈尔滨至四平深大断裂带控制，其西界主要受到嫩江深大断裂带的制约，其南则大体受扎鲁特—开原断裂的制约，而北界大致受加格达奇—鸡西断裂带的控制（图 2-1）。

根据基底性质和盖层的地质特征可知，松辽盆地大体上是由东部隆起区、西部台地区和中部凹陷平原区三个部分组成。盆地的北部、东北部与小兴安岭接壤，东部、东南部与长白山接壤，西部邻近大兴安岭，南部则是东北平原的重要分界线，即松辽分水岭（李晶秋等，2009）。松嫩草地则位于盆地中央凹陷区的中部，三面环山，中间为平原，地表形态十分平坦（图 2-2）。

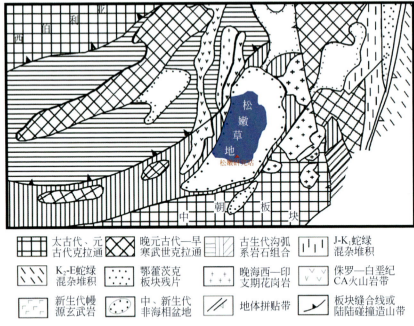

图 2-1　松嫩草地及周边地区的地质构造图（据周荔青和雷一心，2006）

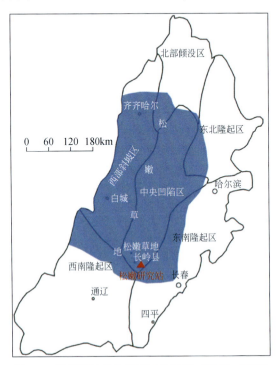

图 2-2　松嫩草地的地貌单元分布图（单伟，2009）

2.2 区域地质背景

地质构造运动是环境变迁的内动力，直接制约着地形起伏和地貌形态，从而对水系的变迁和沉积环境演化产生深刻作用。在构造运动的影响下，吉林省西部主要发生下降运动，形成了拗陷区（地台），而东部地区则相对上升形成广泛的隆起区（地槽）。其中地槽分为内蒙古–大兴安岭褶皱系和吉黑褶皱系两部分，前者进一步可划分为 2 个亚Ⅰ级、4 个Ⅱ级、9 个Ⅲ级、14 个Ⅳ级构造单元和 5 个上叠构造单元，后者则包括松辽中断陷、吉林优地槽褶皱带和延边优地槽褶皱带共 3 个Ⅱ级构造单元（表 2-1）。本文研究区松嫩草地位于吉黑褶皱系的松辽中断陷带内（孙思军，2009），因此我们主要系统阐明了松辽中断陷带的特征。

表 2-1　吉林省的构造单元划分表（吉林省地质矿产局，1989）

台槽	Ⅰ级	亚Ⅰ级	Ⅱ级
地台	塔里木–中朝准地台区	中朝准地台	辽东台隆
地槽	天山–兴安地槽褶皱区	内蒙古–大兴安岭褶皱系	内蒙古优地槽褶皱带
		吉黑褶皱系	松辽中断陷
			吉林优地槽褶皱带
			延边优地槽褶皱带

松辽中断陷是吉黑褶皱系中生代的断陷盆地，位于 $121°0'E \sim 128°30'E$，北纬 $42°0'N \sim 49°30'N$，大体呈北东向分布。断陷东部为吉林优地槽褶皱带，南邻内蒙古晚华力西褶皱带多伦复背斜和中朝准地台辽东台隆下辽河中断陷，西侧以镇西—永茂铁矿断裂为界与内蒙古优地槽褶皱带相邻，北部则与苏联泽雅—布列因盆地接连。吉林省辖属区处于松辽中断陷的南段，地貌上为低洼平原，两侧是丘陵山地。辖区内部以长春–长岭–通榆一线的北西向岗地为分水岭，南侧为辽河水系，北侧为松花江水系。分水岭北侧发育着大片的湖泊沼泽，主要集中在乾安、大安一带，其地下蕴藏有丰富的油气矿藏。区域的基底主要为前侏罗纪的变质岩系，盖层为极厚的中新生代陆相火成岩、陆相碎屑沉积岩和泥岩。

松辽盆地南部的断陷层分布广泛，尤其是白垩世时期的初始裂陷运动使得盆地南部形成了数目众多、大小不一的断陷盆地群。多年的地质勘探结果表明：目前已确定的断陷盆地达 60 多个，总面积约为 $57000km^2$。松嫩平原位于其中的长岭断陷盆地中，该盆地面积大约为 $7630km^2$。

2.2.1 区域构造特征

松辽盆地自形成以来，经历了印支期、燕山期和喜马拉雅期三次构造运动。

该盆地孕育于印支运动末期–燕山运动早期，主体形成于中晚期的燕山运动至早期喜马拉雅运动之间，并在喜马拉雅运动晚期开始萎缩。三次构造运动对于松辽盆地的地形地貌影响不同，其大体可分为五个阶段：成盆先期褶皱阶段、初始张裂阶段、裂陷阶段、沉陷阶段以及萎缩平衡五个演化时期（图2-3）。其中，先期褶皱阶段对应印支运动时期，初始张裂阶段、裂陷阶段和沉陷阶段主要对应燕山运动作用期，而萎缩平衡阶段对应着喜马拉雅运动期。当前松辽盆地正处于萎缩平衡期，发生的构造运动形式以断裂变动为主（表2-2）。

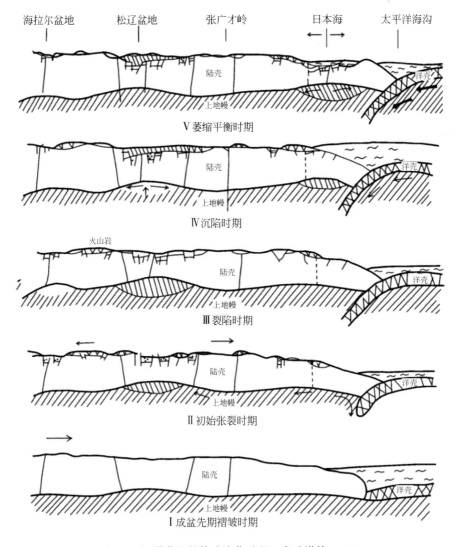

图2-3　松嫩草地的构造演化过程（高瑞祺等，1997）

表 2-2　松辽盆地的构造运动分期表（吉林省地质矿产局，1989）

构造运动名称	构造运动分期	构造运动时代	距今年龄（亿年）	构造运动特点
喜马拉雅运动	第三纪末期 早第三纪末期 明水组末期 嫩江组末期	第四纪	0.02	断裂变动
		晚第三纪	0.25	褶皱变动，断裂变动
			0.63	白垩盆地消亡
		早第三纪	0.86	垂直升降运动
				褶皱变动，断裂变动，轻微变质作用
		早第三纪	1.25	明显区域变质作用，断裂活动，火山喷发活动，拗陷盆地发育达到顶峰
燕山运动	登娄库末期	早~晚白垩纪	1.35	强烈褶皱断裂，岩浆侵入活动，断裂变质作用，形成了盆地
			1.95	
			2.15	
	晚侏罗纪末期	早白垩纪		断裂变动，变质作用，岩浆侵入，中基性火山喷发
		侏罗纪		
印支运动		晚三叠纪		
		早三叠纪		

1. 成盆先期褶皱阶段

在松辽盆地形成之前，印支运动以断裂变动、变质作用、岩浆侵入和中基性火山喷发作为主要特征。古生代末期到中生代初期，欧亚板块向东南方向运动并与古太平洋板块发生碰撞，其中东北地区与日本及周边岛屿碰撞最为激烈，形成了大规模的褶皱。松辽板块就在此时开始隆起，在经过三叠纪早期的长时间侵蚀作用后，该区域的地势逐渐趋于平缓。

2. 初始张裂阶段

在侏罗纪晚期，燕山运动表现为褶皱断裂、岩浆活动以及强烈的变质作用。此时由于古太平洋板块向古亚洲板块（东北地区地壳）俯冲的缘故，东北地区的地壳强烈上拱，由此产生了诸多初始断裂构造。松辽盆地就在此时开始张裂，产生了大量规模不等的裂陷，其裂陷缝处被火山碎屑岩所填充，形成了碎屑岩沉积。

3. 裂陷阶段

在白垩世早期，燕山运动导致了松辽盆地莫霍面的隆起，其中，盆地中央的隆起最为显著。在此期间，孙吴–双辽地壳断裂表现活跃，中央断裂带上升，断陷两侧张拉明显，形成陡崖地形。由于断陷的沉降速度快、物源丰富和水动力条件强，因此，该处沉积是以粗屑类复理石建造为主，松辽盆地雏形开始显露。

4. 沉陷阶段

晚白垩纪初期，由于岩石圈逐渐冷却导致了地层热收缩，松辽盆地沉降幅度开始加大，其规模和速度也在不断扩大，从而形成了中央深坳陷。其中，在青山口组和嫩江组沉积时期，松辽盆地爆发了两次大规模的湖水侵入事件，致使该区形成了一套以河流、湖泊及三角洲相沉积的砂、泥岩互层含油建造的沉积层，其沉积厚度高达 3000m，这也是湖盆发育的全盛阶段。松辽盆地的沉降运动具有明显的非均质性，盆地在发育初期于东部和中部形成了两个沉降中心。到了发育后期，盆地东部的沉降中心逐渐消失，最后形成了以东部早期断陷、中部中期断陷以及西部长期斜坡带为特征的盆地结构。到了晚白垩世晚期，嫩江运动使得地壳普遍隆起，尤其东部地区的抬升比较明显。这造成了嫩江组和四方台组之间的区域性角度不整合，形成了白垩系与第三系的区域不整合特征。至此，松辽盆地的沉陷期结束。

5. 萎缩平衡阶段

喜马拉雅运动对盆地的作用大致可分为两个阶段：晚白垩纪与早第三纪间的构造运动促使了盆地内广泛发生正向构造的隆起；而早第三纪和晚第三纪的构造运动则导致了早第三系和晚第三系地层之间区域不整合特征的形成。

晚白垩纪末期的构造运动又使得该区域进入了全面上升阶段。其中盆地东部的上升较为显著，这使得沉积中心再次向西移动。到了新生代阶段，松辽盆地地质结构较为稳定，在自然地理过程长期的作用下，逐渐形成了与现代相近的地貌景观。

2.2.2 区域地层序列

吉林省地层主要是由天山–兴安岭区和华北区组成，其中天山–兴安岭区包括了兴安分区、松辽盆地分区和吉林–延边分区，而华北区地层则主要是辽东分区地层。

兴安分区位于松辽盆地西缘断裂带西部，其地层记录开始于二叠纪早期。该分区新生届地层中以杂砂岩、粉砂质页岩、致密石灰岩以及碎屑灰岩为主，岩石分选性较差，稳定物质含量较少。以往的研究表明，兴安分区中生代地层为内陆盆地相。其中侏罗系对应的内陆盆地相发育最好，在侏罗系早期该地形成断陷型沉积且含有煤，到了中期继续发育含煤沉积，并伴有大量火山喷发相物质。到了晚期，沉积相则几乎全部表现为火山喷发相类型，而热河生物群就分布于该沉积层位中。

松辽盆地区基部主要是由活动类型沉积古生界地层组成（Ji et al.，2019）。目前，该地区尚未发现三叠纪-早中侏罗纪地层，而相邻的长白山及大兴安岭都有很厚的火山-沉积物发育。这表明松辽盆地此时可能是一拱隆带。晚侏罗纪-早白垩纪早期，拱起地壳发生开始分裂，火山喷发强烈且频繁，断裂进一步发展，基层不断下降，凹陷范围不断扩大，从分隔的小凹陷逐渐发展成为统一的大型构造凹陷。其中白垩纪地层的层序最全且分布广泛，是盆地内的主要岩系。但该时期的沉积类型相对单一，主要为湖相碎屑岩和泥质岩夹有机岩。第三系仍属内陆盆地相，沉积不均衡，至晚期分布范围扩大。第四系在全区广泛分布，出露完整，哺乳动物化石丰富，为天山-兴安岭地区的第四系标准区。

本研究区松嫩草地位于一个中新生代沉积盆地，其间沉积了巨厚的侏罗纪-白垩纪地层和 420～530m 厚的古近纪-新近纪地层，以及 75～200m 厚的第四纪地层。基底地层主要为古生代变质岩和花岗岩，沉积盖层依次为中生代侏罗系、白垩系、新生代第三系和第四系，最大沉积厚度超过万米。通过对地层剖面的观察，发现剖面上层主要为中新生代大型拗陷盆地地层。而中生代中的白垩系是该区域地层的最主要的发育期，其以拗陷沉积为主，对松嫩草地上的白垩系以来的地层演化过程详细论述如下。

1. 白垩系

白垩系时期，吉林省地层主要分为松辽盆地型和东西部山区型，其中白城、长岭及农安三小区均属松辽盆地范畴。先前已有诸多研究者对松辽盆地白垩系进行了大量调查，结果表明农安小区地层出露最全，因此其可以代表松辽盆地的总体沉积状况（表 2-3）。

表 2-3　吉林省松辽盆地的白垩系地层分区表（据吉林省地质矿产局，1989）

		白城小区	长岭小区	农安小区
白垩系	上统		明水组	
			四方台组	
	下统	嫩江组	嫩江组	嫩江组
		姚家组	姚家组	姚家组
		青山口组	青山口组	青山口组
			泉头组	泉头组
			登娄库组	登娄库组
				营城子组

农安小区位于松辽盆地的中东部，东界为舒兰–营城–长春市–四平线，西界为四克基–八郎–孤店–大老爷府–双坨子线，南临辽宁省，北以松花江与黑龙江省相邻。白垩系地层的层序自下而上依次为营城子组、登娄库组、泉头组、青山口组、姚家组、嫩江组、四方台组及明水组。地质调查发现农安小区在白垩系层位中含有膨润土、珍珠岩、沸石及煤矿等矿产。

1）营城子组

营城子组分布较广，以营城至上河湾一带最为常见。该组的岩相、岩性及沉积厚度差异较大，既沉积有火成岩相物质，同时也有冲积扇及滨浅湖、半深湖–深湖相的砂砾岩和砂泥岩沉积。火成岩相物质依时间由早及晚依次表现为"中酸性火山岩–碎屑岩–火山碎屑岩及中基性火山碎屑岩"，这反映了当时的火山活动为"强–弱–强"的特征。从岩性的横向来看，较大的岩性变化反映了沉积基部凹凸不平，而该结果主要是受构造断裂影响所致，火山口处的岩石以火山碎屑岩为主，而在远离熔浆通道处以正常碎屑沉积为主，火山碎屑沉积次之。根据酸性至基性熔岩交替出现的变化特征，推断出火山喷发方式是裂隙喷溢，其活动存在着周期性的特点。此外，学者在营城子组地层中发现了丰富的动植物化石，植物是以短叶杉属（*Brachyphyllum*）和棕榈属（*Trachycarpus*）为主，动物则以介形虫、双壳类化石为主（周志炎和曹正尧，1977）。这些丰富的动植物化石的存在及岩相特征均表明，当时该区域可能存在着沼泽，气候可能较为温热潮湿。

2）登库娄组

登娄库组位于松辽盆地东缘区，分布范围明显大于营城子组，整体表现为连片分布的特征。岩性以泥岩、砂岩和砾岩为主，分选性差，且多为棱角状。早期沉积地层主要表现为分割孤立状，而晚期时其分布范围开始扩大。其中的沉积充填序列为冲泛平原–三角洲–滨浅湖–冲泛平原，这反映了湖水由进侵到湖退的完整旋回。本组盛产丰富的植物化石，其中棘皮藻（*Elatocladus*）和风铃草属（*Campanula*）的比例较大。

3）泉头组

泉头组主要位于松辽盆地东缘，沿四平–怀德–长春–九台–舒兰–榆树一线分布。沉积初期，古地形起伏不平，甚至有些地区基岩突起，如朱大屯和桦家等地。在沉积后期，地形较为平坦，沉积范围逐渐扩大，但由于农安等地基岩底隆起从而造成侵蚀加剧，故而这些区域缺失本组地层。本组是以紫色至暗色粗粒碎屑岩、粉砂岩与泥岩为主，其中碎屑岩由下往上逐渐变细，这显示出了明显的构造旋回特征。此外，盆地边缘到内部依次为砾岩–砂岩–粉砂岩–泥岩，其粒度由粗变细变化明显，这反映了由河流相–滨湖相–浅湖相的沉积演化过程。本组动植物化石相对较少，类型主要是双壳类、介形虫及少量植物化石。

4）青山口组

青山口组是松辽盆地第一次大规模的湖侵产物，在前郭旗抽水站、登娄库–青山口一带沿西流松花江出露较全，其中以青山口处出露得最为完整，故将这一组地层统称为青山口组。该组广泛分布于松辽盆地中，盆地中央拗陷区形成一套以黑灰色、灰黑色泥岩为主的沉积岩相，盆地北部和西部则形成以砂岩与泥岩互层为主的沉积岩组。另外，因为该组以泥岩为主，所以蕴含的化石较为丰富，类型主要是介形虫及双壳类。

5）姚家组

姚家组主要均匀分布在青山口–鳌庄台和登娄库哈马–哈达山一带，但其范围要小于青山口组。从发育时间来看，姚家组是继青山口组大规模湖水入侵之后，盆地经历了短暂的抬升而形成的，主要是河流相–滨海相的棕红、暗紫红色泥岩和粉砂质泥岩的沉积组合，并且沉积中夹杂着灰绿色泥岩、灰白色粉砂岩和泥质粉砂岩，其中泥岩、粉砂质泥岩呈致密状，普遍含有灰质结核。另外，其岩石多见斜波状层理、揉皱状构造和角砾状构造，这反映出了流动水浅湖相、滨湖三角洲相的沉积特点。另外，本组与青山口组同样多产介形虫化石。

6）嫩江组

嫩江组是继青山口组之后的又一次大规模的湖侵产物，多见于农安县伏龙泉镇、前郭旗哈蚂屯和怀德大黑林子和公主岭等地区，其分布范围和厚度均大于青山口组和姚家组。该组上部为灰黑、灰绿及棕红泥岩，为湖相沉积，富含化石。下部以黑色泥页岩为主，夹杂油页岩，是区分地层对比的重要指示层。在1965年松辽盆地石油地质调查中记载有鱼化石。从嫩江组已有的化石群来看，嫩江组是早、晚白垩纪介形和双壳类混生带，但鱼类却出现了松花鱼群，该结果反映了生物发展的连续性和阶段性。此外，在嫩江组沉积之后，褶皱为主的构造运动也有相应记录。

7）四方台组

四方台组作为松辽盆地萎缩平衡阶段的产物，主要分布在松辽盆地中央拗陷区、北部倾没区以及南部和西部的斜坡区，其在长岭地区较为常见。该组的沉积中心主要位于黑帝庙—乾安一带，厚度约为200～400m，厚度由中心向四周逐渐变薄，并且受不同程度的剥蚀作用。本组沉积物主要由灰、灰绿、深灰和棕红色泥岩、粉砂质泥岩与灰白、灰绿色泥质粉砂岩、粉至细砂岩组成，局部夹杂沙砾岩层。在黑帝庙以东地区，砂、砾含量比例逐渐增加，并以砂岩、砾岩为主，其含量达到了90%左右。该地区泥岩以棕红色为主，化石沉积较少，由下往上逐渐被湖滨相沉积物交替，最终形成一套以泥岩和粉砂岩为主的河相沉积组合，其中的交错层理和斜层理特征表明了该区域为浅湖相沉积，且与下伏白垩纪嫩江组呈平行或角度不整合接触。在该沉积序列中，存在着大量的介形虫化石、双壳类化石以及轮藻化石。

8）明水组

明水组分布范围稍大于四方台组，常见于盆地的中央拗陷区和西部斜坡区域，另外在大安—让字井—长岭一线的长岭小区中也有发现。1960 年松辽石油勘探局综合研究大队在长岭及周边地区进行了勘察，并以岩性组合特征将明水组分成了两段：第一段以灰绿色泥岩、粉砂质泥岩为主，夹杂棕红色、灰绿色砂岩。其中中、上部两层较薄（仅有 2 ~ 9m），黑色泥岩为标志层，呈现两个不明显的正旋回。该阶段产介形虫、软体、轮藻和植物等门类化石，并且层理类型较多，属于浅湖相沉积。第二段则是韵律互层，以灰棕色、灰绿色、灰白色、棕红色等杂色泥岩、粉砂质泥岩、泥质粉砂岩、粉砂岩组成。明水组地层在该区域分布存在空间差异，其中长岭以北约 10km 宽的南北向延伸带中缺失了明水组第二段，仅保留其第一段。范婕等在探究长岭断线地层构造时，指出该区域地层与农安小区地层基本一致，位于长岭县北部的松嫩草地白垩系地层自下而上分别为：嫩江组、姚家组、青山口组、泉头组、登娄库组、营城子组，而明水组和四方台组沉积不太明显，这可能是由于断裂构造运动导致此组地层缺失（范婕等，2017）。而长岭周边的其他区域则保留有完整的明水组地层，其沉积厚度一般为 100 ~ 200mm，其中黑帝庙—长岭地区最厚。

2. 第三系

吉林省的第三纪地层主要是分布于松辽盆地、依兰-伊通断陷的西南地区、密山-抚顺断裂中段以及图们江-鸭绿江断裂带北侧地区，呈东北-西南向展开。总体而言，第三系地层的出露情况并不好，仅仅在少部分地区有第三纪晚期的岩浆岩出露地表。该地层主要为内陆盆地型正常碎屑沉积，富含丰富的褐煤与工业黏土矿产，因此，学界普遍认为第三系为吉林省境内重要的成煤时期。此外，吉林省境内的第三系晚期地层含有丰富的优质硅藻土并保存了大量的玄武岩，这为工业发展提供了重要的原材料。

由于构造运动发生的不平衡，吉林省内缺失早第三系的正常沉积地层，其主要沉积的是灰色泥岩、灰绿色泥岩、砂岩及砾岩，且与下伏地层为不整合接触关系。不同区域的沉积厚度差异较大，最大厚度可达 270m。自下而上随着深度的逐渐变浅，地层顺序分别为古新统富峰山组、中新统大安组和上新统泰康组。

富峰山组主要分布在大屯、范家屯、双辽、双山、长岭等地区，由一套灰绿色、块状和气孔状橄榄玄武岩和紫红色玄武岩组成，形状呈火山锥型。富峰山组玄武岩切穿泉头组紫色泥岩并覆盖在其之上。大安组主要分布在松辽盆地的中部，盆地西部厚度比较薄，而东部则几乎完全缺失。该组由泥岩、砂质泥岩、砂岩和砾岩组成。整个剖面的粒度呈下粗上细，存在明显的韵律性。寿康组较大安组分布广，岩性主要为黄绿、灰绿色泥岩以及砂岩和砾岩，粒度特征为下粗上细，呈明显的韵律性。泰康组大部分被第四系掩盖，地表出露的较少。

本研究区第三系地层自下而上分别为大安组和泰康组，富峰山组的沉积不明显，由此可见地层沉积存在着显著的区域差异。

3. 第四系

松辽盆地西部含有广泛的第四系厚层沉积，其覆盖面积占到了吉林省总面积的三分之一以上，而东部山区分布则较为零散，主要分布于舒兰–伊通断陷、梅河等新生代盆地及周围。盆地第四纪沉积是风成堆积与河流相沉积，主要为黄土状黏土、黑色淤泥质亚黏土、砂土和砂砾，其与下伏第三系之间多为平行不整合或角度不整合接触关系。

吉林省第四系研究最早可追溯到 1958 年长春地质学院进行的松辽盆地西部及吉林南部区域水文地质普查和地质测量工作。1964 年吉林省水文地质队在"松辽盆地中部第四纪地质初步观察"中，对勃勃图风沙、双辽风沙、大王山风沙和郭家店风沙分别界定为更新世晚期、上更新世、全更新世的初级和晚期。此后，诸多地质学者对松辽盆地第四纪地层进行了更为深入的调查与研究。按照成因类型松辽盆地地层具体包括：

1）早更新统冰水堆积

早更新统冰水堆积广泛分布于松辽盆地中 [图 2-4（a）]，最大埋藏深度可达到 120m，其岩性主要由灰白色冰水砂砾石和灰黄色冰碛泥砾物组成。根据地层表数据记载，灰白色冰水砂砾石地层中含有丰富的植物化石。孢粉研究显示其中的木本花粉占比 10% 以上，其中以落叶松（*Larix*），松属（*Pinus*）为主。而冰水堆积上覆盖的红色砂砾岩地层中则含有少量孢粉，其中以艾属（*Artemisia*）较为常见。上述的孢粉研究结果反映了该地层早期的气候特征为偏凉的稀树草原环境，晚期的气候特征则可能是较干旱的草原环境。

松嫩草地由于受到强烈地壳升降运动的影响，所以区域内的地层上升幅度较大，其中大兴安岭山脊线海拔达到 1000m，东部山地上升 700m。加上气候干冷，因此，在大、小兴安岭及东部长白山地中发育了大量的冰水堆积物，其中在早更新世晚期发育的最为显著 [图 2-4（a）]。

2）中更新统湖积、冲积、冲洪积

中更新统地层在松辽盆地普遍存在，以正常碎屑沉积和泥质沉积类型为主。该类沉积成因主要有冲积、冲洪积和湖积，岩性以黄土状亚砂土、淤泥质亚黏

1、冰水沉积；2、冰碛；3、湖积；4、基岩；5、脱落地块；6、火山堆积；7、深大断裂；8、一般断裂

(a)早更新世晚期–中更新世早期

1、冲湖积；2、冰水堆积；3、冰碛；4、湖积；5、海陆交互沉积；6、火山堆积；7、基岩；8、脱落地块；9、深大断裂；10、区域性断裂；11、一般断裂

(b)中更新世中晚期

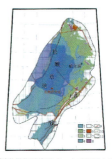

1、晚更新世早期冲湖积；2、中更新世中晚期冲湖积；3、冰水堆积；4、冰碛；5、湖积；6、火山堆积；7、基岩；8、脱落地块；9、深大断裂；10、区域性断裂；11、一般断裂

(c)晚更新世早期

1、冲湖积；2、风积黄土；3、晚更新世早期冲湖积；4、中更新世中期冲湖积；5、冰水堆积；6、冰碛；7、早更新世早期湖积；8、火山堆积；9、基岩；10、脱落地块；11、深大断裂；12、区域性断裂；13、一般断裂

(d)晚更新世中期

1、晚更新世晚期冲湖积；2、风积；3.晚更新世早期冲湖积；4、中更新世中期冲湖积；5、冰水堆积；6、冰碛；7、早更新世早期湖积；8、冲坡积；9、火山堆积；10、基岩；11、脱落地块；12、深大断裂；13、区域性断裂；14、一般断裂

(e)晚更新世晚期

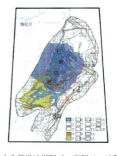

1、早中全新世冲湖积；2、海积；3、冲积；4、晚更新世中期风积黄土；5、全新世风积沙；6、晚更新世晚期冲湖积；7、晚更新世早期冲湖积；8、中更新世中晚期冲湖积；9、早更新世早期冲湖积；10、冰水堆积；11、冰碛；12、湖积；13、火山堆积；14、基岩；15、脱落地块；16、深大断裂；17、区域性断裂；18、一般断裂

(f)早中全新世

图2-4　松嫩草地的第四纪各时期岩相分布特征（赵福岳，2010）

土、粗细砂和含砾砂层为主。整个中更新统地层覆盖在下更新统之上，或直接不整合于前第四系地层之上，其最大地层厚度可达60m，另外松辽盆地东部和西部的沉积类型略有不同。

东部的中更新统分为两层，上部为冲、洪积层，下部为冲、湖积层。其中冲、湖积层广泛位于松辽盆地东部，伏于黄土之下。此组中存在哺乳动物梅氏犀化石，多位于长春–四平一带。从孢粉数据记录上看，草本植物花粉占比高达65%，其中以禾本科（Gramineae）、蒿属（Artemisia）和藜科（Chenopodiaceae）为主。

松辽盆地西部是以湖相沉积为主，但西部边缘则主要是河流湖泊相沉积。该套沉积岩岩性主要是青灰色、黑绿色淤泥质亚黏土、黏土，局部夹杂粉砂，整个区域没有发现出露地表的部分，沉积深度在10m以下。该区域向西与大兴安岭东麓下层的冰碛泥砾及砂砾石为相变关系，向东则相变为冲湖积层和冲、洪积层，且与下伏地层呈整合或平行不整合接触。根据生物化石记录，该中更新统地层中只有少量可指示其生境的软体动物化石，其中包括珊瑚虫（*Corbicula*）和芦苇（*Phragmites australis*）。

本研究区主要位于松辽盆地的西部，由于中更新世时松辽盆地不断下沉，松辽古湖发育形成了大湖环境，盆地边缘地带被湖水淹没，因此该区域最终形成了冲湖积地层［图2-4（b）］。

3）晚更新统冲积物

晚更新统在松辽盆地全域内发育。该类沉积成因主要是河流冲积，此外，局部区域为河、湖相沉积与风成沉积。松辽盆地西部边缘山麓为冰水沉积过渡类型，岩性主要分为两层，上层为浅黄色亚砂土，局部含有黏土和粗粉砂，具有孔隙特征且呈垂直节理发育；下层为黄色、灰白色细粉砂和粗粉砂，局部含有中粗砂、砾石及淤泥，其磨圆度和分选性均良好，水平层理发育明显。根据前人研究记录，上部黄土层中含有啮齿类动物化石，下部粉砂层中含有猛犸象、披毛犀动物化石，其与下伏中更新统冲积、湖积层和冲积、洪积层为整合或平行不整合接触关系。另外，晚更新统冲积层下部地层的孢粉组合主要是以木本植物花粉为主，以桦木属（*Betula*）为代表，上部地层草本植物花粉占优势，以蒿属（*Artemisia*）为主。

根据该地区的地质构造背景，松嫩草地在晚更新世早期以拗陷下沉为特征，以冲湖积黄土状亚砂土沉积为主［图2-4（c）］；晚更新世中期，由于区域构造断陷的影响，此时松嫩草地接受了冲湖积沉积和风积沙土的堆积［图2-4（d）］；晚更新世晚期，该区域地层继续下沉并受到了先锋海侵运动的影响，因此接受了海相含粉砂薄层的亚黏土、中细粒砂层的沉积和河湖相粉细砂夹含泥砾亚黏土的沉积［图2-4（e）］。

4）全新统冲积、湖积、沼积和风积

全新统广泛分布于松辽盆地内，其沉积类型的成因尤为复杂，以冲积、风积、湖积和沼泽沉积为主，不同成因的沉积物的分布与现代地貌部位有着密切的关系。全新统岩性主要包括砂砾石、细粉砂、淤泥和泥炭等，且与下伏地层的接触关系多表现为平行不整合关系。其中，湖积、沼积主要分布于低洼地，分布较为零星，尤其以西部盆地居多。湖积、沼积层的岩性包括了灰黑色、黄褐色淤泥质亚砂土以及淤泥质亚黏土等，含有水平层理，富含淤泥和有机质并夹杂泥炭层。早全新统冲积层为温泉河组，晚全新世沉积类型成因复杂，分布零散且生物化石资料匮乏。

早全新世由于受到区域构造运动的影响，本区域不断下降。随着冰期的结束，全球性气候转暖，海面又一次开始快速上升，该区域在差异升降运动控制下，湖泊继续向西南迁移并急剧缩小。湖泊中心移至齐齐哈尔-乾安一带，接受了风积沙土的堆积，形成了中西部地区的早中全新世的风积地层［图2-4（f）］。直到晚全新世末，该区域才广泛发育湖积沼泽和劣质泥炭层。

第四纪时期，本研究区的构造运动方式以下沉运动为主，因此区域内广泛堆积沉积物，地层发育层序较为完整。根据第四系的地层沉积特征，第四系时期的松嫩草地主要以湖相沉积为主。结合先前的研究结果（詹涛等，2019），第四系早期松辽盆地内存在一个面积约为50000km^{2}的大湖，在晚更新世时期趋于干涸，由此可见松辽古湖的演化对本研究区地层的形成产生了重要的影响。

2.3 古环境演化过程

地球系统的环境变化与人类的发展密切相关，通过了解和研究古环境演化规律，能够预测未来环境的变化趋势。"过去全球变化研究（PAGES）"是全球研究计划的重要分支，诸多研究者通过各种沉积材料和信息载体，对过去气候与环境进行恢复与重建，进而探索全球环境系统变化的规律及机制（肖河，2017）。松辽盆地对于气候变化响应敏感，并且是适宜人类居住的区域之一，具有极高的研究价值。但现有的松辽盆地古气候资料的连续性较差、分辨率较低，因此，目前对该盆地的古气候古环境研究大多集中在第四系时期（肖河，2017），而对于先前的地质历史时期则研究较少。

2.3.1 松嫩古湖发育及演化

由于松嫩古湖发育在松辽盆地的第四纪时期，因此其演化直接影响着松嫩草地的发育情况。本文将着重探讨松嫩古湖的发育过程，为本研究区的环境演化过程提供区域背景。

1. 上新世末-第四纪初

上新世末-第四纪初以来大、小兴安岭的继续上升，松辽盆地则相对缓慢下沉，其中西部沉降形成了松辽大湖。松辽大湖形成于距今大约200多万年前至中更新世末，其分布范围主要在林甸-齐齐哈尔-坦途-白城东-姚南东-瞻榆-太平川-科左中旗-长岭北-前郭儿罗斯-肇源-安达-林甸一带（裴善文等，2014）。大湖中沉积了早更新世令字井组和中更新世林甸组的淤泥质亚黏土，黏土间夹薄层砂层，厚20~50m。根据古地磁测年数据（图2-5），以及钻孔地层的孢粉分析、黏土矿物分析等结果，可以确定松辽古水系在早更新世和中更新世时期呈向心状流向松辽古大湖，这些汇入的水系包括西辽河、新开河、乌力吉木仁河和东辽河等（裴善文等，2014）。

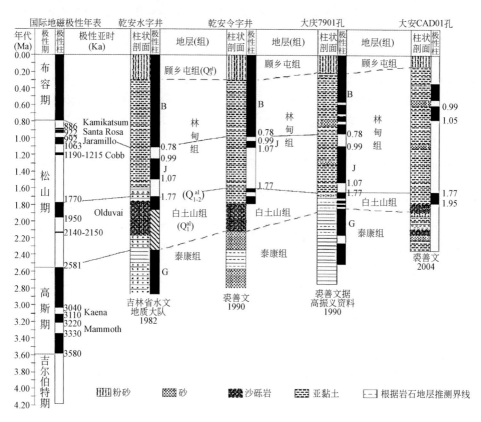

图 2-5　松嫩平原的第四纪钻孔极性柱对比图（裴善文等，2014）

2. 第四纪

进入晚更新世以来松辽古湖逐渐消亡，松辽分水岭开始隆起，这导致了松辽盆地的古水文网再次发生变迁，盆地西部形成了以淤泥质黏土为主的湖相堆积。依据 1937～1938 年的水准测量数据，营口比庄河相对下沉了 60mm，致使诸多通向平原山地的河流河口呈溺谷状态。此时下辽河不断下沉，辽河侵蚀基面下降，河床比降增大，导致了辽河干流不断发生溯源侵蚀，最终袭夺东、西辽河，形成辽河水系。分水岭向北移，形成了以北雅玛图-西尔根-瞻榆-太平川-长岭-怀德镇-陶家屯-草市为分水线的松辽分水岭。松辽分水岭的发育导致南北岩相沉积存在显著差异，北侧形成湖相淤泥质黏土沉积，南侧则形成了冲湖淤泥夹砂层沉积。晚更新世，由于盆地沉降变弱，湖盆面积缩小，低平原沉积层二元结构明显，上层为黄土状亚砂土，下层则为稳定的细粉砂层。直到晚更新世晚期，低平原上湖泊消亡，开始出现河流相和河流三角洲相沉积物。

在全新世时期，松辽盆地内沉积环境受气候的影响较大，其气候相比其他时期较温暖潮湿，沼泽、草甸等湿地全面发育，沉积层中出现了泥炭。泥炭与冰芯、黄土、湖泊沉积物一样，已被证明是气候变化的重要储存库和档案馆（肖河，2017）。相较于其他沉积物而言，泥炭具有沉积连续、沉积速率较快且过程稳定、时间尺度长和经济易得的优势，因此常被用作探讨环境演变的信息载体。

本区域区因受到第四纪松辽古湖演化的影响，其沉积层表现为更新世的黏土质沉积和全新世的泥炭层沉积，二者均属于湖相沉积。根据已有的研究记录（林年丰和汤洁，2005），该时期对应的气候特征整体上有从寒冷到温暖转变的趋势。

2.3.2 松嫩草地的古植被与古气候演化

古植被及古气候的演化深刻影响着人类社会的发展与进步，因此研究松嫩草原第四纪时期的植被与气候演化进程具有重大价值和意义。本文将分别从早更新世、中更新世、晚更新世和全新世四个阶段探讨松嫩草地的环境特征及变迁过程，从而为未来环境变化预测提供依据。

1. 早更新世的环境变迁

进入早更新世，全球气候逐渐变冷，进入典型的冰期-间冰期旋回。此时，大兴安岭属于冰缘气候，而松辽盆地的气候呈"温凉偏干"的特点。根据已有的记录显示（曾琳等，2011），该地区以蒿属、藜科、禾本科草本植物花粉为主，占比在95%以上，而木本植物的花粉比例小于5%，形成木本植物以桦树为主的桦林草原景观。到了早更新世中、晚期，气候转为温湿-半湿特点。由于气候逐渐转暖，植被逐渐恢复，开始呈现"桦-蒿-乔本"和"云杉-柳-蓼-杂草"的特点，盆地周围生长了大面积的喜温性植物芦苇（*Phragmites australis*）。可以看出，该时期的区域草原景观是稀疏针、阔叶林分布的草甸草原景观。曾琳等对东北地区松辽盆地等地黄土沉积的研究结果显示，东北地区的半干旱气候可能至少在早更新世晚期就已经开始（曾琳等，2011）。

2. 中更新世的气候特征

在中更新世早期，松辽盆地气候逐渐变冷。在强大的蒙古高压控制下，冬季风势力强劲，形成了大片的沙地，其中长白山系山前台地处堆积了约25m厚的黄土（张月馨等，2020）。当前学者们普遍认为中更新世以来C_3植物占绝对优势地位，气候具有逐渐趋于暖湿的特征。该时期草本植物占据优势，以蒿属、藜科为主，占比高达70%。木本植物的花粉含量明显降低，显示出该地区可能为森林草原植被景观。中更新世中期，气候开始转暖，松嫩水系再次得到发育，径流丰富，形成了较厚的湖相黏土沉积。中更新世晚期，气候温暖湿润，黄土层经氧化淋溶作用，颜色呈现暗橘红色；对应的植被为阔叶疏林草甸草原景观，以榆属（*Ulmus*）和椴属（*Tilia*）为代表的阔叶树乔木植物占比明显增加，草本植物蒿属、藜科的含量下降；此外，水生植物和丰富的盘星藻（*Pediastrum biradiatum*）开始出现。

3. 晚更新世的气候特征

晚更新世早期，气候较干冷，植被以蒿属和藜科为优势，木本植物以松属（*Pinus*）为主，形成了针叶林草原景观。另外，该时期的矿物组合以蒙脱石和伊利石为主，也显示了气候较为寒冷干燥；晚更新世中期，气候转暖，孢粉组合仍是以蒿属和藜科为主，但其中大量的香蒲属（*Typha*）出现，木本植物花粉主要有栎属（*Quercus*）、榆属（*Ulmus*）和柳属（*Salix*），区域植被为阔叶林草原群落，反映了温暖湿润的气候特征；晚更新世晚期，该时期植被演替分为三个阶段：第一阶段为"松–云杉–蒿"组合，形成以云杉为主的暗针叶林草原的植被景观，气候冷湿。第二阶段为"桦–蒿"组合，构成桦林草原和蒿草原景观，其气候较温和湿润。第三阶段为"蒿–藜–菊"组合，形成了以蒿为主的草甸草原景观，气候由温和湿润转为干燥寒冷。根据刘玉英等对东北二龙湾玛珥湖孢粉记录，晚更新世的气候为"冷干→暖湿→冷干"的变化趋势，植被景观由针叶林向针阔混交林转变（刘玉英等，2008）。此外，晚更新世时期河流地貌发育，嫩江、松花江下游区域形成河流阶地地貌，河流相沉积逐渐堆积。根据已有研究显示，确定此时阶地地层中掩埋着猛犸象和披毛犀冰缘动物群化石（Mammuthus Coeledonta Fauna）（张虎才，2009）。

4. 全新世的环境变迁

早全新世（11000~7500yr B. P.），气候逐渐回暖，冰雪开始融化，河流径流量开始增大，逐渐形成冲、洪积物。同时，沙丘和沙地沿水系网络分布，河流顺河道输送沙源，河水呈现沙水相伴的特点。该时期，桦木林大量发育，喜冷的云杉、冷杉减少，形成疏林草原景观，这表明了气候显著转暖的趋势。

中全新世（7500~2500yr B. P.）即全新世大暖期，气候向温湿转变。松辽盆地区域内河流径流量丰富，沙漠化面积缩小，芦苇沼泽等湿地广布。在5500~4500yr B. P. 阶段，湿地泥炭堆积达到高峰期。另外，该时期孢粉组合以榆属和

桦木属 (*Betula*) 为主，形成了阔叶林植被景观，这反映了冰后期气温回升达到高峰，因此该时期为全新世的生态环境最佳期。

自晚全新世 (2500 ~ 1100yr B. P.) 以来，松辽盆地气候干旱，风力依旧强劲，沙丘活化，沙层加厚，而中期形成的古土壤逐渐被沙所掩盖。由于气候干旱，蒸发作用加大，因而河流径流量减少，湖泊出现萎缩，湖水盐分开始富集。全新世晚期是干旱的草原期，区域植被景观属于干旱草原景观，这也是形成碱性草原的重要时期。

从全新世以来，气候经历了干凉、温湿等多次交替演变。植硅体、孢粉、硅藻、泥炭及地球化学元素等作为气候环境的代用指标，均能反映区域环境的演化情况。当前已有很多针对东北地区全新世以来环境演变的研究 (张新荣等，2007；刘洪妍，2017；李梦真等，2019)。例如，通过建立东北地区表土植硅体-现代气候因子定量模型，记录了全新世早期为升温期、全新世中期为温暖期以及全新世晚期为温度下降期 (刘洪妍，2017)。通过提取红水泡泥炭地中晚全新世以来泥炭中的硅藻化石，结合硅藻化石中优势种类生态特征，发现中晚全新世以来气候总体上趋于干旱 (李梦真等，2019)。此外，针对近年来东北地区泥炭地，对全新世以来的泥炭沉积和区域气候变迁历史进行分析，可以确定东北地区全新世泥炭沉积的三次沉积高峰分为在早全新世、中全新世与晚全新世，10000yr 以来东北地区大体经历了"冷凉-升温-温暖-温暖适宜-降温"的气候变化过程 (张新荣等，2007)。这与上述松辽盆地全新世以来的气候演变过程基本一致，因此，松嫩草地自全新世以来的气候是从温湿到暖干的演化过程。

2.3.3　松嫩草地古环境演变的影响因素分析

第四纪以来，构造运动和东亚季风活动共同制约着东北地区的自然环境演化。新构造运动作为环境变迁的主要内动力，塑造了区域地表地貌形态，其强度大小直接影响着本研究区的地形起伏，同时构造运动也制约着该区域的沉积环境的演化情况 (Hu et al., 2021)。

1. 新构造运动

新构造运动是地质历史上最新的一个构造旋回，具有普遍性、多样性、继承性、不均衡性和间歇性的特点。无论是大陆板块还是大洋板块，无一例外在塑造区域地形，它奠定了现代地貌的构造格局，直接影响了生态环境的变迁。松嫩草地区的新构造运动发生频繁，主要表现形式为地壳的升降交替运动和频繁振动。新构造运动致使地表开始隆起，同时，常伴随大型断裂现象，并具有翘起性的特点。在新构造运动的影响下，该地区总体表现出北部掀斜抬升与拗陷、中西部断

隆抬升与断陷相伴生的差异性运动规律（图 2-6），而区域生态环境因受差异性
运动的规律从而呈现出了不同的特征。

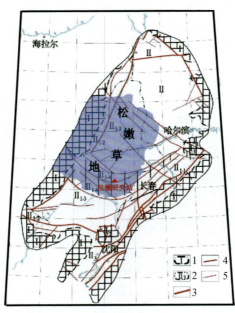

1：一级新构造运动分区界线及编号；2：二级新构造运动分区界线及编号；3：深大断裂；4：区域性断
裂；5：一般断裂；Ⅰ：松辽盆地周边隆区；Ⅱ：松辽盆地断陷区；Ⅱ₁：松嫩断陷区；Ⅱ₂：伊通－舒兰
断陷区；Ⅱ₃：下辽河断陷区；Ⅱ₁₋₁：松辽盆地东部边缘断（隆）升区；Ⅱ₁₋₂：松辽盆地西部边缘断块区；
Ⅱ₁₋₃:松辽盆地中西部断坳区；Ⅱ₁₋₄：松辽盆地中部长岭断隆区

图 2-6　松嫩草地新构造运动下的地貌分区图（赵福岳，2010）

2. 东亚季风

季风活动是控制东亚地区第四纪气候和环境时空演变的重要纽带之一。新生
代晚期青藏高原的隆起在亚洲乃至北半球的气候变化中发挥了重要的作用。隆起
的青藏高原在夏季对于东亚地区而言是热源，而在冬季则为冷源，它促进了夏季
和冬季的气流循环，增强了中国东部的冷暖波动和干湿度的交替。青藏高原的隆
起是北半球新生代晚期气候变化的重要驱动因素之一。它不仅造成了中国北部的
干旱，而且还使西伯利亚的高压脊从北纬 30°附近转移到北纬 45°附近。本区域
区是受东亚季风影响最强烈的地区之一，其中夏季风在间冰期和冰期时占主导地
位，气候呈现温暖潮湿的特点（图 2-7）。此时暖湿植被中的乔木成分增加，成
土作用增强，封闭湖泊的水位开始上升。冰期阶段和冰间期的冰阶表现为夏季季
风衰退，而冬季风对环境的影响则占据了主导地位，气候呈现出干冷多风的特

点，湖泊水位开始下降，植被中的草木成分逐渐增加。古土壤研究结果表明（刘玉英等，2008），松辽盆地在全新世时期的沙地有四次发展和逆转过程，其中当干旱气候带向东南方向迁移时，大部分地区是沙漠与草原，流沙面积扩大；当半湿润气候带向盆地西北方向迁移时，大部分地区为荒漠草地；当半湿润气候带向盆地西北部迁移时，地貌景观则主要为稀林蒿类草原。

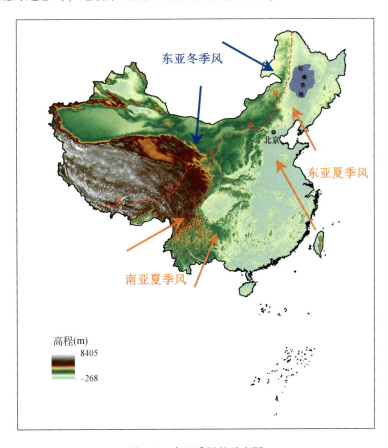

图 2-7　东亚季风的示意图

3. 构造气候旋回

构造旋回是地质历史发展阶段的必然产物，地貌上主要表现为区域性不整合或平行不整合（李晶秋等，2009）。从两级阶地和河漫滩的存在及其岩芯钻孔的垂向分布来看，新构造运动虽然在第四纪的沉积幅度较小，但周期性十分明显；整个第四纪时期先后有 9 次波动记录，可分为 3 次较大的旋回。第一次旋回发生在更新世初期，此时松辽盆地出现微弱沉降，而后接受河流沉积形成湖泊，后期地壳逐渐抬升，古老的洪积扇遭受强烈的侵蚀切割和风化剥蚀作用。第二次旋回开始于中更新世初期，地壳再次发生沉降，但沉降幅度较小，区域逐渐沼泽化；到了中更新世中期，沉降幅度开始加大，湖盆初具雏形，沉积了较厚的淤泥质黏土；而在中更新世后期再一次出现明显沉降，随之地壳抬升，结束了湖盆环境，完成了第二次旋回。到了晚更新世时期，地表沉降很小，随即发生地壳抬升运动，自此完成第三次旋回。

新构造运动活化期时常伴随着气候变冷情况，二者具有大约 0.4Ma 的周期。这种同步性在松辽盆地中得到了证实，其主要表现为 3 次旋回。由于气候变化和构造运动受不同动力条件的影响，因此它们准周期的同步变化可能受到更高一级的系统控制，如太阳活动或其他外力。根据已记录的重大地质历史事件来看，地球运行轨道在天体因素的控制下，出现巨大的周期性变化，其周期大约为0.4Ma，并且地球轨道偏心率也存在 0.4Ma 的周期变化。当轨道偏心率达到某一临界点时，地球开始远离太阳，致使地球接受的太阳辐射减少，从而气候转冷。此外轨道偏心率的增大还会造成地球转动惯量的增大，深部物质活动剧烈，进而引起新构造运动的活化；相反，如果轨道偏心率减小，则表现为新构造运动的渐趋稳定，并且此时全球气候一般会呈现转暖的趋势。

2.4　小　　结

综合松嫩草地的地质背景以及各时期的环境演化过程，得到如下结论：

（1）松嫩草地的形成与发展受到地质构造作用的影响与控制，海西运动时期的构造断裂产生了松辽拗陷，岩浆活动导致了大兴安岭山地花岗岩岩浆广泛入侵。燕山运动促使了大兴安岭、长白山系不断抬升，而松嫩草地所在区则全面下降形成盆地，并在大兴安岭山地形成了大规模的火成岩带（林年丰和汤洁，2005）。这之后的新构造运动再次促使大兴安岭山地抬升，为盆地带来了丰富的风化碎屑物和可溶盐化合物，其中富含钠长石矿物和其他碱性矿物，构成了盆地内苏打盐分的来源。嫩江深断裂活动使得盆地沉积中心不断向西移动，形成了一些闭流、半闭流区，构造拗陷区内湖泊、沼泽及湿地广布，成为最有利的水、苏打盐聚集环境，为草甸草原的形成奠定了物质基础（林年丰和汤洁，2005）。

（2）松嫩草地自第四纪以来受到多次气候旋回的作用，这对草地所在区域的环境演变有着极其重要的影响。早更新世气候由寒冷转变为温湿，在此期间发生过数次风沙流和沙尘暴，但未发生沙漠化（林年丰和汤洁，2005）。中更新世气候开始转暖，形成疏林草甸草原景观。晚更新世由于受到末次玉木冰期的影响，草地所在区域的气候最为恶劣，这期间沙漠化程度极为严重且分布广泛（林年丰和汤洁，2005）。到了全新世，除中期之外其余皆主要为干旱气候，这时沙漠化再度发挥作用，并且此时盐碱化作用也较为广泛。

主要参考文献

范婕，蒋有录，刘景东，等．2017．长岭断陷龙凤山地区断裂与油气运聚的关系．地球科学，42（10）：1817-1829.

高瑞祺，蔡希源，等．1997．松辽盆地油气田形成条件与分布规律．北京：石油工业出版社.

吉林省地质矿产局．1989．吉林省区域地质志．北京：地质出版社.

李晶秋，苗宏伟，李立立，等．2009．松辽盆地南部长岭断陷深层碎屑岩天然气成藏特征及主控因素．中国石油勘探，（4）：9，44-49.

李梦真，介冬梅，李楠楠，等．2019．中全新世以来大兴安岭中段红水泡泥炭地硅藻组合记录的古环境演化．微体古生物学报，36（2）：163-174.

林年丰．2002．松嫩平原生态环境演变与荒漠化问题．世界华人地质科学研讨会：24-27.

林年丰，汤洁．2005．松嫩平原环境演变与土地盐碱化、荒漠化的成因分析．第四纪研究，25（4）：474-483.

刘洪妍．2017．东北地区表土植硅体的空间分布与全新世温湿格局的重建．长春：东北师范大学博士学位论文.

刘玉英，张淑芹，刘嘉麒，等．2008．东北二龙湾玛珥湖晚更新世晚期植被与环境变化的孢粉记录．微体古生物学报，25（3）：274-280.

裘善文，王锡魁，Makhinova A N，等．2014．中国东北平原及毗邻地区古水文网变迁研究综述．地理学报，69（11）：1604.

单伟．2009．松辽盆地南部长岭、十屋断陷层构造演化与沉积响应研究．北京：中国地质大学博士学位论文.

孙思军．2009．松辽盆地南部长岭断陷地质演化研究．中国科技信息，12：18-19.

肖河．2017．东北泥炭记录的全新世气候环境变化与大气汞沉降研究．北京：中国地质大学博士学位论文.

曾琳，鹿化煜，弋双文，等．2011．我国东北地区黄土堆积的磁性地层年代与古气候变化．科学通报，56（27）：2267-2275.

詹涛，曾方明，谢远云，等．2019．东北平原钻孔的磁性地层定年及松嫩古湖演化．科学通报，64（11）：83-94.

张新荣，胡克，胡一帆，等．2007．东北地区以泥炭为信息载体的全新世气候变迁研究进展．地质调查与研究，30（1）：39-45.

张虎才．2009．我国东北地区晚更新世中晚期环境变化与猛犸象、披毛犀动物群绝灭研究综述．地球科学进展，24（1）：49-60.

张月馨，迟云平，谢远云，等．2020．中更新世以来哈尔滨黄土有机碳同位素组成及其古气候意义．地球学报，4：525-534.

赵福岳．2010．松辽平原第四纪地质历史演化规律研究．国土资源遥感，B11：152-158.

周志炎，曹正尧．1977．中国东部白垩纪8种新的松柏类化石及其分类位置和演化关系．古生物学报，2：17-36，155-159.

周荔青，雷一心 . 2006. 松辽盆地断陷层系大、中型油气田形成条件及勘探方向 . 石油与天然气地质，27（6）：820-826.

Hu F，Meng Q T，Liu Z J. 2021. Mineralogy and element geochemistry of oil shales in the lower cretaceous Qingshankou formation of the southern Songliao Basin，Northeast China：Implications of provenance，tectonic setting，and paleoenvironment. ACS Earth and Space Chemistry，5：365-380.

Ji Z，Meng Q A，Wan C B，et al. 2019. Early Cretaceous adakitic lavas and A-type rhyolites in the Songliao Basin，NE China：Implications for the mechanism of lithospheric extension. Gondwana Research，25：45-46.

Yu P J，Li Q，Jia H T，et al. 2013. Carbon stocks and storage potential as affected by vegetation in the Songnen grassland of northeast China. Quaternary International，306：114-120.

第3章 松嫩草地水文特征

水是地球表面分布最广和最重要的物质，并作为最活跃的因素始终参与地球生态环境的形成与发展过程，在所有自然地理与生态过程中不可或缺（伍光和等，2000）。同时，区域的自然特征也制约着地表水及地下水的形成与分布。松嫩平原是我国水资源较为丰富的地区，这些水资源对于支撑区域农牧业生产具有重要意义。

本章主要介绍松嫩平原，以及吉林松嫩草地生态系统国家野外科学观测研究站所在地长岭县地水文主要特征。

3.1 地 表 水

本区域的地表水系统包括河流、湖泊、沼泽，它们具有不同的水文特征。

3.1.1 松嫩平原地表水

松嫩平原的山前地带河网较密，湖泊集中于平原地带，区域分布具有一定差异（图3-1）。

1. 河流

嫩江、西流松花江、松花江干流及其支流等共同构成了松嫩平原的河流体系。

1）嫩江

嫩江是松花江干流的北源，发源于内蒙古自治区大兴安岭伊勒呼里山，自北向南流经内蒙古自治区东北部、黑龙江省西部，至吉林省镇赉县转东流，在三岔河附近与西流松花江汇合后，称松花江干流。嫩江全长1370km，流域面积$9.92\times10^4km^2$，至中下游河流比降为1/8000~1/6000，河道蜿蜒曲折，河漫滩10~20km，地势低平（裴善文，2008）。嫩江的支流较多，流域面积大于$50km^2$的支流就多达229条（刘兴土，2001）。其上湖泊星罗棋布，洪涝灾害频繁（王浩男，2021；裴善文，2008）。嫩江的多年平均径流量为$249.9\times10^8m^3$。在1998年发生特大洪水期间，大赉站洪峰的最大流量达$16100m^3/s$，这是60年一遇的特大洪水；但洪水的含沙量不大，仅为$0.062kg/m^3$（刘兴土，2001）。松嫩平原主要位

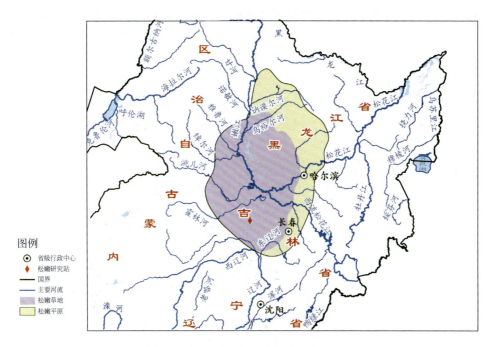

图 3-1　松嫩平原的主要水系（峰芝绘）

于嫩江的中下游地区。嫩江及其支流水文特征见表 3-1。

表 3-1　嫩江及其支流的水文特征（裴善文，2008）

河流名称	流域面积 （km²）	河长 （km）	扩展 系数	河网密度 （km/km²）	流域不对 称系数	河流弯 曲系数	河源海 拔（m）	平均比降 （‰）
嫩江	99249	1370	2.25	0.16	-0.74	2.88	1044	0.58
甘河	19487	446	2.10	0.25	-0.43	1.48	1197	0.17
诺敏河	25462	467	2.35	0.22	-0.02	1.70	1179	0.17
阿伦河	6757	318	2.09	0.17	0.51	1.54	1202	0.28
雅鲁河	14553	398	1.65	0.25	-1.14	1.64	1265	0.25
绰尔河	8844	470	3.76	0.27	-0.65	1.65	1369	0.15

　　洮儿河发源于大兴安岭中段的阿尔山地区，其流域面积为 33090km²，河长为 563km，是嫩江较大的支流，年平均流量为 179.98m³/s，最大含沙量 5280g/cm³，最小近于零。洮儿河自西向东南流至大兴安岭山前，在白城市的洮南市境内折向东北，注入月亮湖。洮儿河至下游的河道弯曲系数为 1.8～2.5，比降为 1/6000，河漫滩宽广，它与嫩江中下游连成一片，构成松嫩低平原，沼泽湿地广布（裴善

文，2008）。洮儿河水量的年内季节变化较大，多年平均径流量为 $12.9 \times 10^8 m^3$。1998 年发生特大洪水的最大洪峰流量为 $2350 m^3/s$，超过历史上最大流量 2.1 倍（刘兴土，2001）。在区域上，松嫩平原包括洮儿河的中下游地区。

乌裕尔河是嫩江左岸一条具有无尾河特点的支流。它发源于小兴安岭西坡，河流全长 576km，流域面积为 $2.31 \times 10^4 km^2$，河道平均坡降为 0.046%。乌裕尔河从河源至北安市为上游段，河宽 10~40m，流经山地丘陵区；自北安到富裕后，基本处于山前台地平原地带，夏季最大河宽可达 44m，为中游河段；乌裕尔河下游尾闾消失在林甸西北的大片芦苇沼泽中，并且形成广阔的沼泽湿地。乌裕尔河多年的平均径流量为 $6.52 \times 10^8 m^3$，一年中的丰枯径流量相差很大，最高可达 24 倍，同时洪水比较频繁（刘兴土，2001）。

霍林河发源于内蒙古自治区通辽市扎鲁特旗西北部福特勒罕山，是嫩江右岸的较大支流，流经内蒙古自治区的通辽市、兴安盟和吉林省的白城市、松原市。河流全长 590km，流域面积 $36623km^2$（姜长龙等，2022）。自通榆县的西部入境后流入平坦开阔的冲积、湖积低平原，无固定河床，枯水季节河水散失在沼泽之中，经常出现干枯断流。在遇洪水时，霍林河的河水漫散，宽为 1~5km，造成大面积的洪水泛滥，这是松嫩平原湖泊湿地的重要组成部分（裘善文，2008）。

2）西流松花江

西流松花江是松花江的南源，发源于吉林省的长白山天池。从河源至三岔河口全长 998km，流域面积 $7.37 \times 10^4 km^2$，支流众多。西流松花江的流域径流主要由降雨形成，春季有少量的融冰融雪径流，上游山区由于河道切割较深，有少量地下水和泉水补给。该流域的丰满水库以上为山丘区，森林密布，植被覆盖率较高，水土流失较少，泥沙含量也很小；下游进入丘陵平原区，随各支流汇入，含沙量有所增加。洪水多由暴雨形成，暴雨一般发生在 6~9 月份，而大洪水主要发生在 7 月下旬至 8 月上旬。西流松花江干流的洪水多为单峰型，过程线历时 7~11 天（张旸，2015）。松嫩平原主要包括西流松花江的下游地区，这一区域的江道较宽，沿岸有较多沙丘、汊河与江心洲，在扶余县以下的两岸有大片沼泽，与嫩江汇口处多牛轭湖，纳入该段的支流有饮马河（刘兴土，2001）。扶余站的观测数据显示，多年平均径流量为 $160.69 \times 10^8 m^3$（张旸，2015）。

3）松花江干流

松花江是黑龙江右岸的最大支流。松花江有南北两源，南源为西流松花江，北源为嫩江，两源于三岔河汇合后称为松花江干流。根据地形和河道特征，可以将松花江干流划分为三个河段，上游为三岔河-哈尔滨，本河段的支流较少，而且河道的坡降比较缓；中游为哈尔滨-佳木斯，有呼兰河、牡丹江和汤旺河等大支流汇入，河道的坡降逐渐增加；下游为佳木斯-同江，该河段的两岸为平原，地势较为平坦，滩地也较为开阔。松花江干流经同江汇入黑龙江（阴琨，2015）。

　　拉林河是松嫩平原松花江干流的主要支流，河流全长为448km，多年平均径流量为33.7×10^{8}m^3，河水含沙量小（刘兴土，2001）。拉林河的径流主要来源于大气降水，分为降雨径流和融雪径流，其中80%以上为降雨径流，融雪径流一般在4~5月份，占全年径流的10%左右。径流的年内分配并不均匀，其中6~9月份的径流量约占全年的68%，8月份径流量约占年径流总量的27%（贾长青，2013）。拉林河历年的洪水较频繁，在一些特定年份，拉林河的洪峰与嫩江、西流松花江洪峰相遇而叠加，从而抬高了松花江干流在哈尔滨市的洪水水位（刘兴土，2001）。

　　呼兰河为松嫩平原松花江干流的主要支流，位于黑龙江省中部。发源于小兴安岭，上游克音河、努敏河等支流汇合后称呼兰河。西南流向，与来自北面的通肯河交汇后，改向南流，进入平原区，河道变宽，曲流发育，至呼兰区入松花江。全长523km，流域面积3.1×10^{4}km^2，干、支流两侧一些低洼地段遍布沼泽。呼兰河的年平均径流量为42.2×10^{8}m^3，年径流深达136.2mm（刘兴土，2001）。在区域上，松嫩平原包括呼兰河的中、下游地区。

2. 湖泊

　　松嫩平原的湖泊主要分布在嫩江中下游与西流松花江下游沿岸平原地带。本区域内天然湖泊数量众多，湖水水面大小不一。松嫩平原上，面积在6.6hm^{2}以上的湖泊约7397个，总面积为4176km^2。这些湖泊主要分布在齐齐哈尔市、大庆市、白城市与松原市境内，占全区湖泊总面积的85%（刘兴土，2001）。

　　这些湖泊大部分属于河成湖，是由河道变迁遗留的古河床与牛轭湖。在新构造运动下沉情况下，水面扩大，而后形成淡水湖泊，诸如齐齐哈尔市的扎龙湖、杜尔伯特的连环湖、大安市的月亮泡、大庆市的库里泡及前郭尔罗斯的查干湖等；还有一些为残迹湖，原来面积较大的湖泊，由于气候变迁而形成湖泊群，如乾安的大布苏湖与农安的波罗泡等（王浩男，2021）。

1）扎龙湖

　　扎龙湖地处齐齐哈尔市东南郊，距离齐齐哈尔市区约25km，为乌裕尔河水漫溢闭流洼地、侵蚀性河流冲积而成的湖泊。自20世纪70年代以来，由于乌双引嫩工程的建成，乌裕尔河水被分流，水位下降，变为浅水型水域。平均水深仅1.6m，总库容量为1120×10^{4}m^3（朱世龙等，2000）。扎龙湖的湖区地势低洼，四周为沼泽湿地，湖水与乌裕尔河相通。这里湖水清澈，鱼虾种类繁多，湖内水草、芦苇丛生。扎龙湖为丹顶鹤、白鹳、大雁、天鹅、野鸭等水禽栖息繁衍之地，是丹顶鹤的故乡，俗称"仙鹤湖"。附近为著名的扎龙国家自然保护区，已成为旅游观鸟之胜地。

2）月亮泡

月亮泡位于吉林省西部的大安县与镇赉县之间，处于洮儿河与嫩江的交汇处，嫩江右岸，湖泊呈现蝶形。1976 年在月亮泡筑堤，这个天然湖泊变成了大型的人工水库（高镜婷，2018），它是一座调洪、灌溉、养鱼等综合利用的大型平原水库。月亮泡水库主坝有 1 条，长度为 1975m；副坝有 6 条，长度达33462m，还有 5 段江堤，长约 6000m（魏国，2005）。

3）查干湖

查干湖位于吉林省西部的松原市前郭尔罗斯蒙古族自治县境内，为霍林河下游同嫩江之间的河尾湖。查干湖是吉林省最大的天然湖泊，该湖浩渺辽阔，地貌平坦，属于典型的平原冲积型浅水湖泊。由于霍林河常年无水，致使查干湖水体逐年萎缩，只能依靠前郭灌区的水田退水来维系查干湖的水面（闫涵，2021）。查干湖的水域面积约 372km^2，平均水深约 2.5m，最大蓄水量为 $5.98 \times 10^8 m^3$（Wang et al., 2011）。查干湖是吉林省西部重要的生态屏障，也是吉林省重要的渔业基地。查干湖区的渔业资源十分丰富，有鱼类 15 科 68 种，尤其盛产的胖头鱼（*Aristichthys nobilis*）获得了国家"AA 级"绿色食品和有机食品双认证（张世奇和柳淑芳，2021）。2007 年，查干湖被国务院批准为国家级自然保护区，而以查干湖冬捕为标志的渔猎文化也被列为国家非物质文化遗产。现阶段查干湖已发展为集养殖捕捞和休闲娱乐于一体的渔业休闲基地。

4）大布苏湖

大布苏湖位于吉林省西部的乾安县境内，是发育在阶地平原上的封闭的构造断陷湖，也是东北地区极为罕见的盐湖（介冬梅等，2001）。该湖的湖盆呈北西—南东向延伸，为不规则状、上大下小的"C"字形。湖盆长为 14km，宽为 5.56 ~ 8.3km，湖水的面积为 34km^2，湖面海拔为 122m。该湖盆属于封闭型的内流盆地，汇水面积有 400km^2，但附近无常年性地表河流，湖岸冲沟发育，主要依靠大气降水和泉水进行补给。大布苏湖的湖水受气候的影响明显，尤其是在干湿季节和降雨前后，湖水的波动较大（郑喜玉和吕亚平，1995）。该湖在丰水期水深约 2m，枯水期水深约 0.5m（介冬梅等，2001），最大蓄水量为 $0.6 \times 10^8 m^3$（Shen et al., 2004）。

3. 地表水资源量

松嫩平原的地表水资源量时空分布不均，年际、年内的差异较大。受降水的影响，地表水资源量的季节变化明显，夏秋季的地表水资源量丰富，而冬春季则较少。地表水资源量的年际分布不均，易造成洪旱灾害。嫩江、松花江水资源较丰富，但各地区地表水资源量差异较大，其中哈尔滨市地表水资源最丰富，其次为齐齐哈尔市、绥化市（表 3-2）。

表 3-2　2020 年松嫩平原地表水资源量地区分布（松辽水利委员会，2021）

行政分区	计算面积（km²）	天然年径流（×10⁶m³/mm）		与多年平均比较（±%）
哈尔滨市	53068	21816.00	411.1	120.4
齐齐哈尔市	42469	6286.00	148.0	217.8
大庆市	21219	978.00	46.1	185.4
绥化市	34964	6085.00	174.0	122.5
长春市	22906	3569.26	155.6	169.2
松原市	21000	647.00	30.8	218.7
白城市	25600	1105.00	43.2	209.5
兴安盟	55181	3566.00	64.6	−10.1

3.1.2　长岭县地表水

长岭县位于松嫩平原的西南部，处于吉林省中部农田向西部草地过渡地带。长岭县降雨量较少，地表水量亦较少。

1. 河流

在长岭县境内，以东起三县堡乡经新安镇西至大兴乡一线为分水岭，其南属辽河流域，其北属松花江流域。

永久乡四楞山以东 4 个村，以及三青山乡东部 3 个村为西流松花江流域。该地带有季节性河沟 2 条（柳嵩泉子沟和季家沟），汛期汇水流入排水总干渠，再入伊通河、饮马河、西流松花江。其余乡镇都属于松花江流域，该地带的地表水径流不能直接流入江河，而是为内陆闭流区。在闭流区内，以北起流水乡南至利发盛乡的微波状隆起地带为界，以东为望海涝区流域，有季节性河沟 4 条（东新沟、五道泉子沟、拉拉屯沟和靠山沟），在汛期，径流北泄，最后汇入腰井子泡；以西为十三泡涝区流域，共有大小自然湖泡 21 个，在汛期地表径流注入各个湖泡，最后泄入十三泡中（苏国清，1993）（图 3-2）。

2. 湖泊

在松嫩平原上有众多大小不一的湖泡，这是本区域水体的一个显著特征。松花江流域闭流区的十三泡涝区流域有 5 个较大湖泊（苏国清，1993）。

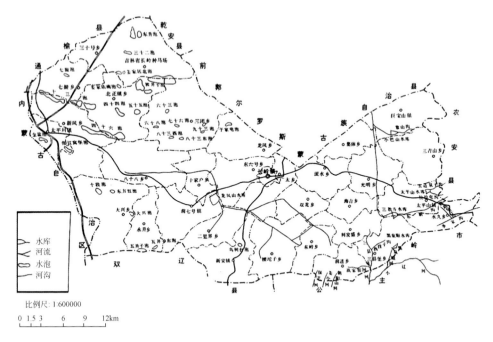

图 3-2　长岭县的河、沟、湖泡图（苏国清，1993）

1）东升泡

东升泡位于三十号乡境内腰井子草地北部，长岭种马场东升农业队东北的 3km 处。平水年为东、西两泡，间距约为 500m。西泡水面为 2.05km²，东泡水面为 1.05km²，平均水深为 1m。丰水年两泡水面可达 4.6km²，平均水深增至 1.4m，水质以重碱性为特征。

2）十三泡

十三泡位于新风、七撮与北正镇三乡交界处，呈现东南、西北走向的断续长条形。枯水年时缩分成十几个水泡，故名十三泡。平水年时为 3 个大水泡，泡面总计有 12.9km²，平均水深达 1m。在丰水年时则连成一片，最大泡面可达 49km²，平均水深为 1.8m，水质也偏于重碱特征。

3）金盆泡

金盆泡位于太平川镇铁西村的西南 2km 处，呈现东南、西北走向的长条盆形。在平水年时泡面为 3.7km²，平均水深达 1m。在丰水年最大泡面可达 5.6km²，平均水深为 1.5m，水质同样偏于重碱特征。

4）四十六泡

四十六泡位于新风乡新风村前四十六屯的东南 200m 处，呈现东南、西北走向长条形，横跨新风、北正镇两乡交界。在平水年时泡面为 12.7km²，平均水深可达 1m。在丰水年时最大泡面可达 26km²，平均水深为 2.1m。水质偏轻碱，泡底较为平坦，其中生长着杂鱼。

5) 腰井子泡

腰井子泡位于三十号乡腰井子村的屯南 2km 处，西至北正镇乡乔家围子村北，东至三团乡范家街村北。在平水年时分为两个泡，一个在腰井子屯南，泡面为 12km²；另一个在乔家围子村北，泡面为 5.1km²，平均水深达 1m。在丰水年时水面相连，最大面积可达 60km²，平均水深达 2.5m。水质具有轻碱特征，泡底十分平坦，有鱼、虾等。

3.2 地 下 水

地下水作为水体的组成部分，既是生产和生活用水的主要水源之一，又是支撑生态环境、维系地球浅表水分的调节器。地下水易受到人类开采、降水量减少等外部环境的影响。

3.2.1 水文地质条件

水文地质条件制约着地下水的形成、分布和变化，因此，不同的水文地质条件与地下水资源的赋存、开发利用息息相关。

1. 松嫩平原水文地质条件

松嫩平原在地质构造上是一个凹陷地区，属于松辽断陷带的一部分。松嫩平原地表波状起伏，海拔 120~300m，因而也被称为波状平原。该平原东、北、西三面环山，中部低平，第四纪松散堆积层厚度达 150m 以上。地质构造和地貌条件提供了良好的地表水汇集场所和地下径流汇集的储水构造盆地（谢献敏，2011）。

根据区域地貌分布特征，水文地质分区可分为东部高平原、中部低平原、西部大兴安岭山前倾斜平原。东部高平原和西侧的大兴安岭山前倾斜平原，既是山区基岩裂隙水的排泄区，又是中部承压水盆地的主要补给区（吉林省、黑龙江省地质矿产局，1985）。

东部和北部的高平原水文地质区是沿长白山、小兴安岭西麓分布。该区为早白垩世末既已隆起的剥蚀区，区内大面积覆盖着厚约 10~40m 的第四系更新统黄土状亚黏土，构成松嫩平原的高平原区。黄土状亚黏土透水性差，富水性弱，且地形切割强烈，不利于地下水富集，因此潜水贫乏，开采利用价值不大（方樟，2007）。

中部低平原的地势低平、开阔，岗地、洼地相间分布，湖泊、沼泽发育，盐碱地广布，其水文地质区的主要含水系统自下而上是由第三系始新统-渐新统依安组承压水、中新统大安组承压水、上新统泰康组、下更新统承压水和上部冲积层孔隙潜水叠置组成的多层结构，是以承压水为主的大型蓄水盆地。其中上更新统孔隙潜水的分布区地势平坦，地下水补排条件差，水交替作用缓慢，水位埋藏较浅，多小于5m。下更新统孔隙承压水广泛分布于低平原区，含水层厚度变化大，自北向南、自西向东递减，含水层颗粒粗细和厚薄的变化导致东北部和西部富水性强。第三系裂隙孔隙承压水主要包括泰康组、大安组。泰康组承压水埋伏于下更新统承压含水层之下，含水层岩性主要为砂岩和砂砾岩，成岩较差。含水层厚度10~100m，往往与上部下更新统承压含水层连通成为统一的含水体。大安组承压水埋藏于泰康组之下，北窄南宽。含水层上部岩性多为细中砂岩，下部多为砂砾岩。含水层厚度东西两侧10~30m，盆地中部厚30~60m。含水层蓄水条件较好，补给条件欠佳，排泄比较困难（吉林省、黑龙江省地质矿产局，1985；郦智武，2009）。

西部的山前倾斜平原水文地质区，分布于西部大兴安岭山前地带，东部与平原区相接，地下水主要赋存于砂砾石台地和砂砾石扇形地中。砂砾石台地潜水主要分布在西拉木伦河和绰尔河之间的山前倾斜平原中，含水层岩性主要为砂砾石、卵砾石，厚为5~30m。富水性由中等到强，水位埋深一般为10~20m。砂砾石扇形地潜水分布于霍林河、洮儿河、绰尔河、雅鲁河及诺敏河等河流的山前扇形地，含水层岩性主要为冲洪积砾卵石和砂砾石层，夹薄层黏性土。含水层厚度一般为10~30m，水位埋深5~8m，富水性强，地下水资源丰富（吉林省、黑龙江省地质矿产局，1985）。

受新构造运动继承性活动的影响，松嫩平原的地貌景观与地质结构呈现为东西向不对称，因此，区内地下水分布显示出不对称的特点。东部的高平原地貌特征和地质结构不利于地下水的富集和赋存，也缺少资源丰富的大型蓄水构造（孔隙承压水局部富集，导致贫中有富）；中部的低平原在地貌特征和地质结构上具有盆地的特点，有利于地下水资源的富集和赋存，整个低平原就是一个资源比较丰富的大型蓄水构造；西部的山前地带在地貌特征和地质结构上具有山前倾斜平原的特点，基本上有利于地下水的富集和赋存，砂砾石扇形地本身亦构成富水的蓄水构造（吉林省、黑龙江省地质矿产局，1985；郦智武，2009；方樟，2007）。

2. 长岭县水文地质条件

长岭县地处松辽平原腹地、松嫩平原的西南部。这一区域的地下水赋存条件受基底构造控制，水文地质状况也比较复杂。全区遍布松散岩类孔隙潜水，潜水含水层为以上更新统下部砂层为主体的含水岩组，厚为6~20m，含水层岩性主要以中粗砂为主，单井涌水量在 $10 \sim 100 m^3/d$，地下水类型为降水入渗–蒸发型，地下水水化学类型以 HCO_3-Na 型和 HCO_3-Ca·Na 型为主（开伟萌，2022）。

由于区内地貌类型可分为台地、平原、沙丘、丘间平地等，其中平原主要分布于县域中部，因此，可将地下水水文地质条件分为三个区（苏国清，1993）。

东部的浅丘状台地，含水层由上第三纪至第四纪砂砾石组成，中间没有稳定的隔水层，地表覆盖薄层黄土状砂黏土，局部地段砂砾石出露地表。地下水只有大气降水补给，排泄主要以径流的形式向西北流动，雨季水位很快抬高，雨季过后水位立即下降，属渗入–径流型。

中部平原，由东向西含水层由单层变多层，厚度由薄层变厚层，埋藏深度由浅变深。潜水含水层由第四纪冲积洪积细砂、粉细砂组成，通水性小，富水性差，潜水主要靠大气降水补给，以蒸发和向下越流的形式排泄。承压水含水层由上第三纪至第四纪砂砾石组成，与上部潜水含水层之间的黏土隔水层较薄（一般为 $5 \sim 6m$），越流作用强，承压水既有上部潜水越流补给，又有东部地下水侧向径流补给，排泄主要以径流形式向北及西北部侧向流出。水位动态主要受大气降水和径流影响，属越流–径流型，但地下水位升降变化时间与大气降水变化时间，大约滞后半个月。

西部的起伏沙地，潜水含水层由第四纪冲积洪积细砂、粉细砂组成，径流条件差，水位埋藏浅（$1 \sim 3m$），潜水主要靠大气降水补给，蒸发和向下越流排泄。承压水含水层由第四纪大青沟组粉细砂和白土山组砂砾石组成，上部潜水含水层之间的黏土层较厚（$20 \sim 60m$），越流作用较弱。其等水位线具有承压水特征，地下水力坡度平缓（$0.5 \sim 1/1000$），越流和侧向补给均较弱，除西北部外，大部分地段砂砾石含水层较薄，富水性差。

3.2.2　地下水类型及分布

受水文地质条件的影响，不同地区的地下水类型有显著差异。这一地区主要的地下水类型为潜水和承压水。

1. 松嫩平原地下水类型及分布

松嫩平原是一个相对完整的一级地下水系统。松嫩平原的地下水主要由降水、地表水渗入和区外地下水径流补给形成。地下水循环交替是由上部潜水转入深部承压水，由高处台地区的径流汇入低平原与河谷平原。地下水水平交替是由积极活跃变为缓慢停滞，进而由水平运动变为以垂向越流和蒸发循环交替为主（张玉珊等，2014）。

将松嫩平原作为一级地下水系统，其分布范围与含水层系统分布范围一致。

在垂向上可分为浅层和中、深层两个地下水流动系统，并且分布范围不一致。浅层地下水的主要控水因素为流域水系、地下水之间的水力联系及水循环条件。以潜水区域地下分水岭为界，将浅层地下水系统划分为3个二级地下水系统和7个三级地下水系统。中、深层承压地下水系统则按承压含水系统以及它们之间的水力联系和水流特征，划分为4个二级地下水系统和6个三级地下水系统（表3-3）（赵海卿等，2011）。

表 3-3　松嫩平原地下水系统划分（赵海卿等，2011）

地下水系统	二级地下水系统		面积（km²）	三级地下水系统		面积（km²）
	名称	代号		名称	代号	
松嫩平原地下水系统	浅层地下水系统					
	嫩江	I	112252.62	霍林河、洮儿河、绰尔河	I 1	41497.95
				雅鲁河、阿伦河、诺敏河	I 2	8959.18
				乌裕尔河、双阳河	I 3	47429.70
				讷谟尔河、科洛河	I 4	14365.79
	西流松花江	II	18323.32	西流松花江	II 1	18323.32
	松花江干流	III	52219.83	呼兰河、通肯河	III 1	34713.90
				拉林河、阿什河	III 2	17505.93
	中、深层承压地下水系统					
	第四系孔隙承压水	IV	130673.68	低平原第四系孔隙承压水	IV1	68918.17
				高平原第四系孔隙承压水	IV2	61755.51
	新近系裂隙-孔隙承压水	V	67393.12	泰康组裂隙-孔隙承压水	V 1	44636.02
				大安组裂隙-孔隙承压水	V 2	22757.10
	古近系裂隙-孔隙	VI	24186.73	依安组裂隙-孔隙承压水	VI1	24186.73
	白垩系孔隙-裂隙	VII		白垩系孔隙-裂隙承压水	VII1	

作为我国最大的农业产区之一，松嫩平原约40%的供水来源于地下水。这些地下水主要被用于农业灌溉，以及工业和市政用水（Chen et al.，2011）。受水文地质条件的影响，松嫩平原地下水在各地区的分布不均衡，空间差异也较大，其中，哈尔滨市的地下水资源最丰富，其次为齐齐哈尔市（表3-4）。

表 3-4　2020年松嫩平原地下水资源量地区分布（松辽水利委员会，2021）

行政分区	计算面积（km²）	平原区地下水资源量（×10⁶ m³）	山丘区地下水资源量（×10⁶ m³）	平原区与山丘区地下水资源重复计算量（×10⁶ m³）	地下水资源量（×10⁶ m³）
哈尔滨市	53068	4165.00	2559.00	237.00	6487.00
齐齐哈尔市	42469	4627.00	200.00	234.00	4593.00

续表

行政分区	计算面积 （km²）	平原区地下 水资源量 （×10⁶m³）	山丘区地下 水资源量 （×10⁶m³）	平原区与山丘区地下 水资源重复计算量 （×10⁶m³）	地下水资源量 （×10⁶m³）
大庆市	21219	2327.00	0	0	2327.00
绥化市	34964	2708.00	293.00	36.00	2965.00
长春市	22093	1977.92	92.07	34.40	2035.59
松原市	21000	1996.26	0	40.94	1955.32
白城市	25115	3437.84	64.12	27.98	3473.98
兴安盟	55181	1109.00	947.00	214.00	1842.00

2. 长岭县地下水类型及分布

长岭县的地下水量为 3.61 亿 m³/a，可开采量为 2.38 亿 m³/a，占总资源量的 65.93%。依据水文地质特征，长岭县地下水分为潜水和承压水两大类型（苏国清，1993）。

1）潜水

第四纪潜水分布于中、西部平原区，含水层为第四纪上更新统顾乡屯组粉砂层，厚度一般为 0~10m，西部及西北部达 20~27m，水位埋深一般为 2~5m，局部地段小于 2m 或大于 10m。单井涌水量小于 5t/h。水质以 HCO_3-Ca 和 HCO_3-Na 型为主。矿化度一般为 1~3g/L，局部地段高达 10g/L。水量小，且含氟量高，不宜饮用和灌溉。

第四纪和上第三纪混合潜水分布于东部台地地区。含水层为第四纪下更新统白土山组砂砾石层和上第三纪泰康组砂岩、砂砾岩层，厚度 1.5~35m。水位埋深为 4~15m，最深达 22m，单井涌水量一般为 30~120t/h，永久乡一带水量贫乏，单井涌水量小于 30t/h。水质为 HCO_3-Ca 和 HCO_3-Ca·Mg 型，适宜饮用和灌溉。

2）承压水

第四纪承压水分布于西部平原（沙地）区。含水层主要为第四纪中更新统大青沟组粉砂、细砂层和下更新统白土山组砂砾石层。厚度一般为 2~15m，顶板埋深一般为 10~50m。七撮、太平川一带，白土山组砂砾石层厚度为 6~8m，最厚达 17m，单井涌水量为 60~100t/h 和 100~200t/h；三十号、新风、北正镇、八十八、大兴一带，白土山组砂砾石层厚度变薄，且多与大青沟组粉、细砂层结合，单井涌水量为 30~60t/h 和小于 30t/h。水质主要为 HCO_3-Ca·Mg 型和

HCO$_3$-Na 型，可饮用和灌溉。

第四纪和上第三纪混合承压水分布于中部平原区。含水层为第四纪下更新统白土山组砂砾石层和上第三纪泰康组砂岩、砂砾岩层，厚度为 5～30m。长岭镇、广太、流水一带，含水层颗粒粗、厚度大，单井涌水量为 30～60t/h；集体、光明、利发盛、新安镇一带，含水层颗粒细、厚度小，单井涌水量小于 30t/h。水质为 HCO$_3$-Ca·Mg 型和 HCO$_3$-Ca·Mg·Na 型，适宜生活饮用和农业灌溉。

总体看，松嫩平原的地表水与地下水的分布具有明显的区域差异性。从东部高平原—中部低平原—西部山前倾斜平原，地表水系与湖泊分布及地下水赋存与分布均具有明显的分带性。随着全球气候变化及人类活动加剧，其分布特征及水质均会受到不同程度影响，制约人类对水资源的开发和利用。

主要参考文献

邴智武.2009.松嫩平原地下水氟、砷的富集规律及影响因素研究.长春：吉林大学硕士学位论文.

方樟.2007.松嫩平原地下水脆弱性研究.长春：吉林大学硕士学位论文.

高镜婷.2018.近 20 年吉林省湖泊资源动态变化及驱动力研究.长春：吉林大学硕士学位论文.

吉林省、黑龙江省地质矿产局.1985.松嫩平原水文地质工程地质综合评价报告（1：500000）.[内部资料].

贾长青.2013.拉林河流域水资源供需平衡分析与水量分配研究.长春：吉林大学硕士学位论文.

姜长龙，胡春媛，田琪，等.2022.霍林河生态水量目标确定.东北水利水电，1：34，41.

介冬梅，吕金福，李志民，等.2001.大布苏湖全新世沉积岩心的碳酸盐含量与湖面波动.海洋地质与第四纪地质，21（2）：77-82.

开伟萌，梁秀娟，肖长来，等.2022.长岭县地下水生态水位确定分析.中国农村水利水电，1：32-38.

刘兴土.2001.松嫩平原退化土地整治与农业发展.北京：科学出版社.

裘善文.2008.中国东北西部沙地与沙漠化.北京：科学出版社.

松辽水利委员会.2021.2020 松辽流域水资源公报.[内部资料].

苏国清.1993.长岭县志.北京：中华书局.

王浩男.2021.松嫩平原盐碱地景观格局演化及驱动力分析.长春：吉林大学硕士学位论文.

魏国.2005.月亮泡水库发展渔业经济的思考.渔业经济研究，4：32-34.

伍光和，田连恕，胡双熙，等.2000.自然地理学.北京：高等教育出版社.

谢献敏.2011.松嫩平原地下水的分布及利用.黑龙江科技信息，32：33.

闫涵.2021.吉林省查干湖水循环条件改善方案探讨.东北水利水电，11：32-33.

阴琨.2015.松花江流域水生态环境质量评价研究.北京：中国地质大学博士学位论文.

张世奇，柳淑芳.2021.查干湖休闲渔业发展现状及问题建议.农村经济与科技，32（19）：95-97.

张旸.2015.西流松花江流域水量分配研究.长春：吉林大学硕士学位论文.

张玉珊，崔世平，张敏 . 2014. 松嫩平原地下水系统循环特征 . 吉林地质，33（3）：102-104.

赵海卿，张哲寰，李晓霞，等 . 2011. 松嫩平原地下水资源及其变化 . 干旱区资源与环境，25（5）：130-134.

郑喜玉，吕亚平 . 1995. 大布苏碱湖的形成演化环境 . 盐湖研究，3（4）：10-17.

朱世龙，孙贵江，宫会顶 . 2000. 扎龙湖饵料生物组成鱼产力及其渔业利用的探讨 . 黑龙江水产，2：27-28.

Chen Z Y, Wei W, Liu J, et al. 2011. Identifying the recharge sources and age of groundwater in the Songnen Plain（Northeast China）using environmental isotopes. Hydrogeology Journal, 19：163-176.

Shen J, Zhang E L, Yang X D, et al. 2004. Paleoclimatic change inferred from carbon isotope composition of organic matter in sediments of Dabusu Lake, Jilin Province, China. Chinese Journal of Oceanology and Limnology, 22：124-129.

Wang Y D, Liu D W, Song K S, et al. 2011. Characterization of water constituents spectra absorption in Chagan Lake of Jilin Province, Northeast China. Chinese Geographical Science, 21：334-345.

第4章　松嫩草地气候特征

气候是指一个地区大气的多年平均状况，主要的气候要素包括光照、气温、相对湿度、降水、蒸发、气压和风向风速等。气候对区域的植被生产力、水源涵养、固碳释氧等草地与农田生态系统服务功能有重要影响。松嫩草地位于我国北方农牧交错带的东缘，对气候变化十分敏感（张永芳等，2011；赵威等，2016）。本章阐述了松嫩研究站及附近地区的气候特征，可为该区域农牧业生产、生态学理论研究和环境保护提供背景资料。

4.1　温　　度

温度要素主要包括空气和地表温度。空气温度与空气中的热量密切相关。空气中的热量主要来源于太阳的短波辐射，太阳辐射到达地面后，一部分被反射，另一部分被地面吸收，使地面增温；地面再通过长波辐射、传导和对流把热传给空气（Davis et al.，2010）。太阳辐射也能够直接被大气吸收，但该部分能量使空气增热的作用极小，只能使气温升高 0.01 ~ 0.02℃（任国玉等，2005）。

4.1.1　空气温度变化

1. 季节变化

根据气象划分法，本地区可以划分为四个季节，即 3 ~ 5 月为春季，6 ~ 8 月为夏季，9 ~ 11 月为秋季，12 ~ 2 月为冬季。长岭县的平均空气温度存在明显的季节变化，具体呈单峰曲线趋势。1953 ~ 2017 年，春季平均空气温度为 6.97℃，变化幅度为 3.97 ~ 10.00℃；夏季平均空气温度为 22.18℃，变化幅度为 20.69 ~ 24.24℃；秋季平均空气温度为 6.22℃，变化幅度为 3.82 ~ 8.33℃；冬季平均空气温度为 –13.33℃，变化幅度为 –17.41 ~ –8.92℃。自 80 年代中期以来，该区域冬季有明显的增温趋势，增温达 1.70℃。自 50 年代中期开始，春季温度持续增加，65 年间温度升高约 1.60℃。20 世纪 80 年代中期以前，夏季温度变化趋势不明显，表现出 2 ~ 3 年的周期性波动。1986 ~ 2017 年夏季和秋季气温较 1953 ~ 1985 年分别增加 0.78℃和 1.00℃（图 4-1）。1953 ~ 1957 年春季平均气温处于较低水平，均低于 5℃，显著低于平均水平（6.97℃）。自此之后，春季平均气温总体上呈上升趋势，但在1969年再次观测到春季平均气温低于5℃，为4.95℃。
2000年后，春季平均气温呈现出波动上升趋势，其中在2002年、2003年、2008
年、2014年、2016年和2017年都观测到春季平均气温高于9℃。其中，2002年
的春季平均气温是历史最高值，为9.81℃，与历史春季平均气温相比，该年春季
平均气温温度升高了2.84℃。夏季平均最高气温出现在2000年，为24.24℃，
比历史平均值高2.06℃。秋季平均气温的最低值出现在1976年和1981年，分别
为3.91℃和3.82℃。秋季平均气温最高值出现在2004年，为8.33℃。此外，在
1990年和2005年也观测到了较高的秋季平均气温，分别为8.27℃和8.13℃。在

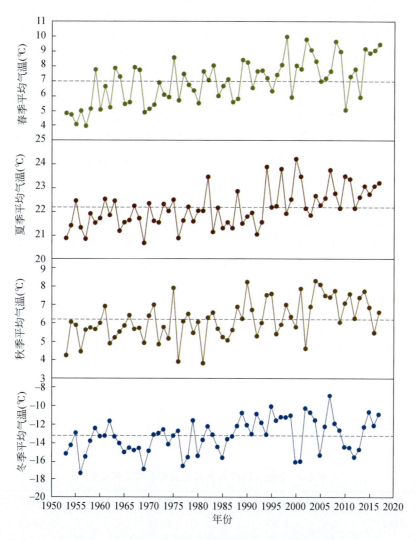

图 4-1　1953～2017 年长岭县不同季节的平均空气温度

2007 年，冬季平均气温为 -8.92℃，该温度是历年冬季平均气温最高值，比历年冬季温度均值高 4.41℃。在松嫩研究站，近五年（2016～2020 年）春季、夏季、秋季和冬季的平均温度分别为 9.07℃、22.76℃、6.12℃和 -11.37℃。

2. 年际变化

1953～2017 年，长岭县的年平均空气温度是 5.60℃（图 4-2），年平均气温的变异系数为 0.17。与东北地区气温变化一致，长岭县的全年平均气温自 20 世纪 80 年代末期以来增温明显，1988～2017 年的平均气温较 1953～1987 年增幅 27.1%，增温 1.35℃（Gao et al., 2014）。极端平均气温年份占比为 15.6%，1953 年、1956 年、1957 年和 1969 年的平均气温均低于 4℃，其中，1956 年的平均气温最低，为 3.40℃；1998 年、2007 年、2008 年、2014 年、2015 年和 2017 年的平均气温均高于 7℃，其中，2007 年的年平均气温最高，为 7.58℃（表 4-1）。1953～2017 年，日最高气温平均值的变化范围为 9.53～13.57℃，变异系数为 0.07，与年平均气温相比，日最高气温平均值的年际变异幅度较小。其中，1969 年的日最高气温平均值最低，为 9.53℃；2007 年的日最高气温平均值最高，为 13.57℃（表 4-2）。与年平均气温变化趋势相似，日最高气温的年均值整体上有上升的趋势，但上升幅度小于年平均气温的上升幅度（图 4-3）。1953～1987 年，多数年份日最低气温的年均值均低于 0℃，最低为 -1.86℃（1969 年）；1988～2017 年，日最低气温的年均值均高于 0℃，最高达到 2.06℃（2007 年）（表 4-3）。与年平均气温和日最高气温相比，日最低气温平均值具有更强烈的年际波动。松嫩研究站近五年（2016～2020 年）平均气温为 6.64℃。

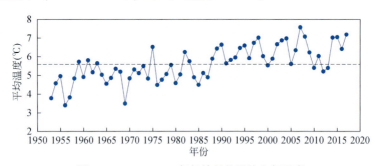

图 4-2　1953～2017 年长岭县的平均空气温度

表 4-1　1953～2017 年长岭县的年平均空气温度

年份	平均气温（℃）	标准差	变异系数
1953	3.78	14.59	3.86
1954	4.58	14.37	3.14

续表

年份	平均气温（℃）	标准差	变异系数
1955	4.96	14.62	2.95
1956	3.40	15.78	4.64
1957	3.82	14.81	3.88
1958	4.83	14.56	3.01
1959	5.72	13.91	2.43
1960	4.91	14.36	2.93
1961	5.80	14.34	2.47
1962	5.16	13.91	2.69
1963	5.64	14.50	2.57
1964	5.03	14.36	2.86
1965	4.55	14.86	3.27
1966	4.86	14.85	3.05
1967	5.35	15.30	2.86
1968	5.19	14.76	2.84
1969	3.49	15.26	4.37
1970	4.84	15.42	3.19
1971	5.31	14.15	2.66
1972	5.11	13.89	2.72
1973	5.49	14.13	2.57
1974	4.83	14.58	3.02
1975	6.53	14.23	2.18
1976	4.48	14.29	3.19
1977	4.77	15.57	3.27
1978	5.07	15.04	2.97
1979	5.55	13.84	2.49
1980	4.59	14.93	3.26
1981	5.04	14.78	2.93
1982	6.25	14.44	2.31
1983	5.75	14.09	2.45
1984	4.89	14.89	3.04
1985	4.49	15.20	3.38
1986	5.12	14.17	2.77

年份	平均气温（℃）	标准差	变异系数
1987	4. 89	14. 41	2. 94
1988	5. 89	14. 17	2. 41
1989	6. 44	13. 18	2. 05
1990	6. 65	13. 57	2. 04
1991	5. 63	14. 04	2. 49
1992	5. 82	13. 28	2. 28
1993	5. 96	13. 67	2. 29
1994	6. 47	14. 70	2. 27
1995	6. 60	12. 80	1. 94
1996	5. 91	14. 04	2. 37
1997	6. 74	13. 99	2. 07
1998	7. 02	14. 03	2. 00
1999	6. 02	14. 02	2. 33
2000	5. 53	16. 24	2. 94
2001	5. 89	15. 95	2. 71
2002	6. 67	13. 94	2. 09
2003	6. 88	13. 50	1. 96
2004	6. 98	14. 06	2. 01
2005	5. 60	15. 05	2. 69
2006	6. 35	14. 28	2. 25
2007	7. 58	13. 59	1. 79
2008	7. 08	13. 99	1. 98
2009	6. 23	14. 66	2. 35
2010	5. 39	15. 48	2. 87
2011	6. 04	15. 18	2. 52
2012	5. 20	15. 44	2. 97
2013	5. 39	15. 18	2. 81
2014	7. 03	14. 13	2. 01
2015	7. 05	14. 01	1. 99
2016	6. 42	14. 47	2. 25
2017	7. 19	14. 04	1. 95

表 4-2　1953～2017 年长岭县日最高空气温度平均值

年份	日最高气温平均值（℃）	标准差	变异系数
1953	11.31	14.43	1.28
1954	11.30	13.97	1.24
1955	11.77	14.13	1.20
1956	10.04	15.48	1.54
1957	10.52	14.45	1.37
1958	11.25	14.54	1.29
1959	12.29	13.49	1.10
1960	11.18	13.97	1.25
1961	12.48	14.27	1.14
1962	12.14	13.63	1.12
1963	12.48	14.31	1.15
1964	11.40	13.88	1.22
1965	11.01	14.77	1.34
1966	11.09	14.70	1.33
1967	11.94	15.13	1.27
1968	11.38	14.63	1.29
1969	9.53	15.10	1.58
1970	11.11	15.26	1.37
1971	11.68	13.90	1.19
1972	11.30	14.02	1.24
1973	11.75	14.02	1.19
1974	10.91	14.32	1.31
1975	12.84	13.96	1.09
1976	10.50	14.23	1.35
1977	10.93	15.66	1.43
1978	11.03	14.94	1.35
1979	11.56	13.91	1.20
1980	10.42	14.95	1.44
1981	11.27	14.55	1.29
1982	12.63	14.33	1.13
1983	11.86	13.84	1.17
1984	10.79	14.64	1.36

续表

年份	日最高气温平均值（℃）	标准差	变异系数
1985	10.29	14.98	1.46
1986	10.94	14.07	1.29
1987	10.83	14.30	1.32
1988	11.75	13.88	1.18
1989	12.42	12.97	1.04
1990	12.09	13.30	1.10
1991	11.19	14.00	1.25
1992	11.63	13.17	1.13
1993	11.72	13.62	1.16
1994	12.09	14.52	1.20
1995	12.24	12.64	1.03
1996	11.66	14.06	1.21
1997	12.79	13.97	1.09
1998	12.69	13.76	1.08
1999	11.90	13.92	1.17
2000	11.26	16.31	1.45
2001	11.90	16.23	1.36
2002	12.99	14.06	1.08
2003	13.00	13.42	1.03
2004	12.99	14.17	1.09
2005	11.22	14.97	1.33
2006	12.36	14.25	1.15
2007	13.57	13.70	1.01
2008	12.93	13.71	1.06
2009	12.14	14.81	1.22
2010	10.61	15.70	1.48
2011	11.66	15.34	1.32
2012	10.54	15.44	1.46
2013	10.65	15.34	1.44
2014	12.93	14.25	1.10
2015	12.78	14.15	1.11
2016	11.82	14.53	1.23
2017	12.87	14.03	1.09

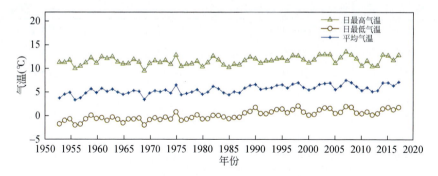

图 4-3　1953～2017 年长岭县的平均最高和最低空气温度

表 4-3　1953～2017 年长岭县的日最低空气温度平均值

年份	日最低气温平均值（℃）	标准差	变异系数
1953	−1.64	15.03	9.15
1954	−0.90	14.69	16.28
1955	−0.59	14.97	25.28
1956	−1.87	16.12	8.60
1957	−1.67	15.18	9.09
1958	−0.58	14.50	25.11
1959	0.19	14.27	76.94
1960	−0.50	14.75	29.51
1961	−0.31	14.24	45.78
1962	−0.90	14.18	15.70
1963	−0.21	14.64	68.93
1964	−0.65	14.53	22.47
1965	−1.42	14.91	10.54
1966	−0.62	14.85	24.10
1967	−0.60	15.39	25.49
1968	−0.41	14.77	35.61
1969	−1.86	15.35	8.27
1970	−0.74	15.47	20.90
1971	−0.36	14.28	40.18
1972	−0.72	13.64	19.02
1973	−0.22	14.36	64.08

续表

年份	日最低气温平均值（℃）	标准差	变异系数
1974	−0.60	14.60	24.26
1975	0.90	14.32	15.84
1976	−0.89	14.21	16.04
1977	−0.63	15.44	24.52
1978	−0.30	15.09	51.09
1979	0.27	13.82	51.75
1980	−0.57	14.99	26.24
1981	−0.53	14.83	27.82
1982	0.17	14.13	81.97
1983	0.15	14.07	94.06
1984	−0.16	14.83	90.44
1985	−0.51	15.45	30.05
1986	−0.27	14.04	52.84
1987	−0.21	14.50	68.99
1988	0.71	14.17	19.90
1989	1.00	13.09	13.07
1990	1.85	13.60	7.34
1991	0.58	14.01	24.35
1992	0.53	13.17	24.94
1993	0.92	13.52	14.73
1994	1.41	14.81	10.52
1995	1.53	12.75	8.33
1996	0.75	13.89	18.43
1997	1.38	13.89	10.06
1998	2.17	14.20	6.55
1999	0.89	14.03	15.80
2000	0.25	16.02	63.67
2001	0.40	15.76	39.32
2002	1.37	13.81	10.10
2003	1.77	13.53	7.63
2004	1.69	13.78	8.17
2005	0.62	15.23	24.59

年份	日最低气温平均值（℃）	标准差	变异系数
2006	0.85	14.20	16.66
2007	2.06	13.29	6.44
2008	1.92	14.11	7.33
2009	0.70	14.46	20.71
2010	0.58	15.42	26.50
2011	0.94	15.08	16.07
2012	0.31	15.51	50.01
2013	0.59	15.14	25.73
2014	1.60	14.01	8.74
2015	1.87	13.94	7.46
2016	1.44	14.44	10.03
2017	1.90	14.05	7.40

3. 松嫩草地空气温度变化特点

全球气候变化的主要表现是温度升高。有研究表明，1900～2017 年，全球陆地的平均气温呈升高趋势，达到（1.00±0.06）℃/100a（Xu et al.，2018）。在对全球气候变化趋势预估中发现，未来温度仍呈上升趋势（严中伟等，2020）。1960～2014 年，松嫩草地表征极端高温的指数夏日日数（日最高气温>25℃的日数）、暖昼日数和暖夜日数均呈现显著上升趋势，而表征极端低温事件的冷昼日数和冷夜日数均呈现下降趋势。区域内极端温度变化的主要特征为南部和北部增温幅度较大、中部增温幅度稍弱，表明南部和北部对全球气候变暖的响应较为敏感（马齐云等，2017）。

松嫩草地处于温带半干旱、半湿润季风地区。该区域气候为典型的大陆季风气候，四季分明，年均气温为 5.6℃。自此向西是位于内蒙古中东部地区的典型草原，其中，锡林浩特地区 1961～2014 年的气象数据表明，年均气温在 2.8℃ 左右，相较于同期长岭地区（松嫩草地）年均气温低 2.9℃，但两个地区气温都呈逐年上升趋势，增温速率均为 0.37℃/10a。自 20 世纪 80 年代末期增温最为明显，且上升速率逐渐加快，锡林浩特地区的平均气温上升约 1.9℃（张利君，2021），长岭地区的平均气温上升约 1.35℃。新疆的荒漠草地主要分布在干旱-半干旱的绿洲与荒漠过渡地带，1999～2017 年的全年平均气温在 7～10℃，相较同期长岭地区的平均气温高约 2℃。新疆荒漠草地的年均日最低气温为 1～4℃，年均日最高气温为 14 ~ 17℃，与松嫩草地观测数据相似，平均气温、日最高气温、日最低气温呈上升趋势，尤其是年均气温和日最低气温呈显著上升趋势（陈宸等，2021）。高寒草地占青藏高原植被覆盖面积的 60% 以上，青藏高原高大山脉居多，受不同季风环流影响较大，气候在不同区域上存在较大差异。与松嫩草地平均气温变化相似，其余草地类型的平均气温也呈现升高趋势，但升高速率和幅度存在区域性差异。

4.1.2　地表温度变化

影响地表气温变化的因素很多，主要包括地表湿度、气温、光照强度、地表材质等（任国玉等，2005；Trenberth et al.，2014）。对于一个地区而言，该地区的地表气温主要取决于该地区所在的纬度。

1. 季节变化

与平均空气温度的季节波动相似，地表温度也存在很明显的季节差异。与空气温度相比，春季和冬季的平均地表温度均低于平均空气温度；而夏季和秋季的平均地表温度均高于平均空气温度。各季节的平均地表温度均有升高的趋势，其中，春季和冬季的平均地表温度上升幅度较大，而夏季和秋季的平均地表温度上升幅度较小，这一变化趋势与平均空气温度的变化趋势相似。各季节的平均地表温度在季节内的波动趋势也存在较大差异，春季和秋季的地表温度波动较大，夏季和冬季的地表温度波动幅度较小（图 4-4）。1953 ~ 2017 年，春季平均地表温度为 9.68℃，变异系数为 0.15，变化范围为 6.80 ~ 12.66℃；其中，2002 年、2009 年、2014 年和 2017 年具有较高的春季平均地表温度，这四年的春季平均地表温度均高于 12℃。2017 年春季的平均地表温度最高，为 12.66℃。较低的春季平均地表温度分别发生在 1962 年、1969 年、1970 年、1976 年和 2010 年，其中，1969 年春季的平均地表温度最低，为 6.80℃。夏季平均地表温度为 25.96℃，变异系数为 0.05，变化范围为 23.31 ~ 28.67℃；1969 年和 1985 年的夏季平均地表温度较低，分别为 23.31℃和 23.78℃。夏季平均地表温度的最高值发生在 2007 年，为 28.67℃，其余年份的夏季平均地表温度均处于 28℃以下。秋季平均地表温度为 -7.27℃，变异系数为 0.18，变化范围为 4.22 ~ 9.52℃；1976 年和 1981 年的秋季平均地表气温较低，分别为 4.22℃和 4.39℃。秋季平均地表气温高于 9℃的年份有 1990 年、2004 年、2008 年和 2010 ~ 2014 年，其中，2013 年的秋季平均地表温度是历年最高值，为 9.52℃。冬季平均地表温度为 -13.39℃，变异系数为 0.17，变化范围为 -18.34 ~ -8.17℃。1977 年冬季平均地表气温最低，为 -18.34℃，在观测年份内仅 1977 年的冬季平均气温处于 -18℃以下。较高的冬季平均地表温度分别发生在 2007 年、2013 年、2015 年和 2016 年。其中，2015 年的冬季平均地表温度是历年最高值，为-8.17℃。

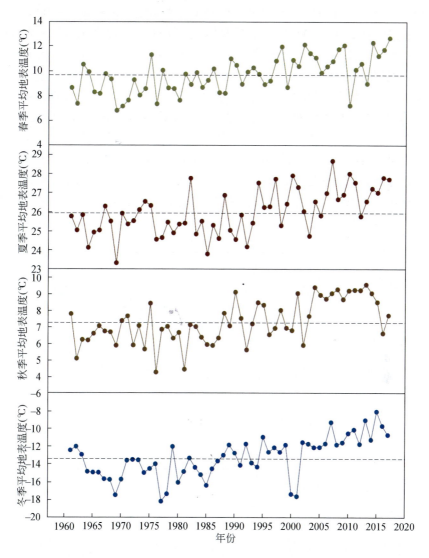

图 4-4　1961～2017 年长岭县不同季节的平均地表温度

2. 年际变化

1961～2017 年，长岭县的年平均地表温度为 7.48℃（图 4-5），年均地表温度的年际变异系数为 0.16。其中，1969 年平均地表温度最低，为 4.70℃。同时，在 1976 年、1977 年、1980 年和 1985 年也观测到较低水平的年平均地表温度，这四年的年均地表温度均低于 6℃。在 2007 年，观测到平均地表温度的最高值，为 9.88℃。此外，在 2013～2017 年，年平均地表温度均持续高于 9.00℃。全年平均地表温度自 20 世纪 90 年代以来增温明显，1991～2017 年的年均地表温度较 1961～1990 年的年均地表温度升高 1.73℃，增幅 25.99%；其中春夏秋冬四季的平均地表温度分别增加 1.60℃、1.33℃、1.46℃ 和 2.56℃。由此可见，冬季地表温度的升高数值高于年均地表温度的升高数值，这可能与本地区的物候特点有关，冬季地表缺少植被的覆盖，减少了植被对地表温度变化的缓冲作用，因此，地表温度的变异在冬季更加剧烈。自 2002 年开始，地表温度的年内变异系数有下降的趋势，表明地表温度的年内波动减弱(表 4-4)。全球陆地平均气温升高的同时，也伴随着全球陆地表面温度的上升。1900～2017 年全球陆地表面温度以 (0.86±0.06)℃/100a 的速率升高，预计未来陆地表面温度仍会呈现上升趋势 (Yun et al.，2019)。

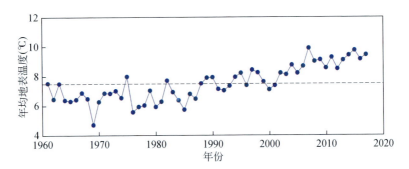

图 4-5　1961～2017 年长岭县的年平均地表温度

表 4-4　1961～2017 年长岭县的年平均地表温度

年份	平均地表温度（℃）	标准差	变异系数
1961	7.51	15.25	2.03
1962	6.43	15.21	2.37
1963	7.48	15.81	2.11
1964	6.36	15.96	2.51
1965	6.29	16.19	2.57
1966	6.40	16.28	2.54
1967	6.86	17.16	2.50
1968	6.46	16.81	2.60
1969	4.70	16.57	3.53

续表

年份	平均地表温度（℃）	标准差	变异系数
1970	6.25	17.02	2.72
1971	6.83	15.75	2.31
1972	6.82	15.64	2.29
1973	6.99	16.04	2.29
1974	6.52	16.65	2.55
1975	7.97	16.26	2.04
1976	5.56	16.30	2.93
1977	5.92	17.52	2.96
1978	6.02	16.99	2.82
1979	7.01	15.26	2.18
1980	5.91	16.43	2.78
1981	6.26	16.64	2.66
1982	7.69	16.64	2.16
1983	6.91	15.90	2.30
1984	6.36	16.57	2.61
1985	5.72	16.78	2.93
1986	6.78	16.07	2.37
1987	6.45	15.88	2.46
1988	7.49	16.06	2.14
1989	7.88	15.16	1.92
1990	7.92	15.04	1.90
1991	7.11	15.98	2.25
1992	7.01	14.97	2.14
1993	7.32	16.12	2.20
1994	7.93	16.61	2.09
1995	8.20	14.68	1.79
1996	7.36	16.11	2.19
1997	8.41	16.00	1.90

续表

年份	平均地表温度（℃）	标准差	变异系数
1998	8.23	15.87	1.93
1999	7.62	15.95	2.09
2000	7.07	18.39	2.60
2001	7.35	18.12	2.47
2002	8.20	16.02	1.95
2003	8.10	15.07	1.86
2004	8.74	15.89	1.82
2005	8.19	15.42	1.88
2006	8.66	15.86	1.83
2007	9.88	15.71	1.59
2008	8.99	15.55	1.73
2009	9.09	15.93	1.75
2010	8.54	15.78	1.85
2011	9.26	15.22	1.64
2012	8.48	15.47	1.82
2013	9.07	14.55	1.60
2014	9.40	15.45	1.64
2015	9.73	14.75	1.52
2016	9.13	15.23	1.67
2017	9.42	15.82	1.68

4.2　降　　水

降水要素主要包括降雨量和降雪量。降水根据其不同的物理特征可分为液态降水和固态降水。降水量是指一定时间内，从天空降落到地面上的液态或固态（经融化后）水，未经蒸发、渗透、流失，而在水平面上积聚的深度。

4.2.1　降雨量变化

一般来说，年降水量在800mm以上的地区为湿润地区；年降水量在400～800mm的地区为半湿润地区；年降水量在200～400mm的地区为半干旱地区；年降水量在200mm以下的地区为干旱地区（左洪超等，2004）。松嫩草地属于半干旱、半湿润地区。

1. 季节变化

长岭县的春季累积降水量的平均值为 59.54mm，占全年总降水量的 4%～38%，变异系数为 0.56，变化范围为 14.70～167.70mm（图 4-6）。在 1964 年、1973 年、1993 年、2004 年和 2006 年，均观测到低于 20mm 的春季降水量；其中，1973 年的春季降水量是历年最低值，仅为 14.70mm。春季降雨量较高的年份为 1983 年、1990 年、2008 年、2010 年、2015 年和 2016 年，这些年份的春季降水量均高于 100mm；其中，2010 年的春季降水量是历年最高值，达到 168.3mm。夏季累积降水量的平均值为 300.99mm，占全年总降水量的 44%～

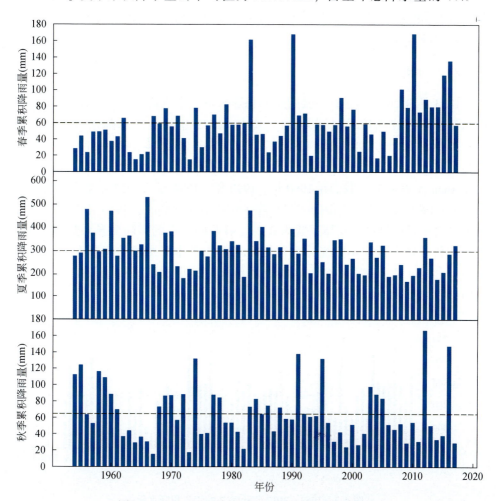

图 4-6　1953～2017 年长岭县不同季节的累积降水量

91%，变异系数为 0.29，变化范围为 167.50～567.90mm。在 1972 年、1982 年、2002 年、2006 年、2007 年和 2009 年，我们观测到较低的夏季降水量，均小于 200mm；2009 年的夏季降水量是历年最低值，为 167.50mm。夏季降水量的较高值发生在 1956 年、1960 年、1966 年、1983 年、1985 年和 1994 年，其中，1994 年的夏季降水量历年最高，为 567.9mm。秋季累积降水量的平均值为 64.66mm，占全年降水量的 5%～31%，变异系数为 0.52，变化范围为 15.10～166.70mm。在 1967 年和 1973 年，我们观测到较低的秋季降水量，分别为 15.1mm 和 17.4mm。秋季最高降水量发生在 2012 年，为 166.7mm。此外，在 1955 年、1974 年、1991 年、1995 年和 2016 年，我们也观测到较高的秋季降水量，这些年份的秋季降水量均高于 120mm。冬季累积降水量多以降雪形式积累。在松嫩研究站，近五年的春季累积降雨量为 86.72mm，夏季累积降雨量为 258.84mm，秋季累积降雨量为 90.28mm。

2. 年际变化

1953 年至 2017 年，长岭县的年累积降水量的平均值为 444.89mm。年累积降水量的年际波动较大（图 4-7）。其中，1973 年的全年总降水量最低，为 253.20mm。此外，1982 年、1993 年、2001 年、2002 年、2006 年、2007 年、2009 年和 2014 年的年降水量均低于 300mm。1983 年的年累积降水量最高，为 716.20mm（表 4-5）。我们在 1960 年、1990 年、1994 年和 2012 年也观测到较高水平的年降水量，这些年份的年累积降水量均高于 600mm。1953 年至 2017 年，长岭县的年累积降水量变异系数为 0.24，春季降水量的年际变异系数为 0.56，夏季和秋季降水量的年际变异系数均为 0.29，冬季降水量的年际变异系数为 0.93。由此可见，春季和冬季降水量的年际波动更剧烈。松嫩研究站近五年（2016～2020 年）的年累积降水量平均值为 436.32mm。

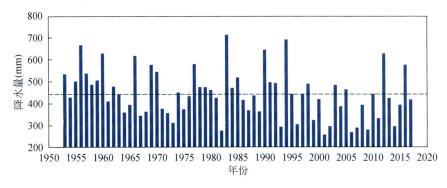

图 4-7　1953～2017 年长岭县的年累积降水量

表 4-5　1953～2017 年长岭县的年累积降水量

年份	年累积降水量（mm）	年份	年累积降水量（mm）	年份	年累积降水量（mm）	年份	年累积降水量（mm）
1953	498.80	1970	527.80	1987	370.90	2004	388.90
1954	418.70	1971	357.40	1988	437.90	2005	466.30
1955	459.50	1972	310.10	1989	365.50	2006	270.30
1956	572.30	1973	253.20	1990	647.60	2007	291.70
1957	481.00	1974	423.30	1991	498.60	2008	395.30
1958	462.30	1975	371.00	1992	495.00	2009	282.20
1959	467.60	1976	372.90	1993	295.70	2010	444.70
1960	602.20	1977	545.30	1994	694.50	2011	334.80
1961	391.00	1978	455.70	1995	444.40	2012	630.50
1962	459.00	1979	444.00	1996	307.00	2013	426.60
1963	434.30	1980	463.20	1997	443.70	2014	297.40
1964	344.20	1981	428.20	1998	491.80	2015	395.60
1965	385.90	1982	277.40	1999	326.40	2016	578.20
1966	592.30	1983	716.20	2000	421.50	2017	419.60
1967	323.40	1984	473.70	2001	258.90		
1968	340.00	1985	520.20	2002	298.40		
1969	543.60	1986	418.20	2003	486.50		

3. 松嫩草地的降雨量变化特点

近几十年来，我国北方草原的降水量变化趋势不尽相同。1960～2014 年，松嫩草地的日降水强度、强降水量和年湿期降水总量变化趋势并不明显。1980～1999 年，极端降水事件增多。松嫩草地北部地区的降水量呈现增加趋势，而南部地区则呈现减少的趋势，结合区域气候变暖的空间特点，松嫩草地北部地区的干旱风险小于南部（马齐云等，2017）。

内蒙古锡林浩特地区（典型草原）的降水量与长岭地区（松嫩草地）差异较大。锡林浩特地区 1961～2014 年的年均降水量约为 280mm，相较于同期长岭地区的降水量少 160mm，两个地区的降水量均呈微弱减少的趋势，减少速率分别为 8～12mm/10a（锡林浩特）和 19mm/10a（长岭）。观测年间，锡林浩特地区 1979 年和 1980 年的降水量相差最大，达到 258.3mm，降水日数也减少（张利君，2021；辛志远等，2012）。荒漠草地是最干旱的草地类型，新疆荒漠草地

1999～2017 年的年均降水量为 100～200mm，相较于同期松嫩草地的降水量低 190～290mm。与松嫩草地的降水变化不同的是，该区域降水量上升趋势十分显著（Yao et al.，2018；陈宸等，2021）。与松嫩草地的降水集中分布在夏季的特点不同，青藏高原高寒草地的降水集中分布在春季和冬季，年均降水量在 155mm（1957～2017 年）（管琪卉等，2019），且年际波动比较大。20 世纪 60 年代，青藏高原高寒草地的年降水量开始逐渐增加，70 年代中期有所下降，但总体上呈现增加的趋势，60 年代至 80 年代中后期，青藏高原属于暖干时期，80 年代后期逐渐进入暖湿时期，降雨增加量约为 10mm/10a（刘世梁等，2014；郭小伟，2019）。可见，青藏高原地区的降水变化趋势较松嫩草地的降水变化更为复杂多样，松嫩草地的降水量虽高于其他三种草地类型，但其呈现出逐渐干旱的趋势，荒漠草地最为干旱，但近年来降水量呈增加趋势。

4.2.2 降雪量变化

降雪量是指雪溶化后的水在水平面上积累的深度。对于降雪量的大小需要用统一规定的标准进行界定，以 mm 为单位，亦称降水量。

1980～2017 年，长岭县的累积降雪量的平均值是 8.43mm，占全年总降水量的 1%～8%。整体来看，年累积降雪量多分布在 0～15.00mm，变异系数为 0.93。年累积降雪量的年际波动较大，其中，1990 年、2000 年、2010 年、2013 年以及 2015 年的年累积降雪量均达 25mm 以上，2015 年的累积降雪量为历年最高，达到 31.2mm（图 4-8）。1981 年、1984 年和 2008 年的年累积降雪量均低于 2mm，2008 年的年累积降雪量仅为 0.3mm。

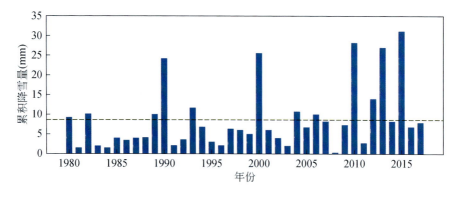

图 4-8　1980～2017 年长岭县的累积降雪量变化

4.3　其他气候特征

其他气候要素包括日照时数、气压、风向风速、蒸发和空气相对湿度等。

4.3.1　日照时数

在一定时间内，日照时数定义为太阳直接辐照度达到或超过 $120W/m^2$ 各段时间的总和，以小时（h）为单位。日照时数可用于表征当地的气候和描述过去的天气状况。可以认为日照时数较长的地区有强烈的太阳辐射。

1954~2017 年，长岭县的年平均日照时数为 7.5h，变化范围为 6.3~8.5h（图4-9）。各年份的年平均日照时数存在相似的年内变异水平（表4-6）。长岭县在春季和夏季的平均日照时数较长，集中分布在7.0~10.6h；而秋季和冬季的平均日照时长较短，秋季的平均日照时长为 6.0~8.4h；冬季的平均日照时长为 6.5~7.5h。夏季的日照时长波动幅度较大，变异更大；冬季的日照时长波动较小，变异更小（图4-10）。

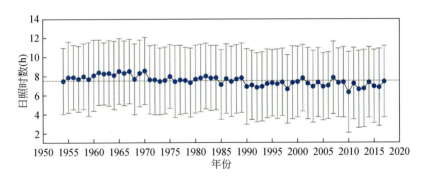

图 4-9　1954~2017 年长岭县的年平均日照时数

表 4-6　1954~2017 年长岭县的年平均日照时数

年份	平均日照时数（h）	标准差	变异系数
1954	7.47	3.47	0.46
1955	7.86	3.73	0.47
1956	7.87	3.38	0.43
1957	7.69	3.46	0.45
1958	7.96	3.45	0.43
1959	7.67	3.86	0.50

年份	平均日照时数（h）	标准差	变异系数
1960	8.07	3.73	0.46
1961	8.38	3.42	0.41
1962	8.25	3.26	0.39
1963	8.30	3.45	0.42
1964	8.08	3.58	0.44
1965	8.51	3.44	0.40
1966	8.31	3.39	0.41
1967	8.50	3.38	0.40
1968	7.68	3.72	0.48
1969	8.29	3.49	0.42
1970	8.55	3.53	0.41
1971	7.62	3.58	0.47
1972	7.61	3.67	0.48
1973	7.45	3.50	0.47
1974	7.55	3.52	0.47
1975	7.96	3.35	0.42
1976	7.42	3.78	0.51
1977	7.59	3.63	0.48
1978	7.55	3.47	0.46
1979	7.31	3.63	0.50
1980	7.67	3.57	0.46
1981	7.80	3.54	0.45
1982	7.99	3.44	0.43
1983	7.79	3.41	0.44
1984	7.83	3.38	0.43
1985	7.10	3.67	0.52
1986	7.72	3.65	0.47
1987	7.43	3.69	0.50
1988	7.68	3.61	0.47

年份	平均日照时数（h）	标准差	变异系数
1989	7.81	3.65	0.47
1990	6.89	3.97	0.58
1991	7.04	3.63	0.52
1992	6.80	3.63	0.53
1993	6.89	3.63	0.53
1994	7.20	3.61	0.50
1995	7.27	3.49	0.48
1996	7.17	3.64	0.51
1997	7.36	3.54	0.48
1998	6.62	3.60	0.54
1999	7.31	3.83	0.52
2000	7.40	3.72	0.50
2001	7.79	3.50	0.45
2002	7.22	3.74	0.52
2003	6.89	3.78	0.55
2004	7.33	3.63	0.49
2005	6.89	3.53	0.51
2006	7.00	3.51	0.50
2007	7.82	3.80	0.49
2008	7.29	3.61	0.50
2009	7.36	3.69	0.50
2010	6.29	4.24	0.67
2011	7.22	3.76	0.52
2012	6.60	4.05	0.61
2013	6.69	4.06	0.61
2014	7.34	3.70	0.50
2015	6.91	3.85	0.56
2016	6.82	4.06	0.59
2017	7.42	3.74	0.50

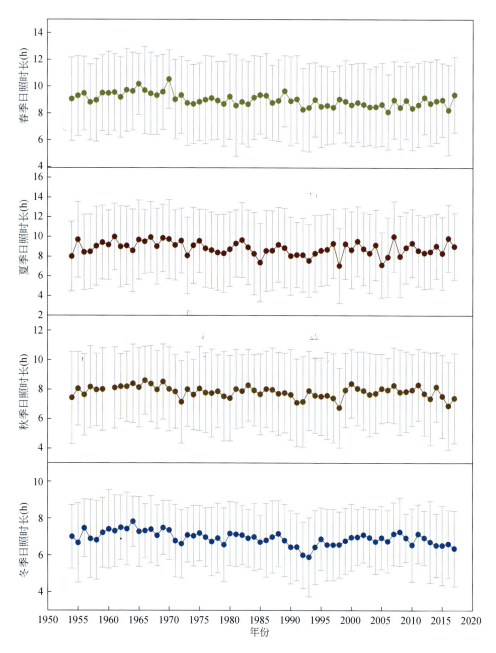

图 4-10　1953～2017 年长岭县不同季节的平均日照时数

4.3.2 气压

气压的大小与海拔高度、大气温度、大气密度等有关，一般随高度升高呈指数递减。气压变化与风、天气状况等关系密切，是重要的气象因子（张文煜和袁久毅，2007）。

1955年至2017年，长岭县的平均气压均分布在98.0~100.0kPa（图4-11）。并且年内变化幅度较小，约为0.8~1.0kPa，变异系数均为0.01（表4-7）。1980年至2018年，日最高气压的年均值集中分布在99.5kPa左右，日最低气压的年均值均集中分布在98.7~99.0kPa（图4-12）。平均日最高气压和最低气压都具有较小的年内变异，变异系数均为0.01（表4-8和表4-9）。1955年至2017年，长岭县春季、秋季和冬季的平均气压较高，集中在98.8~100.4kPa，而夏季的平均气压较低，约为98.3kPa（图4-13）。

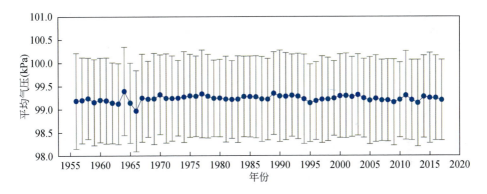

图4-11 1956~2017年长岭县的年平均气压

表4-7 1955~2017年长岭县的年平均气压

年份	平均气压（kPa）	标准差	变异系数
1955	98.95	0.79	0.01
1956	99.18	1.03	0.01
1957	99.19	0.92	0.01
1958	99.24	0.87	0.01
1959	99.15	0.93	0.01
1960	99.20	0.91	0.01
1961	99.19	0.93	0.01
1962	99.14	0.87	0.01
1963	99.12	0.87	0.01

年份	平均气压（kPa）	标准差	变异系数
1964	99.39	0.95	0.01
1965	99.14	0.86	0.01
1966	98.97	0.87	0.01
1967	99.25	0.95	0.01
1968	99.22	0.82	0.01
1969	99.23	0.98	0.01
1970	99.32	0.86	0.01
1971	99.24	0.96	0.01
1972	99.24	0.92	0.01
1973	99.24	0.81	0.01
1974	99.27	0.98	0.01
1975	99.29	0.89	0.01
1976	99.28	0.87	0.01
1977	99.33	0.94	0.01
1978	99.28	0.90	0.01
1979	99.24	0.82	0.01
1980	99.24	0.83	0.01
1981	99.22	0.92	0.01
1982	99.21	0.84	0.01
1983	99.22	0.93	0.01
1984	99.27	0.87	0.01
1985	99.27	0.87	0.01
1986	99.27	0.88	0.01
1987	99.22	0.91	0.01
1988	99.22	0.88	0.01
1989	99.34	0.89	0.01
1990	99.29	0.98	0.01
1991	99.28	0.94	0.01
1992	99.30	0.89	0.01
1993	99.28	0.92	0.01
1994	99.22	0.96	0.01
1995	99.13	0.84	0.01

续表

年份	平均气压（kPa）	标准差	变异系数
1996	99.18	0.84	0.01
1997	99.21	0.93	0.01
1998	99.21	0.90	0.01
1999	99.24	0.80	0.01
2000	99.29	0.90	0.01
2001	99.29	0.91	0.01
2002	99.27	0.86	0.01
2003	99.31	0.88	0.01
2004	99.24	0.85	0.01
2005	99.19	0.94	0.01
2006	99.23	0.93	0.01
2007	99.19	0.88	0.01
2008	99.19	0.88	0.01
2009	99.15	0.93	0.01
2010	99.20	0.81	0.01
2011	99.30	0.95	0.01
2012	99.20	0.86	0.01
2013	99.13	0.93	0.01
2014	99.27	0.89	0.01
2015	99.25	0.97	0.01
2016	99.24	0.91	0.01
2017	99.20	0.87	0.01

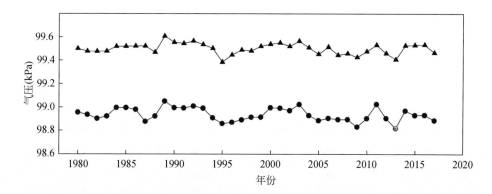

图 4-12　1980~2017 年长岭县的年最高和最低气压

表 4-8　1980~2018 年长岭县的日最高气压

年份	日最高气压（kPa）	标准差	变异系数
1980	99.50	0.84	0.01
1981	99.48	0.93	0.01
1982	99.48	0.87	0.01
1983	99.48	0.92	0.01
1984	99.52	0.89	0.01
1985	99.52	0.89	0.01
1986	99.52	0.90	0.01
1987	99.53	0.93	0.01
1988	99.47	0.88	0.01
1989	99.61	0.91	0.01
1990	99.56	0.99	0.01
1991	99.55	0.95	0.01
1992	99.57	0.90	0.01
1993	99.54	0.93	0.01
1994	99.51	0.97	0.01
1995	99.39	0.85	0.01
1996	99.45	0.85	0.01
1997	99.49	0.95	0.01
1998	99.48	0.91	0.01
1999	99.52	0.83	0.01
2000	99.54	0.93	0.01
2001	99.55	0.92	0.01
2002	99.52	0.86	0.01
2003	99.57	0.89	0.01
2004	99.51	0.85	0.01
2005	99.46	0.94	0.01
2006	99.52	0.95	0.01
2007	99.45	0.88	0.01

续表

年份	日最高气压（kPa）	标准差	变异系数
2008	99.46	0.89	0.01
2009	99.43	0.94	0.01
2010	99.48	0.82	0.01
2011	99.54	0.96	0.01
2012	99.46	0.87	0.01
2013	99.41	0.94	0.01
2014	99.53	0.91	0.01
2015	99.53	0.98	0.01
2016	99.54	0.91	0.01
2017	99.47	0.88	0.01
2018	99.30	0.90	0.01

表 4-9 1980~2018 年长岭县的日最低气压

年份	日最低气压（kPa）	标准差	变异系数
1980	98.96	0.85	0.01
1981	98.94	0.93	0.01
1982	98.91	0.82	0.01
1983	98.93	0.96	0.01
1984	99.00	0.86	0.01
1985	99.00	0.88	0.01
1986	98.98	0.87	0.01
1987	98.88	0.91	0.01
1988	98.93	0.88	0.01
1989	99.05	0.89	0.01
1990	99.00	0.98	0.01
1991	99.00	0.95	0.01
1992	99.01	0.88	0.01
1993	98.99	0.92	0.01

年份	日最低气压（kPa）	标准差	变异系数
1994	98.91	0.97	0.01
1995	98.86	0.84	0.01
1996	98.87	0.84	0.01
1997	98.90	0.94	0.01
1998	98.92	0.90	0.01
1999	98.92	0.79	0.01
2000	99.00	0.89	0.01
2001	99.00	0.92	0.01
2002	98.97	0.87	0.01
2003	99.03	0.88	0.01
2004	98.93	0.88	0.01
2005	98.89	0.95	0.01
2006	98.91	0.94	0.01
2007	98.90	0.89	0.01
2008	98.90	0.89	0.01
2009	98.84	0.93	0.01
2010	98.91	0.82	0.01
2011	99.03	0.96	0.01
2012	98.91	0.87	0.01
2013	98.82	0.94	0.01
2014	98.97	0.87	0.01
2015	98.94	0.98	0.01
2016	98.94	0.93	0.01
2017	98.89	0.88	0.01
2018	98.71	0.88	0.01

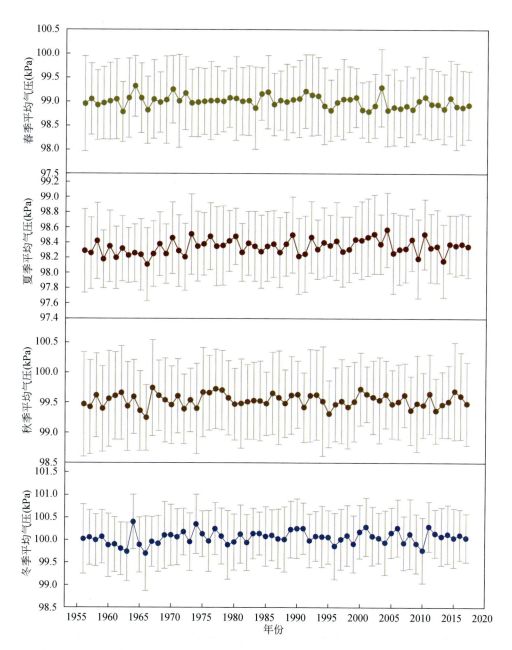

图 4-13　1955～2017 年长岭县不同季节的平均气压

4.3.3　风向风速

　　风向和风速是气候学研究的主要参数之一，大气中风向和风速的测量对于全球气候变化研究具有重要作用和意义（杨佰义和李程程，2016）。

　　1953～1990年，长岭县的年平均风速均高于3.0m/s，其中，1987年的年平均风速最高，达到（4.0±2.0）m/s（图4-14）。自1987年后，年平均风速呈下降趋势，多数年份的年平均风速均低于3.0m/s，其中，2014年的年内平均风速最低，为（2.3±1.4）m/s。2015年至2017年的年内平均风速又有升高的趋势，均高于3.0m/s。所有年份的年内平均风速具有相似的年内变化幅度，一般为1.5～2.0m/s，变异系数约为0.4～0.6（表4-10）。1953～2017年，长岭县的年春季的平均风速最高，为4.1m/s，夏季的最低，为2.8m/s；秋季的平均风速略高于冬季的平均风速，为3.1m/s（图4-15）。各季节的平均风速在季节内的波动趋势相近，变异系数均为0.45～0.60。

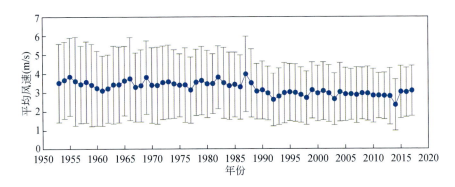

图4-14　1953～2017年长岭县的年平均风速

表4-10　1953～2017年长岭县的年平均风速

年份	平均风速（m/s）	标准差	变异系数
1953	3.51	2.08	0.59
1954	3.65	2.04	0.56
1955	3.84	2.06	0.54
1956	3.59	2.35	0.65
1957	3.43	2.05	0.60
1958	3.55	2.15	0.61
1959	3.39	2.17	0.64

续表

年份	平均风速(m/s)	标准差	变异系数
1960	3.22	1.98	0.61
1961	3.09	1.86	0.60
1962	3.20	1.80	0.56
1963	3.41	2.06	0.60
1964	3.41	2.01	0.59
1965	3.62	1.84	0.51
1966	3.73	2.20	0.59
1967	3.28	1.83	0.56
1968	3.36	1.91	0.57
1969	3.80	1.94	0.51
1970	3.38	1.99	0.59
1971	3.37	2.04	0.60
1972	3.52	1.95	0.55
1973	3.57	1.95	0.55
1974	3.45	1.81	0.53
1975	3.39	1.67	0.49
1976	3.40	1.97	0.58
1977	3.13	1.75	0.56
1978	3.54	1.75	0.49
1979	3.63	1.81	0.50
1980	3.45	1.78	0.52
1981	3.46	1.58	0.46
1982	3.80	1.67	0.44
1983	3.51	1.88	0.54
1984	3.35	1.78	0.53
1985	3.42	1.72	0.50
1986	3.29	1.70	0.52
1987	3.97	2.00	0.50
1988	3.50	1.80	0.52

年份	平均风速(m/s)	标准差	变异系数
1989	3.06	1.47	0.48
1990	3.12	1.54	0.49
1991	2.96	1.43	0.48
1992	2.62	1.39	0.53
1993	2.79	1.50	0.54
1994	2.97	1.60	0.54
1995	3.01	1.51	0.50
1996	2.98	1.52	0.51
1997	2.87	1.46	0.51
1998	2.71	1.41	0.52
1999	3.12	1.49	0.48
2000	2.95	1.47	0.50
2001	3.07	1.53	0.50
2002	2.95	1.50	0.51
2003	2.64	1.37	0.52
2004	3.02	1.55	0.51
2005	2.90	1.41	0.49
2006	2.90	1.35	0.46
2007	2.86	1.47	0.51
2008	2.95	1.37	0.47
2009	2.94	1.43	0.49
2010	2.83	1.42	0.50
2011	2.83	1.19	0.42
2012	2.81	1.23	0.44
2013	2.79	1.50	0.54
2014	2.33	1.35	0.58
2015	3.02	1.39	0.46
2016	3.01	1.30	0.43
2017	3.08	1.33	0.43

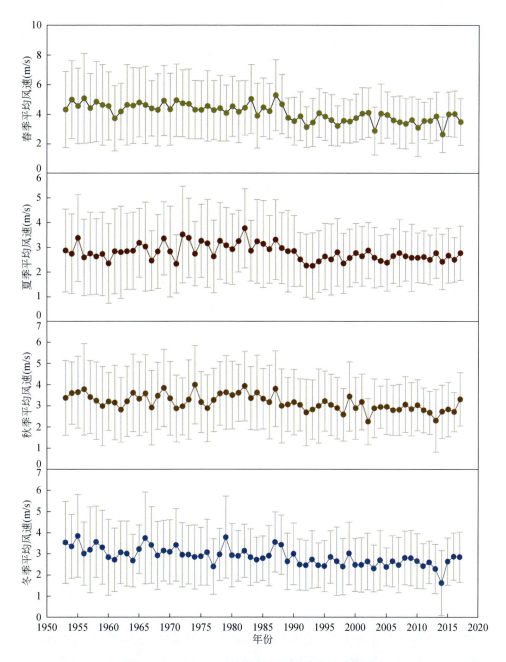

图 4-15　1953～2017 年长岭县不同季节的平均风速

4.3.4　蒸发

蒸发是指水由液态或固态转变成气态，逸入大气中的过程。影响蒸发速度的主要因子有：水源、热源、饱和差、风速与湍流扩散强度。在影响蒸发的因子中，蒸发面的温度通常是蒸发的重要影响因子。由于蒸发面（陆面及水面）的温度有年际、日变化，所以蒸发量也有年际、日变化（杨建平等，2003）。

1953 年至 2017 年，长岭县的年累积潜在蒸发量为年累积降水量的三倍左右。1953~2000 年的年累积潜在蒸发量集中分布在 1370.3~1763.1mm，其中，1954 年的年累积潜在蒸发量为 1370.3mm，是历年最低值（表 4-11）。2001~2017 年的年累积潜在蒸发量连续增长，在 2004 年达到 2051.5mm，为所观测所有年份中的最高年累积潜在蒸发量；年累积潜在蒸发量存在年际波动，但波动幅度小于年累积降水量的年际波动幅度（图 4-16）。长岭县的累积潜在蒸发量存在很明显的季节差异，全年潜在蒸发量主要集中在春季和夏季，变化范围为 385.2~890.5mm；秋季的累积潜在蒸发量为 237.7~434.9mm；冬季的累积潜在蒸发量变化范围为 42.9~115.6mm。与年累积潜在蒸发量相似，各季节的累积潜在蒸发量也存在较大的年际波动，春季、夏季和秋季的累积潜在蒸发量的年际波动与年累积潜在蒸发量的年际波动趋势相似，冬季的累积潜在蒸发量波动幅度较小（图 4-17）。

表 4-11　1953~2017 年长岭县的年累积潜在蒸发量

年份	年累积潜在蒸发量（mm）	年份	年累积潜在蒸发量（mm）	年份	年累积潜在蒸发量（mm）	年份	年累积潜在蒸发量（mm）
1953	1423.40	1966	1609.50	1979	1722.00	1992	1400.80
1954	1370.30	1967	1566.70	1980	1669.30	1993	1514.80
1955	1504.70	1968	1562.10	1981	1593.60	1994	1559.10
1956	1413.20	1969	1572.60	1982	2009.60	1995	1475.50
1957	1526.80	1970	1657.40	1983	1642.10	1996	1498.50
1958	1671.80	1971	1538.80	1984	1618.20	1997	1688.10
1959	1575.60	1972	1723.80	1985	1548.80	1998	1430.40
1960	1514.60	1973	1637.90	1986	1489.00	1999	1573.80
1961	1564.70	1974	1540.50	1987	1625.00	2000	1632.60
1962	1545.40	1975	1733.70	1988	1548.70	2001	1871.50
1963	1691.30	1976	1611.20	1989	1616.90	2002	1821.80
1964	1574.00	1977	1759.50	1990	1467.30	2003	1727.45
1965	1763.10	1978	1751.10	1991	1538.90	2004	2051.52

续表

年份	年累积潜在蒸发量（mm）	年份	年累积潜在蒸发量（mm）	年份	年累积潜在蒸发量（mm）	年份	年累积潜在蒸发量（mm）
2005	1684.43	2009	1851.86	2013	1594.41	2017	1919.14
2006	1717.62	2010	1590.78	2014	1743.35		
2007	1909.55	2011	1758.83	2015	1885.00		
2008	1726.84	2012	1555.02	2016	1708.25		

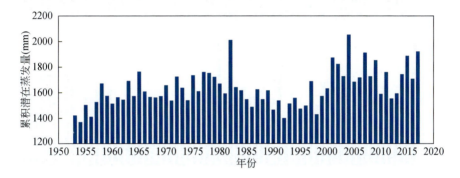

图 4-16　1953~2017 年长岭县的年累积潜在蒸发量

4.3.5　空气相对湿度

　　水蒸气是大气中最重要的能量载体，并且也是最重要的温室气体。因此，它的时空分布通过潜热交换、辐射性冷却和加热、云的形成和降雨等方式对天气和气候产生影响，从而影响动植物的生长环境，并对农业生产产生一定的影响。因此，研究全球变化背景下相对湿度的变化趋势，对于了解环境的变化及调整农牧业生产具有重要的现实意义（卢爱刚，2013）。

　　1953 年至 2017 年，长岭县的年平均相对湿度的变化范围是 54.25%~71.39%，其中，1953 年的年平均相对湿度最高，为（71.39±14.37）%，2007 年的年平均相对湿度最低，为（54.25±17.14）%。不同年份平均相对湿度的年内变异水平相似，变异系数约为 0.2~0.3（表4-12）。年平均相对湿度存在年际波动，且表现为一定的周期性，波动周期为 5~8 年，但波动幅度较小（图 4-18）。长岭县的相对湿度同样呈现出明显的季节变异。春季和夏季的平均相对湿度为 36.90%~78.25%；秋季的平均相对湿度为 52.79%~69.70%；冬季的平均相对湿度为 50.11%~71.39%。因此，春季和夏季的相对湿度较低，秋季的平均相对湿度最高，冬季的平均相对湿度次之。各季节的平均相对湿度也存在较大的年际

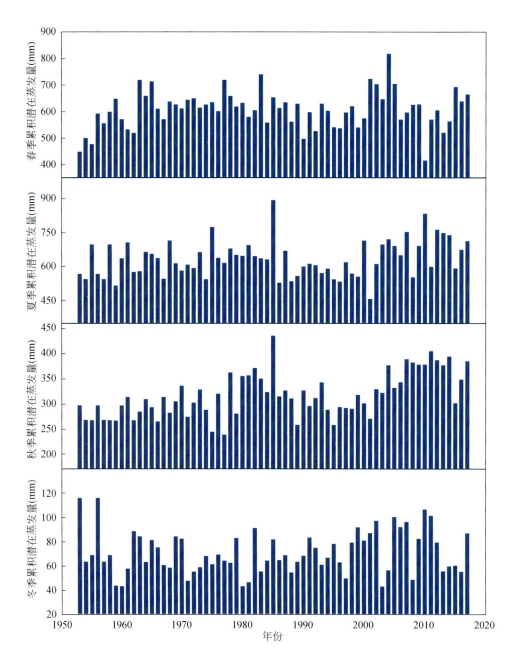

图 4-17　1953～2017 年长岭县不同季节的累积潜在蒸发量

波动，春季、夏季和秋季的平均相对湿度的年际波动与年平均相对湿度的年际波动趋势相似，冬季的年平均相对湿度波动幅度更大（图 4-19）。松嫩研究站近五年（2016～2020 年）的平均相对湿度为 53.63%，春季的平均相对湿度为 33.39%，夏季的平均相对湿度为 62.08%，秋季的平均相对湿度为 57.11%，冬季的平均相对湿度为 61.93%。

表 4-12　1953～2017 年长岭县的年平均相对湿度

年份	年平均相对湿度（%）	标准差	变异系数
1953	71.39	14.37	0.20
1954	62.24	15.34	0.25
1955	63.44	15.72	0.25
1956	64.42	17.64	0.27
1957	66.35	14.08	0.21
1958	61.21	15.72	0.26
1959	60.28	17.48	0.29
1960	61.55	17.01	0.28
1961	62.34	16.20	0.26
1962	60.41	15.88	0.26
1963	57.79	18.47	0.32
1964	64.61	15.28	0.24
1965	58.06	18.22	0.31
1966	60.66	16.88	0.28
1967	58.00	16.67	0.29
1968	64.14	17.11	0.27
1969	59.02	18.56	0.31
1970	62.24	16.64	0.27
1971	63.92	15.11	0.24
1972	60.97	15.82	0.26
1973	61.45	16.36	0.27
1974	60.12	16.92	0.28

续表

年份	年平均相对湿度（%）	标准差	变异系数
1975	58.41	15.85	0.27
1976	60.88	18.31	0.30
1977	65.41	17.65	0.27
1978	61.34	15.33	0.25
1979	58.29	16.94	0.29
1980	60.65	16.82	0.28
1981	62.49	15.42	0.25
1982	55.14	15.84	0.29
1983	59.22	17.19	0.29
1984	57.87	16.44	0.28
1985	62.68	16.96	0.27
1986	61.26	16.26	0.27
1987	59.99	16.62	0.28
1988	58.30	17.82	0.31
1989	58.85	16.67	0.28
1990	64.15	16.14	0.25
1991	61.35	16.26	0.27
1992	61.59	16.56	0.27
1993	62.05	17.48	0.28
1994	62.25	17.97	0.29
1995	60.67	14.88	0.25
1996	56.87	16.36	0.29
1997	54.68	16.72	0.31
1998	59.19	17.42	0.29
1999	55.79	15.82	0.28
2000	59.76	16.44	0.28
2001	61.86	14.51	0.23

续表

年份	年平均相对湿度（%）	标准差	变异系数
2002	61.65	16.24	0.26
2003	61.59	17.35	0.28
2004	58.64	17.00	0.29
2005	61.76	17.89	0.29
2006	55.68	16.34	0.29
2007	54.25	17.14	0.32
2008	56.26	17.27	0.31
2009	55.12	16.78	0.30
2010	60.72	17.32	0.29
2011	57.64	16.03	0.28
2012	60.32	18.49	0.31
2013	63.30	14.87	0.23
2014	55.06	17.30	0.31
2015	60.67	19.12	0.32
2016	61.33	17.94	0.29
2017	55.22	18.19	0.33

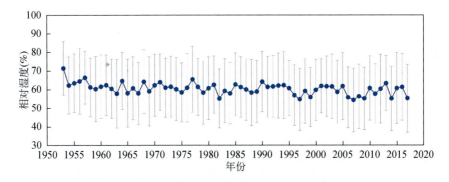

图4-18 1953～2017年长岭县的年平均相对湿度

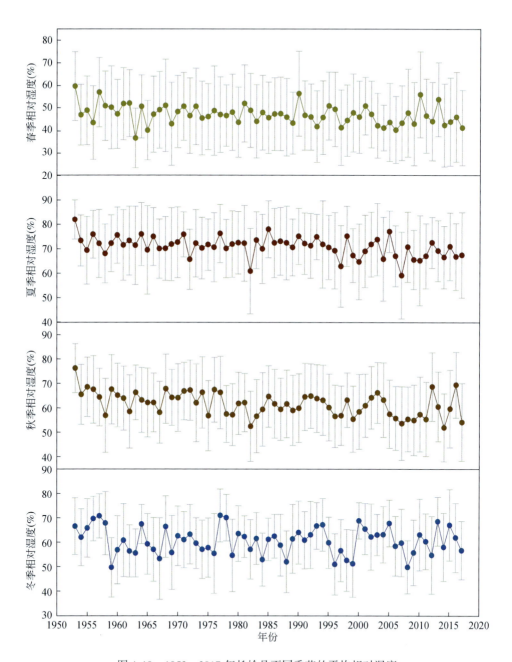

图 4-19　1953～2017 年长岭县不同季节的平均相对湿度

4.4　小　　结

　　松嫩草地属于半干旱、半湿润温带季风型气候，自东向西大陆性逐渐增强，具有典型的大陆性气候特点。该区域四季分明，春季干旱多风，夏季湿热多雨，秋季温和凉爽，冬季晴朗寒冷。主要气候特征如下：①年平均气温为 5.6℃，自 20 世纪 80 年代末增温明显；②年平均降雨量为 444.89mm，主要集中在 6 ~ 8 月，年累积潜在蒸发量为年累积降水量的三倍左右，集中分布在 1370.3 ~ 2051.5mm。冬季在蒙古高压的控制之下，受西伯利亚极地大陆气团的影响，寒冷干燥，天气晴朗，很少降雪，降雪不足 10.00mm，占全年降水量的 3% 以下；③年平均日照时数为 7.5h，春季和夏季平均日照时数较长，而秋季和冬季平均日照时长较短；④平均气压为 98.0 ~ 100.0kPa，且年内变化幅度较小；⑤年平均风速是 2 ~ 4m/s，西伯利亚贝加尔湖区的低压系统在该区加强发展，产生持久的大风，多以西风为主，平均有风日数 100 天以上。

主要参考文献

陈宸，井长青，邢文渊，等 . 2021. 近 20 年新疆荒漠草地动态变化及其对气候变化的响应 . 草业学报，30（3）：1-14

邓慧平，刘厚凤，祝廷成 . 1999. 松嫩草地 40 余年气温，降水变化及其若干影响研究 . 地理科学，19（3）：220.

邓慧平，祝廷成 . 1999. 气候变化对松嫩草地水，热条件及极端事件的影响 . 中国草地，1：1-6.

邓慧平，祝廷成，吴正方 . 1996. 松嫩草地未来气候情景 . 草地学报，4（3）：194-200.

管琪卉，丁明军，张华敏 . 青藏地区高寒草地春季物候时空变化及其对气候变化的响应 . 山地学报，2019，37（5）：639-648.

郭小伟，戴黎聪，李茜，等 . 2019. 青藏高原放牧高寒草甸主要温室气体通量及其主控因素研究 . 草原与草坪，39（3）：72-78.

卢爱刚 . 2013. 全球变暖对中国区域相对湿度变化的影响 . 生态环境学报，22（8）：1378-1380.

刘世梁，赵海迪，董世魁，等 . 2014. 基于 SPEI 的近 50 年青藏高原高寒草地自然保护区气候变化研究 . 生态环境学报，23（12）：1883-1888.

马齐云，张继权，来全，等 . 2017. 1960—2014 年松嫩草地极端气候事件的时空变化 . 应用生态学报，28（6）：1769-1778.

任国玉，初子莹，周雅清，等 . 2005. 中国气温变化研究最新进展 . 气候与环境研究，10（4）：701-716.

唐国利，任国玉 . 2005. 近百年中国地表气温变化趋势的再分析 . 气候与环境研究，10（4）：

791-798.

王立. 2006. 松嫩草地优势禾草生理生态的适应特性及其对模拟气候变化的响应. 长春：东北师范大学博士学位论文.

辛志远，史激光，刘雅琴，等. 2012. 锡林郭勒地区降水时空分布特征及变化趋势. 中国农学通报，28（2）：312-316.

杨佰义，李程程. 2016. 中国北方地区风力因子空间特征分析. 测绘与空间地理信息，39（12）：26-29.

杨建平，丁永建，陈仁升，等. 2003. 近40a中国北方降水量与蒸发量变化. 干旱区资源与环境，17（2）：6-11.

严中伟，丁一汇，翟盘茂，等. 2020. 近百年中国气候变暖趋势之再评估. 气象学报，78（3）：370-378.

张利君. 2021. 典型草原区近54年气候变化特征分析. 农业灾害研究，11（1）：109-110，113.

张文煜，袁久毅. 2007. 大气探测原理与方法. 北京：气象出版社.

张永芳，邓珺丽，关德新，等. 松嫩平原潜在蒸散量的时空变化特征. 应用生态学报，2011，22（7）：1702-1710.

赵威，韦志刚，郑志远，等. 1964—2013年中国北方农牧交错带温度和降水时空演变特征. 高原气象，2016，35（4）：979-988.

左洪超，吕世华，胡隐樵. 2004. 中国近50年气温及降水量的变化趋势分析. 高原气象，23（2）：238-244.

Davis S J, Caldeira K, Matthews H D. 2010. Future CO_2 emissions and climate change from existing energy infrastructure. Science, 5997: 1330-1333.

Gao Z, Hu Z Z, Jha B, et al. 2014. Variability and predictability of northeast China climate during 1948—2012. Climate Dynamics, 43: 787-804.

Overland J E, Wang M. 2010. Large-scale atmospheric circulation changes are associated with the recent loss of Arctic sea ice. Tellus Series A-Dynamic Meteorology and Oceanography, 62: 1-9.

Potop V, Boroneanţ C, Martin M. 2014. Observed spatiotemporal characteristicsof drought on various time scales over the Czech Republic. Theoretical and Applied Climatology, 115: 563-581.

Trenberth K E, Fasullo J T, Branstator G, et al. 2014. Seasonal aspects of the recent pause in surface warming. Nature Climate Change, 4: 911-916.

Xu W H, Li Q X, Jones P, et al. 2018. A new integrated and homogenized global monthly land surface air temperature data set for the period since 1900. Climate Dynamics, 50: 2513-2536.

Yao J Q, Chen Y N, Zhao Y, et al. 2018. Response of vegetation NDVI to climatic extremes in the arid region of Central Asia: A case study in Xinjiang, China. Theoretical and Applied Climatology, 131: 1503-1515.

Yun X, Huang B Y, Cheng J Y, et al. 2019. A new merge of global surface temperature data sets since the start of 20th century. Earth System Science Data, 11: 1629-1643.

Zhang Y F, Deng J L, Guan D X, et al. 2011. Spatiotemporal changes of potential evapotranspiration in Songnen Plain of Northeast China. Chinese Journal of Applied Ecology, 22: 1702-1710.

Zhao W, Wei Z, Zheng Z, et al. 2016. Surface temperature and precipitation variation of pastoral transitional zone in northern China during 1964−2013. Plateau Meteorology, 35: 979-988.

第 5 章　松嫩草地土壤特征

松嫩草地主要位于草甸草原黑钙土及淡黑钙土地带。该区域成土母质多为黄土状亚砂土，质地较粗，土壤有机质较少，腐殖质含量低，黑土层薄，碱化现象明显，石灰性反应较强（肖荣寰，1992）。在温带半湿润草甸草原黑钙土区，沙化现象较为明显；在温带半湿润草甸草原淡黑钙土区，由于干旱现象严重，沙化现象更为突出。

5.1　土壤的形成

土壤与其他自然体一样，具有其特有的发生和发展规律（黄昌勇和徐建明，2010）。成土母质在一定水热条件的作用下，经过一系列物理、化学和生物作用后形成土壤。在这个过程中，母质与成土环境之间发生了一系列的物质交换和能量转化，形成层次分明的土壤剖面，具备一定的肥力。

5.1.1　土壤形成因素

土壤的形成与发展主要受气候、地形、母质、植被和发育时间等自然因素的影响，同时，耕种、开发与利用等人类活动也会对土壤的形成产生一定的影响。

1. 气候条件

气候因素会直接影响土壤的水热状况，而土壤水热状况的变化又直接或间接地影响矿物质的风化与淋溶淀积、植物生长、微生物活动，以及有机质的合成、分解、转换及其产物的迁移等过程（海春兴和陈建飞，2016）。土壤的水热状况决定了土壤中所有的物理、化学和生物作用，影响土壤形成过程的方向和强度。因此，气候是影响土壤地理分布的基本因素。

松嫩草地处于半湿润向半干旱地区过渡的地带，全年平均降水量为457.8mm，全年蒸发量为1600mm，70.5%的降雨量集中在 6～8 月。东部地区气候较湿润，西部地区较为干旱（吉林省长岭县农业局，1983）。冬季平均最低气温可达-30℃，结冻期从 11 月到次年 3 月份，达半年之久，春、秋季干旱，而夏季高温多雨，适于植物生长，有利于土壤腐殖质的积累，使土壤腐殖质含量较高，各类土壤普遍具有明显的黑土层。土壤一部分受雨水淋洗，而另一部分则淋洗较轻，仍保持石灰质，在低洼地还有积盐过程。

2. 地貌、母质

地貌类型与成土母质关系密切，二者对土壤形成与土壤属性具有深刻的影响。长岭县东部起伏平缓台地区处于双城堡（怀德）伏龙泉（农安）隆起带的西侧，海拔为 200～260m，相对高度为 20～30m，其主要地层属于第四纪中更新统（Q2）黄土状亚黏土，土色橘黄，为微含石灰或不含石灰质的亚黏土（又称老黄土），在这类地形、母质上形成大面积的黑土或淋溶黑钙土。在起伏平缓台地的局部高地或切沟中，出现下更新统（Q1）沙砾质红黏土（一般不含石灰质）或白垩纪紫色泥页岩风化物（富含石灰质），形成红黏砾质和红黏砾底的淋溶黑钙土，以及紫黏土质和紫黏土底黑钙土。中部平原地区海拔高度一般在 190～200m 之间，相对高度为 2～3m，地势平坦，主要地层属于第四纪上更新统（Q3）黄土状亚砂土，土色淡黄，为富含石灰质、质地较轻的黄土状亚砂土（又称新黄土）。在这类地形母质上形成了大面积的淡黑钙土。松嫩草地的局部低洼地，为全更新统（Q1）淤积亚黏土或亚砂土层，多半为草甸土与盐渍土分布区。此外，在平原之中遍布孤立沙丘，为全更新统（Q4）风积细沙，形成黑钙土型和淡黑钙土型风沙土。西部起伏沙带（沙垄）地区的海拔为 140～160m，相对高度为 5～10m，起伏沙带与低洼泡沼共存。东西走向的起伏沙带带宽为 2～3km，长达 50km，皆系第四纪全新统（Q4）风积沙。在沙地之中，固定沙丘发育为淡黑钙土型风沙土；半固定沙丘发育为生草风沙土；流动沙丘则仍为流沙土。在沙带之间的低洼泡沼或封闭洼地土壤大都为碱性，其内缘多半发育成为盐土或盐化草甸土，其外缘多半发育为碱土。

3. 植被类型

植被类型是土壤形成的主要因素。长岭县东部起伏台地黑钙土区（包括黑土或淋溶黑钙土）原始植被为羽茅（*Achnatherum sibiricum*）-蒿属（*Artemisia*）群落。中部平原淡黑钙土区（包括淡黑钙土、草甸淡黑钙土、草甸土等）原始植被包括：高平地为羽茅-西伯利亚蒿属群落，低平地为草原植被群落，混有红柴胡（*Bupleurum scorzonerifolium*）及蒿类植物（李建东等，2001）。西部起伏沙带多半为疏林草原，如大果榆（*Ulmus macrocarpa*）、山杏（*Armeniaca sibirica*）和甘草（*Glycyrrhiza uralensis*）、草麻黄（*Ephedra sinica*）、蒿类等草本植物组成的群落。在沙带间封闭洼地，多半生长耐碱性植被与沼泽性植被，如碱蓬（*Suaeda glauca*）、碱蒿（*A. anethifolia*）、朝鲜碱茅（*Puccinellia chinampoensis*）、芦苇（*Phragmites australis*）等。

4. 成土年龄

黑钙土、黑土或淋溶黑钙土等地带性土壤形成年代较久，其他土壤形成年代均较短。成土年龄可从剖面发育与土壤层次分化上加以鉴别，例如，黑钙土一般腐殖质积累较多（2%），较厚的黑土层（40~50cm）是经过长期发育的结果。在黑钙土中，淋溶黑钙土又比黑钙土发育更久，表现在石灰质的淋移作用较强。淡黑钙土发育于上更新统沉积物和草甸土，盐碱土发育于全新统沉积物，其相对年龄均较黑钙土晚，土壤腐殖质积累较少，黑土层厚度较小。风沙土的成土母质为黄土性母质，是在全新统后期形成的，其形成年代最晚，其中部分母质较近，仍处于流动状态。

5. 人为活动

人类活动也会影响土壤的形成和发育过程。在松嫩平原，大面积台地和平原中肥力较高的土壤被开垦为农田，对土壤发育产生严重影响。荒地被开垦成农田后，土壤腐殖质从逐年积累改变为积累与矿化的交替过程，虽然耕地施肥和根茬还田有利于土壤腐殖质的积累，但总体上，耕种后土壤腐殖质的矿化过程大于积累过程，造成土壤腐殖质的含量逐年下降。此外，草原的过度放牧和积水汇集，常造成草原退化和次生盐碱化。这些人类活动都会对土壤造成不利的影响。

5.1.2 主要成土过程

根据成土过程中物质及能量的交换、迁移、转化、累积等过程的特点，土壤形成主要包括有机质积累、矿物质的淋溶与沉积、黑土化和沙化等成土过程。

1. 土壤有机质积累过程

土壤有机质的积累过程是各种土壤的基本成土过程。由于各地区自然条件的不同，土壤有机质积累的强度与特点亦有所差异。

在松嫩草地的草甸草原区，土壤有机质的累积大于沼泽，而沼泽植被多为未分解及半分解的有机质，有机质积累较慢。在中西部平原和水分条件适宜的山坡地，由于夏季温暖多雨，地下水充足，草甸植被生长极其繁茂，其根系深而密，土壤中腐殖质和矿物成分大量积累；冬季时间长，气温低，植物残体分解缓慢，也有利于土壤腐殖质的积累。在草甸植被下，表层腐殖质含量可达3%~8%或更高，在1m深处仍可达1%左右。

松嫩草地的自然植被以狼针草（*Stipa baicalenses*）和线叶菊（*Filifolium sibiricum*）为优势种，覆盖度约55%~80%，其中禾本科、豆科和莎草科植物的比例最大，可达90%。根系的蓄积量在 0～50cm 的土层内达 9.8～30.6t/ha（李建东等，2001）。植被地下部分发育良好，一般是地上部分的 5～20 倍或以上，主要分布在 50cm 以上的土层，尤其集中在 20～30cm 以上，该层根系可占根系总量的75%。草地土壤有机质的积累，除地面的植物残体外，主要依靠强大的地下部分，以形成丰富的腐殖质和团粒结构。据统计草原土壤有机质储量为30～300t/ha，土壤腐殖质组成以胡敏酸为主，富里酸次之，碳氮比率在 5～15。

2. 土壤矿物质的淋溶与沉积过程

松嫩草地处于半湿润地区，土壤矿物质的淋溶与沉积主要包括如下过程：

土壤的潜育化过程，主要发生在东部山区的盆谷地和西部平原的低洼地。当土体某一深度处于经常浸水的条件下，高价的铁、锰氧化物还原成为低价，致使土壤染上灰蓝色或呈现铁锈斑纹。土壤中出现的低价铁和低价锰的盐类易于溶解，随水移动，当遇上氧化条件时又被氧化成为高价铁、锰化合物而淀积在土壤之中，有时形成铁锰结核，有时形成铁锈斑纹。此外，某些成土矿物在浸水条件下会被水解，铝硅酸盐矿物被分解后产生一些硅粉，在潜育化的土壤中可以见到二氧化硅粉末沉积在土壤体的裂隙处。同时，成土矿物的分解产物又在土壤中形成次生的黏土矿物，造成土壤黏化。

土壤的草甸化过程，是在地下水（潜水）位距地面 1～3m，水分充足，地表生长着繁茂的草甸植物的条件下进行的。草甸植物每年在土壤中留下大量的有机残体，夏季土壤湿度大，有机质分解缓慢，冬季土壤冻结，有机质几乎无法分解，土壤中积累了大量的有机质，并形成较厚的黑土层。由于受地下水升降的影响，土体中干湿交替，还原和氧化过程交替进行。当土壤处于还原条件时，特别是在地下水浸渍的部位，易产生潜育化现象。形成低价铁、锰的盐分，随水移动，在剖面中形成铁锰结核或铁锈斑纹。地下水的上升，水中溶解的物质被带到土体中，在土体中可以见到二氧化硅白色粉末的积聚。西部地区地下水中溶解盐类随水上升到地表，水分蒸发后留在表土中，近河地区地下水的矿化度大约是 0.2～0.4g/L，闭流区约为 0.4～0.6g/L，局部洼地及湖泊的边缘地带可达 0.6～1.0g/L，个别洼地甚至达到 1～3g/L，而且含有较多的碳酸氢钠盐类。另外，矿化度较低的地下水溶解的盐类常以重碳酸钙为主，随地下水进入土壤后，遇到氧化环境便脱水转变为难溶的碳酸钙而沉淀在土壤中，从而使土体产生石灰性反应。

草地碳酸钙的淋溶与累积，主要受年降水量、蒸发强度、母质含钙量及地下水位高低等因素的影响。松嫩草地东部降水多，土壤淋溶条件好，碳酸钙多被淋洗，没能形成较明显的碳酸盐淀积层，即使有的地方形成淀积层，$CaCO_3$ 仅以假菌丝体形式出现，淀积层位较深，碳酸钙的含量少。而平原中部和西部，由于年降水量少，气候干旱，植被生长情况较差，土壤碳酸盐的淋溶很不彻底，在土壤剖面下部，可形成明显而紧实的碳酸钙淀积层。碳酸钙的淀积形式和部位如表 5-1 所示。丰富的碳酸钙淀积不仅使土壤 pH 偏碱性，而且使栗钙土的物理性状变得极为紧实，水分渗透性减弱，植物根系穿入困难，碳酸钙的淀积还受土壤母质与地下水位高低的影响。在白城冲积洪积砂砾石层等碎屑物的母质上，即使在典型草原植被条件下，也不能形成明显的淀积层，碳酸钙全剖面含量很低，但在地下水位较高的草甸土与沼泽土中，由于地下水的顶托，土壤中碳酸盐不仅没有得到明显的淋溶，反而在上部土层有聚积的趋势，土壤碳酸钙含量可达 10% 以上。

表 5-1　吉林省不同草原土壤碳酸钙淀积深度与积累量（白城地区土壤普查办公室，1988）

土壤类型	淀积出现深度（cm）	淀积层厚度（cm）	$CaCO_3$（%）	$CaCO_3$ 淀积形式	备注
黑土	0	0	痕迹	肉眼看不见	
典型黑钙土	30～60	40～50	5.28	假菌丝体	15 个剖面平均值
淡黑钙土	50～90	40～50	11.4	假菌丝结核斑块	27 个剖面平均值
暗栗钙土	30～60	30～50	23.3	结核斑块成层状	9 个剖面平均值

　　土壤的盐化和碱化过程往往同时发生。松嫩草地地势平缓，排水困难，广阔的低洼地、湖泊泡沼（碱泡子）、河流泛滥地，以及浅层地下水等汇聚了大量可溶性盐类，在气候干旱且蒸发旺盛的条件下，造成了土壤盐化。该地区的盐化土壤主要含碳酸氢钠（小苏打）和碳酸钠（苏打），其次为硫酸盐，氯化物十分少见。盐化土壤中可溶性盐类的含量不高，一般在 0.1%～0.2%，但受盐分组成的影响，土壤酸碱度很高，pH 多在 8.5 以上，在盐分集中地段可形成盐斑，影响农作物和草原植被生长。碱化土壤是由苏打盐化土壤在脱盐过程中吸收复合胶体钠化（碱化）而形成的。土壤碱化程度和淋溶脱盐深度不同，形成具有不同深度碱化层（碱格子）和碱化程度的土壤。碱化土壤的形成需要脱盐环境，因此多出现于排水条件较好的低平地或略有倾斜的地段。脱盐过程是腐殖质溶于水并随水移动的过程，在碱化土壤的表土下及周围土壤，可见腐殖质的移动和重新聚积现象。碱土的代换钠占代换总量的 20% 以上。碱土剖面的形成特征为，表层为不厚（<30cm）的淋溶层，向下为碱化度很高的具有柱状结构的碱化层。

　　3. 土壤沙化过程

　　松嫩草地局部地区由于人为不当的干扰，已使原有的草地生态平衡受到破坏，并朝沙化方向发展。该区域属温带半湿润地区，气候干燥且不稳定，降水年变率很大，风力强劲，具有沙漠化的动力条件；同时，广泛分布的第四纪湖积物、冲积物、洪积物及风积物，其物质组成较为粗松，这些都是沙漠化的物质基础。松嫩草地普遍分布有古沙丘与沙堆，这些沙丘与沙堆多数已趋固定，但植被一经破坏，流沙将迅速再起。在一些条件较好的黑钙土和淡黑钙土地带，因缺乏必要的水利措施与人工生物措施的保护，已开垦耕种的土地，呈现不同程度的沙化，表层土壤黏粒被吹蚀，机械组成明显变粗，养分含量显著下降，土壤贫瘠化明显。

5.2　土壤类型与分布

受水热条件和复杂的地形地貌影响，松嫩草地土壤类型的空间分布具有明显的经向分异，体现了植被区系和土壤地带之间不同成分和因素在区域内的渗透和交汇，在各种地理因素的综合影响下，植被与土壤之间在形成和演化过程中存在密切联系。

5.2.1　土壤类型

松嫩草地的土壤类型主要为黑钙土（chernozems）、淡黑钙土（light chernozems）、栗钙土（castanozems）、草甸土（meadow soil）、盐土与碱土（saline-alkali soil）和沙土（sandy soil），不同土壤类型分布特征及养分状况存在明显差异（表 5-2）。

表 5-2　松嫩草地土壤类型系统表（肖荣寰，1992）

土类	亚类	土属	土种	相应耕种土壤类型	主要特征与划分指标
黑钙土	典型黑钙土	典型黑钙土	厚层典型黑钙土	火性黑土	黑土层>30cm，表层以下出现石灰反应
			中层典型黑钙土	火性黑土	黑土层 20～30cm，表层以下有石灰反应
			薄层典型黑钙土		黑土层<10cm
	淋溶黑钙土			暗火性黑土	心土层以下出现石灰反应
	碳酸盐黑钙土		厚层碳酸盐黑钙土	火性黑土	黑土层一般 15～20cm，表层有石灰反应
			薄碳酸盐黑钙土	火性黑土	黑土层一般<10cm，表层有石灰反应
	草甸黑钙土				表层有石灰反应，土体可见锈斑
	盐化黑钙土				轻石灰反应，并轻度盐化

土类	亚类	土属	土种	相应耕种土壤类型	主要特征与划分指标
淡黑钙土	淡黑钙土				
	草甸淡黑钙土				
	盐化淡黑钙土				
栗钙土	暗栗钙土	砂壤质暗栗钙土	栗钙土		表层含少量有机质，下有石灰沉淀
		砾质暗栗钙土			含有大量石砾
盐土	草甸盐土		盐土		土壤全盐含量 0.5%~1.0%
碱土	草甸碱土	轻碱土	轻碱土		土壤碱化度表土<20%，心土>20%
		重碱土	碱疤瘌		土壤碱化度，表土、心土均<20%
草甸土	草甸土	黏质草甸土	黑黏土		黏土层 50cm 左右
		壤质草甸土	黑油沙		壤土层>100cm
		砂砾质草甸土	暗眼沙		壤土层<50cm，含砂砾
	石灰性草甸土	黏质石灰性草甸土	黑糇沙		有石灰反应并轻度盐渍化
		壤质石灰性草甸土			有石灰反应并轻度盐渍化
	盐化草甸土				轻度盐化
沙土	风沙土				
	黑风沙土	黑沙土	黑沙土		表层含有少量腐殖质
		黄沙土	黄沙土		表层有机质含量少
	栗风沙土	栗沙土			具有向栗钙土发育特征
		白沙土			表层有机质含量少

1. 黑钙土

黑钙土是一种地带性土壤，该土壤类型是松嫩平原的主要耕作土壤，土壤肥力虽不及黑土，但也是一种肥力较高的土壤，受气候条件的影响，易发生干旱和风蚀。黑钙土是在黑土化与聚钙化过程下形成的，成土母质主要为各种成因的黄土状亚砂土。黑钙土带的降水量低于黑土带，土壤水分为非淋溶型，水分不够充足，植被为草甸草原，每年土壤中的有机质积累量很少。土壤剖面为石灰性反应。由于生物和气候条件的差异，愈向西，土壤中的聚钙层愈高，石灰含量愈多，腐殖质的含量愈少，腐殖质层的厚度愈薄。

黑钙土剖面的发生学层次比较清楚，自上而下由腐殖质层、腐殖质舌状下渗层、钙积层和母质层组成（朱克贵，1994）。腐殖质层厚 20~50cm，呈暗灰色或暗棕灰色的粒状或团粒状结构。其下部为具有舌状腐殖质下渗的黄棕色过渡层，再向下为层状、斑块状、菌丝状的白色或棕色钙积层，厚度为 30～50cm，深度一般在 50～90cm。整个剖面黏化现象不明显，土壤呈中性至碱性反应，pH 为 6.5～8.0。黑钙土的质地介于黑土与栗钙土之间，多为粉砂壤土和黏壤土，黏粒含量多在 10%～35%，并出现向剖面中部集聚的趋势，心土层中的黏粒含量一般高于表土层及底土层。这种趋势同石灰的淋溶及淀积情况一致。随着土壤形成条件的不同，聚钙层在土壤剖面中的位置有所差异。淋溶黑钙土在 1.0m 或 1.5m 内没有石灰反应。典型黑钙土的聚钙层多出现在黑土层以下 1m 左右，氧化钙含量可达 4.9%。碳酸盐黑钙土的表层有强石灰反应，氧化钙含量达 2%，向下增至 5.4%～5.9%。草甸黑钙土由于受地下水的影响，整个剖面呈强石灰反应，甚至出现明显的盐化现象，或者形成盐化黑钙土。黑钙土的腐殖质层比较厚，表层有机质含量比较丰富，耕地黑钙土的腐殖质含量在 1.5%～2.5%。

2. 淡黑钙土

在松嫩草地西南部，由于年降水量较少，碳酸盐黑钙土的表层变薄，腐殖质积累减少，而形成淡黑钙土。淡黑钙土的成土母质主要是黄土状亚砂土，含有大量的碳酸钙，与一般的碳酸盐黑钙土相比腐殖质含量较低，碳酸钙在各层的含量均较多，在地表 30～50cm 常有钙积层出现。淡黑钙土的钙积层坚实，难以透水，是植物根系向下延伸的障碍。植被为羊草草甸草原，由于过牧、过垦、过樵而严重退化，一般由羊草（*Leymus chinensis*）——贝加尔针茅草原退化为糙隐子草（*Cleistogenes squarrosa*）——委陵菜（*Potentilla chinensis*）草原，土壤也由淡黑钙土退化为碱化淡黑钙土，进而形成碱土。

3. 栗钙土

松嫩平原的栗钙土面积较小。成土母质为残积、坡积物和洪积物，大部分呈红黄色。剖面特征为腐殖质层较薄（<30cm），腐殖质含量低，耕地的腐殖质含量不足 2%，颜色为栗色或灰栗色，呈中性反应，pH 为 6.5～7.5。在腐殖质层下面，有明显的石灰淀积层，灰白色，厚度为 30cm。土壤中石灰反应的深度变幅很大，有的出现在表层，有的出现在聚钙层中。剖面无碱化特征，下部无石膏聚积。土体中机械淋溶作用不强，黏化作用不明显，黏粒的硅铁铝等含量在剖面的各层间变化不大，整个剖面的交换量较低，一般每 100g 土含有 10～20mEq。

4. 草甸土

从松嫩平原东部的山地到西部的平原，均有草甸土分布，约占全省土地总面积的 5.8%。草甸土多分布于泛滥平原及盆谷地的低洼处，植被主要为草甸草原，东部成土母质为无碳酸盐的冲洪积物，西部多为碳酸盐冲洪积物。草甸土虽属非地带性的土壤，但气候条件（特别是降雨量）对于土壤中腐殖质的积累仍有很大影响。剖面一般可分为腐殖质层（A 层）和母质层（Cg 层）两个发生层次。腐殖质层一般比较深厚，多在 30～50cm 以上，有的可达 100cm 以上，有机质的含量在 2%～4%。腐殖质层的颜色为暗灰、深灰乃至暗棕灰色，多粒状结构，养分含量一般比较丰富。草甸土剖面上有潜育化现象或潜育层发育，有小型铁锰结核及锈斑和灰斑。东部的草甸土无石灰反应，土壤呈弱酸性，而西部则有石灰反应，呈微碱性，有时由于盐化和碱化的发育，土壤呈很强的碱性反应。草甸土如果开垦为耕地，土质肥沃，产量较高，但由于地势低洼，土壤含水量过高，有机质分解慢，造成土壤冷浆，对植物生长不利。

5. 盐土与碱土

盐土与碱土常与碳酸盐黑钙土、淡黑钙土、草甸土等呈复区分布。在松嫩平原苏打盐碱土区，土体中苏打盐分的含量较高，既有盐土性质又有碱土性质，统称为盐碱土。由于过牧、开垦等人类活动，盐碱化不断加剧。1959 年土壤普查时，吉林省的盐碱土面积为 153.3 万 hm^2，而 1985 年土地利用调查时，已达 166.7 万 hm^2，26 年增加盐碱化土地面积 0.52 万 hm^2。盐碱土类型可归纳如下：

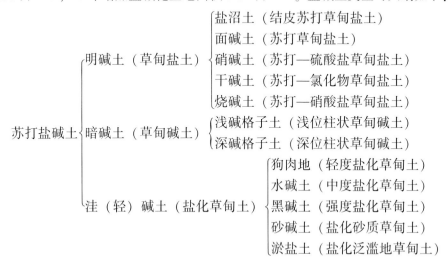

6. 沙土

影响沙土形成的因素既有自然因素，也有人为因素，且以人为因素为主。地表疏松的沙质沉积物，是沙土形成的物质基础，分布很广的上更新统（Q3）的黄土状亚砂土,容易就地起沙,河床的砂石经风力搬运形成河岸沙丘,这些疏松的沙质沉积物是沙土的成土母质。

在半湿润气候条件下,松嫩草地发育的沙土是在风蚀、沙埋、淋溶过程与生物固沙、聚集营养元素等过程的作用下形成的。其特点是成土作用较弱,经常被风蚀和沙压作用所中断,难以形成完整的土壤剖面,一般仅发育成 A(C)层,多保持母质状态。随着沙地的固定和土壤的发育,沙粒相对减少,而物理性黏粒相对增加,有机质不断增加。黏粒和有机质的增加使土壤结构有所改善,容重减小,而孔隙度增大,有利于植物生长。碳酸钙和易溶性盐类,随着沙土的发育逐渐积累,而二氧化硅的含量则逐渐减少,铁铝等元素亦有相对富集的趋势。沙土的有机质含量低,土质瘠薄,水分不足,不保水,不保肥,易受旱灾。

5.2.2　土壤分区与分布规律

受水热条件和地表结构的影响,松嫩草地属于松嫩平原的黑土、黑钙土区。长岭县土壤分布受由东向西逐渐干旱的气候的影响,同时也受地貌与成土母质从东到西规律性变化的影响。

1. 松嫩草地土壤分区

根据水热条件和地表结构对土壤区域分异的影响,本区的土壤分为东部山地暗棕壤区、中西部平原黑土、黑钙土区和西北部大兴安岭山前台地栗钙土区,分为三个一级土壤区和六个二级土壤区(肖荣寰,1992)。松嫩草地位于中西部平原黑土、黑钙土区的西部平原淡黑钙土、沙土亚区。该区地势平坦,海拔约200m,主要为沙丘覆盖的冲积平原、冲洪积平原和冲湖积平原。在地形部位较高的平地及平坦的台地,广泛分布着淡黑钙土和沙土。由于本地区地势低平,排水不畅,地下水位较高,矿化度较大,土壤普遍有盐化现象,局部地方形成寸草不生的盐碱斑。

2. 长岭县土壤分布规律

长岭县的土壤分布具有明显的地带规律性,全县可概分为三个土壤区,包括东南部黑土-黑钙土区、中部淡黑钙土区和西部风沙、盐碱土区。

东南部黑土-黑钙土区:本区北起巨宝山镇的宫家屯(西安村),经三青山镇宝青山,光明乡的欧力岗胡坨子,南至利发盛镇的利发胜屯,以及前进乡和平大队连线以东。黑土仅在三青山镇东部海拔 220~260m 的局部高台地出现。而在东部海拔 220~260m 起伏的台地上,其相对高差 10~30m,主要土壤为黑钙土类。按相对高度从高到低分布为淋浴黑钙土、典型黑钙土、黑钙土和草甸黑钙土等亚类。

中部淡黑钙土区：本区以长岭镇为中心，东到集体、光明，南到利发盛，西南到东岭，西到十家户，北到龙凤，为一广阔平原，海拔 180～220m，除零散分布的沙丘平均高度在 10m 以外，平川地一般高差不超过 5m，地形较高处分布淡黑钙土，低平地分布草甸淡黑钙土与草甸土，低洼地为草甸土及盐碱土，局部散在沙丘为风沙土。

西部风沙、盐碱土区：本区在长岭镇（新立屯）、八十八乡和大兴镇连线西北方的广大起伏沙带与泡沼盐碱洼地相间地带，主要分布风沙土及盐碱土。这一地区海拔高度 140～160m，相对高差 5～10m。沙丘呈东西向连绵起伏带状，均为风沙土。沙带间局部平川地为草甸淡黑钙土。大部分低洼地常有盐碱泡沼存在，泡沼内缘为盐土或盐碱化草甸土，外缘为暗碱土及白盖碱土复区。

5.3 荒 漠 化

松嫩平原的荒漠化主要包括盐碱化和沙漠化。盐碱化主要发生在本区域的西部，表现为土壤盐碱化，以耐盐碱植被为主；沙漠化主要分布在本区域的西南部，临近科尔沁沙地，存在土壤沙化和植被退化的现象。

5.3.1 盐碱化

松嫩平原属于世界三大苏打盐碱化分布区之一，该区域盐渍化土壤以 Na_2CO_3 和 $NaHCO_3$ 盐分为主，土壤质地黏稠且理化性质较差。其盐碱化的形成与发展主要受地质因素以及气候因素等自然因素的影响，并且人类活动（过度放牧以及开垦）引发区域次生盐渍化。

1. 松嫩平原盐碱化现状

通常将盐化（Salinization）土壤以及碱化（Alkalization）土壤统称为盐碱土（Salt and alkali soil）。据统计，全球盐渍化土壤的面积约 $9.6×10^8 hm^2$，占全球陆地面积的 1/10，其中盐碱化土壤的面积约占盐渍化土壤面积的 40%（王德利和郭继勋，2019）。我国盐碱化土地面积约为 $3.3×10^7 hm^2$，松嫩平原位于吉林省西北部和黑龙江省西南部，既是世界上三大苏打盐碱化分布区之一，也是我国盐碱土的主要分布区之一，其中盐碱土的面积约为 $3×10^6 hm^2$（赵兰坡等，2013）。该区以 Na_2CO_3 和 $NaHCO_3$ 盐为主，Na^+ 为主要的阳离子，阴离子以 CO_3^{2-} 和 HCO_3^- 为主，土壤 pH 在 8 以上，电导率均值为 0.579mS/cm，电导率变异系数较大

（张晓光等，2013）（表5-3）。土壤质地黏稠且理化性质差，钠吸附比为0.10～196.64（mmol/L）$^{1/2}$（Chi and Wang，2010）。通过对盐碱地分布以及空间变化的研究，发现区域内各集水区中，盐碱离子组分略有差异，嫩江东部低平原集水区以 Na^+ 和 HCO_3^- 为主；洮儿河北中平原丘洼地集水区以 Na^+、Ca^{2+} 和 HCO_3^- 为主；霍林河-洮儿河二河流域准平原集水区阳离子以 Na^+ 和 Ca^{2+} 为主，阴离子以 HCO_3^- 为主；松辽分水岭北侧垄形坨甸集水区阳离子以 Na^+ 和 Ca^{2+} 为主，阴离子以 HCO_3^- 为主，部分地区 SO_4^{2-} 含量大于 HCO_3^- 含量；松花江-西流松花江-拉林河流域斜平原集水区阳离子以 Na^+ 为主，阴离子以 HCO_3^- 为主（王智颖，2020）。

表5-3　土壤电导率和 pH 描述性统计

	样本（n）	最小值	最大值	平均值	标准差	变异系数（%）
EC（mS/cm）	126	0.0257	3.139	0.597	0.689	119
pH	126	6.73	10.54	9.146	0.921	10.07

白玉锋等（2021）对该地区盐生景观土壤颗粒分形特征与土壤盐碱化之间关系的研究发现，土壤分形维数作为指示土壤盐碱化特征的重要指标，与土壤颗粒组成以及土壤盐分之间存在显著的相关性，土壤分形维数随着盐生景观土壤碱化程度增加而增加，与盐分含量呈显著正相关，盐碱胁迫通常会影响土壤碳的矿化作用，削弱了土壤固碳能力、有机碳库周转速率和有机碳矿化潜力，盐碱化程度越高，土壤有机碳的矿化和分解作用越弱（Wang et al.，2020）。

松嫩平原存在不同程度的草地盐碱化现象，盐碱化草地面积达 $2.4×10^6 hm^2$，占区域总草地面积的 2/3，其中吉林省西部草地有近 30%～50% 的盐碱裸地，盐碱地面积以每年 1.5%～2% 的速度增长（姚荣江等，2006）。周道玮等（2011）分析了该区域内羊草草地盐碱化的原因，并对土壤"干扰-裸露"假说进行论证，干扰使原初含盐量低的土壤表层、表层以下富含盐分的土层直接裸露成新地表，深层盐分在新表层积累，这种积累也表现在其他各土层中，次生盐生植物群落形成于羊草草地土壤表层被干扰后的裸地上，各盐生植物群落间没有演替序列关系。

农牧业生产受到盐碱胁迫的影响。研究表明，盐碱胁迫会对松嫩草地优势种羊草的生长发育产生影响（Lin et al.，2018）。羊草幼苗对盐胁迫以及碱胁迫的生理响应机制不同：在盐胁迫下，羊草根茎通过积累 Na^+ 和 Cl^- 等无机离子，同时参与渗透及离子平衡调节，降低离子对其他器官的盐胁迫，以维持叶片、茎及其他器官的生长；在碱胁迫下，羊草更多积累脯氨酸、可溶性糖和有机酸等有机溶剂来参与渗透调节（李晓宇和穆春生，2017）。另有研究指出菌根真菌主要是通过抑制 Na$^+$ 的吸收和转运来降低盐胁迫对羊草的影响（Lin et al.，2018）。对比吉林西部不同盐碱化程度的水田发现，土壤碱化度越高，SOC 的含量越低，对底层 SOC 含量影响越大（汤洁等，2019）。

本区域内的湿地亦受盐碱胁迫影响。区域内自然湿地以及临近农田的土壤种子库的结构和功能、种子萌发等都会受到盐碱胁迫的影响，农业开垦等活动会改变土壤的性质，增加土壤盐碱化程度，显著降低湿地中主要物种芦苇属的数量以及土壤种子库，限制了湿地种子库的萌发，使湿地植被的恢复受到影响（Zhao et al.，2021）。

2. 松嫩平原盐碱化的成因

本区域盐碱化成因主要包括地质因素、气候因素以及人类活动因素。地质因素和气候因素是区域盐碱化形成的主要原因，直接导致本地区出现大面积的盐碱化土壤。与表层土壤盐碱化的其他地区相比，松嫩平原盐碱化土层较深。其中地质因素包含地形地貌、成土母质以及水文地质的变化，地形会直接影响该区域地下水和地表水的移动，进而影响土壤的水盐运移。人类活动加剧了土壤盐碱化，导致底层土壤的盐分上升到地表，发生次生盐渍化。过度放牧或开垦都会降低植被覆盖度，植被退化的同时通常伴随着土壤盐碱化以及干旱化的发生。由于区域内缺乏合理的草原管理手段，使草畜矛盾问题日益严重，进一步加剧了草地的盐碱化程度。

1）地质因素

地质条件是影响盐碱化土壤形成的重要因素，主要反映在以下三个方面：①地形地貌的变化引起现今构造格局的形成；②成土母质的变化影响土壤理化性质和盐碱来源；③水文地质条件影响松嫩平原地区的地表径流和地下水含量，直接影响了土壤盐碱化的发生、分布及演化（图 5-1）。

（1）地形地貌的影响

松嫩平原的地形格局是长期生态地质环境条件下形成的结果，到第四纪新构造运动基本形成了现今的中生代沉陷地带。松嫩平原三面环山，其西部、北部及南部分别为大兴安岭、小兴安岭以及张广才岭，而南部地区又为隆起的带状地质条件，这种地势低且排水不畅的地形特征对盐碱土的形成以及分布具有显著的影响（王占兴等，1985）。地表及地下水的移动受到地形地貌的影响，从而影响盐分的运移，造成土壤表层盐分积聚，随着地势的逐渐降低，土壤盐分呈逐渐增加的趋势。该区域地貌类型主要分为冲积–湖积平原、丘间洼地、河漫滩和低阶地，这些地区由于坡度较小，降雨会造成区域性积水且无法正常排水，因此造成了盐分积聚，同时由于地下水位过高，蒸发量大，使洼地等区域的盐碱

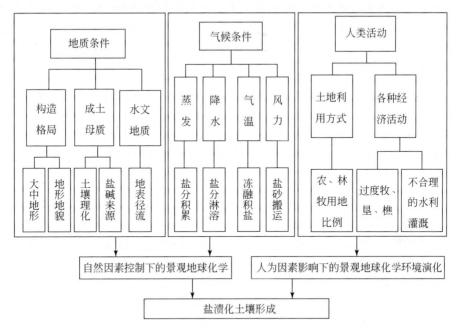

图 5-1 松嫩平原盐碱化土壤形成与演化的影响因子间的关系（宋长春等，2003）

化程度加剧（赵兰坡等，2013）。水盐运动及盐分迁移方向受不同的地貌类型影响，不同地貌类型盐碱化程度存在差异：在缓斜低平地的水盐为上升−下渗垂直运动，土壤呈轻度盐碱化；洼地的水盐为上升−下渗交替运动，导致土壤盐化；洼地边缘的水盐为上升−下渗交替垂直运动，导致土壤碱化（张殿发和王世杰，2002）（表 5-4）。

表 5-4 吉林省西部平原地貌类型及水盐运动关系（张殿发和王世杰，2002）

地貌类型	高地	缓斜低平地	洼地	洼地边缘
水盐运动	下渗	上升−下渗垂直运动	上升−下渗交替	上升−下渗交替垂直运动
方向及类型	水平运动	水平运动	垂直运动	逆向水平−上升运动
盐碱化	无	轻度盐碱化	盐化	碱化

（2）成土母质的影响

河湖相沉积物是松嫩平原成土母质的主要成分（赵兰坡等，2013），其形成主要与该区域地质板块运动有关。中生代断裂促进和调控松嫩盆地的形成与分布，周围板块的断裂控制，造成了板块间长期的升降运动，形成了沉降的平原。

第三纪后，平原大幅断裂凹陷，积累了大量且深厚的河湖相沉积物层。受周围山系（大兴安岭、小兴安岭以及长白山山系）和火山运动后的影响，一方面加剧河湖相沉积物的积累，另一方面河湖相沉积物含有大量的可溶性盐及石灰，主要的离子包括 Na^+（约占离子含量的 $3/5 \sim 4/5$）、HCO_3^- 等，产生钙、镁、钾、钠等碳酸盐溶解于地表及地下水中，为盐渍化土壤的形成提供重要的物源基础（宋长春等，2003）。

（3）水文地质的影响

本地区大多受到松花江流域的影响，区域内盐碱土的形成受到水文地质条件的显著影响，水文地质条件直接驱动了盐碱土的分布及演化，主要表现在以下几个方面：地表水变化、地下水埋深、地下水位变化、地下水矿化度以及地下径流强度，这些方面共同调节盐碱土的形成与演化（宋长春等，2003）。

由于灌溉水以及地下水的补给作用，松嫩平原地表水资源十分丰富。区域内地表水受气候、地形地貌等因素的影响，其矿化度存在差异。在地势较低的某些洼地或河湖漫滩，地表水积聚无法排出，表层土壤水分蒸发产生积盐现象，地表水矿化度增加并形成盐碱化土壤（张殿发和王世杰，2002）。总体上，该区域中心地区为封闭的内流区，蒸散量远远大于降水量，部分地区缺少径流或者径流系数过低，土壤容易干旱，这是造成土壤表层积盐的重要原因。本区域的地下水源于第四纪下更新统白土山组承压水、新近纪上新统至第四纪下更新统泰康组承压水和第四纪孔隙潜水（李取生等，2002）。区域内盐碱土的形成及演化受到地下水影响和控制，具体反映在地下水埋深度、地下水位变化、地下水矿化度以及地下水的化学成分，以上因素共同调节区域水盐运移规律以及土壤积盐过程。

地下水埋深度决定了土壤盐碱化。松嫩平原地下水埋深度在 $2 \sim 3m$，中、重度盐碱地地下水埋深度要小于 $2m$（李彬和王志春，2006）。地下水埋深度与蒸发强度呈反比，地下水埋深越浅，蒸发强度越大，矿化的地下水携带大量盐分通过土壤毛细作用上升至土壤表层，导致地表积累的盐分增多，加剧地表的盐碱化程度（张建锋，2008）。通常土壤表层水与地下水存在着平衡关系，即地下水埋深度往往要高于临界深度，地下水无法到达地表，土壤表层不会积盐。受外界环境（降水、蒸发以及灌排）的影响，这种平衡关系被打破，由于地表的蒸散作用强烈，地下水位降低，此时地下水埋深要低于临界深度，地下水会随着毛细作用上升至地表，从而造成盐分积聚在地表。在相同的地下水位以及土壤质地条件下，地下水矿化度与土壤含盐量成正比，地下水的化学成分也与土壤的积盐有关系。松嫩平原的地下水主要包含的离子有 Cl^-、HCO_3^-、Na^+ 等，含有 Na_2CO_3 和 $NaHCO_3$，pH 较高，土壤碱化度（ESP）随着盐分含量的增加而增加，ESP 与可溶性 Na^+ 具有极显著的相关性（表5-5）（李彬和王志春，2006）。由于地下水中所含盐类的溶解度存在差异，受矿化度影响，地下水的化学组成也存在变化，进而导致土壤中盐分组成发生变化（谢承陶，1993；徐恒刚，2004；吕云海等，2009）。

表 5-5　苏打盐渍土 ESP 与离子含量及土壤含盐量之间的相关性分析（李彬和王志春，2006）

	Na^+	$Ca^{2+}+Mg^{2+}$	$CO_3^{2-}+HCO_3^-$	Cl^-	SO_4^{2-}	盐度
相关系数	0.823 **	0.477 **	0.662 **	0.719 **	0.484 **	0.712 **
相伴概率	0.000	0.002	0.000	0.000	0.002	0.000
N	40	40	40	40	40	40

＊＊：在 0.01 置信水平时显著相关

2）气候因素

气候亦是造成松嫩平原土壤盐碱化的主要因素之一，并且起着重要的调控作用。大陆性季风气候直接影响了该地区的降水量、蒸发量、气温以及风力，松嫩平原历史上曾出现多次极端降雨和极端干旱交替发生的事件。蒸发会造成土壤表层盐分的积累，降水会将土壤表层盐分淋洗至土壤深层，气温变化会引起土壤表层的盐分积聚，风携带大量盐碱土至其他轻度的盐碱地，扩大盐碱化程度以及分布面积（宋长春等，2003）。

本区域年蒸发量约是年降水量的 3~4 倍，且区域内降水呈季节性分布不均匀的特点。春季（3~5 月）降水少，随着气温的回升，以及春季较多的大风天气（其风力平均速度在 4.3~6.1m/s），一方面，会加剧区域土壤干旱，蒸发量远远大于降水量，造成土壤中的可溶性盐分随着毛细现象上升积聚在土壤表层，春季通常为土壤的积盐期；另一方面，风携带重度盐碱地中的盐碱土降落沉积在一些盐碱程度较轻的土地，加剧其他地区的盐碱化程度，扩大盐碱化的分布面积。区域内降水主要集中在夏季的 6~8 月份，较强的降雨将积聚在土壤表层的盐分淋洗至土壤深层，但是，某些地区由于地势较低的原因，容易积水，且地下水位过高，由此造成了土壤积聚的盐分远远高于淋洗至土壤深层的盐分。受极端降水事件的影响，夏季集中的降雨促使松嫩平原发生洪涝灾害，加剧了该区域的盐碱化程度，其 pH 多在 9~10。秋季 9~11 月份，随着降雨逐渐减少，蒸发量又大于降水量，造成盐分又返至土壤表层（李秀军，2000；罗新正等，2002）。

区域内盐碱化程度（盐分含量、盐分组成、积盐速率）以及分布面积也受温度的影响（徐恒刚，2004）。区域内年平均温度为 4~5℃，全年超过 10℃有效积温累计 3000~3200℃。该区域冬季寒冷，随着气温的逐渐降低，土壤发生冻结现象，形成深厚土壤冻层的同时，也降低了盐分的溶解度，引起盐分结晶现象。第二年春季随着气温的逐渐上升，春化后土壤又重新开始了水盐运移，造成了土壤表层重新聚集了大量盐分。松嫩平原气温变化造成了土壤冻融，土壤每年都会经历冻融积盐的过程，此过程是造成该区域长期处于土壤盐碱化的重要原因之一。

3）人类活动因素

松嫩平原存在大面积现代盐碱土，与人类活动存在联系。自20世纪50年代以来，随着农牧业的过度开发，对区域内土地造成严重破坏，促使吉林西部土壤苏打盐渍化状况进一步恶化，在诸多人类活动因素中，过度放牧、开垦以及不合理的土地管理方式是土壤恶化的主要原因。

（1）过度放牧

过度放牧造成植被覆盖率下降、枯落物减少、地表裸露面积增加，导致地表径流增多、下渗减少，土壤水分蒸发量增加，水盐运移速率加快。过牧区的土层变薄，土壤有机质减少、肥力下降，pH值升高，土壤碱化程度加深。土壤盐碱化会直接引起非盐生植物减少，盐生植物增加，不仅使优质牧草产量大幅降低，草地生态系统平衡也遭到严重破坏（王仁忠和李建东，1992）。过度放牧使牲畜在采食过程中反复践踏草地，导致蹄耕效应，破坏土壤结构，造成土壤板结，土壤透气性、渗透性以及持水能力和含水量下降。牲畜过度采食与践踏对草地植物群落的生长发育和繁殖产生严重影响，使植物根生物量减少，根系变短，植株高度降低（Gao et al.，2008）。土壤中植物根系和微生物数量及活性减弱，也会加剧土壤盐碱化程度（高英志等，2004）。过度放牧也会改变草地的微气候，造成放牧区气温升高，土壤干旱进一步加剧了土壤盐碱化程度（王仁忠和李建东，1995；王仁忠和祝廷成，1996）。

（2）过度开垦

过度开垦是造成土壤盐碱化的重要原因之一。过垦降低了土壤肥力和自我调节能力，破坏草地生态系统物质循环和能量流动（王启基等，2004）。在对草地进行开垦耕作时，土壤深层的积盐层翻至土表，脱盐层被翻至土壤深层，在强风的作用下，如果没有良好的灌溉和排水条件，会加剧土壤盐碱化程度（王宏等，1997）。长期的耕作活动使土壤结构被破坏、土壤有机质含量减少，随着蒸发作用加强，土地盐碱化程度加剧。

过度开垦导致植被盖度下降，增加土壤水分蒸发量，地表裸露易造成风力和水力侵蚀，使盐碱化程度加剧，扩大盐碱化草地面积。水分是土壤积盐和脱盐的重要驱动因素，土壤水分的上下移动会引起盐分向土壤上层累积或向土壤下层淋洗（宰松梅等，2007）。地表植被在水分运移过程中起到保护作用，使旱季从浅层地下水和土壤深层上返的盐分与雨季淋洗下移的盐分达到动态平衡。草地植被遭到破坏后会引起水文地质条件的恶化，改变土壤与环境之间水盐运移平衡。过度开垦草地导致地表"盐碱淡化层"被破坏，土壤水分蒸发加快，大量盐分从地下水或土壤深层的暗碱层中集聚到地表，在风蚀作用下，大量聚集在地表的盐分，迅速扩大了盐碱化面积（李秀军，2000）。

（3）管理因素

不科学的管理方式会加剧土壤盐碱化，主要反映在缺乏科学的管理手段。由于松嫩草地粗放的经营管理模式，在草地群落构建关键期（早春及晚秋）不间断放牧等行为，对草地生态系统造成极强的破坏，草畜矛盾日益加剧，牧业产值的增加伴随着盐碱地面积的增加（图 5-2）（曹勇宏，2011）。

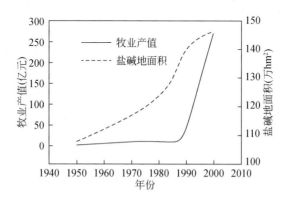

图 5-2　吉林省西部盐碱化草地面积与牧业产值历年变化图（曹勇宏，2011）

草地管理政策也是影响该区域草地盐碱化的原因。草地管理政策为草原生态、社会和经济功能的协调提供了方向，对缓解草地退化起到了积极作用，但也存在部分管理政策失灵以及执行效率低等问题（杨勇等，2017）。我国政府于2011 年开始实施草原生态补偿奖励政策，即通过禁牧和草畜平衡补贴等手段减少过度放牧，缓解草地压力（冯晓龙等，2019）。同时政府出台相关政策，鼓励并规范草地承包经营权流转，扩大草地经营规模，解决牧民因草地规模较小而带来的草地生产压力大的问题。这些政策的实施取得了一定效果，但草地管理的主体为行业部门，没有执法权，草地过牧问题仍普遍存在，需加大管理力度，明晰管理权限，从根本上解决草地管理问题，遏制草地盐碱化趋势（张引弟等，2010；胡振通等，2016）。

5.3.2　沙漠化

沙漠化区域主要分布在松嫩平原西南部，与科尔沁草原接壤，植被以针茅（*S. capillata*）、羊草等耐旱植物为主（赵哈林等，2003）。土壤沙化影响当地的农牧业发展、东部农区及城市圈的生态环境。

1. 松嫩平原沙漠化现状

松嫩平原与科尔沁沙地在松辽分水岭北侧、松嫩平原南部交错重叠，形成了沙丘–草甸交错相间的分布格局。在地理因素（地形地貌）、气候变化以及人类活动的影响下，该区域沙漠化现象尤为突出，区域内古河道，湖泡交错分布，沙垄、沙岗（丘）起伏连绵，沙地类型以半固定和固定沙丘为主，流动沙丘较少，分别为沙地面积的 70%、28% 和 2%，相对高度差多在 5~10m 之间，属于中度或轻度沙漠化地区。区域内沙丘多覆盖在河流冲积物之上，具有较丰富的浅层地下水，沙地表层地下水况良好，易于开采。总体上，本区域由流动沙丘向半固定沙岗以及固定沙地的方向演化。区域内固定沙丘植被包括榆（*U. pumila*）、大针茅（*S. grandis*）、兴安胡枝子（*Lespedeza davurica*）等，区域沙化表层土壤有机质有明显积累，沙粒黏结且紧实。固定沙地由于受到人类破坏的影响，形成了次生流动沙丘（孟宪玺等，1991）。根据松嫩平原地区的沙漠化程度特征，相关研究确定了区域内荒漠化遥感评价指标体系的分级标准（表5-6）（李昭阳，2006）。

表 5-6 松嫩平原土地荒漠化评价指标体系（李昭阳，2006）

荒漠化程度	植被覆盖度	MSAVI	LST	TVDI	NPP
非荒漠化	≥0.5	≥0.7	<30	<0.5	≥45
轻度荒漠化	0.3~0.5	0.5~0.7	30~34	0.5~0.6	30~45
中度荒漠化	0.2~0.3	0.4~0.5	34~38	0.6~0.7	20~30
重度荒漠化	0.1~0.2	0.2~0.4	38~42	0.7~0.8	10~20
极重度荒漠化	<0.1	<0.2	≥42	≥0.8	<10

注：MSAVI：土壤调节植被指数；LST：陆地表面温度；TVDI：土壤湿度；NPP：植被净初级生产力。

2. 松嫩平原沙漠化的成因

松嫩平原沙漠化主要受地质构造、自然因素（风蚀、温度、降水）和人类活动（过牧、过垦、过樵）等因素的影响。长期历史河流冲积使土壤结构松散，进而形成了现今的沙漠化格局；同时气候（风、温度、降水）因素又加剧了沙漠化的进程，风蚀使得土壤水分含量明显下降。人类活动加剧土壤沙化和草地退化，例如：过牧、过垦、过樵、不合理的土地利用方式都会加剧沙化的进程，人类活动已经成为沙漠化的主要驱动因素。

1）地质因素

本区域地表具有丰富的砂质土壤，受河流冲积影响形成了松嫩沙地以及科尔沁沙地，沙地具有土层薄且抗风蚀能力低等特点，这些沙地与固定、半固定流动沙丘为吉林西部沙漠化的加剧提供了充足的沙源，加剧了该地区的沙漠化（赵海卿等，2009）。松嫩平原的土壤来源于古代和现代河流泛滥冲积沉积而成的具有沙性特质的成土母质（马文林，1985）。第四纪新构造运动使松辽分水岭隆起，加大了平原内部地面高度差，改变了河流流向，使水系发生迁移，河道纵横交错形成了诸多沙丘、沙垄、湖泡（孟宪玺等，1991）。由于第四纪构造特征和第四纪沉积特点，其沉积物松散、厚度较大，多为内聚力较差的物理性砂粒，质地疏松、透水性强、易受干旱影响。在此基础上发育的土壤均为砂质土壤，机械组成中砂粒含量高，有机质和黏粒含量较低，易受到风蚀影响，造成土壤沙化。松嫩平原春季多大风天气（其风力平均速度在 4.3~6.5m/s），构成了以风蚀导致土地沙漠化的物质基础（孟宪玺等，1991）。大量风洞实验表明，风沙土抗风侵蚀性强度随着风沙土含水量的增加而增加，在风沙土含水量达到 2% 时效果最佳，后随含水量的不断增加其防风侵蚀能力逐渐趋于稳定（赵哈林等，2003）。

2）气候因素

气候是本区域沙漠化的重要因素之一，松嫩平原沙地孢粉分析表明，自晚更新世以来，干旱是沙漠化扩张的决定因素（李宜根和吕金福，1996）。降水量的变化与土地沙漠化存在显著关系，从降水量来看，部分地区降水量不足、降水变化率大，当降水量低于旱地植物生长对水分需求的下限时，植被面临死亡，加快了沙漠化的进程。降水时间分布对沙漠化起着重要作用，当播种期无雨时，会使土壤墒情变差不能播种；当耕作期多雨而生长期遭遇干旱，作物萌发会受到严重影响，出苗后死亡，导致大面积农田被迫弃耕，植被覆盖面积减少，造成土地沙漠化。

风是土地沙漠化的主要自然外力，松嫩平原是受东亚季风影响最强烈的地区之一，春季大风天气居多，大于 17.0m/s 的风日数占全年的 55%~70%，气候干燥，强烈风蚀作用会加剧土地沙漠化（李昭阳，2006）。风与降水等气候因素之间相互联系共同影响该地区土地沙漠化（马文林，1985；赵哈林等，2003）。沙土的自然剖面层次发育不明显、质地粗疏、透水性强，易遭受风蚀，最终造成土地沙化。增加土壤含水量可有效抵抗土壤风蚀，在自然条件下，土壤含水量的大小受降水量的影响，不同的土壤含水量对风蚀的抵抗力不同，在风速为15.5m/s 的情况下，含水量为 1.11%、2.21% 和 4.73% 的沙土风蚀模数分别是501t/(hm^2·h)、27t/(hm^2·h) 和 3.9t/(hm^2·h)，比值为 128∶7∶1（赵哈林等，2003）。

3）人类活动因素

松嫩平原沙漠化一直是制约当地社会经济发展的重要环境问题，沙漠化过程的驱动因素一直是该领域研究的基础与重点。关于沙漠化成因、过程、机制，以及沙漠化危害和防治等的研究报道已有很多，气候变化和人类活动作为沙漠化过程的两大驱动力已经得到共识，然而因气候因素、人类活动因素或者两者耦合造成的沙漠化还缺乏明确的认知（许端阳等，2009）。

本区域属于森林草原过渡带，大部分地区为平坦开阔的低湿草甸，低矮的固定沙地被榆树、山杏等灌木及疏林所覆盖，350~400mm 的降水量可以形成良好的天然植被，有利于土壤沙化的防治（赵哈林等，2003）。一般自然生境的沙漠化规模较小，在生态系统自我修复的作用下，大部分自然产生的土地沙漠化会很快逆转，或控制在有限范围内，而人类活动的干扰显著影响沙漠化发展程度（刘利，2012）。

（1）草地的过度放牧

区域内具备较好的放牧条件，有草原、草甸、榆树疏林草原和沼泽，植被组成以中旱生根茎型植物和丛生禾草为主，羊草草甸草原多存在于贫瘠、盐碱化土壤之上。但是过度放牧被认为是引起松嫩草地生态系统功能和稳定性下降的主要因素。以本区域沙地为例，近 50 多年来，地区人口和家畜数量出现持续增长趋势，以通辽市为例，人口数量已经从 1947 年的 78 万人增至 2001 年的 305 万人，草食性家畜数量由 208 万羊单位增至 909 万羊单位（赵哈林等，2003）。人口数量增加致使畜产品需求量迅速增加，破坏了榆树疏林系统结构和物种组成的同时，也抑制了建群种榆树生长，导致榆树疏林植被生产力下降和生态系统营养物质循环总量降低，引起榆树疏林生态系统退化。人类不合理地开发和利用生态系统资源，不仅是引起全球气候变化的主要原因，也是导致自然生态系统退化的主要因素（李玉霖等，2019）。相关研究表明，年末总人口、生产总值、三次产业、载畜量等是沙漠化的主要影响和驱动因素（许端阳等，2009）。放牧等人为因素的作用较缓慢，草原地区长期过牧，虽然其作用结果不能立即显现，但却是导致草原生态系统退化的主要原因，过度放牧是引起土地沙漠化的主要原因。

（2）人口增长与过度开垦

随着人口的增加，对食物和基本生活物品日益增长的需求加大了对草地及榆树疏林的开垦强度，造成该区域土地退化与沙化（刘利，2012）。开荒被认为是引起本区域草地沙漠化主要因素之一。在榆树树林生态系统中，通过翻耕等大型机械措施直接破坏了榆树疏林生态系统的结构，导致生态系统退化。大规模的草原开垦毁灭性破坏了地表植被，翻耕后土壤结构破坏，使得土壤表层裸露于风沙活动之中，造成土壤水分蒸发加快。并在多风的冬春两季，裸露的耕地遭遇到强烈的风蚀，土壤肥力迅速下降，弃耕现象频发。农田土壤的风蚀，不仅导致土地沙漠化，而且使下风向遭到大面积风沙活动的影响，引起下风向流沙的堆积并形成吹扬灌丛沙堆（逯军峰等，2012）。

（3）植被的过度樵采

人为干扰是区域内榆树疏林生态系统退化的重要原因。通过对区域内以榆树疏林为主的植物群落调查发现，百年以上的古榆树仅存余株。榆树疏林分布面积逐渐减少，科尔沁科左中旗地区，榆树疏林面积从 1988 年到 1998 年大约减少97%，仅剩余 4138km²，榆树疏林的生产力大幅度下降。近年的数据排序分析结果表明，气候变化未能使榆树疏林产生分化，未受干扰的榆树疏林仍划分为同一类群。然而，人为干扰下的榆树疏林分别被划分为相反的两个类群，人为干扰已经使原有榆树疏林系统逐渐演替为不同的系统类型。人为干扰抑制了建群种榆树的生长，直接破坏了原有的系统平衡、群落结构和物种组成（图 5-3）（刘利，2012）。

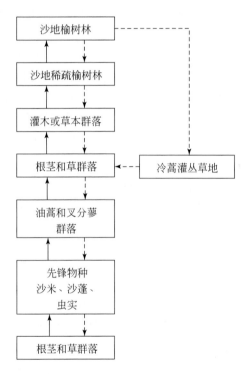

图 5-3　榆树疏林自然演替过程（——▶）或在人为干扰下退化演替（--▶）（刘利，2012）

综上所述，引发松嫩平原沙漠化过程的因素中，气候因素与人类活动因素相互作用加速了沙漠化程度。年降水变化率增大，连续丰水年会产生大面积的开荒和牲畜数量增长过快的现象，当枯水年时就会引发大面积撂荒和过度放牧问题。因此，区域内沙漠化的过程受到人类活动的显著影响，直接或间接受到气候因素的影响（赵哈林等，2003）。总之，松嫩平原原生生态系统中，人类活动是沙漠化的主要驱动因素。

5.4 小 结

综合松嫩草地的土壤类型及荒漠化现象，得到结论如下：

（1）松嫩草地主要位于草甸草原黑钙土、淡黑钙土地带。该区成土母质多为黄土状亚砂土，质地较粗，土壤有机质较少，腐殖质含量低，黑土层薄，碱化现象明显，石灰性反应较强。该区土壤类型主要为黑钙土、淡黑钙土、栗钙土、草甸土、盐碱土和沙土。受水热条件差异和复杂地形地貌的影响，松嫩草地土壤类型具有明显的经向分异空间分布规律，不同成分和因素在植被区系和土壤地带区域之间渗透和交汇，在各种地理因素的综合影响下，植被与土壤之间在形成和演化过程中存在密切关系。

（2）盐碱化主要发生在松嫩平原的西部，土壤盐分以碳酸盐为主。盐碱化的成因包括地质因素、气候因素及人类活动。其中，地质因素和气候因素是区域盐碱化的主要原因，直接导致出现大面积的土壤盐碱化，有别于其他地区只发生于表层土壤的盐碱化，该区域盐碱化土层较深。其中地质因素又包含地形地貌、成土母质以及水文地质的变化，地形会直接影响地下水和地表水的移动，进而影响土壤的水盐运动。人类活动加剧了土壤盐碱化，导致底层土壤的盐分上升到地表，发生次生盐渍化。过度放牧或开垦都会降低植被覆盖度，植被退化的同时伴随着土壤盐碱化以及干旱化的发生，加之缺乏合理的草原管理手段，草畜矛盾问题日益严重，同时加剧了草地的盐碱化程度。

（3）沙漠化主要分布在松嫩平原西南部，表现为土壤沙化、植被退化。该区域沙漠化主要受地质构造、自然因素（风蚀、温度、降水）和人类活动（过牧、过垦、过樵）等因素的影响。长期河流的冲积对成土母质产生影响，使土壤结构松散，造成沙漠化的物质基础，形成了现今的沙漠化格局；同时气候（风、温度、降水）因素又加剧了沙漠化的进程，风蚀现象严重降低了土壤水分，土壤质量明显下降。人类不合理的活动导致草地退化、土壤沙化、沙漠化现象进一步加剧。

主要参考文献

白城地区土壤普查办公室 . 1988. 白城土壤 . ［内部资料］.

白玉锋，孙静，李秀军，等 . 2021. 松嫩平原西部典型盐生景观土壤分形维数及盐碱化特征 . 水土保持学报，35（3）：163-169.

曹勇宏 . 2011. 吉林省西部盐碱化草地生态草业示范区发展思路与模式探讨 . 干旱区资源与环境，25（6）：98-104.

冯晓龙, 刘明月, 仇焕广. 2019. 草原生态补奖政策能抑制牧户超载过牧行为吗? ——基于社会资本调节效应的分析. 中国人口·资源与环境, 29 (7): 157-165.

高英志, 韩兴国, 汪诗平. 2004. 放牧对草原土壤的影响. 生态学报, 4: 790-797.

海春兴, 陈建飞. 2016. 土壤地理学. 北京: 科学出版社.

胡振通, 柳荻, 靳乐山. 2016. 草原生态补偿: 生态绩效、收入影响和政策满意度. 中国人口·资源与环境, 26 (1): 165-176.

黄昌勇, 徐建明. 2010. 土壤学. 北京: 中国农业出版社.

吉林省长岭县农业局. 1983. 长岭县土壤志.

李彬, 王志春. 2006. 松嫩平原苏打盐渍土碱化特征与影响因素. 干旱区资源与环境, 29 (6): 183-191.

李建东, 吴榜华, 盛连喜. 2001. 吉林省植被. 长春: 吉林科学技术出版社.

李取生, 王志春, 刘兴土. 2002. 松嫩平原西部盐碱地特点及合理利用研究. 农业现代化研究, 5: 361-364.

李晓宇, 穆春生. 2017. 盐碱胁迫及外源植物激素对小麦和羊草生长发育的影响. 草地学报, 25 (2): 257-260.

李秀军. 2000. 松嫩平原西部土地盐碱化与农业可持续发展. 地理科学, 20 (1): 51-55.

李宜垠, 吕金福. 1996. 松嫩沙地晚更新世以来的孢粉记录及古植被古气候. 中国沙漠, 4: 11-17.

李玉霖, 赵学勇, 刘新平, 等. 2019. 沙漠化土地及其治理研究推动北方农牧交错区生态恢复和农牧业可持续发展. 中国科学院院刊, 34 (7): 832-840.

李昭阳. 2006. 多源遥感数据支持下的松嫩平原生态环境变化研究. 长春: 吉林大学博士学位论文.

刘利. 2012. 松嫩平原榆树疏林生态系统退化机制的研究. 长春: 东北师范大学博士学位论文.

罗新正, 朱坦, 孙广友. 2002. 人类活动对松嫩平原生态环境的影响. 中国人口·资源与环境, 12 (4): 94-99.

逯军峰, 董治宝, 胡光印, 等. 2012. 甘肃省玛曲县土地沙漠化发展及其成因分析. 中国沙漠, 32 (3): 604-609.

吕云海, 海米提·依米提, 刘国华, 等. 2009. 于田绿洲土壤含盐量与地下水关系分析. 新疆农业科学, 46 (5): 1093-1097.

马文林. 1985. 松嫩平原沙漠化现状和潜势. 中国沙漠, 3: 46-54.

孟宪玺, 吕宪国, 王其存, 等. 1991. 松嫩平原西南部土地沙漠化及防治对策. 地理科学, 4: 353-360, 392.

宋长春, 何岩, 邓伟. 2003. 松嫩平原盐渍土壤生态地球化学. 北京: 科学出版社.

汤洁, 刘禹晴, 王思宁, 等. 2019. 吉林西部盐碱地区稻田土壤有机碳矿化特征. 水土保持学报, 33 (2): 162-168.

王德利, 郭继勋. 2019. 松嫩平原盐碱化草地的恢复理论与技术. 北京: 科学出版社.

王宏, 何永金, 王秀清, 等. 1997. 齐齐哈尔市草原盐碱化成因及综合防治措施探析. 草业科学, 5: 11-12, 16.

王启基，王文颖，王发刚，等.2004. 柴达木盆地弃耕地成因及其土壤盐渍地球化学特征. 土壤学报，1：44-49.

王仁忠，李建东.1992. 放牧对松嫩平原羊草草地影响的研究. 草业科学，2：11-14.

王仁忠，李建东.1995. 松嫩草原碱化羊草草地放牧空间演替规律的研究. 应用生态学报，3：277-281.

王仁忠，祝廷成.1996. 火烧和放牧影响下羊草草地微气候的比较研究. 应用生态学报，S1：45-50.

王占兴，宿青山，林绍志.1985. 白城地区地下水及第四纪地质. 北京：地质出版社.

王智颖.2020. 松嫩平原盐碱地分布及空间变化研究. 哈尔滨：哈尔滨师范大学硕士学位论文.

肖荣寰.1992. 吉林省志（第四卷自然地理志）. 长春：吉林人民出版社.

谢承陶.1993. 盐渍土改良原理及作物抗性. 北京：中国农业科技出版社.

徐恒刚.2004. 中国盐生植被及盐碱化生态治理. 北京：中国农业科学技术出版社.

许端阳，康相武，刘志丽，等.2009. 气候变化和人类活动在鄂尔多斯地区沙漠化过程中的相对作用研究. 中国科学（D辑：地球科学），39（4）：516-528.

杨勇，邓祥征，白羽萍，等.2017. 2000—2015年中国典型草原草地动态及其对管理政策的响应. 资源科学，39（7）：1272-1280.

姚荣江，杨劲松，刘广明.2006. 东北地区盐碱土特征及其农业生物治理. 土壤，38（3）：256-262.

宰松梅，仵峰，温季.2007. 节水灌溉条件下土壤次生盐碱化趋势与对策. 第二届全国农业环境科学学术研讨会论文集，293-296.

张殿发，王世杰.2002. 吉林西部土地盐碱化的生态地质环境研究. 土壤通报，33（2）：90-93.

张建锋.2008. 盐碱地生态恢复原理及技术. 北京：中国林业出版社.

张晓光，黄标，梁正伟，等.2013. 松嫩平原西部土壤盐碱化特征研究. 土壤，45（2）：332-338.

张引弟，孟慧君，塔娜.2010. 牧区草地承包经营权流转及其对牧民生计的影响——以内蒙古草原牧区为例. 草业科学，27（5）：130-135.

赵哈林，赵学勇，张铜会.2003. 科尔沁沙地沙漠化过程及其恢复机理. 北京：海洋出版社.

赵海卿，张哲寰，王长琪.2009. 松嫩平原土地沙化现状、动态变化及防治对策. 干旱区资源与环境，23（3）：107-113.

赵兰坡，王宇，冯君.2013. 松嫩平原盐碱地改良利用. 北京：科学出版社.

周道玮，田雨，王敏玲，等.2011. 覆沙改良科尔沁沙地-松辽平原交错区盐碱地与造田技术研究. 自然资源学报，26（6）：910-918.

朱克贵.1994. 中国土种志（第二卷）. 北京：中国农业出版社.

Chi C M, Wang Z C. 2010. Characterizing salt-affected soils of Songnen Plain using saturated paste and 1：5 soil-to-water extraction methods. Arid Land Research and Management，24：1-11.

Gao Y Z, Giese M, Lin S, et al. 2008. Belowground net primary productivity and biomass allocation of a grassland in Inner Mongolia is affected by grazing intensity. Plant and Soil，307：41-50.

Lin J X, Peng X Y, Hua X Y, et al. 2018. Effects of arbuscular mycorrhizal fungi on *Leymus chinensis* seedlings under salt-alkali stress and nitrogen deposition conditions: from osmotic adjustment and ion balance. RSC Advances, 8: 14500-14509.

Wang S N, Tang J, Li Z Y, et al. 2020. Carbon mineralization under different saline-alkali stress conditions in paddy fields of Northeast China. Sustainability, 12: 1-17.

Zhao Y T, Wang G D, Zhao M L, et al. 2021. The potentials of wetland restoration after farming differ between community types due to their differences in seed limit and salt tolerances in the Songnen Plain, China. Ecological Indicators, 131: 108-145.

第6章　松嫩草地植被

植被（vegetation）的形成是地质历史、地形地貌、土壤环境和气候因子等共同作用的结果，植被的存在与变化能够同时、同地、综合性地反映出热量的纬向地带性和水分的经向地带性。松嫩平原在中国植被区划中被划为温带草原区，广泛发育着草本植被（吴征镒，1980）。

6.1　植物区系组成

在长期的历史进程中，植物区系的演化是自然界植被发生与发展的基础。任何关于植被的研究，必须首先分析组成该植被类型的植物区系组成、特点、性质，进而深入探讨其分布规律、发生历史与经济意义等。植物区系的形成是植物在一定自然环境中长期发展演化的结果，很大程度上受到植物系统发育的制约。同时，温度和水分等环境条件对植物区系组成也有很大影响。因此，在不同的气候带出现了不同的植物区系成分，形成各具特色的植物群或植物区系。

松嫩平原地处温带地区，具有温带大陆性季风气候特点。本区域东部及东北部地区与小兴安岭相邻，该区植物分属于长白植物区系成分；西部比邻大兴安岭林区，植物分属兴安植物区系成分（旧称达乌尔植物区系）和蒙古植物区系成分；南部经松辽分水岭与科尔沁草原相连，植物分属于华北植物区系成分（郑慧莹和李建东，1993）。可见，松嫩平原是蒙古、长白、兴安、华北4个植物区系成分相汇集的区域，具有多种区系成分交叉的区域植被特点。总体来看，位于4个区系交界处的松嫩平原其植物区系的科属组成和地理成分十分复杂。

6.1.1　植物区系的科属组成

植物区系（flora）组成是指一个地区或某个植被类型中所有物种的科、属和区系成分的组成情况。松嫩平原的植物物种组成丰富，高等植物共有770多种。其中，种子植物765种，蕨类植物5种，隶属于85科334属（表6-1）。松嫩平原植物种类约占我国温带草原区域植物种类的20.7%，草本植物占绝对优势，木本植物数量很少。

表 6-1　松嫩平原的植物区系组成（郑慧莹和李建东，1993）

植物类别			松嫩平原			东北地区			中国温带草原		
			科	属	种	科	属	种	科	属	种
种子植物	被子植物	双子叶植物	68	248	546	101	589	2002	99	462	2839
		单子叶植物	16	85	218	21	187	634	19	144	783
		合计	84	333	764	122	776	2636	118	606	3622
	裸子植物		1	1	1	5	10	31	7	12	39
	共计		85	334	765	127	786	2667	125	618	3661
蕨类植物			1	1	5	21	34	108	14	31	64
总计			86	335	770	148	820	2775	139	649	3725

据不完全统计，在松嫩平原近 800 种植物中，超过 20 种的优势科共计 15 个，所涵盖物种数共计 606 种，占总种数的 78.7%。其中，物种数量最多的科是菊科（120 种左右，约占总种数的 16%）。其次是禾本科（85 种左右，约占 11%）、豆科（60 种左右，约占 8%）、莎草科（45 种左右，约占 6%）、蔷薇科（40 种左右，约占 5%）。此外，具有 30 种以上的科还有藜科、蓼科、毛茛科等。以上除毛茛科为北温带分布外，其余的优势科均为全世界分布的科。松嫩平原与水热条件相对较好的亚热带常绿阔叶林区域的气候相比，其长期寒冷、干旱的气候条件使得植物种类相对贫乏。本区域单种科、单种属及少种属的比例较高，单种科的数量在 15 个以上（麻黄科、金鱼藻科、防己科、杉叶藻科、夹竹桃科、花荵科、紫葳科、忍冬科、花蔺科、鸭跖草科、薯蓣科），约占 17% ~ 18%。

在属的层面上调查数据显示，所有植物种分属 229 属，占总属数的 68.5%（表 6-2）。菊科中以蒿属作用最大，约 33 种。其次是薹草属 24 种、蓼属 22 种。这 3 个属的物种数量均在 20 种以上，合计 79 种，占整个种类的 10.3%。委陵菜属和黄芪属等物种数量在 10 种以上的属共计 8 个，6 种以上的属共计 16 个（郑慧莹和李建东，1993）。

表 6-2　松嫩平原主要科的数量统计（郑慧莹和李建东，1993）

科名	种数	占全区（%）	属数	占全区（%）
1. 菊科 Compositae	122	15.8	39	11.6
2. 禾本科 Gramineae	85	11	45	13.4
3. 豆科 Fabaceae	58	7.5	18	5.4
4. 莎草科 Cyperaceae	45	5.8	11	3.3
5. 蔷薇科 Rosaceae	41	5.3	15	4.5

科名	种数	占全区（%）	属数	占全区（%）
6. 藜科 Chenopodiaceae	36	4.7	11	3.3
7. 蓼科 Polygonaceae	31	4	4	1.2
8. 毛茛科 Ranunculaceae	30	3.9	11	3.3
9. 百合科 Liliaceae	29	3.8	9	2.7
10. 唇形科 Labiatae	26	3.4	16	4.8
11. 玄参科 Scrophulariaceae	22	2.9	13	3.9
12. 十字花科 Cruciferae	21	2.8	14	4.2
13. 杨柳科 Salicaceae	20	2.7	9	2.7
14. 石竹科 Caryophyllaceae	20	2.7	2	0.6
15. 伞形科 Umbelliferae	20	2.7	12	3.6
合计	606	78.7	229	68.5

　　松嫩草地是松嫩平原的主体部分，其植物区系组成与内蒙古高原的典型草原有一些共有成分，但也具有其特殊成分。草地建群种、优势种的基本成分，以及优势物种的优势顺序和内蒙古高原草原相比存在一定区别。菊科线叶菊属、禾本科针茅属、赖草属的一些种属是松嫩平原草甸草原的建群种或优势种，狼针草（*Stipa baicalensis*）、线叶菊（*Filifolium sibiricum*）、羊草（*Leymus chinensis*）是松嫩草地优势群系的最主要建群植物。此外，也拥有一些温带亚洲区系或华北、长白植物区系的成分，如野古草（*Arundinella hirta*）、兴安胡枝子（*Lespedeza daurica*）、委陵菜（*Potentilla chinensis*）等，这些都是内蒙古高原草原区稀少或缺乏的成分。欧亚温带分布的一些草甸植物，如拂子茅（*Calamagrostis epigeios*）、大叶章（*Deyeuxis langsdorffii*）、裂叶蒿（*Artemisia tanacetifolia*）、歪头菜（*Vicia unijuga*）、野火球（*Trifolium lupinaster*）等，在本区得到特别广泛的发育。然而，小叶锦鸡儿（*Caragana microphylla*）、芨芨草（*Achnatherum splendens*）等在内蒙古高原典型草原起较大作用的植物成分，在本地区的草甸草原却并无明显作用。

　　羊草草甸草原是本地区主要的草甸草原类型之一，其中常含有大量的中生杂类草。常见的类型包括羊草+狼针草+杂类草草原、羊草+杂类草草原，一般是天然优良的割草场和放牧场，也是最好的宜垦地。狼针草草甸草原也是松嫩草地具有代表性的草甸草原之一，群落分化不多。常见的有狼针草+线叶菊草原、狼针草+丛生小禾草草原、狼针草+羊草+杂类草草原、狼针草+薹草+杂类草草原等。线叶菊草原也是本区最基本的草原群系，常见的类型有线叶菊+薹草+杂类草草原、线叶菊+羊草草原、线叶菊+狼针草草原。线叶菊草原一般占据的都是低山丘陵上部或平缓顶部，生产力比较低。

李建东等在 1981 年与 2005 年开展了植被调查，调查区位于吉林省长岭县腰井子羊草草原自然保护区（韩大勇等，2007）。2005 年调查的 22 个群落类型、129 个样方的植物群落数据与 1981 年调查的该区域 14 个群落类型、105 个样方数据显示，2005 年时该区域拥有物种 92 种、隶属 28 科 71 属，与 1981 年的群落相比减少了 1 科 5 属 18 种。松嫩研究站周围的草地植被属于羊草-虎尾草-匍枝委陵菜群丛，其上层以羊草和芦苇（*Phragmites australis*）占优势，中层和下层分别以虎尾草（*Chloris virgata*）和委陵菜占优势。从优势科所占比重看，在 25 年间菊科的比重由 28.2% 下降到 25.0%，禾本科的比重由 16.4% 上升到 18.5%，豆科的比重由 7.3% 上升到 8.7%。总体来看，在 1981~2005 年，松嫩研究站周围的植物区系种属组成发生了明显变化。持续的气候变化及高强度的人类不合理活动可能是导致该区域优势植物的优势度显著降低、多样性下降的主要原因。

此外，有毒植物的蔓延导致优势种比重下降也是松嫩草地植被分布区型趋向于复杂化的主要原因之一。在该区域分布较为广泛的有毒植物主要有狼毒（*Stellera chamaejasme*）、狼毒大戟（*Euphorbia fischeriana*）、翠雀（*Delphinium grandiflorum*）、块根糙苏（*Phlomis tuberosa*）及狗舌草（*Tephroseris kirilowii*）。经实地调查和资料分析，松嫩草地共有有毒植物 93 种和 7 变种，分属于 32 个科、72 个属。这些科、属、种的数量在松嫩草地高等植物中的占比分别是 37.2%、21.49%、12.99%（郑宝江等，2009）。松嫩草地的 100 种有毒植物分属于四个植物区系，其中长白植物区系占优势（54 种，占 54%），华北植物区系占 43 种、蒙古植物区系占 39 种、大兴安岭植物区系占 23 种。四个区系共有种为 23 种、长白-蒙古植物区系为 29 种、长白-华北植物区系为 33 种、长白-大兴安岭植物区系为 18 种、蒙古-华北植物区系为 9 种、华北-大兴安岭植物区系为 7 种。可见，蒙古植物区系和长白植物区系关系最为密切，其次是蒙古与华北植物区系。

草地的外来种入侵使得某些原有本土物种消失，在一定程度上也影响了松嫩草地的植被组成。有研究报道，经有意或无意引入东北草地的植物共有 38 种，它们隶属于 12 科、35 属，主要集中于菊科、禾本科、茄科、豆科和苋科（石洪山等，2016）。这 5 个科外来植物种数占东北草地外来植物总种数的 81.58%，种植地、草地、路边和水边是外来入侵植物的主要生境。综合地貌、地史和水、热等环境因子来看，松嫩平原的植物特有成分并不多，属于外来植物入侵的低风险区（曹伟等，2018）。松嫩研究站附近的主要外来植物仅有少花蒺藜草（*Cenchrus calyculatus*）和黄花刺茄（*Solanum rostratum*）。

6.1.2　植物区系的地理成分

松嫩草地属于我国温带草原区，是蒙古植物区系、长白植物区系、兴安植物区系和华北植物区系 4 个植物区系相汇集的区域。植被的优势种和常见的伴生种多属于兴安-蒙古植物区系成分，如羊草、狼针草、大针茅（*S. grandis*）、线叶菊、山杏（*Armeniaca sibirica*）、星星草（*Puccinellia tenuiflora*）、短芒大麦草（*Hordeum brevisubulatum*）等。其中，羊草草甸草原是该区域最具代表性的草地类型，其分布区型结构以蒙古-长白-兴安-华北分布区型的种类最多，占 26%，长白-华北分布区型次之，占 17%（李建东和杨允菲，2002）。狼针草草甸草原分布区型结构以蒙古-长白-兴安-华北分布区型的种类最多，占 29%，蒙古-兴安分布区型次之，占 13%（李建东和杨允菲，2003a）。

松嫩草地中的蒙古植物区成分主要包括草麻黄（*Ephedra sinica*）、东北木蓼（*Atraphaxis manshurica*）、驼绒藜（*Krascheninnikovia ceratoides*）、草原石头花（*Gypsophila davurica*）、毛叶老牛筋（*Arenaria capillaris*）、狭裂瓣蕊唐松草（*Thalictrum petaloideum*）、灰毛庭荠（*Alyssum canescens*）、乳白黄芪（*Astragalus galactites*）、狭叶锦鸡儿（*C. stenophylla*）、甘草（*Glycyrrhiza uralensis*）、山泡泡（*Oxytropis leptophylla*）、披针叶野决明（*Thermopsis lanceolata*）、防风（*Saposhnikovia divaricata*）、银灰旋花（*Convolvulus ammannii*）、块根糙苏（*P. tuberosa*）、粘毛黄芩（*Scutellaria viscidula*）、达乌里芯芭（*Cymbaria daurica*）、蓝盆花（*Scabiosa comosa*）、扫帚沙参（*Adenophora stenophylla*）、沙蒿（*A. desertorum*）、柔毛蒿（*A. pubescens*）、盐蒿（*A. holodendron*）、冷蒿（*A. frigida*）、蒙古羊茅（*Festuca dahurica subsp. mongolica*）、大针茅、砂韭（*Allium bidentatum*）、短芒大麦草、细叶鸢尾（*Iris tenuifolia*）等。

草地中常见的兴安植物区植物包括波叶大黄（*Rheum rhabarbarum*）、翠雀、蒙古白头翁（*Pulsatilla ambigua*）、达乌里黄芪（*A. dahuricus*）、小米黄芪（*A. satoi*）、小叶棘豆（*O. microphylla*）、花苜蓿（*Medicago ruthenica*）、展枝唐松草（*Thalictrum squarrosum*）、红纹马先蒿（*Pedicularis striata*）、麻花头（*Klasea centauroides*）、大叶章和狼毒等。

长白植物区常见植物包括木贼（*Equisetum hyemale*）、普通蓼（*Polygonum humifusum*）、直根酸模（*Rumex thyrsiflorus*）、狼毒大戟、鹅绒藤（*Cynanchum chinense*）、光萼青兰（*Dracocephalum argunense*）、桔梗（*Platycodon grandiflorus*）、兔儿伞（*Syneilesis aconitifolia*）、华北鸦葱（*Scorzonera albicaulis*）、东北蒲公英（*Taraxacum ohwianum*）、草地早熟禾（*Poa pratensis*）、纤毛鹅观草（*Elymus ciliaris*）、牛毛毡（*Eleocharis yokoscensis*）、萱草（*Hemerocallis fulva*）、秀丽百合（*Lilium amabile*）、石竹（*Dianthus chinensis*）、野大豆（*Glycine soja*）、条叶龙胆（*Gentiana manshurica*）、多花筋骨草（*Ajuga multiflora*）、苦参（*Sophora flavescens*）等。

草地上常见的华北植物区植物包括节节草（*E. ramosissimum*）、旱柳（*Salix matsudana*）、地肤（*Kochia scoparia*）、白屈菜（*Chelidonium majus*）、乳浆大戟（*E. esula*）、白杜（*Euonymus maackii*）、柽柳（*Tamarix chinensis*）、砂引草（*Tournefortia sibirica*）、松叶沙参（*A. pinifolia*）、深裂蒲公英（*T. scariosum*）、华北剪股颖（*Agrostis clavata*）、野古草、朝阳隐子草（*Cleistogenes hackelii*）、糙隐子草（*C. squarrosa*）、白茅（*Imperata cylindrica*）、矮鸢尾（*I. kobayashii*）等。

蒙古、兴安、长白和华北4个植物区共有植物种比重高达15.2%，主要是分布广泛的非地带性植物种和田间道旁等伴人植物。常见的植物包括，榆树（*Ulmus pumila*）、筐柳（*S. linearistipularis*）、萹蓄（*P. aviculare*）、酸模（*R. acetosa*）、藜（*Chenopodium album*）、棉团铁线莲（*Clematis hexapetala*）、荠（*Capsella bursa-pastoris*）、毛茛（*Ranunculus japonicus*）、委陵菜、地榆（*Sanguisorba officinalis*）、兴安胡枝子、紫花地丁（*Viola yedoensis*）、黄连花（*Lysimachia davurica*）、细叶益母草（*Leonurus sibiricus*）、东北薄荷（*Mentha sachalinensis*）、车前（*Plantago asiatica*）、蓬子菜（*Galium verum*）、艾蒿（*A. argyi*）、茵陈蒿（*A. scoparia*）、刺儿菜（*Cirsium segetum*）、全叶马兰（*Kalimeris integrifolia*）、火绒草（*Leontopodium leontopodioides*）、长裂苦苣菜（*Sonchus brachyotus*）、苍耳（*Xanthium strumarium*）、拂子茅、虎尾草、荻（*Miscanthus sacchariflorus*）、大油芒（*Spodiopogon sibiricus*）、狗尾草（*Setaria viridis*）、芦苇和山丹（*L. pumilum*）等。其余每三个区共有的植物占22.2%，以蒙古、长白和华北共有的植物居多，占12.7%。每两个区共有的植物占30.8%，以长白和华北共有的植物居多，占11.9%。华北和兴安区共有的植物最少，仅占0.5%（郑慧莹和李建东，1993）。

松嫩平原有大面积的盐碱土分布，其特殊的土壤环境使得盐生植物广泛分布，它们成为当地植被很重要的组成部分。该区域常见的盐生植物包括，角果碱蓬（*Suaeda corniculata*）、碱蓬（*S. glauca*）、翅碱蓬（*S. hetroptera*）、西伯利亚蓼（*P. sibiricum*）、碱蓼（*P. salinum*）、碱地肤（*K. scoparia* var. *sieversiana*）、西伯利亚滨藜（*Atriplex sibirica*）、长叶碱毛茛（*H. ruthenica*）、圆叶碱毛茛（*H. salsuginosa*）、碱独行菜（*Lepidium cartilagineum*）、小果白刺（*Nitraria sibirica*）、碱蛇床（*Cnidium salinum*）、海乳草（*Glaux maritima*）、二色补血草（*Limonium bicolor*）、黄花补血草（*Limonium aureum*）、碱蒿（*A. anethifolia*）、草地风毛菊（*Saussurea amara*）、倒羽叶风毛菊（*S. rucininta*）、碱地蒲公英（*T. sinicum*）、铁杆蒿（*A. stechmanniana*）、隐花草（*Crypsis aculeata*）、小獐毛（*Aeluropus pungens*）、朝鲜碱茅（*P. chinampoensis*）、星星草、花穗水莎草（*Acorellus pannonicus*）、碱韭（*A. polyrhizum*）和攀援天门冬（*Asparagus brachyphyllus*）等。

　　在松嫩平原的 13 个县、285 个草地盐生植物群落样方调查中，共包括盐生植物 74 种，隶属于 20 个科。其中，禾本科最多有 15 种（占 20.3%），菊科次之有 13 种（占 17.6%），藜科 11 种（占 14.9%）。单种的科有 8 个，分别是旋花科、伞形科、萝藦科、报春花科、鸢尾科、车前科、蒺藜科、夹竹桃科，各占 1.4%。盐生植被组成虽然相对简单，但同样具有 4 个区系交叉分布的特征。该区域 74 种盐生植物分属于不同的区系成分，很多种隶属于多个地理成分。其中，蒙古植物区系成分最多，为 21 种占 29%。其次是蒙古-华北植物区系 18 种，占 24%。蒙古-长白-兴安-华北植物区系为 16 种，占 22%，其他分布区型均在 8% 以下。蒙古植物区系成分占有最高的比例，说明了草地植被是松嫩平原植被的优势类型。

6.2　松嫩平原植被分布特点及规律

　　松嫩平原位于欧亚大陆草原带的最东端，夏秋季受太平洋季风气候的影响强烈，温暖多雨，年降雨量在 350~500mm，是我国草原区降雨量最充沛的地区之一。松嫩平原由于小地形的起伏、微地形的变化和土壤类型的多样，植被类型亦多样，为欧亚草原带植被类型最丰富的地带。与内蒙古典型草原相比，松嫩草地含有大量中生双子叶植物，如狼尾花（*Lysimachia barystachys*）、桔梗、蓬子菜、蒙古蒿（*Artemisia mongolica*）、蓝盆花和并头黄芩（*S. scordifolia*）等，并且有一些在内蒙古典型草原很少见到的植物，如大油芒、荻、野古草、萱草、地榆、兔儿伞、小玉竹（*Polygonatum humile*）、败酱（*Patrinia scabiosifolia*）和地笋（*Lycopus lucidus*）等（李建东等，2001）。本章将对松嫩平原植被主要类型、地带性植被和非地带性植被分布特点和规律及植被类型生态序列进行叙述。

6.2.1　主要植被类型

　　参照《中国植被》和《吉林植被》的分类单位和分类原则，将松嫩平原的自然植被划分为疏林、灌丛、草原、草甸、沼泽等 5 个植被型，这 5 个植被型包含在吉林省植被的 12 个植被型之中。根据群系的特征，结合分布的面积、区系组成和生态环境，松嫩平原自然植被的群系包含了吉林省植被 69 个群系类型中的 23 个群系，其中包括疏林与灌丛植被的 3 个群系、草原植被的 5 个群系、草甸植被的 14 个群系和沼泽植被的 1 个群系。另外，本节也列出了目前本区域内分布面积最大的人工植被农田作物型和防护林型。具体如下：

Ⅰ 疏林与灌丛

    一、疏林

        1. 榆树疏林

    二、灌丛

        2. 山杏灌丛

        3. 欧李灌丛

Ⅱ 草原

    一、针茅草原

        4. 狼针草草甸草原

        5. 大针茅草原

    二、羊草草甸草原

        6. 羊草草甸草原

    三、冰草草原

        7. 冰草草原

    四、杂类草草原

        8. 线叶菊草甸草原

Ⅲ 草甸

    一、根茎禾草草甸

        9. 羊草草甸

        10. 拂子茅草甸

        11. 野古草草甸

    二、丛生禾草草甸

        12. 大叶章草甸

    三、杂类草草甸

        13. 杂类草草甸

    四、盐生草甸

        14. 碱茅草甸

        15. 短芒大麦草草甸

        16. 獐毛草甸

        17. 碱蒿草甸

        18. 碱地肤草甸

        19. 碱蓬草甸

        20. 马蔺草甸

        21. 圆叶碱毛茛草甸

        22. 海滨天冬草甸

Ⅳ 沼泽植被

        23. 草本沼泽

Ⅴ 人工植被

24. 农田作物型
25. 防护林型

6.2.2　地带性植被

松嫩平原的地带性植被包括分布在沙丘和沙岗上的榆树疏林、沙丘及山前台地的灌丛、整个平原高处的狼针草草甸草原、丘顶部及坡地微高起地段的线叶菊草甸草原和黑土、黑钙土、暗栗钙土上的羊草草甸草原（郑慧莹和李建东，1993）。在固定的沙丘顶部，零散分布着大针茅草原和冰草草原。植被的具体分布和群落组成特点如下。

榆树疏林主要分布在嫩江左岸与洮儿河以南起伏的沙丘和沙岗上，面积不大，约占总面积的 1.88%，包括榆树群丛和大果榆群丛。作为本区的地带性植被，历史上曾经植被生长茂密，郁闭度大，为欧亚草原带所独有的类型（李崇皜等，1982；白云鹏，2011）。由于人为的破坏变成疏林，生长苗壮者，已寥寥无几，在广大的沙岗及沙地上，则成零散的疏林状，甚至零星地点缀在草原植物群落中。该群落木本植物单纯，除了榆树和大果榆（*U. macrocarpa*）外，在稍密的林内也可见山杏、一叶萩（*Flueggea suffruticosa*）、欧李（*P. humilis*）、山里红（*Crataegus pinnatifida* var. *major*）、杠柳（*Periploca sepium*）、苦参、小叶锦鸡儿、驼绒藜等灌木或半灌木（李建东和杨允菲，2003b；韩大勇等，2008）。受干旱气候和风的影响，这些树高仅 5~10m，树干弯曲，树冠平散，具有"公园式"的景观。目前，由于放牧和开垦等人为干扰的影响，林相遭到破坏后，已经由 60 年前生长茂密的榆树林变成目前呈稀疏、零星分布的榆树疏林，榆树疏林生态系统处于退化严重状态，群落更新严重不良，分布范围不断缩小（杨利民等，2003；白云鹏，2011；刘利，2012），仅在个别保护区内呈成片分布（梁万君等，2010）。

灌丛主要分布在沙丘及山前台地上，土壤为沙地原始栗钙土，结构简单，面积不大，呈零散分布，包括山杏灌丛和欧李灌丛。在松嫩平原西部，山杏灌丛主要包含山杏–大果榆灌丛和山杏–线叶菊灌丛两种类型，山杏灌丛常与耐干旱瘠薄生境的灌木、半灌木和草本植物组成，前者分布于嫩江左岸与洮儿河以南的沙丘和沙岗上，常与榆树疏林和狼针草草原群落交替出现；后者主要分布于山前台地、波状平原陇岗部位或小丘顶部，常与线叶菊群落或狼针草–线叶菊群落交替出现。常见种类为狼针草、棉团铁线莲、兴安胡枝子、尖叶铁扫帚（*L. juncea*）、乌头叶蛇葡萄（*Ampelopsis aconitifolia*）、毛莲蒿（*A. vestita*）等。欧李灌丛主要分布于西辽河流域沙地的固定、半固定沙丘上，常与针茅群落、蒿类半灌木群落及榆树疏林群落交替出现，构成沙地植被复合体，有时也形成单优势灌丛群落。常见种类包括草麻黄、兴安天门冬（*A. dauricus*）、乌头叶蛇葡萄、苦参、兴安胡枝子、尖叶铁扫帚、杠柳等。过度放牧或开垦后，沙化现象十分严重（李建东等，2001）。

狼针草草甸草原为松嫩平原广泛分布的地带性植被，主要分布在整个平原高处排水良好的淡黑钙土、草甸黑钙土、栗钙土和固定沙丘以及山前台地及平原碟形洼地草甸土上，其广泛分布与半湿润的草甸草原气候特点相一致（李建东等，2001）。狼针草草甸草原的种类成分丰富，结构复杂，季相多彩艳丽，主要类型包括狼针草、狼针草+线叶菊、狼针草+羊茅、狼针草+落草、狼针草+大油芒、狼针草+羊草、狼针草+糙隐子草等 7 个群丛。群落中生植物占优势，旱生丛生禾草较少，含有的大量杂类草多为喜湿润的中生植物，如裂叶蒿、线叶蒿（*A. subulata*）、桔梗、地榆、蓬子菜和蒙古蒿等（李建东和杨允菲，2003a），体现了半湿润半干旱草甸草原地带性气候特点。作为松嫩平原草原植被中分布广泛且种类最为丰富的类型，同时也是因开荒和过度放牧等人为干扰最为严重的类型，干扰后极易引起沙化，例如，狼针草+羊草群落，随着放牧强度的增大，形成中牧时的羊草+狼针草+糙隐子草群落、重牧时的糙隐子草+羊草+冷蒿+兴安胡枝子群落、过牧时的冷蒿+糙隐子草+寸草+兴安胡枝子群落（杨利民等，1999），继续加重放牧，糙隐子草等消失，生产力逐步降低，草原沙化（李建东等，2001）。目前，绝大部分狼针草草甸草原已经被开垦为农田，仅在白城的北大岗等地有小面积存留。

线叶菊草甸草原为松嫩平原西部最常见的杂类草草甸草原，但分布面积不大，经常作为放牧利用，不宜割草。主要分布在土壤中含有小砾石的起伏丘顶部及坡地微高起的地段。常见的有两个群丛，线叶菊群丛和山杏–线叶菊群丛。其中，线叶菊群丛主要分布在白城的北大岗和波状平原的陇岗部位，仅出现在砾质、沙壤质、沙质淡黑钙土和栗钙土壤上。线叶菊群丛的种类成分较丰富，以中旱生植物居多，中生与旱生植物次之。其中一些高大的杂类草和禾草主要包括羊草、大油芒、地榆、尖叶铁扫帚、萱草、扫帚沙参和狼针草等，以及火绒草、黄芩、远志（*Polygala tenuifolia*）、狼毒、达乌里芯芭、匍枝委陵菜（*P. flagellaris*）和异穗薹草（*Carex heterostachya*）等。这个群丛是松嫩平原草地植被中季相最为美丽而多变的群落类型。山杏–线叶菊群丛主要分布在波状平原陇岗部位或小丘上部，土壤为暗栗钙土，表层含小砾石，土体较薄，生境偏干旱。群落主要由狼针草生态种组的植物所组成。线叶菊草甸草原为中等质量的草地，一般用于放牧，其组成种类中包含许多的药用植物（李建东等，2001）。目前，线叶菊草甸草原仅在白城的北大岗等地有小面积存留。

羊草草甸草原分布在平原开阔的黑土、黑钙土、暗栗钙土上，其微地型和土壤变化很大（李建东等，2001）。常见的类型包括羊草–狼针草、羊草–杂类草和羊草群丛组。其中，羊草-狼针草群丛组常占据平原高处排水良好和接近固定沙丘的地段或漫岗上的地带性生境，是松嫩平原地带性特征最强的一类羊草草甸草原。主要伴生种包括狼针草、野古草、中华隐子草、拂子茅、山黧豆（*Latyrus quinquenervius*）等。羊草草甸草原为优良的放牧场和割草场。长期割草会造成土壤肥力减退和土壤板结产草量下降（李建东和刘建新，1981；周艳丽等，2011）；刘割还能增加群落的物种多样性，降低净初级生产力；而施氮的作用与刈割相反（陈积山等，2016）；切根与施肥处理均提高了羊草群落的盖度和密度（董祺，2016）。目前，绝大部分羊草草甸草原已经被开垦为农田，仅在白城的北大岗等地有小面积存留。

大针茅草原不是松嫩草原代表性的地带性植被，其分布有限，面积不大，仅出现在固定沙丘的顶部和西北部大兴安岭的山前台地上，并常与狼针草混生（李建东等，2001）。主要利用方式为放牧场，由于过度放牧或开荒常引起草原沙化，使固定沙丘变为半固定或流动沙丘。除了优势种大针茅外，还出现一些沙生植物，如沙蓬（*Agriophyllum squarrosum*）、盐蒿（*A. halodendron*）、黄柳（*S. gordejevii*）和小叶锦鸡儿等。

冰草草原仅分布在固定沙丘沙质土壤上，它多是与榆树疏林、山杏灌丛或针茅草原交错分布。因冰草（*Agropyron cristatum*）喜沙质土壤，属于本区域内的耐旱群落，当固定沙丘起沙后，冰草生长繁茂（李建东等，2001）。

6.2.3 非地带性植被

在广阔平原低地的盐碱土上均有类型多样的盐生草甸分布，湖水边湿地分布有沼泽化草甸和浅水中分布的沼泽植被。它们的具体分布和群落组成特点如下。

草甸分布于广大平原中心部位的湿地和盐碱地上，其中，耐盐碱的根茎禾草羊草草甸有着广泛的分布，并可以形成单优种的羊草单优群落，同时还包括随处可见的其他草甸群落，诸如野古草群落、各类拂子茅（*Calamagrostis spp.*）群落、杂类草群落、各类碱茅（*Pucinellia spp.*）等群落，以及湖水边湿地分布的丛生禾草大叶章沼泽化草甸。羊草草甸为本地区内优良的放牧场和割草场，由于过度放牧和其他人类活动的影响，羊草群落严重盐碱化，形成了诸多碱蓬群落、碱茅群落、碱蒿群落、碱地肤群落和马蔺（*I. lactea*）群落等盐生植物群落。近些年来，由于开垦利用，盐生草甸的面积正不断减少。

沼泽植被主要为浅水中分布的芦苇和各类香蒲（*Thypha spp.*）沼泽，由芦苇及少量的香蒲（*Typha orientalis*）、水麦冬（*Triglochin palustris*）组成（赵魁义，1999）。沼泽植被约占总面积3.47%。芦苇群丛的覆盖度为70%～90%，草层高为1.5～2.5m。芦苇是重要造纸原料，据估算，松嫩平原的芦苇年储量曾达90

万吨，是一项很重要的资源。芦苇沼泽是良好的放牧场或割草场（李崇皜等，1982）。在全球变化背景下，沼泽湿地植被的固碳能力对气候的调节具有重要的作用（神祥金等，2021）。

6.2.4 植被类型生态序列

松嫩平原广大的平地微地形变化很大，土壤随着微地形的变化而变化，同时植物群落也随着土壤的变化而变化（图 6-1），往往以复合体形式出现（李建东等，2001）。

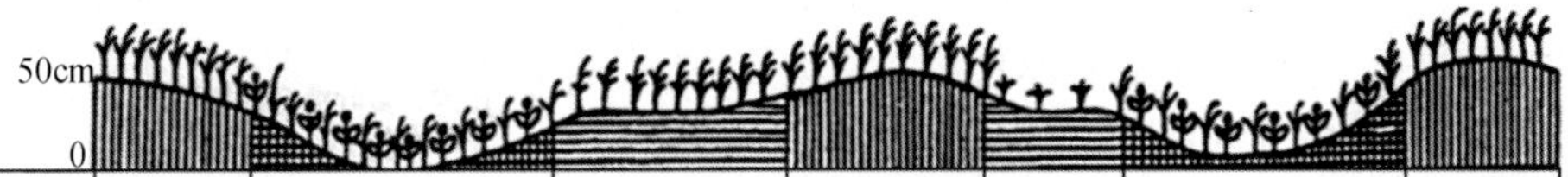

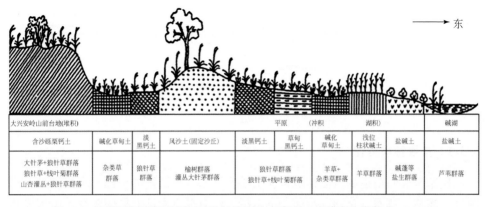

微地形	碱包	碟形凹地	平地	碱包	平地碱斑	碟形凹地	碱包
土壤类型	浅位柱状碱土	碱化草甸土	浅位柱状碱土	浅位柱状碱土	盐碱土	碱化草甸土	浅位柱状碱土
群落类型	羊草群落	羊草+杂类草群落	羊草群落	羊草群落	盐生群落	羊草+杂类草群落	羊草群落
含盐量(0~10cm)	0.2%~4%	0.1%~0.2%	1%~2%	0.2%~4%	1%~2%	0.1%~0.2%	0.2%~4%
pH	8.55~9.9	8.45~8.62	8.75~10.35	8.55~9.9	8.75~10.35	8.45~8.62	8.55~9.9

图 6-1　松嫩平原植物群落分布与微地形变化的关系（李建东和郑慧莹，1997）

本区植被分布有明显的规律性，在西部及北部边缘的低丘上还残留一些蒙古栎林。沿嫩江左岸与洮儿河以南的沙丘、沙岗上分布着榆树疏林草原及沙地植被组合，在平原中部地区，草原与草甸交错分布。平原的低洼处及无尾河的末端分布有沼泽植被（图 6-2）。

<table>
<tr><td colspan="5">大兴安岭山前台地(堆积)</td><td colspan="4">平原　(冲积　湖积)</td><td>碱湖</td></tr>
<tr><td>含沙砾栗钙土</td><td>碱化草甸土</td><td>淡黑钙土</td><td>风沙土(固定沙丘)</td><td>淡黑钙土</td><td>草甸黑钙土</td><td>碱化草甸土</td><td>浅位柱状碱土</td><td>盐碱土</td><td>盐碱土</td></tr>
<tr><td>大针茅+狼针草群落
狼针草+线叶菊群落
山杏灌丛+狼针草群落</td><td>杂类草群落</td><td>狼针草群落</td><td>榆树群落
灌丛大针茅群落</td><td colspan="2">狼针草群落
狼针草+线叶菊群落</td><td>羊草+杂类草群落</td><td>羊草群落</td><td>碱蓬等盐生群落</td><td>芦苇群落</td></tr>
</table>

图 6-2　松嫩平原西部草原区的植被类型生态序列（李建东和郑慧莹，1987）

　　吉林西部草原区内的小地形和微地形变化很大，其变化规律是由低洼处的碱湖开始，向外通过广大的平地，逐渐过渡到固定沙丘，整个平原就是以数以千计大小不同的这种景观类型组成。上述植被类型也是和地形的变化相适应而重复出现（李建东等，2001）。

6.3　松嫩研究站附近的植被类型

　　松嫩研究站附近地带性草原植被狼针草、线叶菊和羊草草甸草原分布在排水良好的岗地和平原。但该地区的羊草草原生长的土壤多盐渍化，在低洼处羊草仍生长良好。因此，羊草草原具盐生性质和草甸性质，地带性特征表现不明显。在低平原的中央处为碱湖，还有些地区在雨季常积水，往往生长着大面积的非地带性的盐生草甸，以及芦苇沼泽，而分布在地形最高处固定沙丘上的植被则是榆树疏林和大针茅草原（图6-3）。

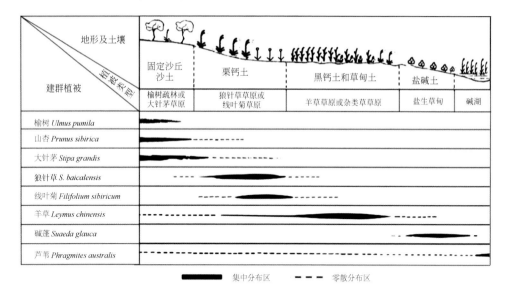

图 6-3　松嫩平原草原区的建群植物生态系列（李建东和刘建新 1981）

6.3.1　主要植被类型

　　松嫩研究站附近的自然植被包含了松嫩平原自然植被的全部 5 个植被型，即疏林、灌丛、草原、草甸、沼泽，也包括了松嫩平原常见的榆树疏林、山杏灌丛和狼针草草甸草原等 22 个群系，以及 2 个人工植被型：

Ⅰ 疏林与灌丛
　　一、疏林
　　　　1. 榆树疏林
　　二、灌丛
　　　　2. 山杏灌丛
Ⅱ 草原
　　一、羊草草原
　　　　3. 羊草草甸草原
　　二、针茅草原
　　　　4. 狼针草草甸草原
　　　　5. 大针茅草原
　　三、冰草草原
　　　　6. 冰草草原
　　四、杂类草草原
　　　　7. 线叶菊草甸草原
Ⅲ 草甸
　　一、根茎禾草草甸
　　　　8. 羊草草甸
　　　　9. 拂子茅草甸
　　　　10. 野古草草甸
　　二、丛生禾草草甸
　　　　11. 大叶章草甸
　　三、杂类草草甸
　　　　12. 杂类草草甸
　　四、盐生草甸
　　　　13. 碱茅草甸
　　　　14. 短芒大麦草草甸
　　　　15. 獐毛草甸
　　　　16. 碱蒿草甸
　　　　17. 碱地肤草甸
　　　　18. 碱蓬草甸
　　　　19. 马蔺草甸
　　　　20. 圆叶碱毛茛草甸
　　　　21. 海滨天冬草甸
Ⅳ 沼泽植被
　　　　22. 草本沼泽
Ⅴ 人工植被
　　　　23. 农田作物型
　　　　24. 防护林型

6.3.2 疏林与灌丛

松嫩研究站附近的疏林类型主要为榆树疏林，包括榆树群丛和大果榆群丛。灌丛包括山杏-大果榆灌丛和山杏-线叶菊灌丛。

1. 疏林

松嫩研究站附近的疏林类型主要为榆树疏林，可分为榆树群丛和大果榆群丛。本类型主要分布在固定沙丘上。该群落木本植物组成简单而独特，优势种为榆树或大果榆，其中还包括桑（*M. alba*）和山荆子（*Malus baccata*）等。林间灌木主要包括山杏、一叶萩，藤本植物包括杠柳、乌头叶蛇葡萄，半灌木包括驼绒蒿、铁杆蒿、兴安胡枝子，多年生草本植物主要包括糙隐子草、冰草、菊叶委陵菜（*P. tanacetifolia*）、花苜蓿、展枝唐松草等（李建东和刘建新，1981；李建东等，2001）。榆树疏林不仅可以作为良好的放牧场，而且还有许多具有药用、食用、绿化及工业原料价值的经济植物，如甘草、草麻黄、山杏、桑、芍药（*Paeonia lactiflora*）、兴安百里香（*Thymus dahuricus*）、野亚麻（*Linum stelleroides*）等。榆树疏林退化严重，群落更新严重不良，分布范围不断缩小（白云鹏，2011），仅在通榆向海自然保护区内可见成片榆树疏林（梁万君等，2010）。

2. 灌丛

松嫩研究站附近的沙丘及山前台地上，山杏常与耐干旱瘠薄生境的灌木、半灌木和草本植物组成山杏灌丛，该灌丛主要包含山杏-大果榆灌丛和山杏-线叶菊灌丛两种类型。

1）山杏-大果榆灌丛

山杏-大果榆灌丛主要分布于嫩江左岸与洮儿河以南的沙丘和沙岗上，面积较小，常与榆树疏林和狼针草草原群落交替出现，有的地段也与农地或撂荒地群落构成复合体。土壤为沙地原始黑钙土，地表常为砾石。建群种山杏和大果榆呈丛状分布，使群落形成特殊的外貌，与其他群落类型有显著的差别。群落种类组成包括山杏、大果榆、狼针草、棉团铁线莲、兴安胡枝子、尖叶铁扫帚、乌头叶蛇葡萄、铁杆蒿、冷蒿、糙叶黄芪（*A. scaberrimus*）、异穗薹草、糙隐子草、中华隐子草、红柴胡（*Bupleurwn scorzoneriaefoliwn*）、知母（*Anemarrhena asphodeloides*）、野鸢尾（*I. dichotoma*）、防风、远志、委陵菜和地锦草（*E. humifusa*）等。该类型是很好的放牧场，大部分地段已开垦为农田（李建东等，2001）。

2) 山杏-线叶菊灌丛

山杏-线叶菊灌丛主要分布于山前台地、波状平原陇岗部位或小丘顶部，面积不大，常与线叶菊群落或狼针草-线叶菊群落交替出现。土壤为暗栗钙土，表层含小砾石，土体较薄，生境偏干旱，适应这种生境的线叶菊和山杏生长良好，分布较均匀，成为群落建群种。群落种类组成包括山杏、线叶菊、狼针草、野古草、羊草、寸草（*Carex duriuscula*）、兴安胡枝子、尖叶铁扫帚、中华隐子草、棉团铁线莲、狼毒、红柴胡、扫帚沙参、蓬子菜、大丁草（*Leibnitzia anandria*）、东北牡蒿（*A. manshurica*）、防风、鸦葱（*S. austriaca*）、黄芩、北芸香（*Haplophyllum dahuricum*）、三出委陵菜（*P. betonicaefolia*）、委陵菜、多叶棘豆、草原石头花等，山杏在群落中多呈丛状分布。山杏灌丛对干旱环境和贫瘠土壤的适应性强，具有显著的防风固沙和保持水土等生态效益，同时也可作为良好的放牧场利用，但目前绝大部分山杏灌丛都遭到过牧破坏，还有一部分已开垦为农田，土地沙化现象比较严重。

6.3.3　草原

松嫩研究站附近的地带性植被为草甸草原，主要类型包括狼针草草甸草原和羊草草甸草原，同时也分布着以线叶菊为优势种的杂类草草甸草原。狼针草草甸草原作为曾经分布最广泛的类型，其种类成分丰富，结构复杂，季相多彩艳丽。由于本区为典型的农牧交错区，占面积最大的地带性狼针草草甸草原多被开垦为农田，仅在白城的北大岗等地有小面积存留，或在田间地头可见到小面积分布。同时，研究站附近也分布着面积不大的大针茅草原和冰草草原。

1. 狼针草草甸草原

松嫩研究站附近的狼针草草原分布在整个平原排水良好的淡黑钙土、草甸黑钙土、栗钙土和固定沙丘以及山前台地及平原碟形洼地草甸土上。主要类型包括狼针草、狼针草+线叶菊、狼针草+羊茅、狼针草+落草、狼针草+大油芒、狼针草+羊草、狼针草+糙隐子草 7 个群丛。狼针草草原既适合于放牧，也可作为割草场。从营养价值来看，属中等偏高的类型，适合牛、马、绵羊和山羊采食。该类型人为干扰最为严重。干扰的主要因子为开荒和过度放牧，且开荒极易引起沙化。

狼针草群丛　该类型为本地区草原植被各类型中最丰富的类型，曾是该区内分布最广、面积最大的群落类型之一。该类型遍布排水良好、漫岗地带性生境上。在固定沙丘以及在碟形洼地的周边亦有分布。在该区主要生长在土层较深厚的淡黑钙土上（李建东等，2001）。狼针草在群落中占绝对优势，其他的禾草如野古草、羊茅（*F. ovina*）、大油芒和羊草所占比例均不高；常见的杂类草种类较多，如红柴胡、防风、花苜蓿和棉团铁线莲、兴安胡枝子和尖叶铁扫帚；也包括一些喜湿润的中生植物，如蒙古蒿、裂叶蒿和线叶蒿等。

　　狼针草+线叶菊群丛　该类型为线叶菊群丛和狼针草群丛之间的群落类型，具有一定的过渡性质。主要分布在区域内漫岗地带性的生境上，在固定沙丘周边的局部地段也可见到，并与线叶菊群落和狼针草群落交替出现。该群落类型分布面积不大。土壤发育良好，通常为淡黑钙土，含有或多或少的砾石。生境比狼针草群落稍干燥。建群种为线叶菊，杂类草成分较多，常见的中旱生成分如防风、红柴胡、黄芩和蒙古唐松草等，旱中生植物如棉团铁线莲、蓬子菜，以及中生成分如地榆、萱草和山黧豆等。此外还包括草原石头花、灰毛庭荠等石生草原的代表植物。禾草种类不多，与狼针草起着共建种作用，其中野古草、大油芒占相当的比重，羊茅和落草为常见的伴生种（李建东和刘建新，1981；李建东等，2001）。该类型亦是季相多彩绚丽的群落类型之一，7～8月间的生长较旺盛，多种杂类草的花朵五颜六色，景色绚丽。本区域内该群落类型多用于放牧，也可割草利用。一些区域已经开垦种植玉米（*Zea mays*）、向日葵（*Helianthus annuus*）等作物。

　　狼针草+羊茅群丛　该类型主要分布在漫岗的低平地上，地势稍低处也常见到，面积较小，多与狼针草群落或狼针草-线叶菊群落交替出现。土壤多为淡黑钙土，土层较厚，生境稍湿润，尤其在生长季。该类型种类组成较丰富，羊茅、狼针草和线叶菊为共建群种，其他禾草如羊草、大油芒、中华隐子草和糙隐子草在群落中也起较大的作用。常见的其他伴生植物包括猫儿菊（*Hypochaeris ciliata*）、萱草、蒙古唐松草、棉团铁线莲、细叶百合和狼毒等。局部地段兴安百里香呈斑块状生长，体现群落受人为破坏的影响。

　　狼针草+落草群丛　该群落类型主要分布在漫岗的碟形凹地上，常与狼针草群落和羊茅-狼针草群落交替出现。在平原微地形起伏明显的地段，占据稍高处、排水良好的生境，与低平地上的羊草-杂类草群落或碱斑上的角碱蓬群落呈复合体分布。土壤多为淡黑钙土、沙壤质，土层较厚。群落的种类组成与羊茅-狼针草群丛较相似，主要伴生种包括羊茅和线叶菊，伴生植物为多种杂类草包括扫帚沙参、麻花头、萱草、鸦葱、匍枝委陵菜（*P. flagellaris*）、野古草、羊草、异燕麦（*Helictotrichon hookeri*）。群落所占的面积较小，牧场利用价值较低。

　　狼针草+大油芒群丛　该类型主要分布在岗地平缓斜坡的中下部，有时与以上两个群丛组成复合体，也常与狼针草群落交替出现。土壤为壤质或轻壤质淡黑钙土，比较湿润。种类组成较丰富，常见的伴生植物包括羊茅、落草（*Koeleria macrantha*）、蒙古唐松草、细叶百合、北芸香、狼毒、线叶菊、黄芩、草木樨状黄芪（*A. melilotoides*）、委陵菜、轮叶委陵菜（*P. verticillaris*）、裂叶堇菜（*V. discecta*）和山泡泡等较多。此群落类型所占面积较小，经济价值不大。

狼针草+羊草群丛　这类群落主要占据高处和接近固定沙丘的地段，岗地上也有分布。由于受微小地形起伏的制约，常与狼针草群落构成草原植被复合体。有时也与狼针草群落和羊草群落形成生态系列，在一定程度上展现松嫩平原草地群落的分布规律。土壤大多是发育良好的壤质或轻壤质的淡黑钙土，所占的面积较大。群落的种类组成具有一定的特色，既包括狼针草群落常见而有代表性的植物，如线叶菊、棉团铁线莲、红柴胡、防风、狼毒等，又有羊草群落常见也具代表性的种类，如拂子茅、裂叶蒿、山野豌豆（*V. amoena*）等，常见的其他植物还包括寸草、糙隐子草、冷蒿。该群落类型的生物产量较高，是良好的放牧场和天然割草地，现已多开垦为农田。

狼针草+糙隐子草群丛　该类型为不合理的放牧和割草导致的狼针草群落退化而形成的次生群落，总体上面积不大，有时与大针茅+狼针草群落交替出现，构成草原植被复合体。土壤为暗栗钙土，含砂、砾较多，生境更为干旱。旱生丛生禾草在种类成分所占的比重增加，主要为糙隐子草、落草和羊茅等。伴生种中旱生双子叶植物增加，如草原石头花、达乌里芯芭、狭叶沙参（*A. gmelini*）、细叶韭（*A. tenuissimum*）等。

2. 羊草草甸草原

羊草草甸草原分布在低平地上，其微地型和土壤变化很大，从而使其结构变化很大，其群落多呈复合体形式存在，尤其在放牧场上最为明显。而在割草场上土壤表土层没有破坏，植被茂密单一，复合体不明显，种类组成单纯，建群种仅羊草一种（李建东等，2001）。主要伴生种有狼针草、拂子茅、山黧豆等。羊草草原为优良的放牧场和割草场。但割草场上，由于长期割草，造成土壤肥力减退、土壤板结产草量下降。

3. 杂类草草原

本区域内的杂类草草原只有线叶菊草原，主要分布在土壤中含有小砾石的起伏的丘顶部及坡地微高起的地段。常见的有两个群丛，线叶菊群丛和山杏–线叶菊群丛。线叶菊群丛的种类成分较丰富，以中旱生植物居多，中生与旱生植物次之。其中一些高大的杂类草和禾草主要包括羊草、大油芒、地榆、尖叶铁扫帚、萱草、扫帚沙参和狼针草等，以及火绒草、黄芩、远志、狼毒和达乌里芯芭、匍枝委陵菜和异穗薹草等。此群丛是本区域草地植被中季相最为美丽而多变的群落类型。

4. 大针茅草原和冰草草原

大针茅草原和冰草草原主要零散分布在固定沙丘的顶部或沙土上，分布的面积不大，前者常和狼针草混生在一起，后者多数与榆树疏林、山杏灌丛或针茅草原交错分布。大针茅草原常见的伴生种包括糙隐子草、棉团铁线莲、冰草、野鸢尾、火绒草、细叶黄芪（*A. tenuis*）、展枝唐松草、野韭（*A. romosum*）、菊叶委陵菜等。主要利用为放牧场，由于过度放牧或开荒常引起草原沙化（李建东和刘建新，1981；李建东等，2001）。冰草草原伴生种以旱生植物为主，常见的种类包括木地肤（*K. prostrata*）、滨藜（*A. patens*）、兴安胡枝子、大果虫实（*Corispermum macrocarpum*）和鹤虱（*Lappula myosotis*）等。该群落主要作为放牧场利用。

6.3.4　草甸

松嫩研究站属平原低地，各类草甸分布广、面积大，其面积超过地带性植被草甸草原的面积。因大部分草甸草原已经被开垦利用，所以草甸植被成为该区域的自然景观植被。物种丰富、类型繁多的草甸群落均为优良的放牧场和割草场。因此，草甸植被是本区域内经济价值较大的一类植被。根据种类组成及其群落结构特点和生态环境，本区域主要包括根茎禾草草甸、丛生禾草草甸和盐生草甸三大类。

1. 根茎禾草草甸

常见的根茎禾草草甸主要包括羊草草甸、拂子茅草甸和野古草草甸 3 种类型。

1）羊草草甸

羊草草甸是松嫩研究站周边分布最广的草地植被类型，主要集中分布在低平原的盐渍化土壤上，并形成单优势种群落，为该区域的景观植被。目前能够见到的大面积草地植被主要是羊草群落，或羊草群落破坏后形成的多种多样的次生类型，有一部分已退化演替为各类盐生植物群落（韩大勇等，2007）。该类型不但分布广，而且也是经济利用价值最高的群落类型。该类型种类组成单纯，主要是中生植物和中旱生植物，而且中生植物比中旱生植物多，同时拥有一定数量的盐生植物和湿生植物，建群种仅羊草一种，主要伴生种包括拂子茅、野古草、牛鞭草（*Hemarthria sibirica*）、芦苇、细叶地榆、蓬子菜、猫儿菊、山黧豆、山野豌豆、全叶马兰、匍枝委陵菜、柳叶蒿（*A. integrifolia*）、寸草和萱草等。由于本区域生境，尤其是土壤类型和土壤盐碱含量的变化，其群落的种类组成、结构有显著的差异。同时，羊草草甸也是目前全球气候变化背景下和人为干扰情况下生态学相关研究开展的最广泛和最深入的群落类型（王仁忠和李建东，1995；Li et al.，2015a；Liu et al.，2018；Chang et al.，2020）。其中，分布广、面积大、生产潜力高的群落为羊草–杂类草群丛组和羊草群丛组（李建东等，2001）。

　　羊草–杂类草群丛组是本区域草地植被中土壤最湿润肥沃、种类组成最丰富、群落结构最复杂的类型，主要生长在开阔的平原、低平地以及盐碱含量低的苏打草甸土上。由于小生境特别是土壤水分含量的差异，使其种类组成、群落结构和数量特征存在显著区别，由此可分为羊草–箭头唐松草、羊草–五脉山黧豆、羊草–全叶马兰、羊草–野古草、羊草–拂子茅和羊草–牛鞭草等 6 个群丛。

　　羊草–箭头唐松草群丛　本区域内该群落类型常分布于低平地，由于微地形变化显著，很少大面积连片，而是常与本群丛组的其他群落类型，或与羊草群落或碱蓬等盐碱群落呈复合体分布（图6-4）。中生杂类草在群落中占据主要地位，其次，多为生态幅较宽的植物，局部地段箭头唐松草生长旺盛。常见的伴生种包括全叶马兰、火绒草、蒙古蒿、山黧豆、兴安胡枝子、糙隐子草、少花米口袋（*Gueldenstaedtia verna*）和匍枝委陵菜等。该群落是优良的放牧场和割草场。

图6-4　羊草–箭头唐松草群落（左）和羊草–全叶马兰群落（右）（李海燕摄）

　　羊草–五脉山黧豆群丛　本区域内该群落类型主要集中于羊草–杂类草群丛中，最适宜的生境条件为湿润肥沃的土壤，与羊草–箭头唐松草群丛的立地条件十分相似。群落常成为复合体分布，只有在少数地段与碱蓬等盐碱群落或碱斑相间。群落种类组成中多是一些中生杂类草。常见的伴生种包括全叶马兰、拂子茅、火绒草、蒙古蒿、糙隐子草、狭叶米口袋（*A. stenophylla*）、寸草、长裂苦苣菜等。群落可供放牧或割草利用。

　　羊草–全叶马兰群丛　本区域内该群落类型主要集中在羊草–杂类草群丛组中土壤湿润肥沃，含微量盐碱的地段，可与羊草为共建种，构成羊草–全叶马兰群丛；在开阔平原的低平地上常呈复合体分布，有时羊草–全叶马兰群落占据较大的面积，在有的地段也与碱斑相间（图6-4）。群落的种类组成较丰富，主要伴生种包括拂子茅、火绒草、猫儿菊、光稃茅香、花苜蓿、芦苇、匍枝委陵菜、裂叶堇菜等。该群落也是松嫩平原内优良的放牧场和割草场。

　　羊草-野古草群丛　本区域内羊草-野古草群丛主要出现在开阔平原，特别是碟形凹地上，很少大面积连片分布，多与群丛组内的其他群丛或羊草群落形成复合体（图6-5）。生境具有草甸化中生性的特点，种类成分以中生植物占主导地位，中旱生种类很少，主要包括拂子茅、全叶马兰、火绒草、水苏（*Stachys japonica*）、大油芒、薄荷（*Mentha canadensis*）、柳叶蒿、匍枝委陵菜、寸草和糙隐子草等。群落中大量杂类草于7～8月开花，外观十分绚丽。该群丛虽然面积不大，但仍是优良的放牧场和割草场。

图6-5　羊草-野古草群落（左）和羊草-拂子茅群落（右）（李海燕摄）

　　羊草-拂子茅群丛　该群落类型主要分布在开阔平原的低平地上，为本区域内分布较广、占据面积较大的类型之一，常与羊草-牛鞭草群落交错出现，局部地段也与羊草群落形成复合植被，或与碱斑相间（图6-5）。群落的种类组成不是很丰富，羊草、拂子茅和假苇拂子茅（*C. pseudophragmites*）为共建群种，有的地段拂子茅或假苇拂子茅占优势。常见的伴生种包括全叶马兰、旋覆花（*Inula japonica*）和山野豌豆等，局部地段还出现黄连花、毛茛、蕨麻（*P. anserina*）、芦苇、山黧豆等。该群落所占面积大，牧草质量好，利用价值较高。

　　羊草-牛鞭草群丛　该群落类型的生境条件与羊草-拂子茅群落近似，但微地形更为低洼，生长季积水。其所占面积远小于羊草-拂子茅群落，并与其相间或构成植被复合体（图6-6）。主要伴生种包括拂子茅、地榆、细叶地榆、狭叶黄芩（*S. regeliana*）、线叶旋覆花（*I. linariifolia*）、寸草、糙隐子草、匍枝委陵菜等。一些喜生于低湿或有季节性积水立地的植物，如筐柳、水苏等占有一定数量。

　　羊草群丛组为羊草草甸的另一个重要群组，是该群属最有代表性的群落类型，其余的群丛都是由于人为干扰和过度放牧等引起土壤碱化所形成的处于相对稳定状态的次生群落类型，而且占据相当大的面积。羊草群丛组包括羊草、羊

图 6-6　羊草-牛鞭草群落（左）和羊草群落（右）（李海燕摄）

草-糙隐子草、羊草-寸草、羊草-短芒大麦草、羊草-虎尾草、羊草-碱葱、羊草-碱蒿和羊草-星星草群丛 8 种类型。

　　羊草群丛　羊草群丛是羊草群丛组中最有代表性的群落类型，本区域内主要分布于低平地的碳酸盐草甸化碱土上，占据面积大，因土壤含一定的盐碱和羊草的根状茎交织，抑制了杂类草的生长，形成了羊草占绝对优势的群落（图 6-6）。常见伴生种包括全叶马兰、蒙古蒿、防风、星星草、碱蓬、碱蒿、寸草、糙隐子草等。

　　羊草-糙隐子草群丛　该类型为次生群落类型，由于放牧退化演替所形成，且由羊草群落演替而来，因而其分布的生境与羊草群丛相似，只在一些地段出现，所占面积不大（图 6-7）。本区域内羊草群落轻微退化的情况下往往出现羊草-糙隐子草群落。群落中长梗韭（*A. neriniflorum*）占较大比重，还包括一些盐碱植物和杂草如海乳草、碱地肤、碱蒿、狗尾草和丝叶苦菜（*Ixeris chinensis* var. *granminifolia*），反映人为干扰和群落的次生性质。

图 6-7　羊草-糙隐子草群落（左）和羊草-虎尾草群落（右）（李海燕摄）

　　羊草-寸草群丛　该群丛为轻微碱化演替的次生群落类型。本区域内当羊草群落由于过度放牧植被遭到破坏，进而引起土壤碱化后，往往出现羊草-寸草群落，有时连成大片分布。该类型种类组成简单，伴生种多为盐碱植物和田间路边杂草如狭叶米口袋、海乳草、淡红座蒲公英（*T. erythropodium*）、狗尾草和丝叶苦菜等。

羊草-短芒大麦草群丛　该群丛为羊草群落碱化演替所形成的次生群落类型，占据较小的面积，常与羊草群落及其不同的演替群落构成植被复合体，有时也与碱斑相间。因土壤盐分的影响，限制了许多植物的生长，群落的种类较单纯，蕨麻在局部低湿地段成小片生长，种类成分中几乎均为耐一定盐碱的植物，如倒羽叶风毛菊、碱蒿、星星草、碱地蒲公英等。

羊草-虎尾草群丛　该群丛为本区域分布也很广的退化群落类型。当羊草群落随着过度放牧而退化程度加重时，羊草逐渐减少，虎尾草增多，甚至成为优势种（图6-7）。该类型有时分布面积较大，有时面积较小并与羊草群落及其不同演替阶段构成复合植被。植物种类单纯，几乎都是盐碱植物和田间杂草如碱地肤、碱韭、狗尾草和抱茎苦荬菜等，体现了群落次生性质及生境的特点。

羊草-碱葱群丛　该群丛为本区域内羊草群落碱化演替所形成的次生群落类型，大多为小面积零散分布，与羊草群落及其不同的演替群落构成复合体或与碱斑相间分布。群落的分布地段通常微地形稍高，土壤有明显的碱化特征。种类组成单纯，局部地段碱韭更占优势，除碱蒿外其他植物数量很少，且多为耐盐碱植物如银灰旋花、倒羽叶风毛菊等。

羊草-碱蒿群丛　碱蒿为本区域内羊草群落土壤轻度碱化的指示种，可与羊草共建群，但很少占优势。群落的面积小，常出现在碱化草地植被复合体中，有时也与碱斑相间。种类组成单纯，少数中生杂类草如裂叶蒿、匍枝委陵菜、星星草等。

羊草-星星草群丛　该群丛为盐湿化特征更显著的群落类型，常小面积出现在碱化草地植被复合体中，碱湖周围低湿的生境有它的分布，也有由羊草群落碱化演替所形成。群落的种类成分较单纯，均为一些盐碱植物，除羊草占优势并与星星草组成共建群种外，包括具有低湿生境的特点的海滨三棱草（*Bolboschoenus maritimus*），其他常见的植物种还包括淡红座蒲公英、海乳草等。

2）拂子茅草甸

该类型主要分布在本区域内低湿的草甸土壤上，常与羊草群落、野古草群落复合分布。在撂荒地上也可以见到次生的拂子茅群落。该类型虽然分布广，在各地均可见到，但面积均不大，常与其他群落一起组成优良的放牧场或割草场。常见的群丛包括拂子茅群丛和拂子茅-羊草群丛2类。

拂子茅群丛　该群丛中，由于拂子茅根茎繁殖能力强，其他植物不易侵入，常形成单优势种的拂子茅群丛。种类组成单纯，因植物体较粗壮高大，地上生物量很高。常见伴生种包括芦苇、假苇拂子茅、羊草、山黧豆、水苏、蒙古蒿、合掌消（*Cynanchum amplexicaule*）、箭头唐松草（*Th. simplex*）、西伯利亚蓼、寸草和旋覆花等。拂子茅草质较粗硬，放牧时属中等牧草，常和其他群落共同组成割草场和放牧场。因根茎繁殖迅速，在保持水土、防止土壤沙化和盐碱化方面具有重要作用。

拂子茅-羊草群丛　该群丛主要分布于地势平坦、土壤湿度大的草甸土壤上。常见的植物除优势种拂子茅和羊草外，还包括芦苇、女菀（*Turczaninovia fastigiata*）、线叶蒿、花苜蓿、水苏、山黧豆、箭头唐松草、光稃茅香、旋覆花、全叶马兰、糙隐子草、匍枝委陵菜、寸草、长裂苦苣菜和裂叶堇菜等。该群落是优良的放牧场和割草场。

3）野古草草甸

野古草草甸主要分布在西部平坦的阶地、河漫滩的草甸土壤上，分布面积不大。常见的伴生种包括羊草、拂子茅、牛鞭草、女菀、兴安胡枝子、花苜蓿、柳叶蒿、箭头唐松草、斜茎黄芪（*A. laxmannii*）、细叶地榆、线叶旋覆花、糙隐子草、狼尾花、长裂苦苣菜、匍枝委陵菜、中华苦荬菜（*I. chinensis*）、寸草、少花米口袋、裂叶堇菜和狭叶黄芩等。由于野古草草质较硬而叶量又少，适口性较差，属中下等牧草，但伴生种多为优良的牧草，杂类草种类较多，因而和其他群落共同组成优良的放牧场和割草场。

2. 丛生禾草草甸

丛生禾草草甸是以禾本科中生丛生种类为优势组成的草甸，主要分布在低湿地和河漫滩，本区域最常见的为大叶章沼泽化草甸。该类型主要分布在低湿地的草甸土壤上。该类型群落种类组成单一，常形成单优势种纯群落，伴生种有蚊子草（*Filipendula palmata*）、小白花地榆（*S. tenuifolia* var. *alba*）、山黧豆、狼尾花、水苏、毒芹（*Cicuta virosa*）和薹草属（*Carex spp.*）植物等（周艳丽等，2011）。大叶章为适口性好的优良牧草，其群落可作为放牧场和割草场。

3. 盐生草甸

本区域内的盐生草甸为分布在碱湖周围盐碱土上的原生盐碱植物群落和草地退化所形成的次生群落（郑慧莹和李建东，1999）。随着草地盐碱化的加重和扩大，盐生草甸的类型不断增多，面积也不断扩大。组成此群落类型的主要成分为一些耐盐碱的多年生和一年生的中生植物。种类成分较单纯，禾本科植物最多，其次为菊科和苋科。其上稀疏的生长着一些耐盐碱植物，常见种类包括：碱蓬、碱蒿、碱地肤、西伯利亚蓼、星星草、短芒大麦草和小獐毛等。因小生境土壤盐碱和水分含量的差异，形成了不同植物种类的组合，主要包括碱茅草甸、短芒大麦草草甸、獐毛草甸、碱蒿草甸、碱地肤草甸、碱蓬草甸、马蔺草甸、碱毛茛草甸和海滨天冬草甸9种类型。

1）碱茅草甸

碱茅草甸包括星星草群丛和朝鲜碱茅群丛2种类型。

星星草群丛 本区域内星星草群丛主要出现于碱湖周围的盐碱土和草地退化的碱斑上，生境较低湿，有短期积水，分布较为广泛。群落的种类成分单纯，常见伴生种为短芒大麦草、碱蒿等，以及零散分布的一年生盐生植物。草群一般都较疏松，但不同地段也有差别。草群的生产力较低，面积不大，多与其他盐碱群落构成植被复合体。为盐碱斑上较优良的牧草，可作为割草场和放牧场，星星草可作为改良碱斑的先锋植物。

朝鲜碱茅群丛 朝鲜碱茅群丛的分布和生态环境与星星草群丛相同。只是没有星星草群丛分布广，面积也较小。种类组成也较单纯，经常形成单优势种的纯群落，有时和星星草混生。因面积不大，一般不单独利用，但朝鲜碱茅可作为改良盐碱地的优良牧草。

2）短芒大麦草草甸

短芒大麦草群丛在本区域内主要分布于低平地上，土壤为轻度碱化草甸土，表土湿润，结构良好。群落面积一般都较小，种类组成单纯，除短芒大麦草占优势外，碱蒿和星星草有时也在群落中占较大的比重，其他的只零散分布，如羊草、芦苇、碱地蒲公英等。短芒大麦草为优良牧草，但面积较小，群落的利用价值不突出。因其具有一定的耐碱性，可以在碱化土壤上引种栽培，进行盐碱地的利用改良。

3）獐毛草甸

本区域内该类型所占的面积甚小，分布的范围不广，常与羊草群落相间分布，成为植被复合体的组成部分。群落的种类成分单纯，獐毛常占绝对优势，其他植物很难侵入，只在少数地段，羊草数量较多，其他的盐生植物和田间杂草如碱蒿仅零星出现。因生产力不高，獐毛适口性也差，群落在草场利用上的价值不高。但在羊草群落的恢复演替过程中可起逐步改良盐碱生境的作用。

4）碱蒿草甸

碱蒿草甸主要分布在碱化低平地和羊草群落退化的碱斑上，土壤的碱化度稍低。群落的面积小，只在少数地段可以见到，与羊草群落或其他盐碱群落构成复合体。种类成分单纯，有时羊草的数量较多，其他的盐生植物不多见，群落中出现的低矮植物包括银灰旋花等。该类型生产力不高，利用价值也小。

5）碱地肤草甸

碱地肤草甸常生长于低平地盐碱化生境，是盐碱斑上主要的先锋群落之一。

常形成单优势种群落，也是其他盐生植物群落的伴生种。群落种类组成简单，生物量变化较大。分布面积不大，因不是优良牧草，利用价值不大。

6）碱蓬草甸

碱蓬草甸主要包括碱蓬-星星草、碱蓬和角碱蓬群丛 3 种类型。

碱蓬-星星草群丛　该群丛分布的生境和种类成分与星星草群丛相似，但土壤的碱化程度稍强，一年生的耐碱植物，如碱蒿、碱蓬和角碱蓬在群落中占较大的比重，常与星星草一起成为群落的共建群种。群落的生产力较低，面积也小。

碱蓬群丛　碱蓬群丛在本区域内主要分布在碱湖周围或退化草地的碱斑特殊生境上。既是自然分布的原生类型，又有退化演替的次生群落。一般多与羊草群落或其他盐碱植物群落构成复合体。在草地严重退化，特别是靠近村庄、放牧点、饮水点、极度放牧的地方，群落所占的面积较大，甚至连成大片。组成群落的种类简单，多为盐生植物，在夏季雨水充足时才能很好发育，群落中除碱蓬和碱蒿占主要地位外，虎尾草在某些地段分布较多，其他均为零散分布。此类型是草地严重退化的标志。

角碱蓬群丛　角碱蓬群丛的生境与碱蓬群丛相似，并常与其形成植被复合体，但土壤的碱化度略高。同样包括原生和次生群落，种类成分单纯，角碱蓬占绝对优势，伴生种包括碱蒿、星星草、西伯利亚滨藜。植物只在有充足的雨水的夏季才生长繁茂。

7）马蔺草甸

马蔺草甸主要分布于碱湖外围以及草地退化的地段，所占面积较小。种类成分单纯，植物分布不均匀，马蔺占主导地位，丛生植株之间常有裸地。原生和次生马蔺群落的种类组成略有差别，前者几乎完全由盐生植物组成，后者除包含盐生植物外，还包括羊草、寸草、圆叶碱毛茛等。马蔺为适口性较差的草类，小家畜仅在秋季下霜后采食，利用价值有限。

8）碱毛茛草甸

碱毛茛草甸包括长叶碱毛茛和圆叶碱毛茛两个群丛，包括碱湖周围自然分布的群落，以及由于过度放牧后草地退化而出现的次生群落。分布范围较小，一般都局限于低湿的生境。长叶碱毛茛和圆叶碱毛茛在群落中起建群作用，西伯利亚蓼为其中恒有种，其他物种还包括碱蓬、芦苇、寸草，但只零散分布。

9）海滨天冬草甸

因海滨天冬能够适应中性盐生境，且稍耐旱，在本区域土壤含盐量达到1.926% 时，海滨天冬仍生长繁茂成为群落的建群种。该群落组成种类单纯，常见伴生种多为旱生植物，如阿尔泰狗娃花（*Aster altaicus*）、银灰旋花、二色补血草和蒙古蒿等。群落的面积很小，常与羊草群落构成复合体。

盐生草甸中的各种群落类型除少数为原生群落外，大部分为次生群落，主要为羊草草甸过度放牧后形成的盐生植物群落，如果继续加大放牧强度，则会出现盐碱斑；如果停止放牧则盐生植物群落进入进展演替，可以逐渐恢复为羊草群落。

6.3.5　沼泽植被

本区域内的沼泽植被仅见草本沼泽，常见类型包括芦苇沼泽和水烛沼泽2种类型。

1. 芦苇沼泽

芦苇沼泽在本区域湖泡边较为常见，以松嫩研究站附近的通榆向海保护区、镇赉莫莫格保护区和长岭的腰井子等地发育典型（赵魁义，1999）。该群落对水分的适应幅度很广。土壤为淤泥沼泽土或泥炭沼泽土。群落中通常以芦苇为单优势种，伴生有酸模叶蓼（*P. lapathifolium*）、灰绿藜（*Ch. glaucum*）、海滨三棱草、圆叶碱毛茛、香蒲和水麦冬等，以及沉水植物狐尾藻（*Myriophyllum verticillatum*）和杉叶藻（*Hippuris vulgaris*），以狐尾藻为优势（李崇皞等，1982）。

2. 水烛沼泽

该群落分布于松嫩研究站附近的向海国家级自然保护区、莫莫格国家级自然保护区和查干湖自然保护区等地的湖滩地。群落地表常年积水。土壤为腐殖质沼泽土，无泥炭。群落外貌绿色。群落结构简单，草本层以水烛（*T. angustifolia*）为优势种，伴生有少数酸模叶蓼，沉水层包括狐尾藻和杉叶藻。

6.4　松嫩草地植被变化

松嫩草地是我国重要的天然放牧场和割草场，是东北西部绿色的生态屏障，具有重要的生态地位和较高的经济价值。20世纪80年代，松嫩草地植被组成相对简单，以羊草群落和狼针草群落占绝对优势。近些年来，植被组成发生了很大变化，草地退化甚至出现大面积碱斑。一方面，全球变化使得草地的沙化和盐碱化现象更为严重，大片连续的草地退化为大小不一的斑块，形成许多间断分布的局域群落。另一方面，化石燃料大量燃烧、化肥滥用、开垦与过牧等人为因素也是造成草地植被退化的重要原因，有些居民点附近甚至退化为光碱斑，生态环境遭到了严重破坏。

6.4.1　全球变化与草地植被变化

植被变化主要由气候及与气候相耦合的空间因素所决定。连续多年对松嫩草地的定位观测数据表明，温度和水分是影响天然草地生产力和恢复更新的重要因子（郭继勋和祝廷成，1993）。生长季节降水的多少决定了天然羊草草原产草量的高低，也可以预报翌年羊草种群的抽穗数量和籽实产量（邓慧平和祝廷成，1998）。另外，秋季低温多雨和春季高温干旱，翌年将是羊草种子生产的丰年。可见，气候要素的年际变化是引起羊草种群种子生产丰歉年的重要因素之一，直接影响了草地利用和持续更新（杨允菲等，2001）。

温度、水分和氮素均是影响植物生长、繁殖、生物量积累以及生态系统净初级生产力的重要因素。大气 CO_2 浓度升高和其他温室气体排放导致的全球变暖、降水格局改变，以及由于化石燃料燃烧和农业生产中氮肥使用而引起的酸雨、大气氮沉降增加等全球变化，都对松嫩草地植被产生广泛而深远的重要影响。主要体现在植物物候、植物个体发育、种群数量特征、碳氮循环、初级生产力和生物多样性等多个方面。

1. 植物物候对全球变化的响应

植物物候的时空变化一般与气候要素空间分布模式相对应，是气候因子变化最直观的反应。目前，关于松嫩草地植物返青期或枯黄期对于气候变化响应的整体趋势未见报道。通辽市巴雅尔吐胡硕牧业气象试验站地处松嫩平原西部边缘地带的草甸草原，据 1981~2016 年该气象站主要植物物候观测数据和同期气象数据，发现草本植物生长季长度主要受气温和降水量影响，返青期呈一致性延迟趋势，每 10 年约延迟 1.16~7.60d。但羊草、冰草、委陵菜、车前等植物枯黄期对于气候变化的响应趋势不同，没有一致性规律（高亚敏，2018）。

在松嫩研究站开展的红外线增温和模拟氮沉降长期实验发现，增温和施氮对植物物候的影响具有物种特异性。增温加速了羊草的开花和结实，但对于芦苇没有任何显著影响；缩短了羊草的孕穗期长度，但延长了星星草孕穗期长度（高嵩，2008；Yang et al.，2020）。施氮缩短了羊草开花期、结实期和孕穗期的长度，延长了芦苇开花期长度和结实期长度，对星星草的物候没有显著影响（图 6-8）（杨雪，2020）。综合分析温度、氮素、水分和 AM 真菌对于植物物候期的影响，发现年际间降雨时间和降雨量的差异决定了植物各个物候事件的发生时间和持续长度。降雨时间的延迟使得早花植物物候开始时间推迟，晚花植物物候的开始时间提前，生长季长度呈现缩短趋势（Yang et al.，2020）。

总体来看，增温、施氮和降水格局的改变对于植物物候期作用效果的差异性是不同种类植物其生活史策略、生物学特性以及菌根依赖性均具有显著差异造成的，松嫩草地的植物物候变化与全球变化的关系还有待深入研究。

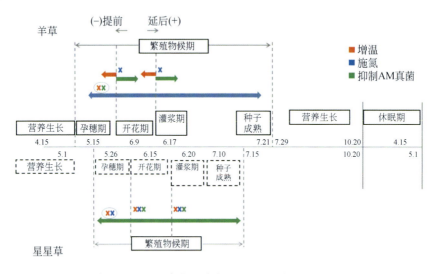

图6-8　增温、施氮和抑制 AM 真菌对羊草和星星草物候的影响（Yang et al.，2020）
叉号代表没有显著变化，箭头的长度代表与对照相比提前或者延后的天数

2. 植物个体生理生态特性及种群数量特征对全球变化的响应

植物在个体及种群水平上对全球变化的响应是最敏感、最迅速的。在全球变化诸多形式中，氮沉降对于植物个体生长、繁殖及种群数量变化作用最为直接。因大气氮沉降增加导致土壤氮素水平升高，高氮生境显著加速了松嫩草地植物的生长和生物量的积累，对植物养分再吸收过程和植物内部养分循环过程也具有强烈的潜在影响（Li et al.，2015b）。研究表明，施氮（高氮条件）提高了羊草叶片的叶绿素含量、类胡萝卜素含量、氮含量、干物质含量、比根长等生理指标，以及羊草花序数、每花序粒数、千粒重等繁殖指标（宋彦涛等，2016），也显著提高了叶片 Na^+、Ca^{2+}、Mg^{2+} 等矿质元素的含量（李博，2015）。进一步研究发现，不同施氮时间下氮素的效果有显著不同，果后营养期早期施氮比生长季末施氮对羊草生殖枝密度有更明显的促进效应。同时，生长季末期采取适量水分调控的适应性管理方法，对翌年种子产量的影响更大（Wang et al.，2013）。秋季施氮能够满足羊草种子生产和饲草生产对氮需求，这也是提高种子产量和饲草产量的最佳选择，并具有较高的氮利用率。总体上，在果后营养期早期进行氮素调控既能提高羊草草地氮素的服务功能（种子生产与干草生产），又能降低氮素损失造成的环境风险，有利于草地的可持续发展（Shi et al.，2017；2019）。

温度升高可以使植物从叶片酶活性到生态系统的层面都发生巨大变化，植物通过调节自身生理代谢适应温度持续升高的环境。有研究表明，羊草通过增强夜间呼吸作用和碳水化合物消耗，促进了白天的碳同化能力，最终通过促进地下芽数量的形式适应夜间增温（Li et al.，2014）。增温提高了羊草叶绿素和类胡萝卜素含量，但显著抑制了羊草对矿质养分元素的吸收作用（李博，2015）。植物不同器官发育对增温的响应效果是不同的，植物叶片对温度升高的敏感程度显著强于植物茎。

降水格局的改变所导致的干旱生境对松嫩草地植物生长发育造成了许多不利影响。干旱胁迫导致羊草地下芽总数明显降低，其主要原因与分蘖芽数量的减少直接相关（Wang et al.，2019）。降雨间隔的延长增加了虎尾草营养繁殖的比重，是影响其根系特征及生物量积累的主要因素（杨林等，2021）。但 CO_2 浓度升高可以适度补偿干旱的负效应。野外长期实验数据表明，CO_2 浓度升高打破了土壤水分供给与 C_3、C_4 植物之间的时间生态位耦合关系，可形成更有利于 C_4 植物生长的环境。C_3 禾草（羊草）比 C_4 禾草（牛鞭草）对于降水变异的敏感性更高（Zhong et al.，2019）。此外，频度增加的极端干旱-复水事件进一步改变了松嫩草地植物水分变化的抵抗力及恢复力，更加有利于维持 C_3 和 C_4 植物的相对平衡。在当前 CO_2 浓度下，降雨量增加持续提高羊草的净光合速率和生物量。而在 CO_2 浓度升高条件下，降雨量增加对羊草净光合速率和生物量积累的影响作用呈先增加后持平的趋势，体现了 CO_2 浓度与降雨量变化之间的交互效应（刘玉英等，2015）。

植硅体是发育在高等植物细胞及细胞间隙的一种具有特殊形态的二氧化硅矿物，是植物对环境因子改变很敏感的特殊指标。羊草的植硅体对增温和施氮都有响应，增温促进羊草植硅体的发育（长宽增加 0.1～2.6μm），而施氮对羊草植硅体发育不利（长宽减小 0.1～1.4μm）。但是，增温能缓解施氮对羊草植硅体的负面效应，二者之间存在显著的交互效应（介冬梅等，2010）。另外，长期 CO_2 浓度升高的实验表明，CO_2 升高对羊草叶片植硅体沉积的响应是复杂的，来源于长细胞和植物细胞间隙的植硅体对 CO_2 浓度升高、气候变暖和氮添加更为敏感（Li et al.，2015a）。

3. 生态系统碳、氮、水循环对全球变化的响应

全球变化改变了松嫩草地优势物种的生理生态及数量特征，短期内迅速影响了生态系统的碳、氮、水循环。增温降低了生态系统碳通量，但降水量和氮素是影响松嫩草地生态系统碳通量变化的决定因素（蒋丽等，2011）。增温降低了净生态系统 CO_2 交换量和生态系统蒸腾作用，提高了生态系统呼吸和水分利用效

率。由于无霜期的延长改变了建群种的生长季长度，最终导致生态系统碳通量的下降，温度升高间接导致了水分胁迫的加剧。极端干旱降低了叶片 CO_2 净同化率和生态系统碳交换（总生态系统生产力、生态系统呼吸和生态系统 CO_2 交换）（Shi et al.，2018）。与增温相比，降水量年季变化对生态系统碳通量占支配地位。氮素增加不仅能够增加生态系统碳通量，同时也能改善由于气候变暖对生态系统碳通量所造成的消极影响。

　　土壤呼吸是涉及生态系统碳循环最重要的过程，其时空变异模式和控制因子是估算生态系统碳源/碳汇的前提条件。研究发现，羊草草地土壤呼吸空间格局的时空变化随着气候条件和植被的季节变化而发生了明显改变。史宝库等定量研究了羊草草地土壤呼吸空间格局的时空变化及其生态机制，首次量化了我国北方草地土壤呼吸小尺度的空间格局及其季节变化，确定了夏季七月份是土壤呼吸空间异质性最强的时段，植物和微生物生物量等生物因子是此时影响土壤呼吸空间格局的重要因素（Shi et al.，2020）。气候变化背景下土壤呼吸小尺度空间变异规律及机制的研究有助于精确评估草地生态系统碳汇功能的变化。

　　松嫩草地生态系统的氮循环很大程度受氮沉降和降水格局变化的影响。基于氮沉降和降雨格局变化条件下草地 N_2O 通量变化机制的研究发现，与降雨同时发生的脉冲式缓性氮沉降的模拟方式相比，传统的多次氮添加的模拟方法可能低估了半干旱草原土壤 N_2O 的排放量（图6-9）。长期缓慢的氮素输入方式下，氧化亚氮的产生量显著高于一次性输入的方式。在无氮添加条件下，降雨量减少和

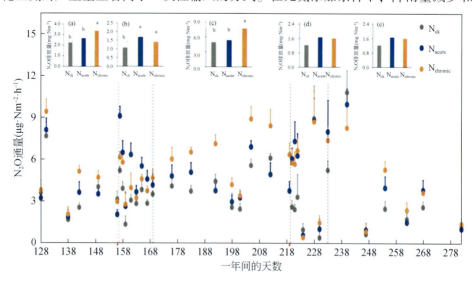

图6-9　氮添加方式对氮周转种间产物氧化亚氮产生量的影响（Shi et al.，2021a）

降雨频率变化主要通过改变土壤氮矿化和功能基因 nirK 丰度间接影响土壤 N_2O 排放，且 nirK 丰度的变化受土壤氮有效性而非土壤水分驱动；在氮添加条件下，土壤 N_2O 排放对降雨格局变化的响应与 nirK 丰度和土壤空隙含水量直接相关，并且 nirK 丰度变化受植物氮库和 AOB 数量的变化影响（图 6-10）（Shi et al.，2021a；2021b）。因此，在评估全球变化因子对 N_2O 通量的影响时，应考虑氮沉降模拟的方式以及该生态系统水分和氮素限制的相对强度。

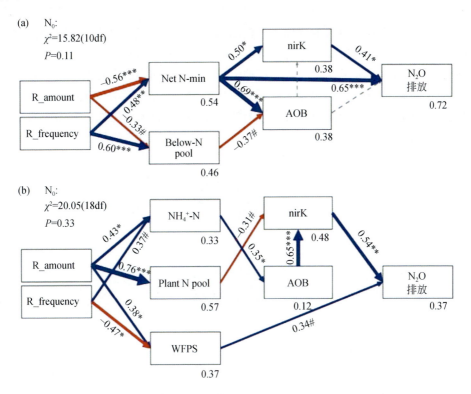

图 6-10　羊草草地各土壤环境因子、关键微生物丰富及活性与氧化
亚氮产生的关系（Shi et al.，2021b）

4. 生产力和生物多样性对全球变化的响应

全球变化（增温、干旱和氮沉降等）对草地初级生产力、生物多样性及生态系统稳定性产生了重要影响，而且不同方式全球变化之间存在着显著的交互作用，草地初级生产力和生物多样性对全球变化的响应是草地可持续管理和生态系统恢复的关键。

温度变化是影响草地植物生长发育、改变群落物种组成和生物多样性的首要因素，而氮素是松嫩平原草地生产力的重要限制因子之一，因此二者在调节该区域草甸草原生态系统的植物生物量和群落组成方面起着重要作用。在生长季内，羊草重要值呈现先下降后上升的趋势，在低温少雨的月份群落物种数目增多、多样性指数提高，羊草重要值逐渐减小（齐红等，2013）。研究表明，增温可以改变松嫩草地羊草群落优势种的重要值，但并未发现增温对植物物种丰富度、均匀度和多样性显著的促进效应（Zhang et al.，2015）。

施氮可以短期内增加松嫩平原草甸草原地上和地下产量，且会因此提高干草原生产力对高降雨年份的敏感性，大幅增加湿草原生产力对干旱年份的敏感性，最终导致生产力分别出现明显的正向与负向波动，进而降低草地生产力的稳定性（图6-11）（Wang et al.，2017b）。这种生产力稳定性的降低主要由于施肥能够增加一年生物种的异速生长效应，进而导致生产力在有良好降雨条件时大幅增加。此外，施氮对生产力的作用效果也与干旱等其他因素有关。比如，氮添加的作用随着环境中干旱持续时间的增加而逐渐增强，主要受根系生物量分配，特别是根冠比变化的影响（Meng et al.，2021）。

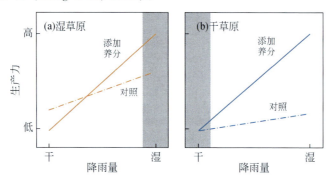

图6-11　湿草原与干草原生产力对氮素添加的响应模式图（Wang et al.，2017b）

施氮可以快速提高草地初级生产力和物种优势度，但长期来看会降低植物多样性和群落稳定性（图6-12）。而且，施氮对于群落物种组成的影响和土壤盐碱化程度相关，在低盐碱化草地群落促进了物种组成发生明显改变（图6-13），但对高盐碱化群落物种组成并未产生明显方向性变化的作用效果。氮素添加并未促进群落向着特定的目标群落（如羊草群落）进行演替，这可能与高盐碱化草地的土壤微环境异质性及物种散布的随机性有关。施氮降低了多年生丛生禾草稳定性，但这种负效应随水分的增加而逐渐削弱，甚至出现逆转（白珍建，2017）。因此，从退化草地恢复的角度而言，施肥对该地区退化草地恢复的作用有限。在东北退化羊草草地的恢复实践中可主要依靠围封措施诱发的自然演替（Bai et al.，2015）。

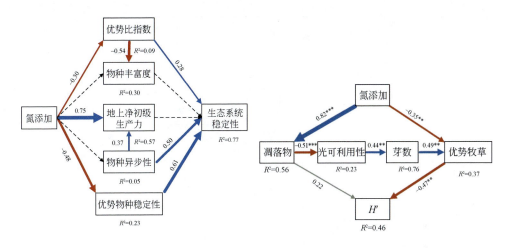

图 6-12　施氮对松嫩草地生产力和生态系统的影响（Liu et al., 2018）

　　干旱发生的季节对草地生产力有重要的影响，春季干旱比夏季干旱的影响作用更为明显。春季干旱显著降低了草地地上生物量，而夏季干旱未显著影响地上生物量。施氮虽然提高了植物地上生物量和生态系统总生产力，但长期氮富集会加重生长季内降水季节性变化对草地生产力的影响，氮添加加剧了春季干旱的抑制效应，这些影响一直持续到生长季结束。松嫩平原羊草草甸草原对干旱的抵抗力主要取决于地下生物量。而且，这种类型草甸草原的初级生产力对干旱的敏感性强度取决于单一优势种羊草的物候和形态性状（Meng et al., 2019）。氮添加缓解了干旱中期对叶片和生态系统水平 CO_2 交换的抑制作用，加剧了干旱末期对 CO_2 交换和地上植物量的抑制作用。羊草的特性及其在较低生态学水平上（叶片水平）生理生态过程对全球变化因子的响应影响着更高水平上生态系统功能的响应（Shi et al., 2018）

6.4.2　草地利用与植被变化

　　放牧是将牧草转化成畜产品的最重要、最经济、也最适应家畜生理和生物学特性的草原利用方式。放牧可以通过改变种间竞争关系、调控种群更新和群落结构，进而改变草地植被组成。合理放牧可以改变牧草物质与能量分配格局，多途径地诱导其补偿性生长。割草作为草原利用的一种重要方式，可为家畜提供冬季的补充饲料。长期不割草会造成枯落物大量积累，影响种子更新和多年生牧草发芽，对草地更新反而不利。同时，长期不割草可使土壤水分增多、过于潮湿并逐渐沼泽化。长期连续割草虽然可以一定程度刺激幼苗输出、增加根茎营养繁殖能力，但会使植物营养物质外流，自然恢复速度减慢（杨允菲，1989；盛军等，

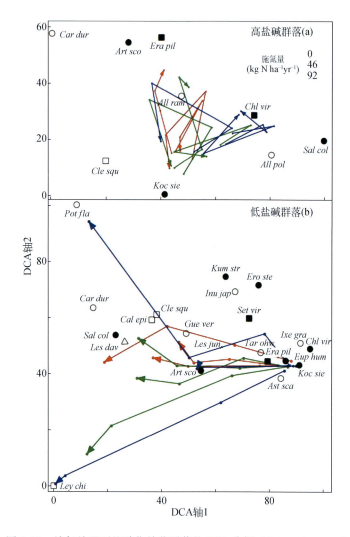

图6-13 施氮处理下盐碱化羊草群落的DCA分析（Bai et al.，2015）

2018）。并且，过度放牧与过度割草都会导致草地植被的退化。

1. 放牧对松嫩草地植被的影响

放牧对于草地植被的形成和维持起到了极大作用，它通过家畜反复啃食和践踏等行为改变了植物正常的生长生境和发育规律，影响了植物群落种类组成的消长关系，进而影响群落中多物种之间的种间关系和营养级效应。放牧动物也可以通过自身活动帮助某些植物传播种子或其他繁殖体，扩大了一些植物种类的分布区或侵入一些新的种类。

适度与重度放牧对草地植被有差异化作用，适度放牧是维持草原面貌的重要条件（Wang et al., 2017a）。适度放牧提高了常见禾本科牧草的表型可塑性，然而，放牧强度过大会导致优良牧草叶面积逐渐减小、光合作用能力大大减弱。因此，从群落组成的角度来看，过度放牧使得草地可食植物逐渐减少，而杂类草、一年生植物和抗盐碱植物逐渐增加。适度放牧后羊草草地群落种饱和度由无牧条件下的每平方米 4~8 种增加到 9~15 种，群落内种类组成显著增加。但是，过度放牧却导致草地群落环境趋于旱化、群落结构趋于简单化（王仁忠，1996）。在适度放牧条件下，不同植物可以采取联合防御的方式抵御草食动物采食（Huang et al., 2016）。随着放牧强度的加重，草地植物个体数量、生态环境及群落结构发生改变，羊草群落演替为虎尾草群落、碱蓬群落，直到成为光碱斑地。以狼针草为优势的群落演替为糙隐子草群落、一年生猪毛蒿和狗尾草群落，直到成为流沙地。在重度放牧条件下，盐生植物逐渐成为优势植物（Wang and Ripley，1997）。在松嫩草地占优势的单优羊草群落和羊草-杂类草群落随着环境条件的改变呈现不同的演替过程（图 6-14）。

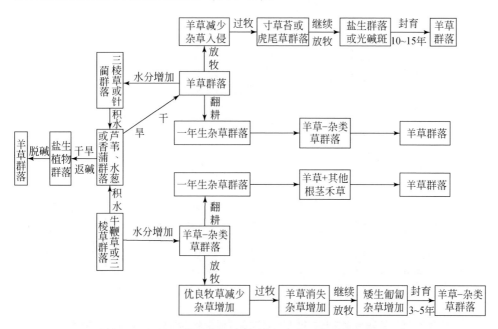

图 6-14　松嫩平原的羊草群落演替图式（郑慧莹和李建东，1993）

　　放牧动物对草地生态系统的影响，很大程度上依赖于草食动物的种类和草地植物群落多样性（图6-15）（Liu et al.，2015）。绵羊放牧和植物多样性的交互作用极大地影响了草地植物枯落物的分解过程（Song et al.，2017）。而不同放牧动物种类因其体尺大小的不同和觅食偏好的差异性，对于草地生产力、物种多样性、固碳和多功能性等生态系统功能产生的影响，其首要因素应归因于放牧引起的土壤水分有效性和资源的斑块化分布特征的改变（Liu et al.，2016）。牛放牧能够显著提高土壤资源的斑块化特征，且不依赖于草地植物群落的多样性特征；相反，绵羊放牧对土壤资源异质性的作用效应强烈依赖于草地植物群落特征，即在高植物多样性的草地提高土壤资源斑块化，而在低植物多样性草地无显著影响。此外，在高植物多样性的草地，包含任何动物种类的适度放牧均有助于提高草地土壤空间异质性，且较高的土壤资源异质性能够反馈作用于植物多样性，进一步维持草地较高的植物多样性特征。因此，在高植物多样性的草地生态系统，草食动物与植物多样性、土壤异质性之间构成了一种正反馈调节机制。

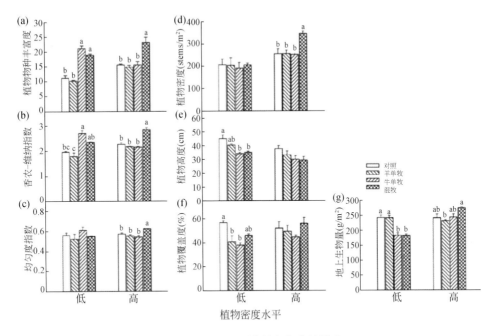

图6-15　植物多样性与放牧方式对群落特征指数的影响（Liu et al.，2015）

　　牛由于高的能量需求，其对竞争优势的禾草具有高选择性；相反，绵羊由于高的营养需求，其对低竞争力的杂类草和豆科植物具有高选择性。因此，羊单牧可以降低植物群落多样性和异质性，大体尺动物（牛）放牧更有利于提高草地植物多样性。但牛放牧对植物多样性的促进作用主要发生在禾草比例特别高的草地斑块（图 6-16）（Liu et al., 2016）。进一步研究发现，牛和绵羊的混合放牧能够显著提高草地植物多样性，且不依赖于植物群落的组成特征。但在具有高禾草比例、低植物多样性的草地，牛羊混牧会降低植物生物量（图 6-17）。研究发现，"动-植物多样性耦合模式"（Diversifying Livestock Grazing Theory）即高植物多样性草地的多种动物混合放牧模式是维持和提升草地生态系统功能的最优管理方式（图 6-18）（Wang et al., 2019）。

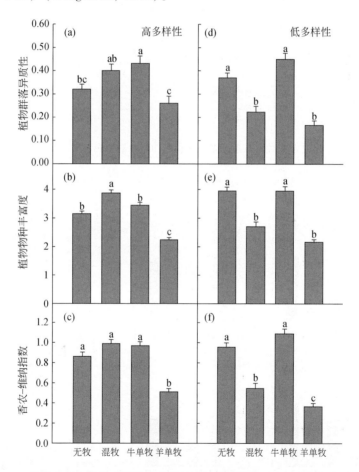

图 6-16　放牧方式与植物多样性对群落异质性和多样性影响（Liu et al., 2016）

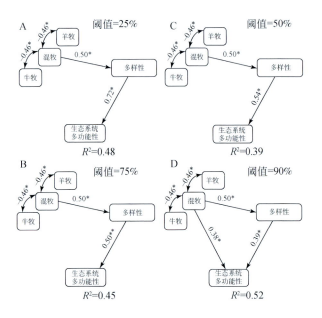

图 6-17　放牧方式对生态系统多样性和多功能性的影响（Wang et al.，2019）

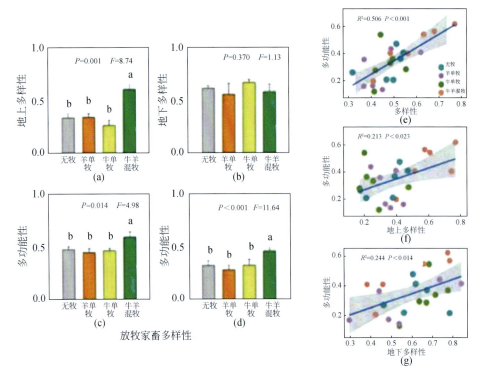

图 6-18　放牧方式对群落多样性、生态系统多功能性的影响（Wang et al.，2019）

不同种类的放牧动物因其食性选择不同，对植物群落组成和总初级生产力的作用效果也不同，最终影响土壤碳储量的变化。具有高偏食性的羊单牧对土壤碳储量具有显著的负效应，特别是在高植物多样性的草地（图6-19）。然而，牛单牧由于其较低的偏食性对土壤碳储量无显著影响。牛和绵羊的混合放牧由于食性选择的互补降低了对植物群落的选择性，显著提高了土壤碳储量（Chang et al.，2018；2020）。

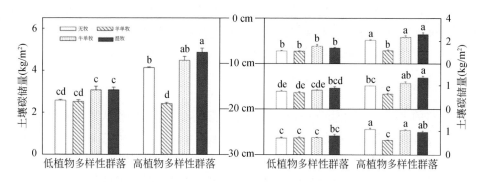

图 6-19　不同物种多样性植物群落中放牧方式对土壤碳储量的影响（Chang et al. 2018）

2. 割草对松嫩草地植被的影响

适宜的割草强度、合理的割草时间、割草间隔和割草频次等是影响割草后植物补偿性再生的重要因素，也是建立科学割草制度的关键。

割草强度（也称留茬高度）直接影响割草后牧草的再生状态，轻度割草适于牧草的生长发育，可以为矮小的下层植物提供一定的发展空间（齐红等，2013）。随着割草强度的增加，群落物种组成和生态环境随之改变，最终导致群落类型改变而发生演替。割草对植物群落的作用效果一般是波动性的。在松嫩草地天然割草场，轻度割草植物群落的波动不大，重度割草使得直根性的豆科草或一些杂类草减少甚至消失，如兴安胡枝子、山黧豆、花苜蓿、斜茎黄芪等。继续加重割草强度，植物群落则演变成稀疏低矮的单优势种（清塘羊草）甸子，下层以低矮匍匐生长的葡枝委陵菜占优势，产量和质量大大下降（郑慧莹和李建东，1993）。

割草时间对牧草生长发育、群落结构组成及牧草品质等方面影响显著。割草时间过早会导致大多数植物的种子尚未成熟就被提前刈割，严重影响靠种子繁殖的植物其种群的延续，但推动了早期成熟植物和主要靠无性繁殖的植物发展。生长季初首次刈割至关重要，过早或过晚割草都不利于牧草的再生（宋彦涛等，2016）。割草时间不仅影响羊草产量，也是影响羊草品质的一个主要的因素。春季收获的牧草粗蛋白含量和体外干物质消化率较高，而秋季收获羊草的品质迅速下降（赵成振等，2019）。

根据草地植被情况和当地气候条件，确定合理的割草频次和间隔时间，保证牧草充足的恢复再生时间，对于割草场长期持久利用并获得最大收获量具有重要意义。研究表明，割草处理的年总收获量随着割草频次增加呈下降的趋势，草地实际收获量反而减少。因此，在松嫩平原特有的气候条件下，羊草草原一个生长季内只进行一次割草利用是比较合理的（李红等，2000）。最佳刈割时期和最佳刈割强度要综合多种因素来确定，仅就羊草叶片的再生动态角度考虑，六月份开始刈割、留茬高度8cm时叶片的再生速率最快（刘军萍等，2003）。

3. 开荒对松嫩草地植被的影响

人口的迅速增长和对经济作物需求的增长导致急需不断扩大耕地面积，草地大面积开荒也是草地沙化的主要原因之一。上个世纪末，黑龙江省平均每年在松嫩平原开荒 19000hm²，吉林省白城地区平均每年开荒 33000hm²。大面积开垦的结果使得连片的羊草草甸及狼针草草原被农田所代替。那些在灌丛和榆树疏林上进行的开荒，导致大面积的岛状榆树疏林也基本消失。开荒改变了当地原有的自然植被景观，未被开垦的草地大都与土壤盐渍化不宜开垦相联系。

由于松嫩平原风沙大，当地群众习惯于采取广种薄收、撂荒轮耕的耕作方式（李建东，2002）。开垦后的草地被撂荒之后，植被演替一般经历四个阶段后，可以基本恢复为原来的狼针草–杂类草、灌木的草地面貌（郑慧莹和李建东，1993）。首先是田间杂草阶段。撂荒后 1~2 年内地面裸露，生长一年生植物和少量多年生田间杂草，以猪毛蒿或狗尾草占优势，而且有藜、猪毛菜（Salsola collina）、刺藜（Dysphania aristata）、长裂苦苣菜、中华苦荬菜、苍耳和马唐（Digitaria sanguinalis）等田间杂草。这些植物早期抗旱、喜光，后期喜温湿，种子产量多，雨季来临之时很快占领空间，形成以一年生植物为优势的群落，通常称为田间杂草阶段。第二阶段是根茎禾草阶段。由于撂荒地土壤疏松、通气良好，几年后根茎植物侵入并迅速占据地面取得优势。占优势的植物主要是羊草、并伴生拂子茅、光稃香草、野古草和大油芒等。这些根茎植物都是产量高的优良牧草，该阶段既可作为放牧场又可作为割草场。第三阶段是丛生禾草阶段。随着土壤的逐渐紧实甚至板结，更适应干旱的丛生禾草不断扩增。狼针草、羊茅、糙隐子草等逐渐代替根茎植物并形成优势。第四阶段是相对稳定阶段。在丛生禾草丛间空地，多年生杂类草增多，一些半灌木如驼绒蒿、兴安百里香、线叶菊、冷蒿、兴安胡枝子和灌木山杏、一叶萩等繁茂起来。

演替变异和恢复快慢主要与耕作时间的长短、受杂草影响的强弱、生荒草种来源的远近、腐殖质层的厚薄等条件有关。耕种时间较短的撂荒地演替速度快，是因为残存着原植被中多年生植物的根茎、鳞茎、芽和较多的种子。一年生植物、多年生根茎植物、鳞茎植物、丛生植物和多年生杂类草在停止耕种后同时生长，各演替阶段不明显。耕种时间较长的撂荒地土壤熟化、理化特性变化显著，几乎不存在原有的植物种子和残体，演替重新开始、进展较慢。另外，撂荒地杂草种类、数量和分布与耕作技术水平有关，粗放式耕作一旦撂荒后迅速被一年生和多年生杂草侵入，撂荒地邻近的大片生荒草地也将加速演替的进程。而且，如果腐殖质层较厚，耕犁只达到腐殖质层上部，则演替较快。如果腐殖层较薄，而且耕翻时把底层土翻到表面，此时演替速度较慢，当演替到相对稳定阶段时，也不同于原有的草地植被。

4. 其他人为活动对松嫩草地植被的影响

除放牧、割草和开荒对草地产生严重的影响外，农牧民以草代柴、挖掘草地名贵中药材及经济植物、乱砍滥伐天然林木等人为活动对松嫩平原草地植被也存在较大的影响。

向草地要烧柴，加剧了草畜矛盾。例如，白城地区每年从草地上打搂烧柴约 10^9 kg，约占全区产草量的 1/2，等于 60 万头大家畜一年的饲草。在黑龙江省的松嫩草地，平均每户每年烧掉饲草约 4000 kg，约占全区饲草总量的 1/2。取柴于草影响了牧草正常生长发育，导致草地地表覆盖物和土壤腐殖质减少、土壤肥力下降、地面裸露、加速了草地三化。另外，无计划乱挖龙胆、甘草、防风、红柴胡、远志、桔梗、知母等草地天然药材及其他经济植物后，未曾回填使得草地千疮百孔。如在吉林白城草原挖甘草后的坑甚至深达 1m，造成牧场不能充分放牧、割草场无法割草。乱砍滥伐造成松嫩平原在固定沙丘上生长着的天然榆树疏林和灌丛目前残存无几，起不到防风固沙、调节气候的作用，造成土壤沙化和水土流失。

6.5　小　　结

松嫩平原作为欧亚大陆草原带植被类型最丰富的地带和我国草原区自然条件最好的地区之一，植物区系具有蒙古、东北、兴安、华北 4 个区系相汇集的区域植被特点，科属组成和地理成分复杂。地带性草甸草原植被因受到土壤盐碱化等非地带性生境条件的限制，草地基本成分和优势物种的优势顺序有别于其他同类型草原，盐生植被广泛分布。自然植被包括疏林、灌丛、草原、草甸、沼泽等 5 个植被型和 23 个群系。目前，由于人类活动和气候变化的影响，绝大部分的狼针草草甸草原等地带性植被已经被开垦为农田，非地带性的草甸亦因开垦等不同方式利用面积不断减少，加之退化草地有毒植物的蔓延以及外来种的入侵，致使草地面积逐年缩减。因此，急需加强对现存草地植被的保护，并增强对草地植被保护利用的理论研究和实践探索，以实现对松嫩草原的可持续利用，充分发挥我国东北西部绿色生态屏障的作用。

主要参考文献

白云鹏. 2011. 松辽平原沙地榆树林生态学研究. 长春：东北师范大学博士学位论文.

白珍建. 2017. 增水增氮对草甸草原植物群落结构组成和功能的影响. 长春：东北师范大学博士学位论文.

曹伟，白肖杰，张悦，等. 2018. 东北地区外来入侵植物的潜在扩散区预测. 昆明：中国植物学会八十五周年学术年会论文摘要汇编（1993—2018）.

陈积山，张强，朱瑞芬，等. 2016. 羊草草甸草原刈割、施氮对物种多样性与生产力关系的影响. 草地学报，24（4）：910-914.

邓慧平，祝延成. 1998. 全球气候变化对松嫩草原土壤水分和生产力影响的研究. 草地学报，6（2）：147-152.

董祺. 2016. 切根与施肥对羊草草甸草原作用效果研究. 长春：吉林农业大学硕士学位论文.

郭继勋，祝延成. 1993. 气候因子对自然保护区羊草草原产量影响的综合评价. 吉林省长岭腰井子羊草草原自然保护区资料汇编，自然保护区资料汇编编委会：103.

高亚敏. 2018. 气候变化对通辽草甸草原草本植物物候期的影响. 草业科学，35（2）：423-433.

高嵩. 2008. 模拟增温和氮素沉降对羊草群落特征及物候期的影响. 长春：东北师范大学硕士学位论文.

韩大勇，白云鹏，赵玉晶，等. 2008. 松嫩草原沙地蒙古黄榆群落结构研究. 东北师范大学学报，3：107-111.

韩大勇，杨允菲，李建东. 2007. 1981—2005 年松嫩平原羊草草地植被生态对比分析. 草业学报，3：9-14.

蒋丽，祝延成，马略耕，等. 2011. 松嫩草地碳和水通量对全球变化的响应. 科技通报，29（6）：35-42.

介冬梅，葛勇，郭继勋，等. 2010. 中国松嫩草原羊草植硅体对全球变暖和氮沉降模拟的响应研究. 环境科学，31（8）：1708-1715.

李博. 2015. 增温和施氮对松嫩草地羊草种群数量特征的影响. 长春：东北师范大学博士学位论文.

李崇皓，郑萱凤，赵魁义，等. 1982. 松嫩平原的植被. 地理科学，2：170-178，193-194.

李红，郭继勋，徐爱春，等. 2000. 不同割草频次对松嫩平原羊草草地生产量的影响. 东北师范大学学报，32（3）：53-57.

李建东. 2002-05-01. 20 世纪人类活动对松辽平原草地的影响. 现代草业科学进展——中国国

际草业发展大会暨中国草原学会第六届代表大会论文集：276-279.

李建东，刘建新．1981．吉林省长岭种马场附近草原的类型，动态及其生态分布规律．东北农业科学，3：79-86.

李建东，吴榜华，盛连喜．2001．吉林植被．长春：吉林科学技术出版社．

李建东，杨允菲．2002．松嫩平原羊草草甸植物的生态及分布区型结构分析．草地学报，11（4）：10-20.

李建东，杨允菲．2003a．松嫩平原贝加尔针茅草甸草原植物组成的结构分析．草地学报，1：15-22.

李建东，杨允菲．2003b．松嫩平原榆树疏林植物组分的结构型．草地学报，4：277-282，300.

李建东，郑慧莹．1987．松嫩平原针茅草原的特征及其生态地理规律的探讨．植物生态学与地植物学学报 11（3）：183-192.

李建东，郑慧莹．1997．松嫩平原盐碱化草地治理及其生物生态机理．北京：科学出版社．

梁万君，董晓刚，付晓霞，等．2010．吉林省西部榆树疏林生长与更新现状和恢复技术研究．吉林林业科技，39（4）：16-19，22.

刘利．2012．松嫩平原榆树疏林生态系统退化机制的研究．长春：东北师范大学博士学位论文．

刘玉英，李卓琳，韩佳育，等．2015．模拟降雨量变化与 CO_2 浓度升高对羊草光合特性和生物量的影响．草业学报，24（11）：128-136.

刘军萍，王德利，巴雷．2003．不同刈割条件下的人工草地羊草叶片的再生动态研究．东北师范大学学报，35（1）：117-124.

齐红，罗微，孙亚娟，等．2013．松嫩草原羊草种群数量特征对增温和施氮的响应．东北师范大学学报，45（2）：112-117.

齐红，李红，郭继勋．2013．不同刈牧强度对松嫩草原羊草群落植物组成的影响．吉林省教育学院学报，29（3）：147-148.

石洪山，曹伟，高燕，等．2016．东北草地外来入侵植物现状与防治策略．草业科学，33（12）：2485-2493.

神祥金，姜明，吕宪国，等．2021．中国草本沼泽植被地上生物量及其空间分布格局．中国科学：地球科学，51（8）：1306-1316.

宋彦涛，李强，王平，等．2016．羊草功能性状和地上生物量对氮素添加的响应．草业科学 33（7）：1383-1390.

宋彦涛，周道玮，于洋，等．2016．生长季初刈割时间对羊草群落特征的影响．中国草地学报，38（3）：56-62.

盛军，朱瑶，李海燕，等．2018．不同刈牧强度对松嫩草原羊草群落植物组成的影响．草地学报，26（3）：545-550.

王仁忠．1996．干扰对草地生态系统生物多样性的影响．东北师范大学学报，3：112-116.

王仁忠，李建东．1995．松嫩草原碱化羊草草地放牧空间演替规律的研究．应用生态学报，6（3）：277-281.

吴征镒．1980．中国植被．北京：科学出版社．

杨利民，王仁忠，李建东．1999．松嫩平原主要草原群落放牧干扰梯度对植物多样性的影响．草地学报，1：8-16．

杨利民，周广胜，王国宏，等．2003．人类活动对榆树疏林土壤环境和植物多样性的影响．应用生态学报，3：321-325．

杨林，陈默，李海燕，等．2021．模拟降雨格局变化对虎尾草分株和根系特征的影响．草业学报，30：181-188．

杨雪．2020．增温和施氮条件下 AM 真菌对松嫩草地植物物候特征和群落稳定性的调节机制．长春：东北师范大学博士学位论文．

杨允菲．1989．刈割对羊草种群生殖器官数量性状的影响．中国草地，4：49-52．

杨允菲，杨利民，张宝田，等．2001．东北草原羊草种群种子生产与气候波动的关系．植物生态学报，25（3）：337-343．

赵魁义．1999．中国沼泽志．北京：科学出版社．

郑慧莹，李建东．1999．松嫩平原盐生植物与盐碱化草地的恢复．北京：科学出版社．

郑宝江，胡铁锋，张秋艳．2009．松嫩草地有毒植物资源调查．佳木斯大学学报，27（1）：1008-1402．

赵成振，钟荣珍，周道玮，等．2019．不同刈割时间和间隔对羊草产量和品质的影响．土壤与作物，8（2）：212-219．

周艳丽，王贵强，李广忠．2011．黑龙江省西部草原类型及草地蝗虫防治研究．安徽农业科学，39（11）：6430-6432．

Bai Z, Gao Y, Xing F, et al. 2015. Responses of two contrasting saline-alkaline grassland communities to nitrogen addition during early secondary succession. Journal of Vegetation Science, 26: 686-696.

Chang Q, Wang L, Ding S, et al. 2018. Grazer effects on soil carbon storage vary by herbivore assemblage ina semi-arid grassland. Journal of Applied Ecology, 55: 2517-2516.

Chang Q, Xu T, Ding S, et al. 2020. Herbivore assemblage as an important factor modulating grazing effects on ecosystem carbon fluxes in a meadow steppe in northeast China. Journal of Geophysical Research-Biogeosciences, 125: e2020JG005652.

Huang Y, Wang L, Wang D, et al. 2016. How does the foraging behavior of large herbivores cause different associational plant defenses? Scientific Reports, 6: 20561.

Li B, Feng Y, Guo J, et al. 2015a. Responses of phytolith in guinea grass (*Leymus chinensis*) leaves to simulated warming, nitrogen deposition and elevated CO_2 concentration in Songnen Grassland, Northeast China. Chinese Geographical Science, 25: 404-413.

Li X, Liu J, Fan J, et al. 2015b. Combined effects of nitrogen addition and litter manipulation on nutrient resorption of *Leymus chinensis* in a semi-arid grassland of northern China. Plant Biology, 17: 9-15.

Li Z, Lin J, Zhang T, et al. 2014. Effects of summer nocturnal warming on biomass production of *Leymus chinensis* in the Songnen Grassland of China: From bud bank and photosynthetic compensation. Journal of Agronomy and Crop Science, 200: 66-76.

Liu C, Song X, Wang L, et al. 2016. Effects of grazing on soil nitrogen spatial heterogeneity depend on herbivore assemblage and pre-grazing plant diversity. Journal of Applied Ecology, 53: 242-250.

Liu J, Feng C, Wang D, et al. 2015. Impacts of grazing by different large herbivores in grassland depend on plant species diversity. Journal of Applied Ecology, 52: 1053-1062.

Liu J, Gui Y, Li X, et al. 2018. Reversal of nitrogen-induced species diversity declines mediated by change in dominant grass and litter. Oecologia, 188: 921-929.

Meng B, Li J, Maure G, et al. 2021. Nitrogen addition amplifies the nonlinear drought response of grassland productivity to extended growing-season droughts. Ecology, 102: e03483.

Meng B, Shi B, Zhong S, et al. 2019. Drought sensitivity of aboveground productivity in Leymus chinensis meadow steppe depends on drought timing. Oecologia, 191: 685-696.

Shi B, Hu G, Henry H, et al. 2020. Temporal changes in the spatial variability of soil respiration in a meadow steppe: The role of abiotic and biotic factors. Agricultural and Forest Meteorology, 287: 107958.

Shi B, Wang Y, Meng B, et al. 2018. Effects of nitrogen addition on the drought susceptibility of the Leymus chinensis meadow ecosystem vary with drought duration. Frontiers in Plant Science, 9: 254.

Shi B, Xu W, Zhu Y, et al. 2019. Heterogeneity of grassland soil respiration: Antagonistic effects of grazing and nitrogen addition. Agricultural and Forest Meteorology, 268: 215-223.

Shi Y, Song G, Zhou D, et al. 2017. Fall nitrogen application increases seed yield, forage yield and nitrogen use efficiency more than spring nitrogen application in Leymus chinensis, a perennial grass. Field Crops Research, 214: 66-72.

Shi Y, Wang J, Li Y, et al. 2021a. Rainfall-associated chronic N deposition induces higher soil N_2O emissions than acute N inputs in a semi-arid grassland. Agricultural and Forest Meteorology, 304-305: 108434.

Shi Y, Wang J, Ao Y, et al. 2021b. Responses of soil N_2O emissions and their abiotic and biotic drivers to altered rainfall regimes and co-occurring wet N deposition in a semi-arid grassland. Global Change Biology, 27: 4898-4908.

Shi Y, Wang J, Xavier Le R, et al. 2019. Tradeoffs and synergies between seed yield, forage yield and N-related disservices fora semi-arid perennial grassland under different nitrogen fertilization strategies. Biology and Fertility of Soils, 55: 497-509.

Song X, Wang L, Zhao X, et al. 2017. Sheep grazing and local community diversity interact to control litter decomposition of dominant species in grassland ecosystem. Soil Biology & Biochemistry, 115: 364-370.

Wang D, Du J, Zhang B, et al. 2017a. Grazing intensity and phenotypic plasticity in the clonal grass Leymus chinensis. Rangel and Ecology & Management, 70: 740-747.

Wang J, Knops J, Brassil C, et al. 2017b. Increased productivity in wet years drives a decline in e-cosystem stability with nitrogen additions in arid grasslands. Ecology, 98: 1779-1786.

Wang J, Li X, Gao S, et al. 2013. Impacts of fall nitrogen application on seed production in Leymus chinensis, a rhizomatous perennial grass. Agronomy Journal, 105: 995-1003.

Wang J, Shi Y, Ao Y, et al. 2019. Summer drought decreases *Leymus chinensis* productivity through constraining the bud, tiller and shoot production. Journal of Agronomy and Crop Science, 205: 554-561.

Wang L, Manuel D B, Wang D, et al. 2019. Diversifying livestock promotes multidiversity and multifunctionality in managed grasslands. Proceedings of the National Academy of Sciences of the United States of America, 116: 6187-6192.

Wang R, Ripley E. 1997. Effects of grazing ona *Leymus chinensis* grassland on the Songnen plain of north-eastern China. Journal of Arid Environments, 36: 307-318.

Yang X, Guo R, Knops J, et al. 2020. Shifts in plant phenology induced by environmental changes are small relative to annual phenological variation. Agricultural and Forest Meteorology, 294: 108144.

Zhang T, Guo R, Gao S, et al. 2015. Responses of plant community composition and biomass production to warming and nitrogen deposition in a temperate meadow ecosystem. PloS ONE, 10: e0123160.

Zhong S, Xu Y, Meng B, et al. 2019. Nitrogen addition increases the sensitivity of photosynthesis to drought and re-watering differentially in C_3 versus C_4 grass species. Frontiers in Plant Science, 10: 815.

第 7 章　松嫩草地动物资源

　　动物是生态系统中的重要组成部分，也是重要的生物资源。生态系统的能量和物质传递及生态系统功能和服务的顺利实现，动物具有不可忽视的关键作用。因此，了解区域的动物多样性特征及其资源现状有助于更深刻理解该区域生物多样性和生态系统功能。松嫩草地地处中温带，区内广泛分布黑钙土和苏打盐碱土，同时由于深居松嫩古湖盆中心地带，地下水丰富，区域典型植被为草甸草原与草甸，漫长的地质历史与气候变化形成了具有本区域独特特征的动物群落。本部分内容以松嫩草地土壤动物、地上节肢动物和鸟类及鼠类等小型哺乳动物为对象，介绍松嫩草地动物的区系组成、群落结构及多样性特征、动物多样性与环境因素关系等，不仅可以熟知该区域的动物资源，也旨在为进一步深入开展松嫩草地动物生态学研究、保护动物多样性以及动物资源利用等相关研究提供基础数据。

7.1　土　壤　动　物

　　土壤动物（Soil animal）是指一生或一生中以土壤为生存环境且对土壤生态功能有一定影响的无脊椎动物，几乎涵盖所有陆域无脊椎动物门类（尹文英，1992）。土壤动物是重要的生物资源，是区域动物资源的一个庞大群体，是陆地生态系统的重要组成部分，具有极为重要的生态、环境、经济和社会价值。

7.1.1　土壤动物科属及区系组成

　　松嫩草地地处松嫩平原腹地，动物区系以古北区成分为主，兼有东洋区的成分。本地区由于地理位置与生态环境的特殊性，位置上向东和向南遥望小兴安岭与长白山森林，向西紧邻科尔沁沙地，向北越过大兴安岭连接内蒙古干草原。由此，动物地理组成更近于内蒙古高原，耐干旱和耐寒的物种相对较多，动物地理区划上属于蒙新区。同时，由于本区域盐碱土壤面积较大，很多土壤动物种类还具有自身耐盐碱等极端环境的特征。

　　松嫩研究站所在的区域具有丰富的土壤动物多样性。松嫩草地最早的土壤动物研究始于 20 世纪 80 年代末，张雪萍（1990）对长岭腰井子种马场羊草（*Leymus chinensis*）草原、榆树（*Ulmus pumila*）疏林和三北防护林等多类生境进行了调查。目前土壤动物的大多数的门纲类群，在松嫩研究站所在区域土壤中都有发现，迄今已经记载有6门14纲，区域土壤动物类别见名录（附录2）。本区域土壤动物的个体密度量级在 $10^2 \sim 10^4 / m^2$。本区域土壤动物按照营养级功能类群组成，杂食性的比例最大，其次是枯食类、植食类、菌食类和捕食类，腐食性的也占一定的比例。

从调查捕获的个体数量来看，线虫、螨类、跳虫为松嫩草地土壤动物优势类群（个体数量占总捕获量的10%以上），它们也是本区域研究相对较多的土壤动物。总结以往的野外调查和各类实验结果，通常线虫个体密度最高，螨类个体密度居中，跳虫个体密度最小。线虫隶属于线虫动物门（Nematoda），为两侧对称、三胚层、不分节、无附肢、假体腔的蠕虫状动物，虫体多为无色半透明的长圆柱或纺锤形。松嫩研究站及其附近地区已经记录的线虫计有2纲、7目、21科、34属，主要类群为垫刃目（Tylenchidaa）、小杆目（Rhabditida）和窄咽目（Araeolaimida）线虫；螨类隶属于节肢动物门（Arthropoda），是蛛形纲（Arachnida）动物的重要成分，松嫩研究站及其附近地区已经记录的螨类计有3亚目、73科、95属，3亚目分别为前气门亚目（辐螨 Prostigmata）、隐气门亚目（甲螨 Oribatida）和中气门亚目（革螨 Mesotigmata）；跳虫与螨类一样隶属于节肢动物门，这一称谓是弹尾纲（Collembola）动物的俗称，松嫩研究站及其附近地区已经记录跳虫计有10科21属，主要类群为圆跳科（Sminthuridae）、长角跳科（Entomobryidae）、等节跳科（Isotomidae）、棘跳科（Onychiuridae）和球角跳科（Hypogastruridae）等。松嫩草地土壤动物常见类群（个体数占总捕获量的1% ~ 10%）多为节肢动物门昆虫纲（Insecta）动物，如鞘翅目（Coleoptera）、膜翅目（Hymenoptera）和双翅目（Diptera）昆虫。鞘翅目昆虫主要为营地表和地下生活的科属，以隐翅甲科（Staphylinidae）、金龟科（Scarabaeidae）和步甲科（Carabidae）为代表，双翅目昆虫则以摇蚊科（Chironomidae）幼虫等土栖型昆虫为代表，膜翅目昆虫主要是以蚁科（Formicidae）为代表。

本区域优势类群和常见类群的土壤动物生活环境广泛，几乎在各类生境都有发现，它们形成了松嫩草地重要的土壤动物群落结构，在土壤生态过程和区域生物多样性维持中具有重要作用。除上述动物外，值得一提的是，在松嫩草地还有很多动物尚未开展研究或被研究的较少，例如，原生动物门（Protozoa），这是一类单细胞动物，种类和数量也很大，未来需要加强相关研究工作。

7.1.2　土壤动物群落类型及其分布

土壤动物一般根据体长或体宽将其分为三类，即体长超过 2mm 的大型土壤动物，以蚯蚓、蚂蚁和甲虫等为代表；体长为 0.2 ~ 2mm 的中型土壤动物，以螨类和跳虫为代表；体长小于 0.2mm 的小型土壤动物，以线虫为代表。松嫩草地的土壤动物涵盖大型、中型和小型各类土壤动物类型。区内土壤动物群落的分布受地貌、土壤类型和植物群落等多种因素的影响，在局域上呈现一定的规律。

1. 地貌地形

松嫩草地的地貌起伏不大，典型地形为坨甸相间分布，坨子地和草甸的大型、中型和小型土壤动物优势类群、常见类群和稀有类群特征如表 7-1 ~ 表 7-3 所示。

1）大型土壤动物

坨子地优势类群为线蚓科（Enchytraeidae）、金龟甲科幼虫和金龟甲科成虫等类群。常见类群为蜘蛛目（Araneae）、地蜈蚣科（Geophilidae）和土蝽科（Cydnidae）等类群。稀有类群为正蚓科（Lumbricidae）、柄眼目（Stylommatophora）和盲蛛目（Opiliones）等类群。个体密度量级一般为 10^2 头/m² 以上。

甸子地优势类群为等足目（Isopoda）和蚁科。常见类群为柄眼目、蜘蛛目和象甲科（Curculionidae）等类群。稀有类群为盲蛛目、线蚓科和正蚓科等类群。个体密度亦可达 10^2 头/m²，甸子地土壤动物个体密度常高于坨子地。

松嫩草地坨子地和甸子地共有的优势类群为蚁科，共有的常见类群为蜘蛛目、象甲科、双翅目幼虫和缨翅目（Thysanoptera），共有的稀有类群为正蚓科、盲蛛目、石蜈蚣目（Lithobiomorpha）、步甲科、象甲科幼虫、叩甲科（Elateridae）、鳞翅目（Lepidoptera）幼虫和虻科（Tabanidae）幼虫。坨子地和甸子地共有类群有蚁科，并且鞘翅目种类较多，体现出松嫩草地大型土壤动物群落组成具有明显的半干旱地区特征。坨子地大型土壤动物优势类群数量多于甸子地，常见类群数量差异不大，坨子地大型土壤动物稀有类群数量明显少于甸子地（表 7-1）。

表 7-1　松嫩草地坨子地和甸子地大型土壤动物群落组成

（殷秀琴和张宝田，1996；辛未冬等，2013）

地形	优势类群	常见类群	稀有类群
坨子地	线蚓科、金龟甲科幼虫、金龟甲科成虫、蚁科	蜘蛛目、地蜈蚣科、土蝽科、象甲科、双翅目幼虫、缨翅目	正蚓科、柄眼目、盲蛛目、蜈蚣科（Scolopendridae）、石蜈蚣科、蝼蛄科（Gryllotalpidae）、步甲科、步甲幼虫、叶甲科（Chrysomelidae）、象甲科幼虫、叩甲科、隐翅甲科、鳞翅目幼虫、虻科幼虫

地形	优势类群	常见类群	稀有类群
甸子地	等足目和蚁科	柄眼目、蜘蛛目、象甲科、隐翅甲科、双翅目幼虫、缨翅目	盲蛛目、线蚓科、正蚓科、拟阿勇蛞蝓科（Ariophantidae）、石蜈蚣科、地蜈蚣科、土蝽科、长蝽科（Lygaeidae）、步甲科、虎甲科（Cicindelidae）、虎甲科幼虫、象甲科幼虫、叩甲科、萤科（Lampyridae）幼虫、金龟甲科幼虫、金龟甲科、鳞翅目幼虫、蝇科（Muscidae）幼虫、虻科幼虫、摇蚊科幼虫

2）中型土壤动物

坨子地的优势类群为蚁科、甲螨和蓟马科（Thripidae）3 个类群。常见类群为革螨、辐螨、等节跳科、球角跳科、长角跳科和隐翅甲科 6 个类群。稀有类群为金龟甲科、线蚓科和步甲科等超过 20 个类群。个体密度量级为 $10^2 \sim 10^4$ 头/m²。

甸子地优势类群为甲螨、辐螨、革螨和等节跳虫科 4 个类群。常见类群为球角跳科、蚁科、棘跳科、隐翅甲科、蓟马科、长角跳科 6 个类群。稀有类群为线蚓科、步甲科、金龟甲科等超过 20 个类群。个体密度量级亦为 $10^2 \sim 10^4$ 头/m²。

在松嫩草地，坨子地与甸子地中的中型土壤动物群落特征存在一定的差异。坨子地与甸子地共有优势类群为甲螨，共有常见类群为隐翅甲科、球角跳科和长角跳科，共有稀有类群为金龟甲科、线蚓科和步甲科等。甸子地中的优势类群多于坨子地，各类群所占比例明显高于坨子地，说明中型土壤动物在甸子地中分布更为集中。

表7-2 松嫩草原坨子地和甸子地中型土壤动物（殷秀琴和张宝田，1996）

地形	优势类群	常见类群	稀有类群
坨子地	蚁科、甲螨、蓟马科	革螨、辐螨、等节跳科、球角跳科、长角跳科、隐翅甲科	线蚓科、步甲科、金龟甲科、食虫虻科（Asilidae）、蜘蛛目、盲蝽科（Miridae）、圆跳科、蚁甲科（Pselaphidae）、拟步甲科（Tenebrionidae）
甸子地	甲螨、辐螨、革螨、等节跳虫科	球角跳科、蚁科、棘跳科、隐翅甲科、蓟马科、长角跳科	线蚓科、步甲科、金龟甲科、盲蛛目、地跳虫科（Oncopoduridae）、长蝽科、啮科（Psocidae）、花萤科（Cantharidae）、蚁甲科、象甲科、鳞翅目幼虫

3）小型土壤动物

线虫是最重要的小型土壤动物，也是迄今为止地球上数量最多的动物（Bardgett and van der Putten, 2014; van den Hoogen et al., 2019）。根据其取食习性通常分为五个营养类群：食细菌线虫、食真菌线虫、杂食性线虫、植物寄生线虫和捕食线虫。

坨子地的优势类群为真滑刃属（*Aphelenchus*）、短体属（*Pratylenchus*）、丝尾垫刃属（*Filenchus*）、拟丽突属（*Acrobeloides*）、小孔咽属（*Aporcelaimellus*）等。常见的类群为滑刃属（*Aphelenchoides*）、鞘属（*Hemicycliophora*）、异皮属（*Heterodera*）、螺旋属（*Helicotylenchus*）、盘旋属（*Rotylenchus*）、散香属（*Boleodorus*）、拟毛刺属（*Paratrichodorus*）、裸矛属（*Psilenchus*）、垫刃属（*Tylenchus*）、矮化属（*Tylenchorhynchus*）、丽突属（*Acrobeles*）、小杆属（*Rhabditis*）、绕线属（*Plectus*）、膜皮属（*Diphtherophora*）、牙咽属（*Dorylaimellus*）和垫咽属（*Tylencholaimus*）等。稀有类群为伪垫刃属（*Nothotylenchus*）、鹿角唇属（*Cervidellus*）和板唇属（*Chiloplacus*）等类群。个体密度量级一般为 50 ~ 100 条/100g 干土。

甸子地的优势类群有真滑刃属、盘旋属、短体属、小杆属和绕线属等。常见类群为茎属（*Ditylenchus*）、滑刃属、螺旋属、散香属、裸矛属、丽突属、拟丽突属、鹿角唇属、板唇属、膜皮属等类群。稀有类群为环属（*Criconema*）、异皮属和针属（*Paratylenchus*）等类群。甸子地土壤线虫个体密度量级在 100 条/100g干土以上。

松嫩草地坨子地和甸子地的线虫优势类群和常见类群数量差异不大，坨子地和甸子地共有的优势类群是真滑刃科（Aphelenchidae）的真滑刃属和短体科（Pratylenchidae）的短体属，共有常见类群为滑刃属、螺旋属、散香属、裸矛属、丽突属。共有稀有类群为伪垫刃属、畸头属（*Teratocephalus*）、似绕线属（*Chiloplacus*）、孔咽属（*Aporcelaimus*）、剑属（*Xiphinema*）、伊龙属（*Ironus*）、异色矛属（*Achromadora*）、单齿属（*Mononchus*）。

表 7-3　松嫩草地坨甸相间地形土壤线虫群落（吴东辉等，2005c；2007a；2007b；2008a；Yang et al.，2021）

地形	优势类群	常见类群	稀有类群
坨子地	真滑刃属、短体属、丝尾垫刃属、拟丽突属、小孔咽属	滑刃属、鞘属、异皮属、螺旋属、盘旋属、散香属、拟毛刺属、裸矛属、垫刃属、矮化属、丽突属、小杆属、绕线属、膜皮属、牙咽属、垫咽属	伪垫刃属、鹿角唇属、板唇属、畸头属、似绕线属、孔咽属、剑属、盘咽属（*Discolaimus*）、伊龙属、异色矛属、单齿属

续表

地形	优势类群	常见类群	稀有类群
甸子地	真滑刃属、盘旋属、短体属、小杆属、绕线属	茎属、滑刃属、螺旋属、散香属、裸矛属、丽突属、拟丽突属、鹿角唇属、板唇属、膜皮属	环属、异皮属、针属、伪垫刃属、垫刃属、矮化属、头叶属（Cephalobus）、双胃属（Diplogaster）、盆咽属（Panagrolaimus）、三等齿属（Pelodera）、畸头属、似绕线属、孔咽属、矛线属（Dorylaimus）、中矛线属（Mesodorylaimus）、剑属、伊龙属、色矛属（Chromadorita）、异色矛属、拟杯咽属（Paracyatholaimus）、基齿属（Iotonchus）、单齿属、矬齿属（Mylonchulus）、锥属（Dolichorus）

2. 土壤类型

松嫩研究站及其周围区域，主要土壤类型有淡黑钙土、草甸土、苏打盐土、碱土、风沙土等，不同土壤类型中土壤动物群落特征如表 7-4 ~ 表 7-6。

1）大型土壤动物

淡黑钙土的大型土壤动物优势类群为鞘翅目成虫、金龟甲科幼虫和蚁科等类群。常见类群为线蚓科、瓦娄蜗牛科（Valloniidae）和蜘蛛目等类群。稀有类群为琥珀螺科（Succineidae）、蜈蚣科和地蜈蚣科等类群。个体密度量级可达 10^2 ~ 10^3 头/m^2。

草甸土的大型土壤动物优势类群为腹足纲（Gastropoda）、蜘蛛目和鼠妇科（Porcellionidae）等类群。常见类群为地蜈蚣科、啮虫科和鞘翅目幼虫（象甲科幼虫、金龟甲科幼虫、天牛科（Cerambycidae）幼虫）等类群。稀有类群为线蚓科、正蚓科和槲果螺科（Cochlicopidae）等类群。个体密度量级为 10^2 ~ 10^3 头/m^2。

苏打盐土的大型土壤动物优势类群为蜘蛛目、鼠妇科和步甲科等类群。常见类群为地蜈蚣科、蝼蛄科和象甲科等类群。稀有类群为虹蛹螺科（Pupillidae）、盲蛛目和花蝽科（Anthocoridae）等类群。个体密度量级为 10^2 头/m^2。

碱土的大型土壤动物优势类群为蜘蛛目、鼠妇科和地蜈蚣科等类群。常见类群为虹蛹螺科、鼠妇科和蝼蛄科等类群。稀有类群为盲蛛目、蠼螋科（Labiduridae）和栉蝽科（Ceratocombidae）等类群。个体密度量级为 10^2 头/m^2。

风沙土的大型土壤动物优势类群为线蚓科、金龟甲科幼虫和金龟甲科成虫等类群。常见类群为蜘蛛目、土蝽科和象甲科等类群。稀有类群为正蚓科、蜈蚣科和地蜈蚣科等类群。个体密度量级为 10^2 头/m^2。

松嫩草地不同土壤类型的大型土壤动物共有的优势类群为蚁科。除了淡黑钙土，其他土壤类型大型土壤动物共有常见类群为象甲科。草甸土大型土壤动物稀有类群的数量最多。

表 7-4　松嫩草地不同土壤类型大型土壤动物群落组成（殷秀琴等，1994；殷秀琴和赵红音，1994；殷秀琴和张宝田，1996；王海霞，2002；王海霞等，2003；殷秀琴等，2003；吴东辉等，2004；刘静，2007；马莉等，2014；邱丽丽等，2014）

土壤类型	优势类群	常见类群	稀有类群
淡黑钙土	鞘翅目成虫、金龟甲科幼虫、蚁科	线蚓科、瓦娄蜗牛科、蜘蛛目、石蜈蚣科、地蜈蚣科、土蝽科、啮虫科、鞘翅目幼虫（步甲科幼虫、隐翅甲科幼虫、拟步甲科幼虫）、步甲科、金龟甲科、隐翅甲科、拟步甲科、双翅目幼虫	琥珀螺科、蜈蚣科、地蜈蚣科、蝼蛄科、蠼螋科、花蝽科、盲蝽科、划蝽科（Corixidae）、猎蝽科（Reduviidae）、跳蝽科（Saldidae）、瓢虫科（Goccinellidae）幼虫、苔甲科（Scydmaenidae）、鳞翅目幼虫、摇蚊科幼虫
草甸土	腹足纲、蜘蛛目、鼠妇科、象甲科幼虫、双翅目幼虫、蚁科	地蜈蚣科、啮虫科、鞘翅目幼虫（象甲科幼虫、金龟甲科幼虫、天牛科幼虫）、鞘翅目成虫（步甲科、象甲科、金龟甲科、隐翅甲科）	线蚓科、正蚓科、槲果螺科、潮虫科（Oniscidae）、地蜈蚣科、蠼螋科、长蝽科、猎蝽科、盲蝽科、啮虫科、步甲科幼虫、叶甲科、叩甲科幼虫、瓢甲科、萤科、露尾甲科（Nitidulidae）、蚁科、隐翅甲科幼虫、拟步甲科、鳞翅目幼虫、蓟马科
苏打盐土	蜘蛛目、鼠妇科、步甲科、步甲科幼虫、象甲科幼虫、隐翅甲科、双翅目幼虫、蚁科	地蜈蚣科、蝼蛄科、象甲科、拟步甲科	虹蛹螺科、盲蛛目、花蝽科、猎蝽科、叶甲科、叩甲科、泥甲科（Dryopidae）、鳞翅目幼虫
碱土	蜘蛛目、鼠妇科、地蜈蚣科、步甲科、步甲科幼虫、象甲科幼虫、蚁科	虹蛹螺科、鼠妇科、蝼蛄科、半翅目（Hemiptera）若虫、象甲科、隐翅甲科、拟步甲科、鳞翅目幼虫、双翅目幼虫	盲蛛目、蠼螋科、栉蝽科、土蝽科、叶甲科、虎甲科、叩甲科、瓢甲科幼虫、葬甲科（Silphidae）、隐翅甲科幼虫、拟步甲科
风沙土	线蚓科、金龟甲科幼虫、金龟甲科成虫、蚁科	蜘蛛目、土蝽科、象甲科、双翅目幼虫	正蚓科、蜈蚣科、地蜈蚣科、石蜈蚣科、蝼蛄科、步甲科、步甲科幼虫、叶甲科、象甲科幼虫、叩甲科、隐翅甲科、毒蛾科（Lymantriidae）幼虫、虻科幼虫

2）中型土壤动物

淡黑钙土的中型土壤动物优势类群为革螨、甲螨和辐螨，常见类群为啮虫科、叶蝉科（Cicadellidae）、蚁科、等节跳科、长角跳科、步甲科、圆跳科、隐翅甲科和棘跳科等，稀有类群为疣跳科（Neanuridae）、鳞跳科（Tomoceridae）和金龟甲科等 10 余类；个体密度量级范围为 $10^2 \sim 10^4$ 头/m^2。

草甸土的中型土壤动物优势类群为甲螨和革螨，常见类群为辐螨、等节跳科、球角跳科、疣跳科、长角亚目（Nematocera）幼虫、叩甲科幼虫、驼蝽科（Microphysidae）和金龟甲科等，稀有类群为金龟甲科幼虫、蚁科、蓟马科等近 20 类；个体密度量级范围为 $10^2 \sim 10^4$ 头/m^2。

苏打盐土中型土壤动物的优势类群为革螨、象甲科、辐螨和长角跳科，常见类群为甲螨、步甲科、蚁科、蜘蛛目等，稀有类群为隐翅甲科、球角跳科和叶甲科等近 10 类；个体密度量级范围为 $10^2 \sim 10^3$ 头/m^2。

碱土的中型土壤动物优势类群为辐螨，常见类群为革螨、甲螨、弹尾类，稀有类群为双翅目、鞘翅目、缨翅目等近 10 类；个体密度量级范围为 $10 \sim 10^3$ 头/m^2。

风沙土的中型土壤动物优势类群为甲螨、辐螨和革螨，常见类群为蚁科、等节跳科、疣跳科、管蓟马科（Phlaeothripidae）、叶甲科幼虫和双翅目幼虫，稀有类群为圆跳科、步甲科、线蚓科、蜘蛛目、金龟甲科、啮虫科、球角跳科、隐翅甲科、拟步甲科、叶甲科、长角跳科、棘跳科、鳞跳科等；个体密度量级范围为 $1 \sim 10^3$ 头/m^2。

表 7-5 不同土壤类型的中型土壤动物主要类群（殷秀琴等，1994；王海霞，2002；付关强，2007；辛未冬，2011；王兴丽，2011）

土壤类型	优势类群	常见类群	稀有类群
淡黑钙土	革螨、甲螨、辐螨	啮虫科、叶蝉科、蚁科、等节跳科、长角跳科、步甲科、圆跳科、隐翅甲科和棘跳科	疣跳科、鳞跳科、金龟甲科、步甲科幼虫、沼石蛾科（Limnophilidae）、盲蝽科、鳞跳科和露尾甲科
草甸土	甲螨、革螨	辐螨、等节跳科、球角跳科、疣跳科、长角亚目幼虫、叩甲科幼虫、驼蝽科、金龟甲科、蚧总科，等	金龟甲科幼虫、蚁科、蓟马科、芒角亚目幼虫、土蝽科、圆跳科、隐翅甲科、长蝽科、巨蟹蛛科（Heteropodidae）
苏打盐土	革螨、象甲科、辐螨、长角跳科	甲螨、步甲科、蚁科、蜘蛛目	隐翅甲科、球角跳科、叶甲科、叩甲科、泥甲科
碱土	辐螨	革螨、甲螨、弹尾类	双翅目、鞘翅目、缨翅目、蜘蛛目
风沙土	甲螨、辐螨和革螨	蚁科、等节跳科、疣跳科、管蓟马科、叶甲科幼虫和双翅目幼虫	圆跳科、步甲科、线蚓科、蜘蛛目、金龟甲科、啮虫科、球角跳科、隐翅甲科、拟步甲科、叶甲科、长角跳科、棘跳科、鳞跳科

3）小型土壤动物

淡黑钙土的土壤线虫优势属为真滑刃属和短体属 2 个类群。常见类群以植食性线虫为主，包括滑刃属、盘旋属、散香属、裸矛属、垫刃属、矮化属、小杆属、绕线属和膜皮属等类群，优势属和常见属个体数占捕获总数的 90% 以上，稀有类群有螺旋属、伪垫刃属和拟丽突属等类群，但个体数量很少。个体密度量级一般为 100 条/100g 干土左右。

草甸土的优势属是以食细菌和食真菌线虫为主，包括真滑刃属、小杆属和绕线属 3 个类群，常见类群包括茎属、滑刃属、环属、盘旋属、散香属、短体属、裸矛属、丽突属、拟丽突属、板唇属、膜皮属和孔咽属等类群，个体数占群落的40% 以上，稀有类群数量最多，包括异皮属、螺旋属和针属等类群。个体密度量级超过 100 条/100g 干土，群落组成丰富。

苏打盐土的线虫优势属为真滑刃属、短体属和小杆属 3 个类群，占群落总多度的 50% 以上。常见类群包括滑刃属、螺旋属、盘旋属、散香属、针属、伪垫刃属、裸矛属、矮化属、丽突属、拟丽突属、板唇属、似绕线属、绕线属和膜皮属等类群。稀有类群包括茎属、环属和针属等个类群。常见类群和稀有类群数量相当。个体密度量级低于 50 条/100g 干土。

碱土的线虫优势属是盘旋属和真滑刃属，分别属于植食性线虫和食真菌线虫。常见类群包括茎属、滑刃属、环属、螺旋属、散香属、短体属、裸矛属、拟丽突属、鹿角唇属、板唇属、小杆属、绕线属、孔咽属等类群，稀有类群包括针属、伪垫刃属和垫刃属等类群。个体密度最多约为 160 条/100g 干土。

风沙土的线虫优势属有拟丽突属、丝尾垫刃属和小孔咽属 3 个类群，常见属有滑刃属、鞘属、异皮属、螺旋属、短体属、拟毛刺属、丽突属、牙咽属和垫咽属等类群，稀有属仅 2 个，是鹿角唇属和盘咽属。个体密度最少，低于 20 条/100g 干土。

表 7-6　松嫩草地不同土壤类型土壤线虫群落组成

（吴东辉等，2005c；2007a；2007b；2008a；张晓珂等，2009）

土壤类型	优势类群	常见类群	稀有类群
淡黑钙土	真滑刃属、短体属	滑刃属、盘旋属、散香属、裸矛属、垫刃属、矮化属、小杆属、绕线属、膜皮属	螺旋属、伪垫刃属、拟丽突属、鹿角唇属、板唇属、畸头属、似绕线属、孔咽属、剑属、伊龙属、异色矛属、单齿属
草甸土	真滑刃属、小杆属、绕线属	茎属、滑刃属、环属、盘旋属、散香属、短体属、裸矛属、丽突属、拟丽突属、板唇属、膜皮属、孔咽属	异皮属、螺旋属、针属、伪垫刃属、垫刃属、矮化属、头叶属、鹿角唇属、双胃属、盆咽属、三等齿属、畸头属、似绕线属、矛线属、中矛线属、剑属、伊龙属、色矛属、异色矛属、拟杯咽属、基齿属、单齿属、矬齿属

土壤类型	优势类群	常见类群	稀有类群
苏打盐土	真滑刃属、短体属、小杆属	滑刃属、螺旋属、盘旋属、散香属、针属、伪垫刃属、裸矛属、矮化属、丽突属、拟丽突属、板唇属、似绕线属、绕线属、膜皮属	茎属、环属、针属、垫刃属、头叶属、盆咽属、畸头属、膜皮属、孔咽属、矛线属、中矛线属、伊龙属、色矛属、异色矛属、拟杯咽属、锥属
碱土	真滑刃属、盘旋属	茎属、滑刃属、环属、螺旋属、散香属、短体属、裸矛属、拟丽突属、鹿角唇属、板唇属、小杆属、绕线属、孔咽属	针属、伪垫刃属、垫刃属、矮化属、丽突属、头叶属、双胃属、三等齿属、似绕线属、膜皮属、矛线属、中矛线属、剑属、伊龙属、色矛属、拟杯咽属、基齿属、单齿属、燵齿属
风沙土	拟丽突属、丝尾垫刃属、小孔咽属	滑刃属、鞘属、异皮属、螺旋属、短体属、拟毛刺属、丽突属、牙咽属、垫咽属	鹿角唇属、盘咽属

3. 植物群落

松嫩草地的主要植物群落为羊草群落、杂类草群落、虎尾草（*Chloris virgata*）群落、朝鲜碱茅（*Puccinellia chinampoensis*）群落、碱蒿（*Artemisia anethiyolia*）-碱蓬（*Suaeda glauca*）群落和榆树疏林群落，各植物群落下土壤动物群落组成见表 7-7~表 7-9。

1）大型土壤动物

羊草群落的大型土壤动物优势类群为腹足纲、蜘蛛目和鼠妇科等类群。常见类群为啮虫科、鞘翅目幼虫和鞘翅目成虫（步甲科、象甲科、隐翅甲科）等类群。稀有类群为潮虫科、地蜈蚣科和鳞翅目幼虫等类群。个体密度量级为 10^2 ~ 10^3 头/m^2。

杂类草群落的优势类群仅为蚁科。常见类群为蜘蛛目、潮虫科和地蜈蚣科等类群。稀有类群为线蚓科、正蚓科和槲果螺科等类群。个体密度量级为 10^2 ~ 10^3 头/m^2。

虎尾草群落的优势类群为蜘蛛目、鼠妇科和步甲科等类群。常见类群为地蜈蚣科、蝼蛄科和拟步甲科。稀有类群为虹蛹螺科、猎蝽科和鳞翅目幼虫。个体密度数量级为 10^2 头/m^2。

碱茅群落的优势类群为蜘蛛目、鼠妇科和地蜈蚣科等类群。常见类群为虹蛹螺科、蝼蛄科和半翅目若虫等类群。稀有类群为葬甲科和拟步甲科。个体密度数量级为 10^2 头/m^2。

表 7-7　松嫩草地不同植物群落大型土壤动物群落组成（殷秀琴等，1994；2003；殷秀琴和赵红音，1994；吴东辉等，2004；刘静，2007；邱丽丽等，2014；马莉等，2014）

植物群落	优势类群	常见类群	稀有类群
羊草群落	腹足纲、蜘蛛目、鼠妇科、象甲科幼虫、双翅目幼虫、蚁科	啮虫科、鞘翅目幼虫、鞘翅目成虫（步甲科、象甲科、隐翅甲科）、蓟马科	潮虫科、地蜈蚣科、鳞翅目幼虫
杂类草群落	蚁科	蜘蛛目、潮虫科、地蜈蚣科、步甲科、象甲科、象甲科幼虫、金龟甲科、金龟甲科幼虫、隐翅甲科、天牛科幼虫、双翅目幼虫	线蚓科、正蚓科、槲果螺科、蟋蟋科、长蜡科、盲蜡科、猎蜡科、啮虫科、步甲科幼虫、叶甲科、叩甲科幼虫、露尾甲科、蚁甲科、隐翅甲科幼虫、拟步甲科、鳞翅目幼虫、蓟马科
虎尾草群落	蜘蛛目、鼠妇科、步甲科、步甲科幼虫、象甲科幼虫、隐翅甲科、双翅目幼虫、蚁科	地蜈蚣科、蝼蛄科、拟步甲科	虹蛹螺科、猎蜡科、鳞翅目幼虫
碱茅群落	蜘蛛目、鼠妇科、地蜈蚣科、象甲科幼虫、蚁科	虹蛹螺科、蝼蛄科、半翅目若虫、步甲科、步甲科幼虫、隐翅甲科、鳞翅目幼虫、双翅目幼虫	葬甲科、拟步甲科
碱蒿–碱蓬群落	蜘蛛目、步甲科、步甲科幼虫、象甲科幼虫、蚁科	鼠妇科、地蜈蚣科、蝼蛄科、象甲科、隐翅甲科、拟步甲科、鳞翅目幼虫、双翅目幼虫	盲蜡目、蟋蟋科、土蜡科、栉蜡科、叶甲科、虎甲科、叩甲科、瓢甲科幼虫、隐翅甲科幼虫
榆树疏林群落	蚁科	线蚓科、金龟甲科、蓟马科	蜘蛛目、地蜈蚣科、盲蜡科、步甲科、叶甲科、象甲科、叩甲科、隐翅甲科、拟步甲科、双翅目幼虫

　　碱蒿–碱蓬群落的优势类群为蜘蛛目、步甲科和步甲科幼虫等类群。常见类群为鼠妇科、地蜈蚣科和蝼蛄科等类群。稀有类群为盲蜡目、蟋蟋科和土蜡科等类群。个体密度量级为 10^2 头/m^2。

　　榆树疏林的优势类群仅为蚁科，常见类群为线蚓科、金龟甲科和蓟马科，稀有类群为蜘蛛目、地蜈蚣科和盲蜡科等类群。个体密度量级为 10^2 头/m^2。

　　2）中型土壤动物

　　羊草群落中型土壤动物的优势类群为甲螨和辐螨，常见类群为革螨、疣跳科、等节跳科，稀有类群为长角跳科、棘跳科、圆跳科等 30 余类。个体密度量级为 1~10³头/m²。

杂类草群落中型土壤动物的优势类群为球角跳科、甲螨、革螨和辐螨，常见类群为等节跳科，稀有类群为长角跳科、鳞跳科、步甲科幼虫等 30 余类。个体密度量级为 1~10³头/m²。

虎尾草群落中型土壤动物的优势类群为甲螨、辐螨、革螨、等节跳科，常见类群为疣跳科、长角跳科、圆跳科，稀有类群为棘跳科、圆跳科、隐翅甲科等 20 余类。个体密度量级为 1~10³头/m²。

碱茅群落中型土壤动物的优势类群为辐螨、革螨，常见类群为甲螨、弹尾类、鞘翅目，稀有类群为球角跳科、步甲科、隐翅甲科等近 10 类。个体密度量级为 1~10³头/m²。

碱蒿–碱蓬群落中型土壤动物的优势类群为甲螨、辐螨、革螨，常见类群为等节跳科、长角跳科，稀有类群为疣跳科、双翅目幼虫和圆跳科等近 10 类。个体密度量级为 1~10³头/m²。

榆树疏林群落中型土壤动物的优势类群为甲螨、辐螨和革螨，常见类群为等节跳科、疣跳科等，稀有类群为步甲科、蜘蛛目、啮虫科等近 10 类。个体密度范围为 1~10³头/m²。

表 7-8　松嫩草地不同植物群落中型土壤动物（殷秀琴和赵红音，1994；王海霞，2002；付关强，2007；郑艳苗，2007；辛未冬，2011；邱丽丽等，2014）

植物群落	优势类群	常见类群	稀有类群
羊草群落	甲螨、辐螨	革螨、疣跳科、等节跳科	长角跳科、棘跳科、圆跳科、姬蝽科（Nabidae）、管蓟马科、锥蓟马科（Ecacanthothripidae）、尖角蓟马科（Ceratothripidae）、蚁科、蜘蛛目、啮虫科、金龟甲科、叶甲科、拟步甲科、鞘翅目幼虫、双翅目幼虫、蚜总科、长角跳科、步甲科、蚁甲科、隐翅甲科、黑蜣科（Passalidae）、锹甲科（Lucanidae）、鼠妇科、鳞翅目幼虫、线蚓科、细翅石蛾科（Molannidae）
杂类草群落	球角跳科、甲螨、革螨和辐螨	等节跳科	长角跳科、鳞跳科、步甲科幼虫、盲蝽科、隐翅甲科、鞘翅目幼虫、疣跳科、啮虫科、金龟甲科、蚁科和露尾甲科
虎尾草群落	甲螨、辐螨、革螨、等节跳科	疣跳科、长角跳科、圆跳科	棘跳科、隐翅甲科、步甲科、黑蜣科、鞘翅目幼虫、双翅目幼虫、管蓟马科、尖角蓟马科、蓟马科、姬蝽科、棘跳科、圆跳科、拟步甲科、出尾蕈甲科（Scaphidiidae）、长蝽科、蝎科、蝼蛄科、啮虫科、蜘蛛目、线蚓科、鼠妇科
碱茅群落	辐螨、革螨	甲螨、弹尾类、鞘翅目	球角跳科、盲蝽目、步甲科、隐翅甲科、蜘蛛目和双翅目

续表

植物群落	优势类群	常见类群	稀有类群
碱蒿-碱蓬群落	甲螨、辐螨、革螨	等节跳科、长角跳科等节跳科、疣跳科、	疣跳科、双翅目幼虫、拟步甲科幼虫、姬蜂科、圆跳科、步甲科、啮虫科、象甲科幼虫
榆树疏林群落	甲螨、辐螨和革螨	蚁科、管蓟马科、叶甲科幼虫和双翅目幼虫	步甲科、蜘蛛目、啮虫科、隐翅甲科、象甲科幼虫、夜蛾科幼虫、叩甲科幼虫、隐翅甲科幼虫

3) 小型土壤动物

羊草群落的线虫优势属为真滑刃属、小杆属和绕线属等类群。常见类群有茎属、滑刃属、环属、盘旋属、散香属、短体属、裸矛属、丽突属、拟丽突属、板唇属、膜皮属和孔咽属等类群。稀有类群种类丰富，有异皮属、螺旋属、针属等类群，其数量是常见类群种类的 2 倍，但稀有类群个体数仅占 5%～10%；个体密度高于 150 条/100g 干土。

杂类草群落的线虫优势类群有螺旋属、垫咽属和棱咽属 3 个类群，常见属有茎属、真滑刃属、滑刃属等类群，稀有类群数量减少仅 8 个，包括鹿角唇属、孔咽属和盘咽属等。杂类草群落和羊草群落土壤线虫个体密度和类群数存在着一定差异。

虎尾草群落的土壤线虫个体及分类数较少，约 30 属，个体密度低于每 100g 干土 50 条。线虫优势类群为真滑刃属、短体属和小杆属，共占总群落个体数量的 50% 以上。常见类群有滑刃属、螺旋属、盘旋属、散香属、伪垫刃属、裸矛属、矮化属、拟丽突属、丽突属、鹿角唇属和板唇属等类群。稀有属有茎属、环属、针属等类群。

碱茅群落的优势类群与虎尾草群落的土壤线虫优势类群相同，常见类群包括滑刃属、螺旋属、盘旋属、散香属、针属、伪垫刃属、裸矛属、矮化属、丽突属、拟丽突属、板唇属、似绕线属、绕线属、膜皮属和三孔属等属，稀有类群包括茎属、鞘属和垫刃属等类群。个体密度高于虎尾草群落约 70 条/100g 干土。

碱蒿-碱蓬群落的优势类群以植食性线虫为主，包括垫咽属、那格尔属 (*Nagelus*) 和棱咽属 (*Prismatolaimus*) 等类群。常见属有茎属、真滑刃属、滑刃属、丽突属、头叶属、绕线属、短体长针属 (*Longidorella*)、真单宫属 (*Eumonhystera*)、真头叶属 (*Eucephalobus*)、棱咽属、野外垫刃属 (*Aglenchus*) 等类群。稀有类群数量最少，包括矛线属、螯属 (*Pungentus*)、剑尾垫刃属 (*Malenchus*) 和拱唇属 (*Labronema*) 等类群。个体密度也低于 100 条/100g 干土。

榆树疏林群落的优势类群是植食性线虫的鞘属和拟毛刺属，常见类群和稀有类群的数量较少。常见类群包括丝尾垫刃属、丽突属、拟丽突属、畸头属、绕线属、小孔咽属、垫咽属、瘤咽属 (*Tylencholaimellus*) 等类群。稀有类群包括真滑刃属、滑刃属和针属等类群。土壤线虫的个体密度约 60 条/100g 干土。

表 7-9　松嫩草地不同植物群落土壤线虫群落组成

（吴东辉等，2007a；2007b；2008a；张晓珂等，2009）

植物群落	优势类群	常见类群	稀有类群
羊草群落	真滑刃属、小杆属、绕线属	茎属、滑刃属、环属、盘旋属、散香属、短体属、裸矛属、丽突属、拟丽突属、板唇属、膜皮属、孔咽属	异皮属、螺旋属、针属、伪垫刃属、垫刃属、矮化属、头叶属、鹿角唇属、双胃属、盆咽属、三等齿属、畸头属、似绕线属、矛线属、中矛线属、剑属、伊龙属、色矛属、异色矛属、拟杯咽属、基齿属、单齿属、焰齿属
杂类草群落	螺旋属、垫咽属、棱咽属	茎属、真滑刃属、滑刃属、丽突属、头叶属、绕线属、齿腔属、棱咽属、无咽属、三孔属、螯属、真矛线属、剑尾垫刃属、真头叶属	鹿角唇属、孔咽属、盘咽属、短体长针属、真单宫属、威尔斯属、小矛线属、缢咽属
虎尾草群落	真滑刃属、短体属、小杆属	滑刃属、螺旋属、盘旋属、散香属、伪垫刃属、裸矛属、矮化属、拟丽突属、丽突属、鹿角唇属、板唇属	茎属、环属、针属、垫刃属、头叶属、盆咽属、畸头属、膜皮属、孔咽属、矛线属、中矛线属、伊龙属、色矛属、异色矛属、拟杯咽属、锥属
碱茅群落	真滑刃属、短体属、小杆属	滑刃属、螺旋属、盘旋属、散香属、针属、伪垫刃属、裸矛属、矮化属、丽突属、拟丽突属、板唇属、似绕线属、绕线属、膜皮属、三孔属	茎属、鞘属、垫刃属、头叶属、鹿角唇属、双胃属、盆咽属、三等齿属、畸头属、孔咽属、矛线属、剑属、伊龙属、色矛属、异色矛属、基齿属、焰齿属、锥属
碱蒿-碱蓬群落	垫咽属、那格尔属、棱咽属	茎属、真滑刃属、滑刃属、丽突属、头叶属、绕线属、短体长针属、真单宫属、真头叶属、棱咽属、野外垫刃属	矛线属、螯属、剑尾垫刃属、拱唇属
榆树疏林群落	鞘属、拟毛刺属	丝尾垫刃属、丽突属、拟丽突属、畸头属、绕线属、小孔咽属、垫咽属、瘤咽属	真滑刃属、滑刃属、针属、板唇属、异头叶属、中杆属、棱咽属、原杆属、丛垫刃属、上矛属、小矛属

7.1.3　农林用地对土壤动物群落的影响

　　松嫩草地由于地势平坦、土壤肥沃，大量土地被开垦为农田，以及建造三北防护林和居民点。人类对环境的改变在一定程度上会影响生物多样性。不同农林用地内土壤动物群落特征见表 7-10 ~ 表 7-12。

1. 大型土壤动物

农田中大型土壤动物的优势类群为鞘翅目成虫和蚁科。常见类群为瓦娄蜗牛科、蜘蛛目和地蜈蚣科等类群。稀有类群为蜈蚣科、蝼蛄科和蠼螋科等类群。个体密度量级为 10^2 头/m^2。

防护林在大型土壤动物的优势类群为金龟甲科幼虫和蚁科。常见类群为线蚓科、蜘蛛目和石蜈蚣科等类群。稀有类群为琥珀螺科、瓦娄蜗牛科和盲蛛目等类群。个体密度量级为 $10^2 \sim 10^3$ 头/m^2。

居民点用地的土壤动物优势类群为琥珀螺科和蚁科。常见类群为线蚓科、正蚓科和链胃蚓科（Moniligastridae）等类群。稀有类群为拟阿勇蛞蝓科、瓦娄蜗牛科和平腹蛛科（Gnaphosidae）等类群。个体密度量级为 10^2 头/m^2。

表 7-10　松嫩草地农业生产活动大型土壤动物群落组成（王海霞，2002；王海霞等，2003；殷秀琴等，2003；吴东辉等，2005a；2006；2007c）

农林用地	优势类群	常见类群	稀有类群
农田	鞘翅目成虫、蚁科	瓦娄蜗牛科、蜘蛛目、地蜈蚣科、土蝽科、鞘翅目幼虫（步甲科幼虫、隐翅甲科幼虫、拟步甲科幼虫）、步甲科、金龟甲科、拟步甲科、双翅目幼虫	蜈蚣科、蝼蛄科、蠼螋科、盲蝽科、划蝽科、瓢甲科幼虫、金龟甲科幼虫、苔甲科、隐翅甲科
防护林	金龟甲科幼虫、蚁科	线蚓科、蜘蛛目、石蜈蚣科、啮虫科、鞘翅目幼虫（步甲科幼虫）、步甲科、隐翅甲科、双翅目幼虫	琥珀螺科、瓦娄蜗牛科、盲蛛目、地蜈蚣科、花蝽科、跳蝽科、盲蝽科、猎蝽科、鳞翅目幼虫、摇蚊科幼虫
居民点用地	琥珀螺科、蚁科	线蚓科、正蚓科、链胃蚓科、地蜈蚣科、步甲科、步甲科幼虫、金龟甲科幼虫、隐翅甲科、食虫虻科幼虫	拟阿勇蛞蝓科、瓦娄蜗牛科、平腹蛛科、巨蟹蛛科、逍遥蛛科（Philodromidae）、跳蛛科（Salticidae）、蟹蛛科（Thomisidae）、潮虫科、蜈蚣科、石蜈蚣科、蝼蛄科、奇蝽科（Enicocephalidae）、丽金龟科（Butelidae）、红萤科（Lycidae）幼虫、缩头甲科（Chelonariidae）幼虫、叶甲科幼虫、虎甲科、拟球甲科（Corylophidae）幼虫、象甲科幼虫、叩甲科幼虫、伪瓢甲科（Endomychidae）、薪甲科（Lathridiidae）、锹甲科、蚁甲科、金龟甲科、拟步甲科、长足虻科（Dolichopodidae）幼虫、舞虻科（Empididae）幼虫、虻科幼虫、剑虻科（Therevidae）幼虫、大蚊科（Tipulidae）幼虫

2. 中型土壤动物

通过对松嫩草地保护区内草地、玉米田和防护林土壤动物的调查发现，农业生产活动使中型土壤动物群落特征发生一定程度的改变（表 7-11）。

本地区的农田是以玉米田为主，共获得中型土壤动物优势类群有 2 类，即辐螨和革螨，常见类群有 3 类，分别是甲螨、等节跳科和鞘翅目幼虫，稀有类群有鳞跳科、步甲科幼虫等 15 类。个体密度量级为 $1 \sim 10^3$ 头/m^2。

防护林（杨树林）中共获得中型土壤动物优势类群有 3 类，即革螨、甲螨和辐螨，常见类群有 4 类，分别是等节跳科、长角跳科、圆跳科和棘跳科，稀有类群有鳞跳科、步甲科幼虫等 10 类。个体密度量级为 $1 \sim 10^2$ 头/m^2。

居民点中共获得中型土壤动物优势类群有 2 类，即盲蛛螨科（Caeculidae）和符跳属，常见类群有 15 类，分别是盾螨属（Scutaracus）、奥甲螨属（Oppia）、穴螨属（Zeroon）、奇矮螨属（AllopygmepHorus）、全盾螨属（Holaspulus）、拟上罗甲螨属（Epilohmannoides）、长须螨属（Stigmaeus）、若甲螨属（Oribatula）、携卵螨科（Labidostommidae）、美绥螨属（Ameroseius）、奇跳属（Xenylla）、棘跳属（Onychiurus）、库跳属（Coloburella）、刺跳属（Acanthocyrtus）、铲圆跳属（Papirinus），稀有类群有布伦螨属（Brennandania）、土厉螨属（Oloaelaps）和类符跳属（Folsomina）等 30 类。个体密度量级为 $1 \sim 10^3$ 头/m^2。

表 7-11　松嫩草地农业生产活动中型土壤动物群落组成（王海霞，2002；
吴东辉等，2005c；2007d）

农林用地	优势类群	常见类群	稀有类群
农田	辐螨和革螨	甲螨、等节跳科和鞘翅目幼虫	鳞跳科、步甲科幼虫、沼石蛾科和盲蛛科
防护林	革螨、甲螨和辐螨	等节跳科、长角跳科、圆跳科和棘跳科	鳞跳科、步甲科幼虫、沼石蛾科和盲蛛科
居民点用地	盲蛛螨科和符跳属	盾螨属、奥甲螨属、穴螨属、奇矮螨属、全盾螨属、拟上罗甲螨属、长须螨属、若甲螨属、携卵螨科、美绥螨属、奇跳属、棘跳属、库跳属、刺跳属、铲圆跳属	布伦螨属、土厉螨属、寄螨科（Parasitidae）、庭甲螨属、厚绥螨属、赤螨科、派盾螨属、厚厉螨属、小奥甲螨属、维螨属、原大翼甲螨属、珠足甲螨属、前小派盾螨属、上罗甲螨属、小革螨属、缰板鳃甲螨属、克螨属（Kleenannia）、隐鄂螨科、异小黑螨科（Xenocaligonellidae）、拟邦佐螨属（Pseudobonzia）、微三甲螨属（Microtritia）、懒甲螨属（Nothrus）、洼甲螨属（Camisia）、肉食螨科、胭螨属（Rhodacarus）、小派盾螨属、吸螨属、木单翼甲螨属、类符跳属

3. 小型土壤动物

农田有真滑刃属、散香属和短体属 3 个优势属，滑刃属、伪垫刃属、垫刃属、矮化属、小杆属和绕线属 6 个常见属，鹿角唇属、板唇属和异色矛属 3 个稀有属。农田土壤线虫个体密度最低少于 20 条/100g 干土。

防护林有真滑刃属、短体属、垫刃属、绕线属 4 个优势属，滑刃属、盘旋属、散香属、裸矛属、小杆属和剑属 6 个常见属，拟丽突属、鹿角唇属和板唇属等 5 个稀有属。个体密度最高大约 100 条/100g 干土。

居民点用地只有 2 个优势属分别为真滑刃属和短体属，常见属数量最多，包括滑刃属、螺旋属、散香属、裸矛属、矮化属、鹿角唇属、小杆属、绕线属、膜皮属、孔咽属 10 个类群，稀有属有盘旋属、拟丽突属和板唇属等 6 个稀有属。个体密度约 50 条/100g 干土。

表 7-12　松嫩草地农业生产活动土壤线虫群落组成（吴东辉等，2005d）

农林用地	优势类群	常见类群	稀有类群
农田	真滑刃属、散香属、短体属	滑刃属、伪垫刃属、垫刃属、矮化属、小杆属、绕线属	鹿角唇属、板唇属、异色矛属
防护林	真滑刃属、短体属、垫刃属、绕线属	滑刃属、盘旋属、散香属、裸矛属、小杆属、剑属	拟丽突属、鹿角唇属、板唇属、膜皮属、异色矛属
居民点用地	真滑刃属、短体属	滑刃属、螺旋属、散香属、裸矛属、矮化属、鹿角唇属、小杆属、绕线属、膜皮属、孔咽属	盘旋属、拟丽突属、板唇属、似绕线属、伊龙属、异色矛属

7.1.4　草地利用与土壤动物多样性保护

松嫩研究站所在区域主要的草地利用方式包括刈割、放牧、围栏封育和人工草地等方式。不同草地利用方式下草地土壤动物群落特征见表 7-13 ~ 表 7-15。

1. 大型土壤动物

刈割草地，大型土壤动物优势类群为鳃金龟科（Melolonthidae）幼虫、隐翅甲科幼虫和蚁科。常见类群为线蚓科、狼蛛科（Lycosidae）和丽金龟科幼虫等类群。稀有类群为平腹蛛科、光盔蛛科（Liocranidae）和跳蛛科等类群。个体密度量级为 10^2 头/m²。

不同放牧强度的草地，大型土壤动物的优势类群仅有蚁科。常见类群为同翅目（Homoptera）幼虫、鞘翅目幼虫和步甲科等类群。稀有类群为蜘蛛目、盲蛛科和隐翅甲科幼虫。个体密度量级为 10^2 头/m²。

不同围封年限的草地，大型土壤动物的优势类群仅有蚁科，常见类群为小蚓类、蜘蛛目和逍遥蛛科等类群。稀有类群为平腹蛛科、园蛛科（Araneidae）和地蜈蚣科等类群。个体密度量级为 10^2 头/m²。

人工草地的优势类群为长蝽科、鞘翅目幼虫和金龟甲科等类群。常见类群为蜘蛛目、多足纲（Myriapoda）和直翅目（Orthoptera）若虫等类群。稀有类群为线蚓科、腹足纲和鳞翅目幼虫。个体密度量级为 10^2 头/m²。

表 7-13　松嫩草地利用方式大型土壤动物群落组成（殷秀琴和仲伟彦，1997；殷秀琴，1998；吴东辉等，2004；刘霞等，2017；路凯亮，2018）

草地利用方式	优势类群	常见类群	稀有类群
刈割	鳃金龟科幼虫、隐翅甲科幼虫、蚁科	线蚓科、狼蛛科、丽金龟科幼虫、蚁科、隐翅甲科、拟步甲科、拟步甲科幼虫、鳃金龟科	平腹蛛科、光盔蛛科、跳蛛科、蟹蛛科、地蜈蚣科、盲蛛科、步甲科、步甲科幼虫、叶甲科、叶甲科幼虫、瓢甲科幼虫、夜蛾科幼虫、螟蛾科（Pyralidae）幼虫、盗虻科（Mydaidae）幼虫
放牧	蚁科	同翅目幼虫、鞘翅目幼虫、步甲科、金龟甲科、隐翅甲科、双翅目幼虫、膜翅目幼虫	蜘蛛目、盲蛛科、隐翅甲科幼虫
围栏封育	蚁科	小蚓类、蜘蛛目、逍遥蛛科、半翅目成虫、鞘翅目幼虫（步甲科幼虫、叶甲科幼虫、象甲科幼虫、叩甲科幼虫）、步甲科、隐翅甲科	平腹蛛科、园蛛科、地蜈蚣科、半翅目若虫、长蝽科、缘蝽科（Coreidae）、叶甲科、象甲科、蚁甲科、金龟甲科幼虫、芫菁科（Meloidae）、芫菁科幼虫、鳞翅目幼虫、天蛾科（Sphingidae）幼虫、螟蛾科幼虫、潜蝇科（Agromyzidae）幼虫、秆蝇科（Chloropidae）幼虫
人工草地	长蝽科、鞘翅目幼虫、金龟甲科、蚁科	蜘蛛目、多足纲、直翅目若虫、蝽科（Pentatomidae）、蝽科若虫、啮虫科、长翅目（Mecoptera）幼虫、步甲科、双翅目幼虫	线蚓科、腹足纲、鳞翅目幼虫

2. 中型土壤动物

刈割活动样地中型土壤动物共捕获弹尾类 15 属，优势类群为原等跳属（Proisotoma）、奇跳属、泡角跳属（Ceratophysella），个体密度为 $9 \times 10^3 \sim 2 \times 10^4$

头/m²；常见类群符跳属、疣跳科（Neanuridae）、*Protaphorura*、裸长角跳属（*Sinella*）、长角长跳属（*Orchesellides*）、铲圆跳属和*Subisotoma*7 属，个体密度为 $1 \sim 4 \times 10^2$ 头/m²；稀有类群有类符跳属、长跳属（*Entomobrya*）、鳞长跳属（*Lepidocyrtus*）等 5 属。共捕获土壤螨类 45 属，优势类群为下盾螨属（*Hypoaspis*），常见类群包括囊螨属（*Ascidae*）、盾螨属、庭甲螨属（*Dometorina*）、丽甲螨属（*Liacarus*）、吸螨属（*Bdella*）、小奥甲螨属（*Oppiella*）、原大翼甲螨属（*Protokalumna*）、长须螨属等 23 属，稀有类群有若甲螨属、真罗甲螨属（*Eulohmannia*）、赤螨科等 21 属。个体密度量级为 $1 \sim 10^2$ 头/m²。

　　不同放牧强度下土壤动物的类群也存在差异。过度放牧样地共捕获跳虫 15 属，优势类群为奇跳属和泡角跳属 2 属，常见类群包括短吻跳属（*Brachystomella*）、原等跳属和符跳属等 9 属，稀有类群疣跳科、长跳虫属和长角长跳属等 4 属。个体密度为 $2 \times 10^0 \sim 2.6 \times 10^2$ 头/m²。过度放牧样地共捕土壤螨类 35 属，优势类群为囊螨属、下盾甲螨属（*Hypovertex*）、木单翼甲螨属（*Xylobates*）和丽甲螨属等 4 属，常见类群包括下盾螨属、奥甲螨属、缰板鳃甲螨属（*Chamobates*）、美绥螨属、庭甲螨属（*Dometorina*）、长须螨属、吸螨属、盲蛛螨科、若甲螨属、步甲螨属（*Carabodes*）、莓螨科（Rhagidiidae）、孔翼甲螨属（*Porogalumnella*）、珠足甲螨属（*Belba*）、阿斯甲螨属（*Astegistes*）和盖头甲螨属（*Tectocepheus*）等 15 属；稀有类群为小奥甲螨属、小黑螨属（*Caligonella*）和盾螨属等 16 属。个体密度量级为 $1 \sim 10^2$ 头/m²。

　　围栏封育样地共捕获跳虫 16 属，优势类群为符跳属、奇跳属、泡角跳属和原等跳属 4 个属，个体密度为 $5 \sim 7 \times 10^3$ 头/m²；常见类群包括*Subisotoma*等 8 属，个体密度为 $1 \sim 9 \times 10^2$ 头/m²；稀有类群有类符跳属、长跳属、鳞长跳属等 4 属。中度退化草地围栏封育共捕获土壤螨类 41 属，优势类群为吸螨属，个体密度为 9×10^3 头/m²；常见类群包括下盾螨属、盾螨属、庭甲螨属、丽甲螨属、吸螨属、小奥甲螨属、原大翼甲螨属、长须螨属、珠足甲螨属、下盾甲螨属等 25 属，个体密度为 $0.8 \times 10^2 \sim 7 \times 10^3$ 头/m²；稀有类群包括厚厉螨属（*Pachylaelaps*）、若甲螨属、新派盾螨属（*Neparholaspis*）等 15 属。

　　种植碱茅样地共捕获跳虫 14 属。优势类群为原等跳属、裸长角跳属和钩圆跳属（*Bourletiella*）共 3 个属，常见类群包括符跳虫属、*Subisotoma*、鳞长跳属、长跳属、长角长跳属、铲圆跳属、*Protaphorura*、奇跳属、泡角跳虫属等 9 属，稀有类群也仅有圆跳属和 Pseudachorutinae 2 个类群。个体密度为 $2 \times 10^0 \sim 1.7 \times 10^2$ 头/m²。种植碱茅样地共捕获螨类 34 属，优势类群包括原大翼甲螨属、吸螨属和肉食螨属（*Cheylteus*）3 属，常见类群有长须螨属、下盾螨属、厚厉螨属、缰板鳃甲螨属、大翼甲螨属（*Galumna*）、美绥螨属、盾螨属、盲蛛螨科、全盾螨属、小黑螨属、木单翼甲螨属、微奥甲螨属（*Microppia*）、尖棱甲螨属（*Ceratozetes*）、穴螨属、步甲螨属、赤螨科、尾足螨科（Uropodidae）17 属，稀有类群包括前小派盾螨属（*Proparholaspulus*）、奥甲螨属和上罗甲螨属（*Epilohmannia*）等 14 类。个体密度为 $2 \times 10^0 \sim 1.6 \times 10^2$ 头/m^2。

种植苜蓿样地共捕获跳虫 17 属，优势类群为原等跳属、奇跳虫属、泡角跳属、符跳属、短吻跳属等 5 个属，常见类群包括 *Protaphorura*、*Subisotoma*、类符跳属、裸长角跳属、长跳属、疣跳科 2 属等 8 属，稀有类群有鳞长跳属、鳞跳属、钩圆跳属等 4 属。个体密度为 $2 \times 10^0 \sim 2.1 \times 10^2$ 头/m^2。种植苜蓿样地共捕获土壤螨类 50 属，优势类群为下盾螨属，常见类群包括下盾甲螨属、木单翼甲螨属、奥甲螨属、小奥甲螨属、缰板鳃甲螨属、美绥螨属、丽甲螨属、庭甲螨属、长须螨属、吸螨属、囊螨属、盲蛛螨科、若甲螨属、小黑螨属、盾螨属、穴螨属、步甲螨属、全盾螨属、土厉螨属、大翼甲螨属、小革螨属（*Gamasellus*）、原大翼甲螨属、尾足螨科、孔翼甲螨属 24 属，稀有类群包括微奥甲螨属、莓螨科、珠足甲螨属等 25 属。个体密度为 $2 \times 10^0 \sim 3 \times 10^2$ 头/m^2。

表 7-14　松嫩草地中型土壤动物多样性保护（殷秀琴等，1997；闫修民，2015；吴东辉等，2007d；2008b；2008c；2008d）

草地利用方式	优势类群	常见类群	稀有类群
刈割	弹尾类：原等跳属、奇跳属、泡角跳属　螨类：下盾螨属	弹尾类：符跳属、疣跳科、*Protaphorura*、裸长角跳属、长角长跳属、铲圆跳属和 *Subisotoma*；螨类：囊螨属、盾螨属、庭甲螨属、丽甲螨属、吸螨属、小奥甲螨属、原大翼甲螨属、长须螨属、珠足甲螨属、下盾甲螨属、木单翼甲螨属、盲蛛螨科、步甲螨属、美绥螨属、肉食螨属、微奥甲螨属、莓螨科、缰板鳃甲螨属、奥甲螨属、小黑螨属、全盾螨属、携卵螨科、穴螨属	弹尾类：类符跳属、长跳属、鳞长跳属、钩圆跳属、短吻跳属　螨类：若甲螨属、真罗甲螨属、赤螨科、新肋甲螨属（*Neoribates*）、跳甲螨属（*Zetorchestes*）、大翼甲螨属（*Galumna*）、革伊螨属（*Gamasiphis*）、盖头甲螨属、土厉螨属、绒螨科（Trombidiidae）、厚绥螨属、异小黑属、叉肋甲螨属（*Furcoribula*）、新领甲螨属（*Caenosamerus*）、罗甲螨属、小革螨属、龙足甲螨属（*Eremaeus*）、前小派盾、孔翼甲螨属、胭螨属、叶爪螨科（Penthaleidae）

草地利用方式	优势类群	常见类群	稀有类群
过度放牧	弹尾类：奇跳属和泡角跳属 螨类：囊螨属、下盾甲螨属、木单翼甲螨属和丽甲螨属	弹尾类：短吻跳属、原等跳属、符跳属、Subisotoma、类符跳属、Protaphorura、裸长角跳属、铲圆跳属、钩圆跳属 螨类：下盾螨属、奥甲螨属、缰板鳃甲螨属、美绥螨属、庭甲螨属、长须螨属、吸螨属、盲蛛螨科、若甲螨属、步甲螨属、莓螨科、孔翼甲螨属、珠足甲螨属、阿斯甲螨属、盖头甲螨属	弹尾类：疣跳科、长跳虫属、长角长跳属、圆跳属 螨类：小奥甲螨属、小黑螨属、盾螨属、全盾螨属、土厉螨属、大翼甲螨属、原大翼甲螨属、微奥甲螨属、布伦螨属、携卵螨科、肉食螨属、沙甲螨属（Eremulus）、巨须螨属（Cunaxa）、大赤螨科（Angstidae）、隐鄂螨属（Cryptognathus）、奇矮螨属
围栏封育（不放牧）	弹尾类：符跳属、奇跳属、泡角跳属和原等跳属 螨类：吸螨属	弹尾类：Subisotoma、疣跳虫科1属、短吻跳属、Protaphorura、裸长角跳属、铲圆跳属、钩圆跳属、异圆跳属 螨类：下盾螨属、下盾甲螨属、木单翼甲螨属、奥甲螨属、小奥甲螨属、缰板鳃甲螨属、美绥螨属、盾螨属、庭甲螨属、丽甲螨属、原大翼甲螨属、长须螨属、囊螨属、盲蛛螨科、小黑螨属、全盾螨属、土厉螨属、小革螨属、珠足甲螨属、布伦螨属、肉食螨属、绒螨科、前小派盾螨属、裂头甲螨属（Fissicepheus）、革伊螨属	弹尾类：类符跳属、疣跳科1属、长跳属、鳞长跳属 螨类：厚厉螨属、若甲螨属、新派盾螨属、穴螨属、步甲螨属、尾足螨科、微奥甲螨属、莓螨科、跳甲螨属、沙甲螨属、盖头甲螨属、大赤螨科、隐鄂螨属、奇矮螨属、叶爪螨科，等
人工草地（种植碱茅）	弹尾类：原等跳属、裸长角跳属和钩圆跳属 螨类：原大翼甲螨属、吸螨属和肉食螨属	弹尾类：符跳属、Subisotoma、鳞长跳属、长跳虫属、长角长跳属、铲圆跳属、Protaphorura、奇跳属、泡角跳属 螨类：长须螨属、下盾螨属、厚厉螨属、缰板鳃甲螨属、大翼甲螨属、美绥螨属、盾螨属、盲蛛螨科、全盾螨属、小黑螨属、木单翼甲螨属、微奥甲螨属、尖棱甲螨属、穴螨属、步甲螨属、赤螨科、尾足螨科	弹尾类：圆跳属、Pseudachorutinae； 螨类：前小派盾螨属、奥甲螨属、上罗甲螨属、绒螨科、缝鄂螨属（Raphignathus）、下盾甲螨属、庭甲螨属、叶爪螨科、丽甲螨属、小奥甲螨属、懒甲螨属、沙甲螨属、麦氏螨属（Mahunkania）、厚绥螨属

续表

草地利用方式	优势类群	常见类群	稀有类群
人工草地（种植苜蓿）	跳虫：原等跳属、奇跳虫属、泡角跳属、符跳属、短吻跳属 螨类：下盾螨属	弹尾类：*Protaphorura*、*Subisotoma*、类符跳属、裸长角跳属、长跳属、疣跳科 2 属、铲圆跳属 螨类：下盾甲螨属、木单翼甲螨属、奥甲螨属、小奥甲螨属、缰板鳃甲螨属、美绥螨属、丽甲螨属、庭甲螨属、长须螨属、吸螨属、囊螨属、盲蛛螨科、若甲螨属、小黑螨属、盾螨属、穴螨属、步甲螨属、全盾螨属、新土厉螨属、大翼甲螨属、小革螨属、原大翼甲螨属、尾足螨科、孔翼甲螨属	弹尾类：鳞长跳属、鳞跳属、钩圆跳属、圆跳属 螨类：微奥甲螨属、莓螨科、珠足甲螨属、尖棱甲螨属、跳甲螨属、布伦螨属、微三甲螨属、菌甲螨属（*Scheloribates*）、厚绥螨属、异小黑螨属（*Xenocaligonellidus*）、携卵螨科、肉食螨属、厚厉螨属、沙甲螨属、小真古螨科（Eupalopsellidae）、绒螨科、新肋甲螨属、巨须螨属、阿斯甲螨属、叉肋甲螨属、盖头甲螨属、大赤螨科、前小派盾螨属、胭螨属、寄螨科

3. 小型土壤动物

刈割草地优势属包括真滑刃属、短体属、散香属和小杆属四个类群，常见类群仅绕线属、膜皮属和异色矛属 3 个，稀有类群有盘旋属、拟丽突属和裸矛属等 8 个类群。刈割草场个体密度较小，约 20 条/100g 干土。

放牧地共 30 属，优势类群是食真菌线虫的真滑刃属和滑刃属，常见类群包括茎属、环属、盘旋属、散香属、伪垫刃属、短体属、裸矛属、垫刃属、矮化属、丽突属、拟丽突属、板唇属、小杆属、似绕线属、绕线属和孔咽属 16 属，个体数占群落总多度的 50% 以上，稀有类群包括异皮属、螺旋属和针属等 12 属，个体数量少于 5%。个体密度约 50 条/100g 干土。

围栏封育是最常见的草地保护措施之一，提高线虫个体密度高达 160 余条/100g 干土，并且群落组成丰富。优势类群是食真菌线虫的真滑刃属和植食性线虫的盘旋属，常见类群包括茎属、滑刃属、环属、螺旋属、散香属、短体属、裸矛属、拟丽突属、鹿角唇属、板唇属、小杆属、绕线属和孔咽属等 13 属，稀有类群种类最多，包含针属、伪垫刃属和垫刃属等共 19 属。

人工草地土壤线虫优势类群为植食性线虫和食真菌线虫，个体数占群落总多度的 50% 以上。常见类群包括茎属、滑刃属、散香属、短体属、裸矛属、拟丽突属、板唇属、小杆属、绕线属和孔咽属 10 属，稀有类群有鞘属、异皮属和螺旋属等 18 属。个体密度约 120 条/100g 干土。

表 7-15　松嫩草地利用方式土壤线虫群落组成（吴东辉等，2005c；2008a）

草地利用方式	优势类群	常见类群	稀有类群
刈割	真滑刃属、短体属、散香属、小杆属	绕线属、膜皮属、异色矛属	盘旋属、拟丽突属、裸矛属、板唇属、畸头属、孔咽属、伊龙属、单齿属
放牧	真滑刃属、滑刃属	茎属、环属、盘旋属、散香属、伪垫刃属、短体属、裸矛属、垫刃属、矮化属、丽突属、拟丽突属、板唇属、小杆属、似绕线属、绕线属、孔咽属	异皮属、螺旋属、针属、头叶属、鹿角唇属、畸头属、膜皮属、伊龙属、色矛属、异色矛属、矬齿属、锥属
围栏封育	真滑刃属、盘旋属	茎属、滑刃属、环属、螺旋属、散香属、短体属、裸矛属、拟丽突属、鹿角唇属、板唇属、小杆属、绕线属、孔咽属	针属、伪垫刃属、垫刃属、矮化属、丽突属、头叶属、双胃属、三等齿属、似绕线属、膜皮属、矛线属、中矛线属、剑属、伊龙属、色矛属、拟杯咽属、基齿属、单齿属、矬齿属
人工草地	真滑刃属、环属、盘旋属	茎属、滑刃属、散香属、短体属、裸矛属、拟丽突属、板唇属、小杆属、绕线属、孔咽属	鞘属、异皮属、螺旋属、针属、伪垫刃属、垫刃属、矮化属、丽突属、头叶属、鹿角唇属、盆咽属、三等齿属、似绕线属、膜皮属、剑属、伊龙属、色矛属、异色矛属

　　松嫩草地土壤动物是本区重要的动物资源，其多样性十分丰富。截至目前，松嫩研究站及其附近区域共记录土壤动物有 207 科、279 属，且区域土壤动物群落特征受地貌、土壤类型和植物群落影响明显，其中区域特殊坨甸地貌类型使土壤动物空间分布也呈现出一定的生境分异规律，多样的土壤类型和植物群落也使土壤动物群落在大尺度空间格局上呈现了复杂的空间斑块相间特征，使不同土壤和植物群落下土壤动物的优势、常见和稀有类群数量和类别出现差异。本地区已经有大面积草地转变为农田和人工林，在草地上的放牧、割草等生产活动都一定程度改变了区域土壤动物群落组成和结构，使松嫩草地表现出新的土壤动物空间分布特征。

7.2　地上节肢动物

　　节肢动物（Arthropod）是无脊椎动物中相对高等的动物，是陆地生态系统中种类最丰富的动物类群，在已知的 100 多万动物种类中，节肢动物占 85% 以上。

除了一部分生存在土壤中（即土壤动物的一部分），大部分节肢动物都存活在地上的不同生境中，包括森林、湿地、草地和农田等。地上节肢动物是生态系统、人类生活中不可缺少的重要组成部分，在维持生物多样性、发挥系统的生态功能和服务功能方面具有重要作用，同时在医药、仿生等方面也做出重大贡献。

7.2.1　松嫩平原的地上节肢动物

松嫩平原的主体位于吉林省中西部的农牧交错区，生境主要以草地和农田为主。草地是以羊草为优势种的温带草甸，农作物主要以玉米（*Zea mays*）、豆类、薯类为主，同时伴有向日葵（*Helianthus annuus*）、落花生（*Arachis hypogaea*）等油料作物的种植。该区域的动物区系分布属于古北区系的中国-喜马拉雅山区兴长山林亚区和松黑北温带草原亚区。由于区域气候良好、地形与植被类型的异质性，形成了较为丰富的地上节肢动物类群，其中以昆虫纲和蛛形纲为主。据记载，目前吉林省地区的地上节肢动物4100余种，其中昆虫纲种类4000余种（任炳忠等，2015），蛛形纲种类100余种。在农田生境中，主要分布以农作物为寄主植物的昆虫，如亚洲玉米螟（*Ostrinia furnacalis*）、黏虫（*Mythimna separata*）、大豆食心虫（*Leguminivora glycinivorella*）、黑绒金龟（*Maladera orientalis*）等。松嫩草地拥有种类丰富的草地植物，能够支持多种地上节肢动物种类，主要包括直翅目（Orthoptera）、半翅目（Hemiptera）、鞘翅目（Coleoptera）、鳞翅目（Lepidoptera）、膜翅目（Hymenoptera）、双翅目（Diptera）等昆虫种类（赵红蕊等，2011）和蜘蛛目（Araneae）种类。截至目前，松嫩草地已记录的地上节肢动物（主要为昆虫纲和蛛形纲）有13目117科600余种。直翅目昆虫种类主要有黄胫小车蝗（*Oedaleus infernalis*）、大垫尖翅蝗（*Epacromius coerulipes*）、日本鸣蝗（*Mongolotettix japonicus*）、毛足棒角蝗（*Dasyhipps barbipes*）等，半翅目种类主要包括华麦蝽（*Aelia nasuta*）、三点苜蓿盲蝽（*Adelphocoris fasciaticollis*）、横纹菜蝽（*Eurydema gebleriKolenati*）、亚姬缘蝽（*Corizus albomarginatus*）等；鞘翅目包括双七星瓢虫（*Coccinula quatuordecimpustulata*）、异色瓢虫（*Harmonia axyridis*）、黑广肩步甲（*Calosoma maximowiczi*）、中华萝藦叶甲（*Chrysochus chinensis*）等；鳞翅目主要有云斑粉蝶（*Pontia daplidice*）、豆灰蝶（*Plebejus argus*）、豆野螟（*Maruca testulalis*）等；膜翅目昆虫主要是切叶蜂科（Megachilidae）、泥蜂科（Sphecidae）、姬蜂科（Ichneumonidae）；双翅目以蜂虻科（Bombyliidae）、寄蝇科（Tachinidae）、食蚜蝇科（Syrphidae）等为主。蜘蛛群落以醒目盖蛛（*Neriene emphana*）为优势种。

7.2.2　松嫩研究站及附近的地上节肢动物群落

松嫩研究站位于松嫩平原的东缘，研究站及周边区域以草地生境为主，草本植物以羊草、拂子茅（*Calamagrostis epigejos*）、芦苇（*Phragmites australis*）、全叶马兰（*Kalimeris integrifllia*）、猪毛蒿（*Artemisia scoparia*）、虎尾草等为优势植物，还包括碱蒿、碱地肤（*Kochia sieversiana*）等。这些植物种类为地上节肢动物提供生境与食物资源，支持物种丰富的地上节肢动物种类。在 20 世纪 80 年代，张凤岭、任炳忠等在松嫩研究站开展了草地昆虫研究，这些工作主要集中在直翅目昆虫分类方面。近 30 年间共记录蝗虫种类共有 7 科、22 属、31 种（任炳忠和杨凤清，1993），确定蝗虫的区系主要是古北界种类，占有 70.8%（万冬梅等，1997）。对蝗虫的发生动态进行观察，根据蝗虫的生物学特征与习性，在松嫩草地生境中常常一年一代，且绝大部分蝗虫种类都集中在 7～9 月出现（表 7-16）。同时，依据取食行为和栖息生境将蝗虫群落分为 4 个功能集团（guild）："近水地域或水中栖息集团"、"植物栖息集团"、"落地栖息，中下层取食集团"、"植物栖息，中上层取食集团"，大部分蝗虫属于后两个集团。蝗虫各种类之间的空间生态位和营养生态位存在差异，使这些蝗虫能在同一群落中共存（李宏实，1991）。在 21 世纪初期，相继又有关于松嫩草地昆虫群落组成的研究，涉猎鞘翅目（姜世成和周道伟，2005）、蜻蜓目（Odonata）（赵红蕊等，2014）、总昆虫群落（朱慧，2012）。截至目前，针对该区域昆虫纲和蛛形纲种类的研究显示，共记录有 118 科、500 余种，其中昆虫 450 余种，蜘蛛 60 余种。直翅目昆虫有 34 种，鞘翅目昆虫有 104 种，半翅目有 45 种，双翅目有 73 种，膜翅目有 86 种，同翅目有 34 种，鳞翅目有 47 种，蜻蜓目有 6 种，脉翅目有 3 种，螳螂目有 1 种。昆虫常见的种类包括邱氏异爪蝗（*Euchorthippus cheui*）、素色异爪蝗（*E. unicolor*）、黄胫小车蝗、云粉蝶（*Pontia edusa*）、黑带食蚜蝇（*Episyrphus balteatus*）等（图 7-1）。在当前已知的昆虫种类中，鞘翅目、双翅目、膜翅目、鳞翅目、半翅目和直翅目的科数量百分比和种数量百分比较高［图7-2（a）、（b）］。蛛形纲以蜘蛛目为主，包括管巢蛛科（Clubionidae）1 种，狼蛛科（Lycosidae）5 种，漏斗蛛科（Agelenidae）1 种，猫蛛科（Oxyopidae）2 种，皿蛛科（Linyphiidae）8 种，平腹蛛科（Gnaphosidae）10 种，球蛛科（Theridiidae）5 种，跳蛛科（Salticidae）4 种，逍遥蛛科（Philodromidae）3 种，蟹蛛科（Thomisidae）4 种，园蛛科（Araneidae）6 种，每个科中的种数量百分比差异较小［图 7-2（c）］。

表 7-16　松嫩草地蝗虫群落发生动态（任炳忠等，2000）

蝗虫种类	6月10日	6月25日	7月10日	7月25日	8月10日	8月25日	9月10日	9月25日	10月10日	10月25日
长额负蝗				√	√	√	√			
短星翅蝗				√	√	√				
长斑素木蝗					√					
中华稻蝗						√	√	√		
大垫尖翅蝗				√	√	√	√	√	√	
小垫尖翅蝗			√	√	√					
黄胫小车蝗					√	√				
赤翅蝗			√							
宽翅曲背蝗		√								
邱氏异爪蝗		√	√	√	√			√		
素色异爪蝗									√	
条纹异爪蝗						√	√		√	
毛足棒角蝗	√	√	√	√						
中华蚱蜢				√	√	√	√	√		

7.2.3　地上节肢动物的影响因素

地上节肢动物生活的环境是错综复杂的。草地生态系统作为其中的生境之一，承载多种多样的地上节肢动物种类，其中的生物因子（食物、竞争者、互惠者、捕食者等）与非生物因子（温度、降水和火烧等）都能够影响地上节肢动物。另外，在草地生态系统中人类活动（如家畜放牧）逐渐频繁，也是改变草地地上节肢动物群落组成等方面的重要影响因子。

1. 植物群落

植物不仅可以为地上节肢动物提供生境，也为植食者提供食物资源。在松嫩草地上，面临多种多样的植物，地上节肢动物的食性选择性也会存在变异。研究学者通过笼罩实验对三种优势蝗虫的食性选择研究发现，松嫩草地蝗虫可取食

素色异爪蝗　　　　　　　北方切叶蜂　　　　　　　苹斑芫菁

茄斑豆灰蝶　　　　　　　云粉蝶　　　　　　　　　小赭弄蝶

印度细腹食蚜蝇　　　　　长尾管蚜蝇　　　　　　　黑带食蚜蝇

横纹金蛛　　　　　　　　灌木新园蛛　　　　　　　冠花蟹蛛

豹蛛属　　　　　　　　　猫跳蛛属　　　　　　　　猎蛛属

图 7-1　松嫩研究站常见的地上节肢动物种类（昆虫由朱慧摄、蜘蛛由维尼拉·伊利哈尔摄）

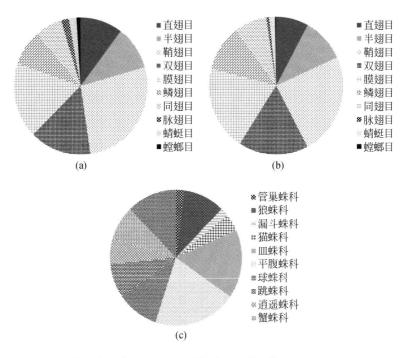

图 7-2　松嫩研究站草地的地上昆虫每个目中科的数量百分比（a）和种的
数量百分比（b），蜘蛛目每个科数量百分比（c）

6 科 21 种植物，主要有羊草、野古草（*Arundinella hirta*）、拂子茅、虎尾草、野稗（*Echinochloa crusgalli*）、牛鞭草（*Hemarthria japonica*）、狗尾草（*Setaria viridis*）、芦苇、星星草（*Puccinellia tenuiflora*）、朝鲜碱茅（*Puccinellia chinampoensis*）、獐毛（*Aeluropus litoraliss*），邱氏异爪蝗的食谱范围较宽，大垫尖翅蝗稍窄（任炳忠，2002）。总的来说，蝗虫取食的植物主要集中于禾本科（Zhong et al.，2014）。

在各种草地植物群落中，由于生境中的微气候和食物的质量不同，导致地上节肢动物群落组成有显著差异。早期，对松嫩草地的放牧场和割草场的各种植物群落中蝗虫种类及多样性调查发现，在羊草群落及羊草与杂类草群落中，蝗虫种群密度较大，在光碱斑以及碱蓬碱蒿群落中的蝗虫密度较小（表 7-17）。朱慧等（2008）总结了植物各方面影响草地昆虫多样性，发现植物群落的组成、物种多样性和功能群多样性等通过直接或间接作用影响草地昆虫物种丰富度和数量。

表 7-17　松嫩草地蝗虫群落密度、多样性和均匀度（任炳忠等，2000a；2000b）

植物群落		蝗虫群落密度 （头/m²）	蝗虫群落多样性 （Shannon-Wiener 指数）	蝗虫群落多样性 （均匀度）
放牧场	羊草群落	14.6	0.689 ~ 0.984	0.490 ~ 0.570
	羊草–杂类草群落	16.4	0.776 ~ 1.154	0.422 ~ 0.644
	羊草–寸草苔群落	7.9	0.084 ~ 0.904	0.122 ~ 0.562
	虎尾草群落	7.5	0.584 ~ 0.788	0.448 ~ 0.745
	光碱斑	0.1	0	0
割草场	羊草群落	34.8	0.702 ~ 1.173	0.566 ~ 0.639
	羊草–杂类草群落	40.4	0.882 ~ 1.281	0.492 ~ 0.583
	碱茅群落	16.9	0.329 ~ 1.083	0.457 ~ 0.692
	虎尾草群落	19.2	0.057 ~ 1.240	0.083 ~ 0.691
	碱蓬碱蒿群落	0.7	0	0

注：数据为 7~9 月份的数值。

2. 温度升高

由于工业化引起的温室气体大量排放，导致大气中温度逐渐升高。根据联合国政府间气候变化专门委员会（IPCC）（2017）报道，20 世纪全球平均温度增加 0.74℃，并预测到这个世纪末大气温度将增加 1.1~6.4℃。目前，增温严重影响着生态系统中的生态结构、过程与功能。昆虫作为变温动物，对保持和调节体温的能力不足，环境中的温度改变势必影响昆虫的生长发育与繁殖，生境与寄主选择等，进而影响昆虫多样性与数量。21 世纪初，在松嫩研究站开展了温度升高对草地昆虫多样性与植物多样性关系研究。通过连续 3 年（2007~2009 年）的增温实验，温度升高使昆虫物种丰富度显著降低，但昆虫数量对增温的响应在年际间不同，这可能因为年际间的降水等因素与温度共同作用导致的。同时，昆虫群落依据功能集团可分为植食性昆虫、捕食性昆虫，不同昆虫功能群对大气温度升高的响应也有不同。鉴于优势类群以植食性昆虫为主，植食性昆虫种类与数量变化与总昆虫种类和数量相似；捕食性昆虫的数量对增温较为敏感，其数量随温度升高而增加（图 7-3）。

3. 降水格局变化

大气中 CO_2 浓度的逐渐增加导致全球平均温度升高，这也密切联系着全球的降水格局变化，如降水量、降水强度和频度等具有不确定性。我国历史上一直关注草地昆虫，特别是蝗虫与降水格局变化关系，因蝗灾常常与旱、涝相伴。"先

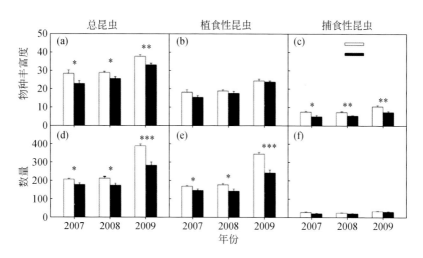

图 7-3　2007～2009 年增温处理对昆虫多样性和数量的影响（Zhu et al.，2015）

（a）与（d）为总昆虫物种丰富度和数量，（b）与（e）为植食性昆虫物种丰富度和数量，

（c）与（f）为捕食性昆虫物种丰富度和数量

旱后蝗"说明干旱条件有利于蝗虫卵越冬，翌年春季降雨多，有利于蝗虫卵孵化及蝗蝻生长，致使蝗虫发生与成灾的可能性增大。降水格局变化不仅可以直接影响草地昆虫的生长发育，还能够通过食物资源改变昆虫群落组成。一些研究表明，变化的降水量能影响植物物种丰富度、群落组成及生产力（Cleland et al.，2013），进而改变草地昆虫多样性和数量（Barnett and Facey，2016）。这些控制性实验都是通过灌溉等方式实现降水量改变（Frampton et al.，2000；Andrey et al.，2014）。然而，地下水不同于自然降水，因为在降水过程中会有酸水的形成，导致两种水分在化学组成上有一定差异，进行自然降水的野外实验更能真实反映相关情况。在 2007～2009 年期间，松嫩草地上展开控制自然降水量对草地昆虫群落组成影响研究，结果发现昆虫物种丰富度和昆虫数量对降水量改变（增加 30% 和减少 30%）的响应存在时间变异，或增加或减少，这依赖于当年降水量。不同功能群的昆虫群落对降水量增加或减少有不同的响应，在连续的降水量变化处理，植食性、捕食性、寄生性和腐生性昆虫数量减少，减少幅度依赖于降水量增加或降低（图 7-4）。

4. 火烧

火是燃烧产生的一种现象，也称为火烧，发生在自然生态系统中的火烧被认为是非人为因素而产生的自然火。21 世纪初期，松嫩草地上也开展了火烧对地上节肢动物影响的探讨，诸如火烧后蝗虫群落的变化，特别是群落的季节变化。

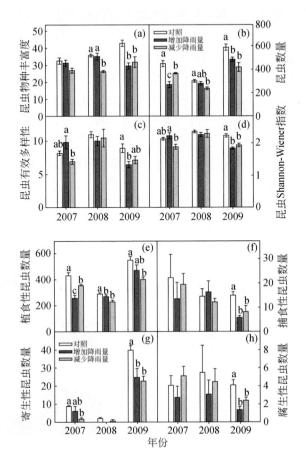

图 7-4 2007～2009 年降水量变化对总昆虫物种影响（Zhu et al., 2014）

（a）、（b）、（c）、（d）分别为丰富度、数量、有效多样性和 Shannon-Wiener 指数

研究发现，不同种类蝗虫对火烧的反应是不同的，一些蝗虫（如大垫尖翅蝗、邱氏异爪蝗和素色异爪蝗）的物候期提前。同时，大垫尖翅蝗、邱氏异爪蝗和素色异爪蝗在不同植物群落被火烧处理下的密度多呈现增加趋势，但在虎尾草群落和碱蓬碱蒿群落中的蝗虫生物量及密度变化较小（任炳忠，2002）。

5. 大型草食动物放牧

生态学研究中物种互作一直是热点问题，物种之间的竞争、捕食和互惠关系往往决定着群落组成及稳定性。草地中的地上节肢动物之间，以及地上节肢动物与其他大型草食动物之间常常通过直接或间接联系进行相互作用，从而影响草地的地上节肢动物（图 7-5），如蝗虫和蚂蚁。松嫩草地地上节肢动物种类丰富，在人类放牧活动影响下，家畜不可避免与地上节肢动物发生相互作用关系。家畜绵羊通过采食消耗了不利于蝗虫的蒿属植物，使蝗虫的数量增加；反之，蝗虫对禾本科植物的取食，有利于大型草食动物发现喜食植物（Zhong et al.，2014）。但是，牛对蝗虫种群数量则有不利的影响，因为牛的采食使蝗虫的食物，羊草的氮含量增加（Zhu et al.，2019b）。在松嫩草地中，地上节肢动物可以形成食物链或食物网，其中，蜘蛛→蝗虫→植物是常见的食物链，且这些物种之间发生相互作用。在有家畜出现的草地上，三者之间的相互作用发生了改变，加强了植物对蝗虫的上行效应（bottom-up effects），削弱了蜘蛛对蝗虫的下行效应（top-down effects）（Zhong et al.，2017）。尽管蚂蚁在地面活动，但是其巢穴筑在土壤中。大型草食动物可通过减少植物枯落物和践踏作用塑造蚂蚁巢穴的微环境，进而有利于蚂蚁存活（Li et al.，2018）。

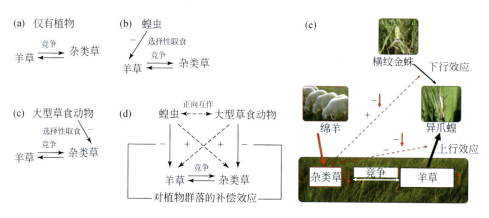

图 7-5　大型草食动物与草地地上节肢动物的相互作用关系（Zhong et al.，2014，2017）

在放牧的草地中，大型草食动物作为重要的驱动因子对影响草地生态系统功能和过程有重要作用。昆虫作为草地的重要组成部分，其个体发育、行为以及群落组成也常常受到放牧动物的直接或间接影响，主要体现在大型草食动物的直接摄食，或选择性采食、践踏和粪尿等间接改变草地植物群落结构、多样性、异质性和生物量等（van Klink et al.，2015）。对于昆虫多样性而言，放牧强度的作用效应固然重要，但放牧方式也不可忽视，因为草地系统中大型草食动物混合放牧也是常见的（朱慧等，2018）。近10年，研究者在松嫩草地检验了大型草食动物混合放牧对植物多样性与昆虫多样性关系的影响（图7-6）。结果表明：在无牧条件下，昆虫物种丰富度与植物物种丰富度呈正相关关系，但在牛和绵羊放牧条件下，昆虫物种丰富度随着植物多样性增加而降低；在混合放牧处理中，昆虫物种丰富度随着植物物种丰富度先略微增加，然后显著降低。这表明大型草食动物放牧能逆转植物多样性与昆虫多样性正向关系，强调了在草地生态系统中大型草食动物（放牧家畜）对营养级多样性关系的重要调节作用。这种营养级关系的转变归因于植物结构异质性（plant structural heterogeneity）。除了草地昆虫多样性，昆虫数量（包括直翅目、半翅目、鞘翅目、双翅目和膜翅目）对放牧的响应强烈依赖于放牧前的草地植物多样性（Zhu et al.，2015b）。进一步，放牧对昆虫数量的影响也可能是通过调节昆虫的行为特性。不同种类家畜（如牛、羊）不同程度地改变生境与食物，使昆虫栖息时间、取食时间等受到影响，影响昆虫的迁入与迁出，从而调节昆虫在放牧草地中的数量（Zhu et al.，2020）。

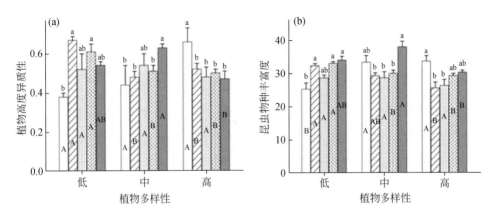

图 7-6　不同植物多样性条件下放牧（无牧、牛放牧、绵羊放牧、山羊放牧、三者混合放牧）对植物高度异质性（a）和昆虫物种丰富度（b）的影响（Zhu et al.，2012）

　　昆虫在草地生境存活与繁衍过程中，在受到大型草食动物放牧调控的同时，也会遭遇到降水格局改变的影响。在松嫩草地上，放牧与降水量变化强烈影响植食性昆虫与捕食性昆虫多样性与数量（图 7-7）。进一步通过结构方程模型分析得出，放牧和降水量增加能够通过增加植物生物量影响昆虫多样性，植物多样性与植食性昆虫多样性呈现正向关系，但是植食性昆虫与捕食性昆虫多样性则无明显关系，支持资源多样性模型（Resource Diversity Model）。同时，增加的植物生物量能够为更多的植食性昆虫提供食物，使植食性昆虫数量增加，进而导致捕食性昆虫数量增多。较多的捕食性昆虫数量与其物种丰富度显著正相关，符合多个体模型（More Individuals Model）。

　　除了植食性昆虫和捕食性昆虫多样性，放牧和降水量增加也能够影响蝗虫多样性。在正常降水量条件下，放牧强度对蝗虫物种丰富度没有明显的作用效应，但在增加降水量条件下，蝗虫的物种丰富度在中等强度的放牧处理中较高。而蝗虫数量则是在正常降水条件下随着放牧强度增加而增多，在增加降水量条件下，

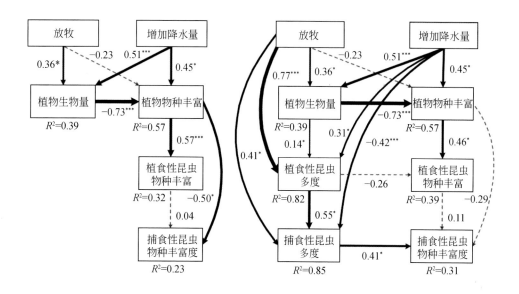

图 7-7　放牧与增加降水对植食性昆虫和捕食性昆虫多样性影响的资源多样性模型与
个体数量模型的结构方程模型分析（Zhu et al., 2019）

重度放牧则使蝗虫数量明显减少。这是因为在不同的降水格局背景下，放牧对植物多样性、生物量和结构异质性的作用程度不同引起的（图 7-8）。

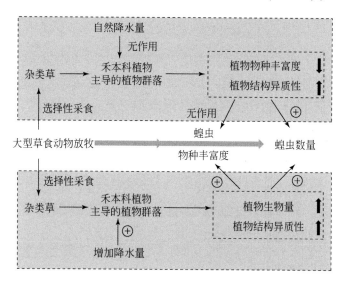

图 7-8　增加降水背景下不同放牧强度（无牧、中度和重度）对蝗虫物种丰富度和
数量的影响以及作用途径框架（Zhu et al., 2017）

6. 草地退化

由于气候变化和人类活动的加剧，致使草地面临着退化，改变地上节肢动物的生存环境以及食物资源，从而影响地上节肢动物在退化草地中的种类和数量等。在松嫩草地上，通过设置不同退化梯度研究草地昆虫多样性的变化（Ruan et al., 2021）（图 7-9），结果显示，昆虫物种丰富度在草地中度退化梯度较高，昆虫数量在不同草地退化梯度处理中没有变化。但各目昆虫的物种丰富度和数量对草地退化的响应并不一致。半翅目和直翅目昆虫多度随草地退化程度加剧而增加，膜翅目和鞘翅目昆虫多度随草地退化程度加剧而减少，双翅目昆虫多度不受草地退化程度的影响。进一步分析发现，草地退化对各昆虫类群的作用大小不一致（图 7-10）。相比于未退化的草地，中度草地退化对总昆虫群落、半翅目和直翅目物种丰富度，以及半翅目、鞘翅目和直翅目昆虫多度有正向作用，对膜翅目昆虫多度有负向作用。当草地从中度退化转变到重度退化时，对总昆虫群落和半翅目昆虫物种丰富度以及膜翅目以及鞘翅目昆虫多度有负向作用，而对于直翅目昆虫的物种丰富度和多度，半翅目昆虫多度有正向作用。

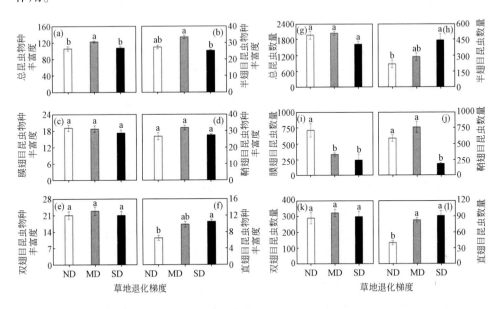

图 7-9　草地退化（未退化 ND、中度退化 MD、重度退化 SD）对昆虫多样性
和数量的影响（Ruan et al., 2021）

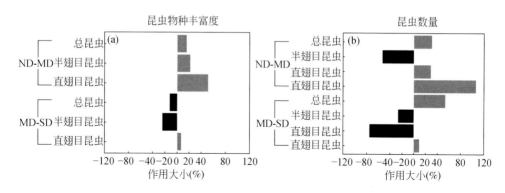

图 7-10　草地退化（未退化 ND、中度退化 MD、重度退化 SD）对昆虫物种
丰富度（a）和数量（b）的作用方向和强度（Ruan et al., 2021）

　　松嫩草地的地上节肢动物种类丰富，是本区域重要的动物资源。目前，该区域已发现昆虫纲和蛛形纲种类共记录有 118 科、500 余种。对部分昆虫类群（如鳞翅目）种类、群落组成等方面缺少研究。同时，地上节肢动物多样性和其他营养级物种相互作用关系受到多种因素影响，包括人类活动、气候变化和草地围封与退化程度。

7.3　爬　行　类

　　松嫩平原的爬行动物有 2 目、4 科、16 种（表 7-18）（吉林省野生动物保护协会，1988）。爬行类的主要种类及其分布如下：

表 7-18　松嫩平原的爬行动物种类

目	科	种类	拉丁名
龟鳖目	龟鳖科	鳖	*Frionyx sinensis*
有鳞目	蜥蜴科	黑龙江草蜥	*Takydromus amyrensis*
有鳞目	蜥蜴科	北草蜥	*T. septentrionalis*
有鳞目	蜥蜴科	白条蜥	*T. wolteri*
有鳞目	蜥蜴科	丽斑麻蜥	*Eremias argus*
有鳞目	游蛇科	黄脊游蛇	*Coluber spinalis*
有鳞目	游蛇科	赤链蛇	*Dindon rufozonatum*
有鳞目	游蛇科	白条锦蛇	*Elaphe davidi*

续表

目	科	种类	拉丁名
有鳞目	游蛇科	白条锦蛇	*Elaphe dione*
有鳞目	游蛇科	红点锦蛇	*Elaphe rufodorsata*
有鳞目	游蛇科	双斑锦蛇	*Elaphe bimaculata*
有鳞目	游蛇科	棕黑锦蛇	*Elaphe schrenckii*
有鳞目	游蛇科	虎斑游蛇	*Nattix tigrina*
有鳞目	游蛇科	灰链游蛇	*N. vibakari*
有鳞目	蝰科	极北蝰	*Vipera berus*
有鳞目	蝰科	蝮蛇	*Agkistrodon halys*

棕黑锦蛇：体形粗大，为东北最大蛇类。喜栖于近水的森林、废弃房舍、林中倒木中。主要分布于东部的延边、白山、通化、吉林的林区。棕黑锦蛇密度很低，无论石砬、灌林、林间脚丛均在 0.05～0.5 只/hm² 之间。估计全省棕黑锦蛇的生物蕴藏量有 50 万只。

蝮蛇：生活于多种环境，喜栖于多石的林下和废弃的房基地。蝮蛇广布于吉林省境内，以东部山区较多，在西部草地也出现过最常见、数量最多的蛇类，其藏量为 20 万条，分布密度 0.27～0.9 条，常见于石砬疏林和林间灌丛。

鳖：松嫩平原分布的龟鳖目的种类，虽在各大河流水系都有分布，但数量很少。

北草蜥：广布于松嫩草地，多生活于草丛与灌丛中，为常见种。

白条草蜥：栖息山坡、灌丛中，草地和田间也有分布，多见于延边、白山、吉林地区，数量较少。

丽斑麻蜥：生活在草原、农田、沙地、草丛中，松嫩草地各地都有分布，为常见种。

黄脊游蛇：主要分布于中西部地区，河流、水库附近或远离水源的草地上均可见到。

赤链蛇：数量较少，偶见于松嫩平原的中、西部地区。

团花锦蛇：分布于松嫩平原地区及半山区，数量很少。

白条锦蛇：常见的无毒蛇，栖息环境多样，森林、草地及田野均可见到。

红点锦蛇：栖息于河流、湖泊、水田、沼泽等地，省内各地均有分布。

7.4　鸟　　类

鸟类是生态系统中生物多样性重要组成部分，在维持生态平衡上起着重要的作用。现今世界上有 90,000 多种鸟，约有 1,000 亿只。我国记录有鸟类1,300种，是世界上拥有鸟类种数最多的国家之一，占世界鸟类种数的 1%。鸟类是可更新的自然资源，它在商业、旅游、美学、文化、科学和生态上都有重要价值。

7.4.1　鸟类的种类和分布

松嫩平原地区常见的鸟类共计 66 种，隶属于 9 目 20 科（表 7-19）。其中大部分鸟类属于洞巢鸟类。洞巢类型可分为树洞巢、土洞巢、岩洞巢和缝隙及士崖穴巢（高玮，2006；孙寒梅等，2008；王海涛和姜云垒，2012）。

表 7-19　松嫩平原地区的主要鸟类及其栖息地

目科种	树洞	土洞	岩洞	土穴
一、雁形目 Anseriformes				
1. 鸭科 Anatidae				
（1）赤麻鸭 *Tadorna ferrunginea*		+		
（2）翘鼻麻鸭 *T. tadorna*		+		
（3）鸳鸯 *Aix galericulata*	+			
（4）中华秋沙鸭 *Mergus squamata*	+			
二、隼形目 Falconiformes				
1. 隼科 Falconidae				
（1）红隼 *Falco tinnunculus*	+			
三、鸽形目 Columbiformes				
1. 鸠鸽科 Columbiade				
（1）岩鸽 *Columba rupestris*			+	
四、鸮形目 Strigiformes				
1. 鸱鸮科 Strigidae				
（1）红角鸮 *Otus sunia*	+			
（2）领角鸮 *Otus lettia*	+			
（3）雕鸮 *Bubo bubo*	+		+	
（4）毛腿渔鸮 *Ketupa blakistoni*		+		
（5）花头鸺鹠 *Glaucidium passerinum*	+			

续表

目科种	树洞	土洞	岩洞	土穴
（6）鹰鸮 *Ninox scutulata*	+			
（7）纵纹腹小鸮 *Athene noctua*	+			
（8）长尾林鸮 *Strix uralensis*	+			
（9）长耳鸮 *Asio otus*	+			
（10）短耳鸮 *Asio flammeus*	+			
（11）鬼鸮 *Aegolius funerus*	+			
五、雨燕目 Apodiformes				
1. 雨燕科 Apodidae				
（1）白喉针尾雨燕 *Hirundapus caudacutus*			+	
（2）普通雨燕 *Apus apus*				+
（3）白腰雨燕 *Apus pacificus*			+	+
六、佛法僧目 Coraciformes				
1. 翠鸟科 Alcedinidae				
（1）冠鱼狗 *Megaceryle lugubris*		+		+
（2）普通翠鸟 *Alcedo atthis*		+		
（3）赤翡翠 *Halcyon coromanda*	+			
（4）蓝翡翠 *Halcyon pileata*		+	+	+
2. 佛法僧科 Coraciidae				
（1）三宝鸟 *Eurystomus orientalis*	+			
七、戴胜目 Upupiformes				
1. 戴胜科 Upupidae				
（1）戴胜 *Upupa epops.*	+			
八、鴷形目 Piciformes				
1. 啄木鸟科 Picidae				
（1）蚁鴷 *Junx torquilla*	+			
（2）灰头绿啄木鸟 *Picus canus*	+			
（3）黑啄木鸟 *Dryocopus martius*	+			
（4）大斑啄木鸟 *Picoides major*	+			
（5）白背啄木鸟 *Picoides leucotos*	+			
（6）棕腹啄木鸟 *Picoides hyperythrus*	+			
（7）小斑啄木鸟 *Picoides minor*	+			
（8）星头啄木鸟 *Picoides canicapillus*	+			

续表

目科种	树洞	土洞	岩洞	土穴
（9） 小星头啄木鸟 *Picoides kizuki*	+			
（10） 三趾啄木鸟 *Picoides tridactylus*	+			
九、雀形目 Passeriformes				
1. 燕科 Hirundinidae				
（1） 崖沙燕 *Riparia riparia*		+		
（2） 岩燕 *Hirundo rupestris*			+	
（3） 毛脚燕 *Delichon urbica*			+	+
2. 鹡鸰科 Motacillidae				
（1） 灰鹡鸰 *Motacilla cinerea*				+
（2） 白鹡鸰 *Motacilla alba*				+
3. 椋鸟科 Sturnidae				
（1） 灰椋鸟 *Sturnus cineraceus*	+			
（2） 北椋鸟 *Sturnus sturninus*	+			
4. 鸦科 Corvidae				
（1） 寒鸦 *Corvus monedula*	+		+	
5. 河乌科 Cinclidae				
（1） 褐河乌 *Cinclus pallasii*				+
6. 鹪鹩科 Troglodytidae				
（1） 鹪鹩 *Troglodytes troglodytes*				+
7. 鹟科 Muscicapidae				
（1） 红尾歌鸲 *Luscinia sibilans*	+			
（2） 红胁蓝尾鸲 *Tarsiger cyanurus*				+
（3） 北红尾鸲 *Phoenicurus auroreus*				+
（4） 白眉姬鹟 *Ficedula zanthopygia*	+			
（5） 红喉姬鹟 *Ficedula albicilla*	+			
（6） 白腹蓝鹟 *Cyanoptila cyanomelana*			+	+
（7） 暗绿柳莺 *Phylloscopus trochiloides*				+
（8） 淡脚柳莺 *Phylloscopus tenellipes*				+
（9） 冕柳莺 *Phylloscopus coronatus*				+
8. 山雀科 Paridae				
（1） 大山雀 *Parus major*	+			
（2） 灰蓝山雀 *Parus cyanus*	+			

续表

目科种	树洞	土洞	岩洞	土穴
（3）煤山雀 *Parus ater*	+			
（4）沼泽山雀 *Parus palustris*	+			
（5）褐头山雀 *Parus montanus*	+			
（6）杂色山雀 *Parus varius*	+			
9. 䴓科 Sittidae				
（1）黑头䴓 *Sitta villosa*	+			
（2）普通䴓 *Sitta. euopaea*	+			
10. 旋木雀科 Certhiidae				
（1）旋木雀 *Certhia familiaris*				+
11. 雀科 Passeridae				
（1）家麻雀 *Passer domesticus*				+
（2）麻雀 *Passer montanus*				+
总计	40	7	9	17

按栖息地类型划分，其中树洞巢鸟 40 种，占全部洞巢鸟类的 60.6%（Feng et al.，2020）。土洞巢和岩洞巢鸟类为 7 种和 9 种，分别占 10.6% 和 13.6%。真正土洞和岩洞的种类仅为 6 种和 5 种，说明此种类群的鸟类在东北地区的分布较少。缝隙及土崖穴相对较多，为 15 种，占全部洞巢鸟类的 22.7%。这种类型巢位多样，分布范围也较广，适应鸟类筑巢，巢地也较多，因此相对种类也较多。

7.4.2　鸟类的食性

1. 树洞巢鸟类

这类鸟类主要是啄木鸟类、鸫类、山雀类、椋鸟类和䴓类等共计 40 种。这些鸟类又可分为初级洞巢鸟，如啄木鸟类等，它们自己啄洞，其食物主要为昆虫。还有利用树的旧洞筑巢的鸟类，为次级洞巢鸟类，如普通䴓、山雀类、椋鸟类、鸫类、红尾歌鸲、白眉姬鹟等食虫鸟类。这些洞巢鸟类在繁殖季节消灭大量害虫和鼠类。据相关调查，普通䴓在 1~3 月和 4~8 月和 12 月解剖 88 个胃（嗉囊）分析，食虫中全部为昆虫，动物性食物占 98.37%，植物性食物仅占 1.67%，且出现在 1 月、3 月、4 月、12 月 4 个月份（高玮，2006）。鸟类所食昆虫大部分为森林、农业、人畜的害虫，其中有不少是著名的林业害虫，如食针叶树松针的叶蜂、食阔叶树叶的金花虫类，还有食果实、嫩枝叶、种子等的害虫。啄木鸟又称为"森林医生"，在保护森林防治病虫害方面起到人们所公认的作用。

2. 土洞巢鸟类

土洞巢鸟类有 7 种。这些种类有的是以鱼类为主要食物，如普通翠鸟、冠鱼狗、蓝翡翠等。也有以昆虫为主要食物的种类，如灰沙燕，主要食物是鳞翅目、鞘翅目、膜翅目、双翅目和半翅目昆虫，也吃浮游目、蚊及蝇类昆虫（高玮，2006）。

3. 岩洞巢鸟类

岩洞巢鸟类多数为食虫鸟，共有 9 种。典型的岩洞鸟类，例如，白腰雨燕在育雏期全部食用昆虫。相关研究表明，在育雏日龄 6 天、15 天、19 天、25 天时观察，每次喂雏是用唾液粘成食团，最重为 2.5g，一个食团中最多达 943 只小昆虫，一般在 300 只昆虫以上。所食昆虫大部分为害虫，如叶蝉、木虱、蝽象等。如果以每日喂雏 23 次计算，每次平均喂 572 只昆虫，每天共喂 13156 只。一个育雏期（32 天）就吃掉 420992 只昆虫（罗为东，1997）。由此可见，雨燕在消灭森林害虫中，起了相当大的作用。

4. 缝隙及土崖穴巢鸟类

缝隙及土崖穴巢鸟类共有 17 种，主要有莺类、鹟类、鹡鸰类等，这些鸟类都是典型的食虫鸟类。

7.5　啮　齿　类

啮齿类动物是哺乳动物中种类最多的一个类群，也是分布范围最广的哺乳动物，约占哺乳动物的 40% ~ 50%。据估计，全世界大约有 2000 种，我国有 235 种。啮齿类是草原生态系统的重要成员，对草原植物群落的结构和功能、物质循环和能量流动具有重要的影响。但在高强度的人类活动及气候变化的干扰下，食物网中物种之间相互制衡的关系很容易被打破，啮齿类动物就会大量繁殖、造成灾害。

7.5.1　啮齿类动物种类和分布

松嫩草地的啮齿动物主要是鼠类，据调查共 23 种，分属于 5 个科 12 个属（任清明等，2009；王晓红等，2011）。主要鼠类包括松鼠（*Sciurus vulgaris*）、花鼠（*Tamias sibiricus*）、草原黄鼠（*Citellus dauricus*）、长尾黄鼠（*Spermophilus undulatus*）、飞鼠（*Pteromys volans*）、蹶鼠（*Sicista concolor*）、五趾跳鼠（*Allactaga sibirica*）、阿尔泰鼢鼠东北亚种（*Myospalax psilurus*）、草原鼢鼠（*M. aspalax*）、巢鼠（*Micromys minutus*）、大林姬鼠（*Apodemus peninsulae*）、黑线姬鼠（*A. agrarius*）、褐家鼠（*Rattus norvegicus*）、林旅鼠（*Myopus schisticolor*）、棕背平鼠（*Myodes rufocanus*）、东方田鼠（*Microtus fortis*）、莫氏田鼠（*M. maximowiczii*）、普通田鼠（*Microtus arvalis*）、狭颅田鼠（*Microtus gregalis*）、麝鼠（*Ondatra zibethicus*）、大仓鼠（*Tscherskia tritonde*）、黑线仓鼠（*Cricetulus barabensis*）、小家鼠（*Mus musculus*）等。另外，一些非啮齿动物，如兔形目鼠兔科的东北鼠兔（*Ochotona hyperborea*）、达斡尔鼠兔（*O. Daurica*）、高山鼠兔（*O. alpina*）等啃食幼苗、幼树，亦被视为鼠类。

该地区的啮齿动物种群结构基本特征有以下几点：首先，种类较少，有些种的个体数量相当多。优势种只有黑线仓鼠，其数量占总捕获量的 83.8%，常见种有小家鼠、黑线姬鼠、大仓鼠、草原黄鼠，占总捕获量的 14.2%。两者共占总捕获量的 98%，构成了松嫩平原啮齿类动物群落的基础。常见于荒漠和森林生态系统的啮齿类动物种类，如小毛足鼠（*Phodopus roborovskii*）和花鼠等，在松嫩草地的数量较少，分布亦不广。不同生境啮齿动物的种类组成、数量状况相差悬殊。啮齿类动物种类和数量比较丰富的是风沙草原中的沙质农田—草地，捕获率多。具有灌丛和草甸植被的湿润地段，啮齿类动物的种类和数量大多较低（段天一等，2010）。

7.5.2　啮齿类动物的主要天敌

肉食性天敌是影响啮齿类动物多度、分布和种群动态的重要因素，是草地生物多样性和食物网的重要组成部分。许多天敌是对有害啮齿类动物开展生物防治的重要候选物种，掌握啮齿类动物主要天敌的种类分布和多样性特征，对有害生物种群爆发的防控具有重要意义（杨卫平和杨荷芳，1991；Dickman，1992；张雁冰等，2007）。

分布在松嫩平原的啮齿动物的天敌有兽类、鸟类和爬行类。兽类包括赤狐（*Vulpes vulpes*）、沙狐（*Vulpes corsac*）、貉（*Nyctereutes procyonoides*）、紫貂（*Martes zibellina*）、青鼬（*Martes flavigula*）、貂熊（*Gulo gulo*）、艾鼬（*Mustela eversmanii*）、白鼬（*Mustela erminea*）、香鼬（*Mustela altaica*）、伶鼬（*Mustela nivalis*）等近 20 种。鸟类包括苍鹰（*Accipiter gentilis*）、雀鹰（*Accipiter nisus*）、大鵟（*Buteo hemilasius*）和普通鵟（*Buteo japonicus*）等 10 余种。爬行类则包括白条锦蛇（*Elaphe dione*）、蛇岛蝮（*Gloydius shedaoensis*）、日本蝮蛇（*Agkistrodon* halys）等。

7.6 小　结

松嫩草地的动物资源比较丰富，多样性也较高，但受到地质历史、大尺度气候、地貌、土壤类型和微观小尺度植物群落及人类活动等因素制约。本区域的动物区系与群落组成、结构及多样性有其独有的特征与规律，同时，现代日益加剧的工农业生产等人类活动也使松嫩草地的动物资源保有量、动物群落特征和多样性发生了巨大变化。迄今，前人已在松嫩草地动物资源与多样性方面做了大量的调查与研究，为了解松嫩草地积累了大量的基础数据和重要研究结论。随着研究技术与手段的改进、学科理论的深入延伸，本区域的动物研究既有一些基础问题依然需要给予足够关注，同时，也要关注相关研究的前沿问题。第一，松嫩草地仍有多种动物类群物种鉴定和本底特征认知依然不清，从根本上影响对动物多样性的深入研究。例如，种类和数量巨大的土壤动物，包括原生动物、螨类和跳虫等，以及地上节肢动物，包括鳞翅目和膜翅目等昆虫和蜘蛛目等。第二，松嫩草地动物多样性维持与保护机制需要更深入解析。例如，草地昆虫多样性群落构建及多样性的维持受到哪些关键因素调控，以及如何保护该区域的有益动物（如鸟类、天敌昆虫）资源等问题亟待解决。同时，动物多样性和其他营养级物种相互作用关系受到多种因素影响，随着影响因素共同作用的复杂性增加，深入理解动物的存活、群落构建，以及与其他物种互作等知识面临较大挑战。此外，随着社会经济的发展，也对区域动物资源利用及区域有害动物灾变等提出了很多新的任务，例如，解决动物保护与经济发展之间的关系需要大量的研究工作，作为草原区的草地害虫和啮齿类的鼠害等问题如何解决也需要学者们给予更多关注。

主要参考文献

段天一，刘振才，徐成，等．2010.吉林省鼠疫自然疫源地小型啮齿动物的分布．中国地方病防治杂志，25（4）：2-12.

付关强．2007.吉林省羊草草原不同盐碱生境土壤动物多样性动态与生态因子关系研究．长春：东北师范大学硕士学位论文．

高玮．2006.中国东北地区鸟类及其生态学研究．北京：科学出版社．

吉林省野生动物保护协会．1988.吉林省野生动物图鉴 两栖类 爬行类 哺乳类．长春：吉林科学技术出版社．

姜世成，周道伟．2005.松嫩草地牛粪中大型节肢动物种类组成及种群动态变化．生态学报，25（11）：2983-2991.

李宏实．1991.吉林省西部草原蝗虫群落的集团结构．生态学报，11（1）：73-79.

刘静．2007．松嫩草地植被不同演替阶段大型土壤动物群落结构及动态特征研究．长春：东北师范大学硕士学位论文．

刘霞，赵东，程建伟，等．2017．放牧和刈割对内蒙古典型草原大型土壤动物的影响．应用生态学报，28（6）：1869-1878．

路凯亮．2018．内蒙古退化典型草原不同封育年限样地大型土壤动物多样性研究．呼和浩特：内蒙古大学硕士学位论文．

罗为东．1997．山鹛（*Rhopophilus pekinensis pekinensis*）种群生态学研究．长春：东北师范大学博士学位论文．

马莉，付关强，寇新昌，等．2014．长岭碱茅群落草地大型土壤动物的多样性特征．江苏农业科学，42（7）：381-384．

邱丽丽，刘静，付关强，等．2014．长岭草原不同盐碱地大型土壤动物的多样性．贵州农业科学，42（10）：234-239．

任炳忠．2002．松嫩草原蝗虫的生物·生态学．长春：吉林科学技术出版社．

任炳忠，王贵强，鲁莹．2015．吉林昆虫．哈尔滨：黑龙江大学出版社．

任炳忠，杨凤清．1993．吉林省蝗虫的区域分布特征．东北师范大学学报，（4）：54-58．

任炳忠，赵卓，郝锡联．2000a．松嫩草原蝗虫群落动态变化的初步研究．吉林农业大学学报，22（专辑）：123-128．

任炳忠，赵卓，郝锡联．2000b．松嫩草原蝗虫群落结构多样性的初步研究．吉林农业大学学报，22（专辑）：119-122．

任清明，刘国平，杨国平，等．2009．黑龙江省中俄边境地区鼠类的调查研究．中国媒介生物学及控制杂志，20（3）：2-10．

孙寒梅，高玮，宫亮，等．2008．吉林省左家自然保护区鸟类组成及其多样性研究．东北师范大学学报，40（1）：11-16．

万冬梅，张凤岭，任炳忠．1997．向海自然保护区蝗虫区系的初步研究．辽宁大学学报，24（2）：85-90．

王海涛，姜云垒．2012．吉林省鸟类．长春：吉林出版社．

王海霞．2002．松嫩草原区农牧林复合生态系统土壤动物研究．长春：东北师范大学硕士学位论文．

王海霞，殷秀琴，周道玮．2003．松嫩草原区农牧林复合系统大型土壤动物生态学研究．草业学报，12（4）：84-89．

王晓红．2011．鼠类对吉林西部春季草原环境的影响研究．长春大学学报，21（6）：68-71．

王兴丽．2011．羊草草原主要凋落物分解过程中土壤动物群落动态及作用．长春：东北师范大学硕士学位论文．

吴东辉，胡克，殷秀琴．2004．松嫩草原中南部退化羊草草地生态恢复与重建中大型土壤动物群落生态特征．草业学报，13（5）：121-126．

吴东辉，尹文英，卜照义．2008a．松嫩草原中度退化草地不同植被恢复方式下土壤线虫的群落特征．生态学报，28（1）：1-12．

吴东辉，尹文英，陈鹏．2007a．刈割活动对松嫩草原碱化羊草草地土壤线虫群落的影响．生物多样性，15（2）：180-187．

吴东辉，尹文英，陈鹏．2008b．刈割条件下松嫩平原碱化羊草草地土壤螨类群落变化特征的研究．土壤学报，45（5）：1007-1014．

吴东辉，尹文英，李月芬．2008c．刈割和封育对松嫩草原碱化羊草草地土壤跳虫群落的影响．草业学报，17（5）：117-123．

吴东辉，尹文英，阎日青．2007b．植被恢复方式对松嫩草原重度退化草地土壤线虫群落特征的影响．应用生态学报，18（12）：2783-2790．

吴东辉，尹文英，阎日青．2008d．植被恢复方式对重度退化草原土壤跳虫群落的影响．中国环境科学，28（5）：466-470．

吴东辉，尹文英，杨振明．2007c．松嫩草原中度退化草地不同植被恢复方式下土壤螨类群落特征的差异．动物学报，53（4）：607-615．

吴东辉，尹文英，殷秀琴．2008e．松嫩草原中度退化草地不同植被恢复方式下土壤跳虫群落特征比较．昆虫学报，51（5）：509-515．

吴东辉，张柏，陈鹏．2005a．吉林省中西部平原区大型土壤动物群落组成与生态分布．动物学研究，26（4）：365-372．

吴东辉，张柏，陈鹏．2005b．吉林省中西部平原区土壤螨类群落结构特征．动物学报，51（3）：401-412．

吴东辉，张柏，陈鹏．2006．吉林省中西部平原区农业生境土壤甲虫群落结构特征．土壤学报，43（2）：280-286．

吴东辉，张柏，陈鹏．2007d．吉林省中西部平原不同农林用地土壤昆虫幼虫的群落特征．生态学杂志，26（1）：131-134．

吴东辉，张柏，陈平．2005c．吉林省西部农牧交错区不同土地利用方式对土壤线虫群落特征的影响．农村生态环境，21（2）：38-41，45．

吴东辉，张柏，殷秀琴，等．2005d．吉林省中西部平原区土壤线虫群落生态特征．生态学报，25（1）：59-67．

辛未冬．2011．松嫩沙地固定沙丘土壤动物群落特征及其在凋落物分解中的作用研究．长春：东北师范大学硕士学位论文．

辛未冬，殷秀琴，宋博．2013．松嫩草原地形分异对土壤动物分布格局的影响．地理研究，32（3）：413-420．

闫修民．2015．全球变暖对松嫩西部草原中小型土壤动物多样性的影响．长春：中国科学院研究生院（东北地理与农业生态研究所）．

杨卫平，杨荷芳．1991．天敌对害鼠种群控制作用的研究进展．动物学杂志，26（3）：5-14．

殷秀琴．1998．松嫩沙地天然草地与人工草地土壤动物的对比研究．中国沙漠，18（3）：249-254．

殷秀琴，陈鹏，赵红音，等．1994．东北羊草草原区土壤动物群结构特征的研究．东北师范大学学报，（3）：51-56．

殷秀琴，李建东．1998．羊草草原土壤动物群落多样性的研究．应用生态学报，19（2）：186-188．

殷秀琴，王海霞，周道玮．2003．松嫩草原区不同农业生态系统土壤动物群落特征．生态学报，23（6）：1071-1078.

殷秀琴，张宝田．1996．吉林省西部沙地与甸子地土壤动物的比较研究．中国沙漠，16（2）：149-156.

殷秀琴，赵红音．1994．松嫩平原南部草原土壤动物组成与分布的研究．草业学报，3（1）：62-70.

殷秀琴，仲伟彦．1997．羊草草地不同放牧强度下土壤动物的研究．草业学报，6（4）：71-75.

尹文英．1992．中国亚热带土壤动物．北京：科学出版社．

尹文英．1998．中国土壤动物检索图鉴．北京：科学出版社．

张晓珂，董锡文，梁文举，等．2009．科尔沁沙地流动沙丘土壤线虫群落组成与多样性研究．土壤，41（5）：749-756.

张雪萍．1990．吉林省羊草草原土壤动物生态地理研究．东北师范大学学报，增刊：83-92.

张雁冰，刘振才，张贵，等．2007．吉林省鼠疫自然疫源地啮齿动物种群结构的研究．中国地方病防治杂志，22（2）：92-94.

赵红蕊，孟庆繁，高文韬．2011．吉林省西部草地昆虫群落组成结构．北华大学学报，12（4）：456-465.

赵红蕊，孟庆繁，李燕．2014．吉林省西部地区蜻蜓目昆虫多样性研究．北华大学学报，15（6）：821-825.

郑艳苗．2007．松嫩草地植被不同演替阶段中小型土壤动物的群落动态变化．长春：东北师范大学硕士学位论文．

朱慧．2012．气候变化和放牧对草地植物与昆虫多样性关系的作用．长春：东北师范大学博士学位论文．

朱慧，彭媛媛，王德利．2008．植物对昆虫多样性的影响．生态学杂志，27（12）：2215-2221.

朱慧，王德利，任炳忠．2018．放牧对草地昆虫多样性的影响研究进展．生态学报，37（21）：7368-7374.

Andrey A，Humbert J Y，Pernollet C，et al. 2014. Experimental evidence for the immediate impact of fertilization and irrigation upon the plant and invertebrate communities of mountain grasslands. Ecology and Evolution，4：2610-2623.

Bardgett R D，van der Putten W H. 2014. Belowground biodiversity and ecosystem functioning. Nature，515：505-511.

Barnett K L，Facey S L. 2016. Grasslands，invertebrates，and precipitation：a review of the effects of climate change. Frontiers in Plant Science，7：1196.

Cleland E E，Collins S L，Dickson T L，et al. 2013. Sensitivity of grassland plant community composition to spatial vs. temporal variation in precipitation. Ecology，94：1687-1696.

Dickman C R. 1992. Predation and habitat shift in the house mouse，*Mus domesticus*. Ecology，73：313-322.

Feng Z，Xiao T，Zhang G，et al. 2020. Mercury spatial distribution characteristics and its exposure of the endangered Jankowski's bunting. Ecological Research，35：650-661.

Frampton G K, van den Brink P J, Gould P J L. 2000. Effects of spring drought and irrigation on farmland arthropods in southern Britain. Journal of Applied Ecology, 37: 865-883.

Li X, Zhong Z, Sanders D, et al. 2018. Reciprocal facilitation between large herbivores and ants in a semi-arid grassland. Proceedings of the Royal Society B, 285: 20181665.

Ruan H, Wu X, Wang S, et al. 2021. The responses of different insect guilds to grassland degradation in northeastern China. Ecological Indicators, 133: 108369.

van den Hoogen J, Geisen S, Routh D, et al. 2019. Soil nematode abundance and functional group composition at a global scale. Nature, 572: 194-198.

van Klink R, van der Plas F, van Noordwijk C G E, et al. 2015. Effects of large herbivores on grassland arthropod diversity. Biological Review, 90: 347-366.

Yang J, Wu X, Chen Y, et al. 2021. Combined attributes of soil nematode communities as indicators of grassland degradation. Ecological Indicators, 131: 108215.

Yin X, Ma C, He H, et al. 2018. Distribution and diversity patterns of soil fauna in different salinization habitats of Songnen Grasslands, China. Applied Soil Ecology, 123: 375-383.

Zhong Z, Li X, Pearson D, et al. 2017. Ecosystem engineering strengthens bottom-up and weakens top-down effects via trait-mediated indirect interactions. Proceedings of the Royal Society B, 284: 20170475.

Zhong Z, Wang D, Zhu H, et al. 2014. Positive interactions between large herbivores and grasshoppers, and their consequences for grassland plant diversity. Ecology, 95: 1055-1064.

Zhu H, Nkurunziza V, Wang J, et al. 2020. Effects of large herbivore grazing on grasshopper behavior and abundance in a meadow steppe. Ecological Entomology, 45: 1357-1366.

Zhu H, Qu Y, Zhang D, et al. 2017. Impacts of grazing intensity and increased precipitation on a grasshopper assemblage (orthoptera: acrididae) in a meadow steppe. Ecological Entomology, 42: 458-468.

Zhu H, Wang D, Guo Q, et al. 2015b. Interactive effects of large herbivores and plant diversity on insect abundance in a meadow steppe in China. Agriculture, Ecosystems and Environment, 212: 245-252.

Zhu H, Wang D, Wang L, et al. 2012. The effects of large herbivore grazing on meadow steppe plant and insect diversity. Journal of Applied Ecology, 49: 1075-1083.

Zhu H, Wang D, Wang L, et al. 2014. Effects of altered precipitation on insect community composition and structure in a meadow steppe. Ecological Entomology, 39: 453-461.

Zhu H, Wang W, Qu Y, et al. 2019a. Resource-mediated effects of grazing and irrigation on insect diversity in a meadow steppe. Insect Conservation and Diversity, 12: 29-38.

Zhu H, Zou X, Wang D, et al. 2015a. Responses of community-level plant-insect interactions to climate warming in a meadow steppe. Scientific Reports, 5: 18654.

Zhu Y, Zhong Z, Pagès J, et al. 2019b. Negative effects of vertebrate on invertebrate herbivores mediated by enhanced plant nitrogen content. Journal of Ecology, 107: 901-912.

第8章 松嫩草地土壤微生物

土壤微生物（soil microbe）作为陆地生态系统的重要组成部分，驱动土壤圈与其他各圈层之间发生活跃的物质交换和循环，在维系草地生态系统地上–地下相互作用，支撑草地生态系统结构、过程和功能中发挥着不可替代的作用。本部分以松嫩草地为研究对象，主要介绍松嫩草地的微生物区系组成、微生物群落及多样性特征、微生物对环境的响应等内容，旨在探讨该区域的微生物群落特征对环境的响应和草地系统生态功能的关联性，为明确与利用微生物资源，阐明维持松嫩草地生态系统稳定性的微生物机理提供数据支撑。

8.1 土壤细菌、古菌与真菌

土壤细菌是土壤微生物中数目最多、分布最广泛且类群最丰富的微生物，占土壤微生物总量的70%~90%。土壤真菌是土壤微生物的主要成员，在酸性土壤中占主导地位。古菌是土壤中存在的一种特殊的生命形式，能够在极端环境中生存，与甲烷的产生与释放关系密切。它们共同作为土壤生态系统的重要组成部分，在碳、氮等元素的生物地球化学循环过程中具有重要作用。同时，它们也受到非生物因子（降雨、土壤理化性质）与生物因子（放牧、植物特征）等诸多因素的共同影响。

8.1.1 土壤细菌、古菌与真菌的群落组成

1. 细菌的群落组成

松嫩草地中土壤细菌有40余门、100余纲、200余目、420余科、800余属、1600余种，主要由放线菌门（Actinobacteria）、变形菌门（Proteobacteria）、绿弯菌门（Chloroflexi）、酸杆菌门（Acidobacteria）、芽单胞菌门（Gemmatimonadetes）、厚壁菌门（Firmicutes）、拟杆菌（Bacteroidetes）、硝化螺旋菌门（Nitrospirae）、浮霉菌门（Planctomycetes）、栖热菌门（Deinococcus-Thermus）、蓝藻门（Phylum Cyanobacteria）、单糖菌门（Saccharibacteria）、疣微菌门（Verrucomicrobia）、护微菌门（Tectomicrobia）、装甲菌门（Armatimonadetes）、绿菌门（Chlorobi）和俭菌总门（Parcubacteria）组成

（图 8-1）。这些细菌门的相对丰度占到所有细菌类群相对丰度的 90% 以上，其中，放线菌门、变形菌门、绿弯菌门、酸杆菌门、芽单胞菌门、厚壁菌门、拟杆菌、硝化螺旋菌门和浮霉菌门是松嫩草地土壤细菌群落的优势菌门（丰度 >1%）。

图 8-1　松嫩草地土壤细菌门水平的相对丰度

2. 古菌的群落组成

松嫩草地中土壤古菌有 8 余门、14 余纲、16 余目、21 余科、29 余属、46 余种，主要由泉古菌门（Crenarchaeota）、奇古菌门（Thaumarchaeota）、嗜盐古菌门（Halobacterota）和广古菌门（Euryarchaeota）组成（图 8-2）。其中，泉古菌门、奇古菌门和嗜盐古菌门是松嫩草地土壤古菌群落的优势菌门（丰度>1%）。

3. 真菌的群落组成

松嫩草地土壤真菌有 10 余门、30 余纲、100 余目、200 余科、500 余属、1000 余种，主要由子囊菌门（Ascomycota）、担子菌门（Basidiomycota）、接合菌门（Zygomycota）、酸杆菌门（Glomeromycota）、球囊菌门（Blastocladiomycota）、壶菌门（Chytridiomycota）和罗兹菌门（Rozellomycota）组成（图 8-3）。其中，子囊菌门占所有真菌类群相对丰度的 80% 以上，其次为担子菌门和接合菌门，相对丰度分别约为 10% 和 5%；而酸杆菌门、球囊菌门、壶菌门和罗兹菌门的相对丰度较低（<1%）。

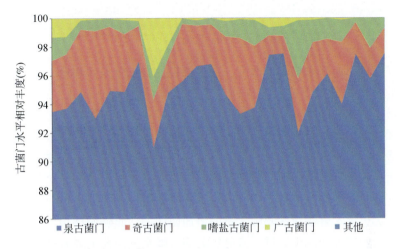

图 8-2　松嫩草地土壤古菌门水平的相对丰度

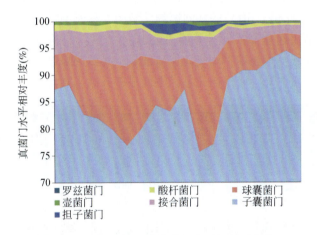

图 8-3　松嫩草地土壤真菌门水平的相对丰度

8.1.2　土壤微生物群落组成及多样性对环境的响应

　　土壤微生物群落组成及多样性是衡量生态系统健康程度的重要指标。随着生命科学的发展，尤其是分子生物学技术的发展和应用，为微生物的分类鉴定工作提供了简便准确的方法，进一步加深了对微生物与环境互作关系的理解。气候变化及人类活动加剧是松嫩草地所面临的重要环境问题。本部分将详细阐述降雨量变化、干旱、氮沉降、盐碱化、放牧等环境因素对土壤微生物群落组成及多样性的影响。

1. 降水变化对草地土壤微生物的影响

气候变化引起降水格局的改变,通过调控地表水分条件和地下水位对草地生态系统的微生物群落组成及多样性产生显著影响(Yang et al.,2021b)。另外,与土壤微生物相关的氮素循环过程也可能发生变化,进而影响生态系统的养分循环过程和功能。降水量变化显著影响了细菌群落多样性,自然降水量处理下细菌多样性最高;但降水量变化对真菌群落多样性无显著影响。年降水量变异显著影响了细菌和真菌群落多样性,且真菌群落多样性对年降水量变异更为敏感。降水变化显著地改变了细菌群落组成,而对真菌群落组成无显著影响(图8-4)。碳、氮循环相关土壤水解酶活性随降水量的增加而增加,而磷循环相关土壤水解酶活性随降水量的增加而减少。进一步分析表明,降水量变化主要通过影响土壤含水量调控细菌多样性,而通过影响植物地上生物量和土壤理化性质调控真菌多样性;同时,水解酶活性主要受到土壤含水量、地上植物生物量和土壤理化性质(有机碳、总氮、总磷、pH)的共同影响。结构方程模型结果表明,降水变化与草地土壤净氮硝化速率和矿化速率存在正相关关系,即随着降水量的减少而降低;降雨显著降低了生长季平均氧化亚氮通量,导致固氮基因、硝化基因和反硝化基因的丰度显著下降,而反硝化基因丰度显著升高。在降水变化条件下,微生

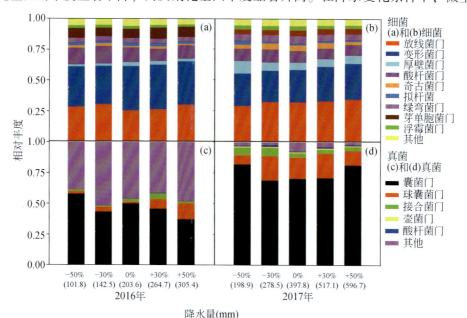

图 8-4　降水对松嫩草地土壤微生物群落组成的影响

物功能基因丰度直接调控着土壤氮转化速率，尤其是硝化功能基因变化显著。总体上，年际降水分布改变显著地影响细菌多样性和群落组成，而对真菌多样性和群落组成无显著影响。松嫩草地土壤微生物（细菌和真菌）多样性的最适宜降水范围为 200~280mm，此时的土壤微生物多样性最高。相比于细菌多样性，年际间降水量的差异对真菌多样性的影响更为强烈。

2. 季节性干旱对草地土壤微生物的影响

季节性干旱对微生物生物量、群落组成与多样性的影响存在差异性（Yang et al.，2020）。夏季和冬季干旱均显著降低了植物地上生物量，而仅冬季干旱降低了植被的盖度。两种干旱处理均显著降低了细菌生物量、真菌生物量和总微生物生物量，且随着干旱时间的延长，改变了微生物群落结构，夏季干旱占据了主导地位。两种季节性干旱提高了土壤无机氮库的积累，其中夏季干旱达到了显著水平。在夏季干旱中期，土壤氮可利用率升高；而夏季干旱结束后的复水处理，导致两种干旱处理下的土壤氮可利用率下降。进一步分析表明，季节性极端干旱对土壤氮可利用率的影响途径具有差异，冬季干旱主要通过生物途径调控土壤氮可利用率，而夏季干旱则通过生物和非生物途径共同调控土壤氮可利用率（图 8-5）。在预测未来干旱对生态系统功能的影响时，夏季和冬季干旱都是需要考虑的重要因素。

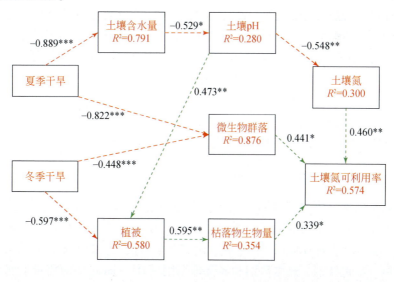

图 8-5　季节性干旱对松嫩草地土壤微生物的影响

3. 氮沉降对土壤微生物的影响

活性氮通过大气沉降的方式进入生态系统中，可有效缓解地上植被的氮限制，促进植物生长，增加植物生物量。然而，过多的氮素则可能引起土壤酸化，导致土壤养分失衡，破坏生态系统的稳定性。土壤微生物的生长与植物、pH、土壤养分关系密切。因此，氮沉降能直接或间接影响土壤微生物的生长、发育与繁殖动态，进而影响土壤微生物的种类、数量、物种多样性、种群结构及生态系统功能（Sun et al.，2017）。随着施氮浓度的增加，土壤微生物群落组成及多样性在不同的植物群落类型下具有一定的差异性。氮沉降处理增加了虎尾草群落的土壤微生物丰度，而杂类草群落的土壤微生物丰度则表现出明显的下降趋势（Sun et al.，2014）。另外，土壤微生物量碳在不同群落类型下也表现出相反的响应方式。这表明氮沉降对土壤微生物群落的影响与植被类型密切相关，不同的植物群落类型下的微生物群落对氮沉降的响应方式存在显著差异。在草甸草地中，土壤细菌多样性随着氮沉降浓度的增加而增加，且土壤碳氮比是影响土壤细菌多样性的重要驱动因子。土壤碳氮比主要通过影响土壤中养分的可利用性以及植物对养分的利用方式，从而影响土壤细菌群落多样性。尽管松嫩草甸草地是一个受氮素水平限制的生态系统，但研究结果表明土壤条件对细菌群落的影响要小于植物群落组成（孙盛楠，2015）。主要是因为羊草草甸植物的根系分泌物，能够为微生物提供丰富的碳源和氮源，使得土壤微生物获得了能够支持其生长发育所需的营养物质。与细菌多样性的变化规律相似，土壤真菌生物量和多样性随着氮沉降浓度的增加而逐渐升高，但存在显著的季节差异。9月，氮沉降导致土壤微生物量碳含量略微下降，而其他月份的氮沉降增加了土壤微生物量碳，表现为5月、7月、8月逐步升提高，8月达到峰值，9月逐渐下降。另外，氮沉降处理下的土壤微生物量氮有显著差异，表现为5月、7月逐渐增加，5月上升幅度较大，8月、9月逐渐降低。然而，氮沉降对土壤真菌的丰度无显著影响。

4. 草地退化对土壤微生物的影响

在自然因素（干旱、盐碱）和人类活动（过度放牧、割草）共同影响下，松嫩草地正面临严重的退化（王德利和王岭，2019）。草地退化是一个逆行演替的过程，会导致多种环境因子的变化。随着草地退化程度的加剧，放线菌纲、芽单胞菌纲、芽孢杆纲、热微菌纲和异常球菌纲（Deinococci）的相对丰度逐渐增加，而酸杆菌纲、厌氧绳菌纲（Anaerolineae）和硝化螺旋菌纲则呈现相反的趋势。KD4-96、Gitt-GS-136、δ-变形菌纲、γ-变形菌纲（Gammaproteobacteria）、绿弯菌纲、梭状芽胞杆菌（Clostridia）、鞘脂杆菌纲（Sphingobacteriia）、浮霉菌纲

（Planctomycetacia）和暖绳菌纲（Caldilineae）的相对丰度在草地退化过程中变化不明显（图 8-6）。松嫩退化草地中，土壤真菌的优势菌纲是粪壳菌纲（Sordario-mycetes）、座囊菌纲（Dothideomycetes）、伞菌纲（Agaricomycetes）和散囊菌纲（Eurotiomycetes）。草地退化显著降低了这些真菌的相对丰度，其中球囊菌纲（Glomeromycetes）、锤舌菌纲（Leotiomycetes）和散囊菌纲的变化尤为明显，相对丰度比未退化草地降低了约 60%，而粪壳菌纲和盘菌纲（Pezizomycetes）对草地退化的响应不敏感（图 8-6）。

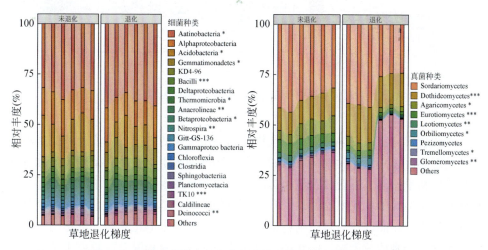

图 8-6　松嫩退化草地中细菌与真菌群落在纲水平的相对丰度

松嫩草地土壤细菌和真菌群落 α 多样性沿着草地退化梯度呈现不一致的变化规律（Wu et al.，2021）。细菌群落的 α 多样性在中度退化草地中最大，其次为未退化草地，最低为重度退化草地。真菌群落的 α 多样性随着草地退化程度的加剧呈现逐渐下降的趋势。与未退化草地相比，中度退化草地和重度退化草地真菌 α 多样性分别降低了约 6% 和 17%。共现性网络结果表明，所有网络的模块化指数和平均聚类系数均大于对应的随机网络，表明所构建的网络均具有模块化结构和小世界属性。多个网络拓扑学属性指标一致，表明土壤细菌和真菌网络特征沿着草地退化梯度呈现不同的变化规律。细菌网络中的总连接数、负连接数、模块性指数和平均聚类系数随草地退化程度的增加而增加，而真菌网络中呈现相反的趋势。细菌和真菌网络的平均度最大值均出现在中度退化草地。网络直径、平均路径长度和图密度随草地退化梯度无明显规律（图 8-7）。

5. 放牧对草地土壤微生物的影响

家畜放牧作为草地生态系统主要利用形式之一，是草地管理中不可缺少的因

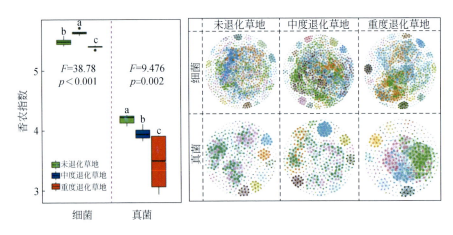

图 8-7　松嫩退化草地中细菌与真菌群落 α 多样性及共现性网络特征

素。不同食草动物采食偏好以及对食物资源利用方式的不同，可能对不同类群微生物的影响存在一定差异性。放牧处理显著影响细菌生物量、真菌生物量和细菌与真菌生物量比例。混合放牧显著提高了细菌和真菌生物量，牛单牧和羊单牧对细菌和真菌绝对丰度无明显影响。在中度退化草地，羊单牧和混合放牧显著降低了细菌生物量，而放牧对真菌生物量无显著影响。在未退化草地，细菌与真菌生物量比例未受到放牧影响，而在中度退化草地，羊单牧和混合放牧使细菌和真菌生物量比显著降低（图 8-8）。随着放牧强度增大，土壤微生物的数量逐渐增多。过度放牧会对土壤资源造成不可逆的破坏，导致地上和地下的生物量降低。放牧强度对土壤微生物的影响，通常会受土壤的类型、气候条件等因素的干扰，适度放牧使土壤中真菌和放线菌的数量增多，符合中度干扰理论。此外，由于种间竞争作用的影响，土壤微生物优势种的多度降低，而亚优势物种的数量增加，间接提高了土壤微生物的物种多样性和丰富度指数。随着放牧强度的增加，土壤细菌的数量先降低后升高，而真菌的数量则先升高后降低。Biolog-ECO 微平板分析结果表明，适牧下土壤细菌多样性、丰富度、均匀度均最高，无牧次之，重牧最低。另外，适牧中的土壤细菌对碳水化合物、氨基酸、多聚物、酚酸类及胺类等碳源具有较高的利用效率，而休牧中的土壤细菌对碳水化合物、氨基酸及多聚物利用效率较高，而重牧中的土壤细菌只对羧酸类碳源的利用具有优势。在不同的放牧强度下，土壤细菌的碳代谢活性顺序为适牧>无牧>重牧，且土壤 pH、有机质和全氮含量是影响松嫩草地土壤细菌多样性及碳源利用效率的驱动因素（Qu et al.，2021）。

放牧显著影响变形菌门、绿弯菌门和芽单胞菌门的相对丰度。在未退化草

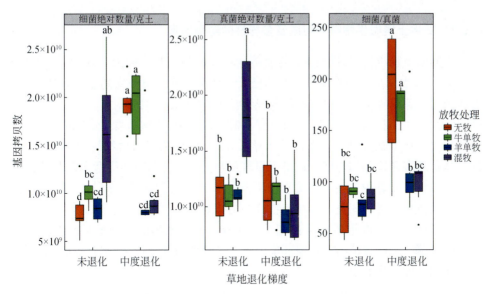

图 8-8　放牧对松嫩草地细菌生物量、真菌生物量及细菌与真菌生物量比例的影响

地，羊单牧显著提高了芽单胞菌门的相对丰度。在中度退化草地，混合放牧显著降低了芽单胞菌门的相对丰度，单牧没有显著变化。放牧和草地退化对厚壁菌门相对丰度无显著影响，但交互作用存在显著效应。而放牧对真菌群落门水平相对丰度无显著影响（图 8-9）。

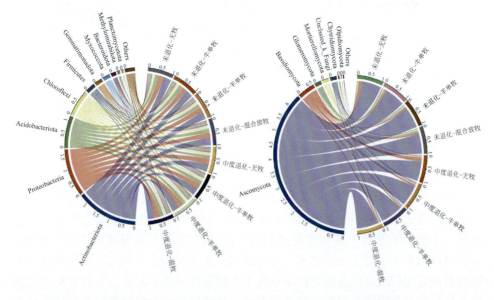

图 8-9　放牧对土壤细菌和真菌群落门水平相对丰度的作用

8.1.3 草地土壤微生物群落组成及多样性的影响因素

不同微生物类群对环境因子的敏感性存在差异（Wu et al.，2021）。土壤盐度、pH、含水量是影响松嫩草地大部分土壤细菌类群相对丰度的重要环境因子。放线菌门、芽单胞菌门、厚壁菌门和异常球菌–栖热菌门的相对丰度与土壤盐度、pH 和含水量之间显著正相关。酸杆菌门和浮霉菌门与土壤盐度、pH 和含水量显著负相关。芽单胞菌门、厚壁菌门和异常球菌–栖热菌门与植物香农–维纳多样性、辛普森多样性和均匀度指数呈极显著负相关。变形菌门和绿弯菌门与任何环境因子都没有显著相关性。土壤真菌群落的结合菌门和球囊菌门与土壤 pH、盐度和含水量极显著负相关，而与植物群落的丰富度指数、香农–维纳多样性、辛普森多样性和均匀度指数显著正相关。此外，地上植物的氮含量是影响担子菌门、结合菌门和球囊菌门的重要环境因子。子囊菌门和芽枝菌门与大部分的环境因子无相关性（图 8-10）。

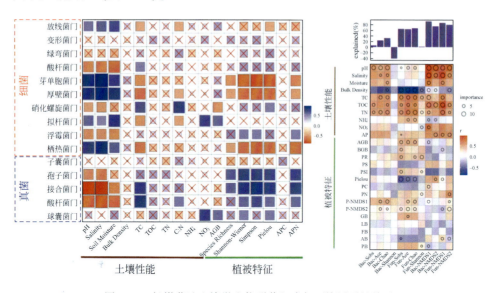

图 8-10　松嫩草地土壤微生物群落组成与环境因子的关系

随机森林分析结果表明，放牧草地土壤细菌和真菌群落的丰度和群落组成主要受土壤理化性质的影响，但影响细菌和真菌群落丰度的主要土壤因子存在一定差异。土壤细菌群落丰度主要受到 pH、含水量、容重、有机碳和总氮的影响，而真菌群落丰度主要受土壤容重、有机碳和总氮的影响。土壤 pH 和有机碳是土壤细菌和真菌群落组成最重要的驱动因子。植物群落的丰富度、辛普森和均匀度指数是影响真菌群落丰度重要的环境因子。植被特征对土壤细菌和真菌群落组成变化的影响相对较小（图 8-10）。

8.2　土壤 AM 真菌

丛枝菌根真菌（Arbuscular mycorrhizal fungi，AM 真菌）是最重要的土壤微生物区系组成，AM 真菌可以与 72% 以上的维管束植物形成共生体菌根。AM 真菌可以显著促进植物对水分、养分等物质的吸收，降低干旱、盐碱化、温度升高和氮沉降等全球变化因子对草地生态系统的不利影响，加快退化生态系统植被恢复进程。

8.2.1　草地 AM 真菌区系组成

AM 真菌区系组成是反映土壤中 AM 真菌种类丰富程度和分布特征的重要指标。对吉林西部松嫩草地土壤 AM 真菌进行采样分析发现，松嫩草地 AM 真菌种类数量不高，共计分离得到 AM 真菌 29 种，分属 5 个属（图 8-11，表 8-1）。所测得的 AM 真菌中，球囊霉属（Glomus）AM 真菌种类占比最大，约为 76%，包含 22 个种；无梗囊霉属（Acaulospora）次之，包含 4 种，约占 14%；巨孢囊霉属（Gigaspora）、类球囊霉属（Paraglomus）和盾巨孢囊霉属（Scutellospora）AM 真菌种类数量较少，各分离到 1 种，占比不足 10%（王桂君，2005；张义飞，2011）。与其他草地生态系统相比，松嫩草地 AM 真菌丰富度偏低，低于新疆北部荒漠草地和内蒙古典型草原，在这两个生态系统分别检测到 AM 真菌 6 属和 8 属（Shi et al.，2006；Wang et al.，2014）。土壤中 AM 真菌群落组成除了受宿主

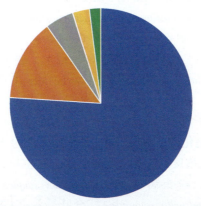

■球囊霉属　■无梗囊霉属　■巨孢囊霉属　■类球囊霉属　■盾巨孢囊霉属

图 8-11　松嫩草地 AM 真菌的区系组成（属）

植物影响显著之外，还与土壤盐碱化程度、土壤有效磷含量、土壤 pH 和土壤质地、降水和温度等因素相关，松嫩草地 AM 真菌种类多样性低于其他草地可能和松嫩草地高度的土壤盐碱化和较高的土壤 pH 有关。

表 8-1　松嫩草地 AM 真菌的区系组成

优势种	常见种		稀有种		
G. mosseae	A. bireticulata	A. rehmii	A. laevis	A. morrowae	Gi. albida
G. ambisporum	G. claroideum	G. clarum	G. chimonobambusa	G. convolutum	G. dolichosporum
G. etunicatum	G. versiforme	G. intraradices	G. geosporum	G. macrocarprum	G. pansihalos
G. fasciculatum	G. aggregatum		G. tortuosum	G. geosporum	G. formosanum
	G. constrictum		G. albidum	G. microaggregatum	G. reticulatum
			G. tortuosum	P. occultum	S. pellucida

注：A 代表无梗囊霉属；G 代表球囊霉属；Gi 代表巨孢囊霉属；P 代表类球囊霉属；S 代表盾巨孢囊霉属

8.2.2　草地 AM 真菌分布特征

AM 真菌分布特征除了可以反映环境因子对 AM 真菌群落组成的影响之外，还可以反映宿主植物与 AM 真菌共生关系的变化特征。在松嫩草地所鉴定出的 AM 真菌中，不同 AM 真菌出现的频度存在显著差异（图 8-12），球囊霉素属（*Glomus*）AM 真菌出现频度最高，达到 95%，无梗囊霉属（*Acaulospora*）AM 真菌出现的频度稍低，约为 52%。巨孢囊霉属（*Gigaspora*）、类球囊霉属（*Paraglomus*）和盾巨孢囊霉属（*Scutellospora*）出现的频度比较低，不到 20%。球囊霉属中的 *G. mosseae*、*G. ambispora*、*G. etunicatum*、*G. fasciculatum*、*G. geosporum* 出现频率较高，均达到 40% 以上，其中 *G. etunicatum*、*G. mosseae* 和 *G. ambispora* 出现频率显著高于其他几种 AM 真菌，出现频度高达 60% 以上，属于该松嫩草地优势类群。而无梗囊霉属（*Acaulospora*）AM 真菌中 *A. bireticulata* 出现的频率显著高于其他三种。

在松嫩草地上，除了严重退化土壤中（没有植物生长）无 AM 真菌存在之外，在轻度退化和没有退化的土壤中均可以检测到大量的 AM 真菌孢子。AM 真菌孢子密度除了与土壤退化程度高度相关之外，还受宿主植物影响显著（图 8-13）。羊草（*Leymus chinensis*）、箭头唐松草（*Thalictrum simplex*）、罗布麻（*Apocynum venetum*）、野古草（*Arundinella anomala*）、全叶马兰（*Kalimeris integrifllia*）、星星草（*Puccinellia tenuiflora*）、牛鞭草（*Hemarthria sibirica*）、女菀（*Turczaninowia fastigiatus*）和山野豌豆（*Vicia amoena*）等植物根际 AM 真菌孢子密度较高，每 50g 土 AM 真菌孢子密度均在 300 个孢子左右，羊草根际土壤 AM 真菌孢子密度

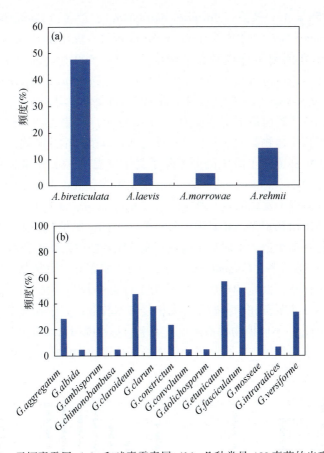

图 8-12 无梗囊霉属 (a) 和球囊霉素属 (b) 几种常见 AM 真菌的出现频度

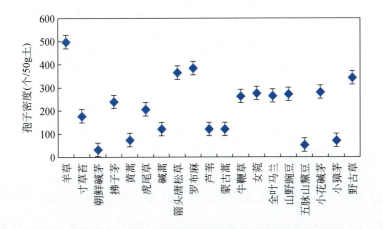

图 8-13 不同宿主植物根际的土壤孢子密度

达到 500 个/50 g 土。碱蒿 (*Artemisia anethifolia*)、芦苇 (*Phragmites australis*)、蒙古蒿 (*A. mongolica*)、寸草苔 (*Carex duriuscula*)、虎尾草 (*Chloris virgata*) 等根际土壤 AM 真菌孢子密度较低,密度为 120 ~ 200 个/50g 土;黄花蒿 (*A. annua*)、獐毛 (*Aeluropus sinensis*)、五脉山黧豆 (*Lathyrus quinquenervius*) 和朝鲜碱茅 (*P. chinampoensis*) 根际土壤 AM 真菌孢子密度最低,均显著低于 100 个/50g 土,朝鲜碱茅根际 AM 真菌孢子密度仅为 32 个/50g 土。结果说明,松嫩草地 AM 真菌孢子分布受宿主植物影响显著,这可能与 AM 真菌和宿主植物的共生关系显著相关,因为 AM 真菌在土壤中的分布除了受土壤温度、水分和盐分等限制之外 (Zhang et al., 2011; Zhao et al., 2017),宿主植物和 AM 真菌之间的碳氮交换也是决定 AM 真菌孢子发育的重要决定因素 (Jiang et al., 2017)。

松嫩草地中植物根系 AM 真菌的侵染率与不同宿主植物根际土壤中 AM 真菌孢子密度变化特征类似,不同宿主植物根系 AM 真菌侵染率存在着明显差异 (图 8-14),羊草、拂子茅 (*Calamagrostis epigeios*)、罗布麻、野枯草、全叶马兰、五脉山黧豆、牛鞭草、女菀和山野豌豆等根系侵染率较高,菌根侵染率均在 80% 以上;虎尾草、寸草苔和小花碱茅等菌根侵染率较低,其中朝鲜碱茅和芦苇菌根侵染率低于 10% 。不同植物根系菌根侵染率的差异说明 AM 真菌对不同植物的影响存在差异,这对理解 AM 真菌改变植物群落结构的作用机制具有重要的启示。

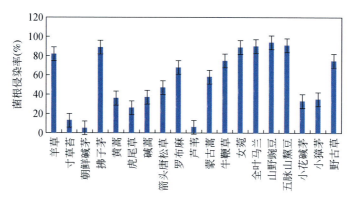

图 8-14　松嫩草地常见植物的菌根侵染率

8.2.3　草地 AM 真菌变化及其影响因素

1. 温度升高和氮沉降对 AM 真菌多样性和生长发育的影响

温度升高和氮沉降作为两个重要的全球变化因子对草地生态系统植物群落和土壤微生物多样性具有诸多不利影响。通过连续多年的田间模拟温度升高和氮沉降控制实验发现：温度升高显著降低了孢子密度，但是增加了土壤 AM 真菌菌丝密度；温度升高对土壤 AM 真菌多样性和丰富度有增加的趋势，但是差异并不显著（图 8-15）。氮沉降除了显著降低土壤 AM 真菌孢子密度和菌丝密度之外，还显著降低 AM 真菌多样性和丰富度（Zhang et al.，2016）。

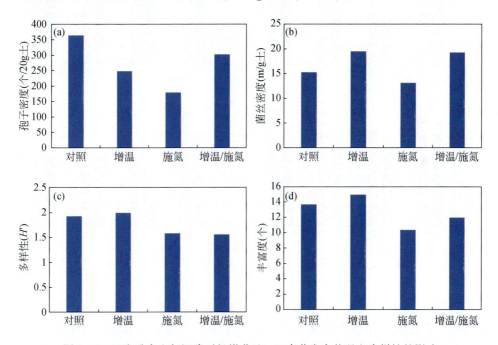

图 8-15　温度升高和氮沉降对松嫩草地 AM 真菌发育状况和多样性的影响

2. 放牧和植物多样性变化对 AM 真菌多样性和生长发育的影响

放牧作为重要的草地利用方式对草地植物群落组成影响显著，过度放牧会导致植物多样性降低，进而对 AM 真菌等产生间接影响。通过模拟放牧和植物多样性变化控制实验发现，植物多样性、放牧能显著地影响 AM 真菌孢子丰富度，植物多样性与放牧的交互作用对 AM 真菌孢子丰富度没有显著影响（图 8-16）。在植物多样性水平较低情况下，AM 真菌孢子丰富度在牛、羊单牧和牛羊混牧处理均显著低于对照处理 AM 真菌丰富度；在植物多样性水平较高情况下，混合放牧显著提高了 AM 真菌丰富度，混合放牧处理下 AM 真菌孢子丰富度显著高于牛单独放牧。结果表明，放牧家畜多样性和 AM 真菌存在明显的相关性，高的家畜种类放牧有利于维持松嫩草地 AM 真菌丰富度（张延文，2012）。

植物多样性和放牧均显著影响 AM 真菌多样性，但是植物多样性与放牧对

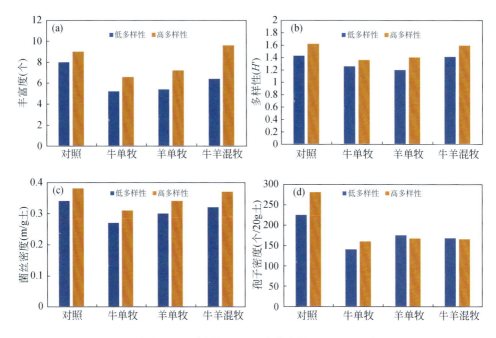

图 8-16　放牧和植物多样性对 AM 真菌多样性和生长发育的影响

AM 真菌多样性的影响无显著交互作用。在低植物多样性水平，对照和混合放牧处理中 AM 真菌多样性指数显著高于牛、羊单独放牧；在高植物多样性水平，牛、羊单独放牧处理中 AM 真菌孢子多样性指数显著低于对照处理。单独放牧降低了 AM 真菌孢子多样性指数，混合放牧却增加了 AM 真菌多样性指数。综合高、低植物多样性处理来看，混合放牧处对 AM 真菌多样性指数并无显著影响；此外，两种单独放牧方式（牛、羊单牧）对 AM 真菌多样性指数的影响无显著差异（严颖，2013）。

　　放牧显著降低 AM 真菌根外菌丝长度和孢子密度。与混合放牧相比，牛羊单独放牧对 AM 真菌菌丝长度和孢子密度的影响更加明显，特别是牛单独放牧时孢子密度和菌丝长度最低。在植物群落多样性较高时，单独和混合放牧对 AM 真菌孢子密度和菌丝长度的影响并不显著，说明高的植物多样性可以在一定程度上缓解放牧对 AM 真菌孢子和菌丝发育的负面影响（严颖，2013）。

　　3. 水分添加、刈割和枯落物添加对 AM 真菌多样性的影响

　　降雨变化和草地刈割等也是影响草地生态系统 AM 真菌群落组成的重要影响因子，通过模拟降雨量变化、刈割和枯落物添加探究了 AM 真菌对降雨变化、刈

割和枯落物添加的响应情况。研究发现，水分添加、刈割和枯落物添加均对土壤 AM 真菌多样性产生显著影响，特别是显著改变了几种常见 AM 真菌的相对多度（图 8-17）。增加降水处理降低了土壤中球囊霉属 AM 真菌的相对多度，但是多孢囊霉属 AM 真菌相对多度却显著增加。刈割处理显著降低球囊霉属 AM 真菌的相对多度，却显著增加了多孢囊霉属相对多度。结合植物地上部生产力和土壤养分含量分析发现，土壤中球囊霉属 AM 真菌的相对多度与植物群落地上部生物量呈显著正相关关系，而多孢囊霉属 AM 真菌相对多度受土壤铵态氮含量影响显著，与土壤氨态氮含量呈显著正相关（周晓宇，2018）。

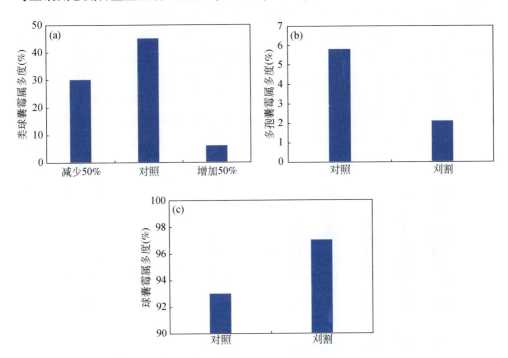

图 8-17　水分添加和刈割对土壤主要 AM 真菌类群相对多度的影响

　　水分添加、刈割和枯落物添加除了对土壤中 AM 真菌群落结构影响显著之外，对植物根系内 AM 真菌群落结构也有显著影响。与对照组相比，增加降水处理显著降低了类球囊霉属 AM 真菌的相对多度，但是对其他科属 AM 真菌相对多度影响不显著；刈割处理显著减少了多孢囊霉属 AM 真菌的相对多度，但是显著提高了球囊霉属 AM 真菌的相对多度。枯落物添加对植物根系中各科属 AM 真菌相对丰度影响并不显著。土壤氨态氮对植物根系内类球囊霉属 AM 真菌相对多度存在显著正效应，而土壤碳氮比和孢囊霉属 AM 真菌相对多度存在显著负相关关系，土壤硝态氮含量主要驱动了植物根系内 AM 真菌群落结构变化。

4. 土地利用方式变化对 AM 真菌多样性的影响

土地利用方式除了直接对农业和畜牧业发展产生直接经济影响之外，也会对土壤 AM 真菌群落组成和生长发育产生重要影响。通过对松嫩草地农牧交错区几种常见土地利用类型土壤中 AM 真菌群落组成及其影响因素研究发现，由于不同土地利用方式对土壤的干扰程度不一样，土地利用方式对土壤中 AM 真菌多样性和群落结构影响存在显著差异（图8-18）。对于优势门类 AM 真菌而言，与常规耕作农田相比，球囊霉属 AM 真菌相对丰度在放牧草地、刈割草地、围栏草地、人工草地均显著增加，但是放牧草地、刈割草地、围栏草地、人工草地却显著降低了类球囊霉科属 AM 真菌相对多度。对于其他非优势 AM 真菌种类而言，不同土地利用方式也对 AM 真菌相对多度产生显著影响。在不同土地利用方式下对 AM 真菌群落结构变化的影响因子进行主成分分析发现，土壤中球囊霉属相对丰度与土壤中沙砾含量呈显著负相关关系，而土壤中类球囊霉属相对丰度与沙砾含量呈显著正相关关系。土地利用方式变化造成的土壤质地改变是土壤 AM 真菌群落组成变化的主要驱动因子。

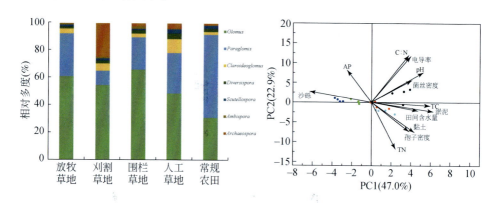

图8-18　不同土地利用方式对 AM 真菌群落组成的影响

8.2.4　草地 AM 真菌的生态功能

1. AM 真菌对土壤细菌与真菌群落组成的影响

土壤细菌和真菌在维持草地生态系统生物地球化学循环和植物群落结构稳定性方面发挥重要作用，AM 真菌与土壤细菌和真菌群落间相互作用对草地生态系统稳定性意义重大。通过在松嫩草地模拟增温与氮沉降控制实验发现，单独温度升高或施氮对土壤真菌无显著影响，但温度升高和施氮交互作用显著降低了土壤真菌丰富度 [图 8-19（a）]，而温度升高、施氮和 AM 真菌抑制共同降低了土壤细菌丰富度 [图 8-19（b）]。土壤细菌和真菌物种多样性随着 AM 真菌抑制而显著降低，表明 AM 真菌抑制对微生物多样性有显著负效应。结构方程模型表明，土壤细菌群落通过改变 AM 真菌定殖和植物物种丰富度对温度升高引起的土壤温度升高和氮添加引起的土壤有效氮增加作出响应；土壤温度直接影响细菌群落，但土壤有效氮通过影响 AM 真菌定殖间接改变土壤细菌和真菌群落组成。此外，较高的菌根定植通过增加植物物种的净获得和降低植物物种的净丢失来增加植物物种的丰富度（Yang et al.，2021a）。

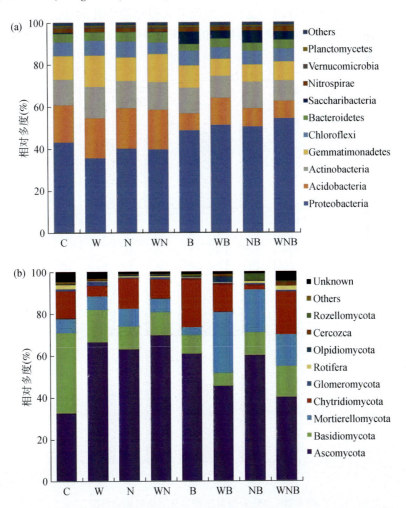

图 8-19　温度升高和氮添加条件下 AM 真菌对土壤细菌和真菌群落组成的影响

2. AM 真菌对植物群落组成变化的调节作用

植物群落组成变化对生物多样性保护和生态系统生产力稳定性具有重要的决定意义，通过连续多年模拟温度升高和氮沉降控制实验，探究了 AM 真菌对松嫩草地植物群落组成变化的调节作用。研究发现，AM 真菌显著增加了植物物种的丰富度和植物物种的净获得，减少了植物物种的净丢失。温度升高和氮添加条件下 AM 真菌分别减少了植物物种的净丢失和增加了植物物种的丰富度（图 8-20）。氮添加和苯菌灵抑制 AM 真菌分别使植物物种丰富度降低了 11% 和 21%。虽然温度升高对植物物种丰富度无显著影响，但苯菌灵抑制 AM 真菌和温度升高的交互作用显著降低植物物种的丰富度。温度升高使植物物种的净丢失平均减少了32%。苯菌灵抑制 AM 真菌使植物物种的净获得降低了 31%，植物物种的净丢失增加了 28%。

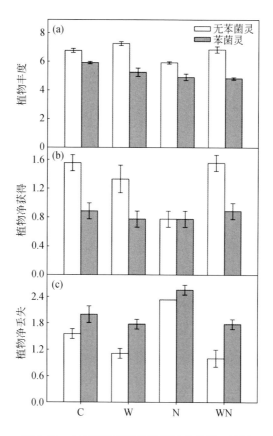

图 8-20　AM 真菌对植物群落组成的影响情况

3. AM 真菌对植物物候特征的影响情况

最新研究发现常年的温度升高已经导致部分落叶乔木和草本植物的物候期明显提前，但是对于 AM 真菌对植物物候期的影响情况尚不清楚。通过在松嫩草地进行模拟温度升高、氮沉降和 AM 真菌控制实验，探究全球变化背景下 AM 真菌对植物物候期的影响机制。研究发现，增温、施氮以及二者的交互作用使羊草的物候期长度缩短；增温和抑制 AM 真菌互作不影响羊草的物候期长度（图 8-21）。抑制 AM 真菌缩短了星星草的物候期长度，延长了芦苇的物候期长度（Yang et al.，2020a）。AM 真菌促进了早花植物的繁殖而推迟了晚花植物的繁殖，从而降低了不同植物物候的时间重叠，降低了资源竞争，空出生态位给更多的物种，这对理解 AM 真菌改变植物群落结构的机制提供了新的有益补充。

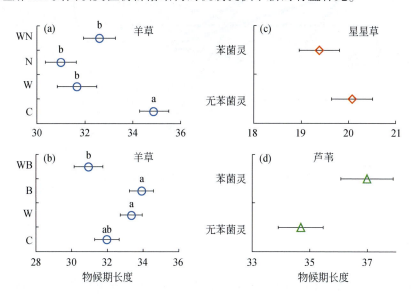

图 8-21　增温和施氮条件下 AM 真菌对羊草、芦苇和星星草物候期长度的影响

4. AM 真菌对草地生态系统多功能性的影响

生态系统多功能性是反应生态系统稳定性及其功能变化的重要指标，通过研究长期施氮条件下 AM 真菌对松嫩草地物种组成变化、温室气体排放和枯落物分解等功能变化的影响情况发现，在施氮条件下，AM 真菌不影响植物物种多样性和丰富度，但改变了不同功能组的覆盖度，增加了地上生产力和生物量稳定性（Kang et al.，2020）。施氮增加凋落物分解速率，AM 真菌显著加快草地枯落物分

解速率。AM 真菌显著降低了草地 N_2O 和 CH_4 的排放量。研究结果表明：AM 真菌可以改变植物群落结构，提高植物生产力和群落生产力稳定性，加速凋落物分解，并在施氮条件下显著降低土壤总 N 浓度和 N_2O 和 CH_4 排放（图 8-22）。考虑到全球变化将持续发生，未来草地管理过程中应当充分考虑和保护 AM 真菌以缓解全球变化引起的草地退化并维持草地生态系统多功能性。

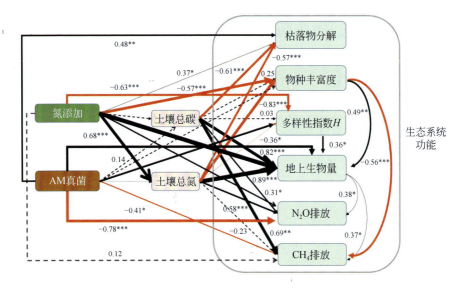

图 8-22　施氮条件下 AM 真菌对草地生态系统功能的影响机制

8.3　小　　结

　　松嫩草地土壤微生物资源丰富，拥有大量的细菌、古菌和真菌等类群。虽然 AM 真菌属于真菌中的一个特定类群，鉴于其植物共生真菌的特殊地位及其在生理生态功能方面的重要性，本章对其群落组成及多样性等特征进行了单独阐述。总体而言，松嫩草地土壤微生物受到环境变化和人类活动干扰的共同影响。细菌的优势门为放线菌门、变形菌门、绿弯菌门和酸杆菌门等，古菌的优势门为泉古菌门、奇古菌门和嗜盐古菌门，而真菌的优势门为子囊菌门，且细菌和古菌的绝对丰度显著高于真菌。在应对环境因素（降水变化、干旱、氮沉降、放牧等）的响应方面，真菌和细菌的群落组成及多样性往往表现出一定的差异，且具有季节性变化规律。这种变化的异步性对于维持生态系统功能及稳定性发挥着重要作用。另外，AM 真菌同样显著受到全球变化的影响，例如，温度升高、氮沉降、降雨格局变化、放牧、刈割和土地利用方式变化等显著降低了 AM 真菌多样性和影响植物–AM 真菌间共生关系。尽管如此，在全球变化背景下 AM 真菌依然可以通过改变植物物候特征和植物群落组成、增加生态系统生产力、提高生态系统稳定性、降低温室气体排放和加速枯落物分解等途径提高草地生态系统多功能性和维持生态系统安全。所以在未来全球变化背景下草地可持续性管理过程中应当充分考虑土壤微生物的保护和利用。

主要参考文献

孙盛楠. 2015. 草甸草原土壤微生物群落结构与多样性对增氮增雨的响应. 长春：东北师范大学博士学位论文.

王德利，王岭. 2019. 草地管理概念的新释义. 科学通报，64（11）：1106-1113.

王桂君. 2005. 吉林省西部盐碱化羊草草原的丛枝菌根共生多样性. 长春：东北师范大学博士学位论文.

严颖. 2013. 放牧对草地丛枝菌根真菌的种类及根外生物量的影响. 长春：东北师范大学硕士学位论文.

杨雪. 2015. AM 真菌对松嫩草地增温和施氮的响应及反馈机制研究. 长春：东北师范大学博士学位论文.

张延文. 2012. 放牧对草甸草原丛枝菌根真菌多样性的影响. 长春：东北师范大学硕士学位论文.

张义飞. 2011. 松嫩平原盐碱化草地丛枝菌根真菌资源及其生态作用的研究. 长春：东北师范大学博士学位论文.

周晓宇. 2018. 水分、刈割和枯落物添加对草地丛枝菌根真菌的定殖及多样性的影响. 长春：东北师范大学硕士学位论文.

Kang F, Yang B, Wu J, et al. 2020. Arbuscular mycorrhizal fungi alleviate the negative effect of nitrogen deposition on ecosystem functions in meadow grassland. Land Degradation & Development, 31：748-759.

Jiang Y N, Wang W X, Xie Q J, et al. 2017. Plants transfer lipids to sustain colonization by mutualistic mycorrhizal and parasitic fungi. Science, 356：1172-1175.

Qu T, Guo W, Yang C, et al. 2021. Grazing by large herbivores improves soil microbial metabolic activity in a meadow steppe. Grassland Science, 67：30-40.

Shi Z Y, Feng G, Christie P, et al. 2006. Arbuscular mycorrhizal status of spring ephemerals in the desert ecosystem of Junggar Basin, China. Mycorrhiza, 16：269-275.

Sun S, Xing F, Zhao H, et al. 2014. Response of bacterial community to simulated nitrogen deposition in soils and a unique relationship between plant species and soil bacteria in the Songnen grassland in Northeastern China. Journal of Soil Science and Plant Nutrition, 14：565-580.

Sun S, Zhao H, Xing F, et al. 2017. Response of soil microbial community structure to increased precipitation and nitrogen addition in a semiarid meadow steppe. European Journal of Soil Science, 68：524-536.

Wang Q, Bao Y, Liu X, et al. 2014. Spatio-temporal dynamics of arbuscular mycorrhizal fungi associated with glomalin-related soil protein and soil enzymes in different managed semiarid steppes. Mycorrhiza, 24: 525-538.

Wu X, Yang J, Ruan H, et al. 2021. The diversity and co-occurrence network of soil bacterial and fungal communities and their implications for a new indicator of grassland degradation. Ecological Indicators, 129: 107989.

Yang X, Guo R, Knops J M H, et al. 2020a. Shifts in plant phenology induced by environmental changes are small relative to annual phenological variation. Agricultural and Forest Meteorology, 294: 108144.

Yang X, Henry H A, Zhong S, et al. 2020b. Towards a mechanistic understanding of soil nitrogen availability responses to summer vs. winter drought in a semiarid grassland. Science of The Total Environment, 741: 140272.

Yang X, Yuan M, Guo J X, et al. 2021a. Suppression of arbuscular mycorrhizal fungi aggravate the negative interactive effects of warming and nitrogen addition on soil bacterial and fungal diversity and community composition. Applied and Environmental Microbiology, 87: e01523-21.

Yang X, Zhu K, Loik M E, et al. 2021b. Differential responses of soil bacteria and fungi to altered precipitation in a meadow steppe. Geoderma, 384: 114812.

Zhang T, Sun Y, Song Y C, et al. 2011. On-site growth response of a desert ephemeral plant, *Plantago minuta*, to indigenous arbuscular mycorrhizal fungi in a central Asia desert. Symbiosis, 55: 77-84.

Zhang T, Yang X, Guo R, et al. 2016. Response of AM fungi spore population to elevated temperature and nitrogen addition and their influence on the plant community composition and productivity. Scientific Reports, 6: 24749.

Zhao Y N, Yu H Q, Zhang T, et al. 2017. Mycorrhizal colonization of chenopods and its influencing factors in different saline habitats, China. Journal of Arid Land, 9: 143-152.

第9章 松嫩草地家畜资源与草地利用

松嫩草地是我国草原带自然条件最好的区域之一，拥有丰富的植物资源。由于草地上的植物可以用来放牧或刈割饲养牲畜，生产肉和奶等畜产品，使得松嫩草地成为本地区畜牧业生产的重要物质基础；同时，松嫩草地也成为本地区重要的绿色生态屏障。可见，了解松嫩草地区域内的家畜品种资源现状、草地家畜生产能力以及草地利用状况，对于该区域的畜牧业发展和生态环境保护至关重要。

9.1 松嫩草地家畜种类与品种资源

松嫩草地养育着多种多样的家畜品种。这些丰富的家畜资源不仅是生物多样性的重要组成部分，也是维护地区生态安全和食品安全的重要战略资源。近半个世纪以来，由于畜牧生产方式的转变和大量外来品种的引进，使得松嫩草地的家畜资源状况发生了巨大变化。

9.1.1 家畜种类及品种多样性

近 20 年来，松嫩平原内的家畜数量发生了较大变化。依据中国统计年鉴数据结果，2000 年松嫩平原内的牛、羊存栏量分别约为 506.46 万头和 542.34 万只，2016 年牛、羊存栏量分别约为 739.93 万头和 1583.9 万只，呈现增加趋势（图 9-1）。2007 年本区域的马存栏量约为 77.7 万匹，而截至 2017 年，马存栏量仅为 17.97 万匹，呈现下降趋势。

同样，松嫩平原内的家畜品种多样性也不断改变。1985 年松嫩平原内共有牛、羊、马家畜品种 29 个，其中地方品种有 2 个，且均为牛品种；引入品种共有 17 个，包括牛品种 1 个、羊品种 7 个、马品种 9 个；培育品种共有 10 个，包括牛品种 2 个、羊品种 2 个、马品种 6 个。2007 年的统计结果显示：地方品种较 1985 年减少了 1 个，剩余 1 个牛品种；引入品种共有 17 个，包括牛品种 7 个、羊品种 4 个、马品种 6 个；培育品种较 1985 年减少了 1 个，剩余 9 个，包括牛品种 4 个、羊品种 4 个、马品种 1 个。由于少数高产家畜品种的普及推广，近年来本地区的部分家畜品种已迅速减少甚至消失，由此造成了家畜品种多样性降低。以下是松嫩平原内主要家畜品种（地方品种、引入品种和培育品种）的起源、形成和特征特性情况。

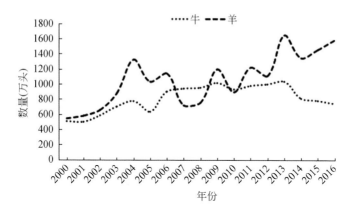

图 9-1　2000~2016 年松嫩平原牛和羊的数量变化

9.1.2　地方品种

我国国土幅员辽阔，拥有的地方家畜品种不仅种类多样，而且种质特性各异。但在松嫩平原区域内，地方家畜品种仅有延边牛 1 种。

延边牛是我国东北地区优良的役肉兼用型地方牛种，目前在黑龙江省和吉林省均有分布。

品种形成　延边牛的起源可追溯到清朝年间。据史料记载，早在清朝道光年间（1821~1850 年），朝鲜牛便随着朝鲜移民的迁入进入我国东北地区（王志刚等，2014）。随后，将迁入的朝鲜牛与当地的蒙古牛和乳用牛进行杂交，并经过长期选育，于清朝光绪年间（1875~1908 年），形成了延边牛品种（李龑等，2015）。

体型外貌特征　延边牛的被毛长而密、多为黄褐色，鼻镜一般呈淡褐色、部分有黑斑，体质结实，结构匀称，胸部深宽，骨骼健壮，肌肉发达。其中，公牛的颈部宽厚，鬐甲较高，牛角短粗、多向后延伸、呈一字或倒八字形，腹部呈圆桶形；母牛的肩长而斜，尻部宽长，肋长而圆，乳房发育良好，腹大而不下垂（图 9-2）（吾豪华，2007）。

生产性能　在产肉性能上，延边牛公牛宰前活重为 413.5kg，宰后胴体重为211.69kg，屠宰率为 51.2%，净肉率为 43.52%，眼肌面积为 132.32cm^2，肌肉中蛋白和脂肪的含量分别为 20.04%、14.71%（苗树君等，2005）。在产奶性能上，延边牛母牛的泌乳期一般为 6 个月，年平均产奶量约为 750kg，奶中脂肪、蛋白和糖的含量分别为 5.8%、3.37%、4.46%（吾豪华，2007）。在繁殖性能上，延边牛公牛一般在 14 月龄时达到性成熟，22 月龄时可进行初次配种；母牛

图 9-2　延边牛（马广明摄）

初情期在 8～9 月龄，在 13 月龄时达到性成熟，20～24 月龄时可进行初次配种（国家畜禽遗传资源委员会，2011b）。

9.1.3　引入品种

自新中国成立以来，为丰富国内的家畜品种资源，我国先后从国外引入了大量的家畜种质资源。其中，分布于松嫩平原内的引入品种主要包括荷斯坦牛、西门塔尔牛、蒙古羊、小尾寒羊和苏维埃重挽马。

1. 荷斯坦牛

荷斯坦牛是世界著名的乳用牛品种之一，以体型大、产奶量高和适应性广而闻名。

原产地与引入历史　荷斯坦牛原产于荷兰北部的北荷兰省和西弗里斯兰省。荷斯坦牛的引入可追溯到 19 世纪中期，当时随着欧洲商人和传教士的迁入，陆续给中国带进了一些荷斯坦牛。在这些荷斯坦牛中，一部分用于纯种繁育，另一部分用于杂交育种（张胜利和孙东晓，2021）。

体型外貌特征　荷斯坦牛的体格高大，结构匀称，被毛较短、颜色为黑白相间，有少量个体呈现红白花色，额头有白斑，腹下、四肢和尾帚多为白色（李斯，1999）。其中，荷斯坦牛公牛的额部及颈部有少量卷毛；母牛的腹部较大但不下垂，后躯发达，乳房发育良好、结构匀称，乳静脉突出、呈柱状下垂、间距适中（图 9-3）（张光圣，1997）。

生产性能　在产奶性能上，荷斯坦牛母牛的产奶量为各奶牛品种之冠（李斯，1999），其日平均产奶量约为 29.55kg，年产奶量约为 8533.15kg，乳中脂肪和蛋白的含量分别为 3.77%、3.31%（王梦琦等，2018）。在繁殖性能上，荷斯坦牛公牛在 10～16 月龄达到性成熟，18 月龄后可采精配种；母牛初情期为 10～

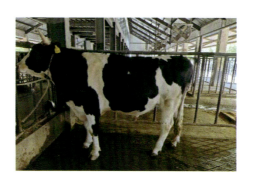

图 9-3　荷斯坦牛（徐宏建摄）

12 月龄，发情周期为 15～24 天，发情一次可持续 12～18h，在 14～18 月龄可进行初次配种，妊娠期为 9～10 个月（汪聪勇，2015）（国家畜禽遗传资源委员会，2011b）。

2. 西门塔尔牛

西门塔尔牛是世界著名的乳肉兼用型品种，具有耐粗饲、适应性强和产肉、产奶性能高等特点。

原产地与引入历史　西门塔尔牛原产于瑞士阿尔卑斯西北部伯尔尼地区的西门河流域，其中以西门塔尔平原牛最为著名，因此称西门塔尔牛。在 1957 年，俄裔华侨将西门塔尔牛引入我国东北地区，随后在 20 世纪 70 年代末和 80 年代初，我国又分别从德国和奥地利引入了多批德系和奥系的西门塔尔牛（魏菁等，2021）。

体型外貌特征　西门塔尔牛的毛色为黄白花或淡红白花，头、胸、尾帚、腹下和四肢多呈白色，额头宽大，颈部较短，胸部深宽，背腰长宽而平直，肌肉丰满，四肢结实；其中，母牛的乳房发育良好，且泌乳能力较强（图 9-4）（周自强，2018）。

生产性能　在产肉性能上，西门塔尔牛公牛经过舍饲育肥后的屠宰率可达 60%～63%，净肉率为 57%；而在半放牧半舍饲的条件下，母牛的屠宰率为 53%～55%（国家畜禽遗传资源委员会，2011b）。在产奶性能上，65 头德系的西门塔尔牛母牛在初次产犊后，年平均泌乳量为 2912.5kg，乳中脂肪的含量为 4.25%（郭云鹤，1983）。在繁殖性能上，5～7 岁的壮年公牛每次射精量约为 5.2～6.2mL，冷冻精液解冻后精子活力可达 0.34～0.36；母牛常年发情，发情周期为 18～22 天，发情一次可持续 20～36h，妊娠期为 282～292 天（国家畜禽遗传资源委员会，2011b）。

图 9-4　西门塔尔牛（徐宏建摄）

3. 蒙古羊

蒙古羊属短脂尾羊，是一个十分古老的品种，也是我国分布最广的绵羊品种（贾明蕊等，2021）。

原产地与引入历史　蒙古羊原产于蒙古高原，可根据历史典籍推测其形成历史。据考古发现，早在旧石器时代，蒙古高原的居民就与当地野羊同时存在。后在《汉书·匈奴传》曾写道："儿能骑羊引弓射鸟鼠……"。从中可以推测，早在东汉时期，我国北方就存在着体质结实、身躯高大的绵羊。再到公元 12 世纪初，成吉思汗统一北方部落，建立蒙古汗国，各部落便形成了统一的民族——蒙古族。此后，蒙古族饲养的绵羊便统称为蒙古羊（张新兰等，2008）。可见，蒙古羊这一绵羊品种，是在蒙古高原的自然环境条件下和北方各族人民特定的社会经济条件下，经过长期自然选择和人工选育而形成的。同时，随着早期蒙古牧民的不断转场放牧，使得蒙古羊迁入松嫩平原，并不断繁衍。

体型外貌特征　蒙古羊的被毛多呈白色，头部、颈部和四肢有黑色或黄褐色斑块，头部狭长，鼻梁隆起，体质结实，体格中等，背腰平直，体躯侧向望去呈长方形，四肢强健。其中，部分公羊有螺旋形角；母羊有小角或无角（图 9-5）。

图 9-5　蒙古羊（张文广摄）

生产性能　在产肉性能上，周瑞等（2016）对 9 只 15 月龄蒙古羊公羊的屠宰性能进行测定发现，公羊宰前活重为 36.95kg，宰后胴体重为 17.51kg，屠宰率为 47.38%，净肉率为 34.75%，眼肌面积为 14.91cm²。在产毛性能上，成年蒙古羊公羊的剪毛量在 1.5～2.2kg 之间，成年母羊的剪毛量在 1～1.8kg 之间。在繁殖性能上，蒙古羊公羊在 18 月龄时可进行初次配种（赵有璋，2002）；母羊发情多集中在 9～11 月，发情期一般可持续 18.1 天，在 8～12 月龄时可进行初次配种，妊娠期为 147.1 天（国家畜禽遗传资源委员会，2011c）。

4. 小尾寒羊

小尾寒羊是肉裘兼用型绵羊品种，具有生长发育速度快、适应性强、早熟和繁殖力强等特点。

原产地与引入历史　小尾寒羊原产自我国山东、河南和河北等地（赵有璋，2002）。据《中国畜禽遗传资源志·羊志》记载，小尾寒羊的祖先是蒙古羊。自东汉末年开始，随着我国北方少数民族向中原迁徙，便将蒙古羊带到了黄河流域，并随着气候条件和饲养条件的改变，以及长期向肉用和裘用方向的选育，逐渐形成了能够适应当地自然环境条件和社会经济条件的独特品种——小尾寒羊（国家畜禽遗传资源委员会，2011c）。由于其性能优良，在 1990 年，吉林市的养殖户便从山东省梁山县购买了 302 只小尾寒羊（裴敏，1991），并繁育至今，现已广泛分布于黑龙江和吉林等地。其中，松嫩研究站所处的长岭县地区，其主要养殖的绵羊品种是小尾寒羊。

体型外貌特征　小尾寒羊的被毛颜色多为白色，少数在头部及四肢有黑褐色的斑块，体质结实，身躯高大，肌肉发达。其中，公羊的角呈螺旋形，颈部较粗，前胸较深，背腰平直；母羊有小角，胸部较深，腹部较大但不下垂（图9-6）（赵有璋，2002；杨萍，2011）。

图9-6　小尾寒羊（王德利摄）

生产性能　在产肉性能上，3 月龄小尾寒羊公羔屠宰率为 50.6%，净肉率为 39.21%；5 月龄公羔屠宰率为 46.26%，净肉率为 35.54%；成年公羊屠宰率为 55.6%，净肉率为 45.89%（赵有璋，2002；侯国生等，2021）。在产奶性能上，杨在宾等（1997）对 6 只小尾寒羊母羊的泌乳性能进行测定发现，其平均泌乳量为 645g/d，乳中糖、脂肪和蛋白的含量分别为 3.97%、7.94%、5.8%。在繁殖性能上，小尾寒羊常年发情，性成熟较早，母羊在 5 ~ 6 月龄时开始发情，公羊在 7 ~ 8 月龄时即可用于配种，母羊产羔周期约为 7.35 个月，因而可实现 1 年产 2 胎或 2 年产 3 胎（郑希武和郭翠兰，1994；杨萍，2011）。

5. 苏维埃重挽马

苏维埃重挽马，简称苏重挽马，属于挽乘兼用型品种。

原产地与引入历史　苏重挽马原产于苏联的俄罗斯中部地区。早在 1953 年，我国便从苏联引入了 332 匹苏重挽马，并全部养殖在黑龙江省。再到 1957 ~ 1959 年，我国又从苏联引入了百余匹苏重挽马，并分别饲养在吉林省、山东省和内蒙古自治区。其中，分配在吉林省的苏重挽马最多，包括 5 匹公马和 79 匹母马，被集中繁育在长岭县种马场（中国家畜家禽品种志编委会，1988）。

体型外貌特征　苏重挽马的毛色多为栗毛、骝毛次之，体质结实，颈长中等，肌肉发达，胸部较宽，背宽而稍长，腰长中等，四肢相对较粗（图 9-7）（中国家畜家禽品种志编委会，1988）。

图 9-7　苏维埃重挽马（王德利摄）

生产性能　苏重挽马的挽曳性能好，易于驾驭，24 月龄时即可用于使役。据《中国马驴品种志》记载，苏重挽马公马以 689.7kg 的挽力挽曳可行走的距离为 350m，母马以 40kg 挽力快步 2000m，需耗时 9min 56s（中国家畜家禽品种志编委会，1988）。

9.1.4　培育品种

为满足市场对不同类型畜产品的需求，我国育种工作人员利用引入品种与地方品种进行杂交，并经过长期选育，培育出了大量生产性能优良的家畜品种。其中，广泛分布于松嫩平原内的培育品种主要包括以下6种。

1. 中国荷斯坦牛

中国荷斯坦牛为我国培育的第一个大型乳用牛品种，具有适应性强和泌乳性能高等特点。

培育历史　中国荷斯坦牛是在利用引入的国外荷斯坦牛与我国黄牛杂交的基础上，经过长期的选育，形成的生产性能水平较高、特征一致性良好的奶牛群体。经原农业部批准，1992年正式将其命名为"中国荷斯坦牛"（张胜利和孙东晓，2021）。

体型外貌特征　中国荷斯坦牛的体格较大，被毛为贴身短毛，毛色多以黑白花为主，也有少量个体为红白花色。公母牛均有角，呈蜡黄色、短粗、多数向两侧、向前、向内伸。其中，公牛的头短、宽而雄伟，体躯较长，额部有少量卷毛，前躯发达，四肢结实；母牛的头部狭长，鼻镜宽广，颌骨坚实，鼻梁平直，体型清秀，背线平直，腰宽，乳房发达、结构良好，乳静脉粗大弯曲（图9-8）（张沅等，2017）。

图9-8　中国荷斯坦牛（王德利摄）

生产性能　在产奶性能上，中国荷斯坦牛母牛在泌乳高峰期的日平均泌乳量为27.92kg，乳中脂肪、糖和蛋白的含量分别为3.6%、4.56%、3.24%（李红宇等，2010）。在繁殖性能上，中国荷斯坦牛公牛在10～13月龄达到性成熟，18月龄后可初次进行配种，使用年限一般为8～9年（国家畜禽遗传资源委员会，2011b）；母牛在10～12月龄达到性成熟，常年发情，发情周期一般为18～23

天，发情一次持续时间为 10~24h，通常在 15~18 月龄可初次进行配种，妊娠期为 282~285 天（张沅等，2017）。

2. 中国西门塔尔牛

中国西门塔尔牛属于大型乳肉兼用型培育品种，由于其具有产肉性能高和适应环境能力强等特点，因而被广泛饲养于我国各个地区。目前在本区域开展的野外放牧实验时，所使用的牛品种主要为中国西门塔尔牛。

培育历史　中国西门塔尔牛的培育过程持续了近 20 年。在 1981 年，随着中国西门塔尔牛育种委员会的正式成立，相关科技人员便开始采用开放核心群育种的技术路线，集中精力开展中国西门塔尔牛的育种工作；直到 2001 年，经过国家畜禽品种资源委员会牛品种审定委员会的审定，正式将中国西门塔尔牛列为我国牛培育品种（方晓敏等，2002）。

体型外貌特征　中国西门塔尔牛的体躯高大，体质结实，结构匀称，肌肉发达，被毛光亮、毛色呈红（黄）白花，头部、尾梢、四肢和腹部呈白色，牛角和蹄部均为蜡黄色，鼻镜多为肉色；其中，母牛的乳房发育良好，结构均匀紧凑（图 9-9）（陈幼春等，2017）。

图 9-9　中国西门塔尔牛（王德利摄）

生产性能　在泌乳性能上，中国西门塔尔牛母牛的年泌乳量高达 5496.91kg，乳中脂肪、蛋白和糖的含量分别为 4.14%、3.32%、4.75%（魏趁等，2019）。在产肉性能上，30 月龄的中国西门塔尔牛公牛宰前活重平均为 693.71kg，屠宰率为 59.9%，净肉重为 342.39kg，眼肌面积为 107.94cm²（斯琴巴特尔等，2018）。在繁殖性能上，公牛一般在 18 月龄进行采精，利用年限为 6~8 年，一次射精量为 6.2±1.3mL，精子密度约为 9 亿个/mL，鲜精的活力为 0.82±0.10（陈幼春等，2017）；母牛常年发情，初情期为 13~15 月龄，发情周期为 18~21 天，发情一次可持续 31~38h，在 18 月龄、体重 380kg 以上时可进行初次配种，妊娠期为 282~290 天（国家畜禽遗传资源委员会，2011b）。

3. 中国草原红牛

中国草原红牛是我国培育的乳肉兼用型品种，具有适应能力强、耐粗饲和耐寒等特点。

培育历史　中国草原红牛的培育工作可追溯到 1936 年，当时在吉林、内蒙古和河北省的草原区，育种工作人员使用引入的乳用短角牛和地方蒙古牛进行杂交改良，并于 1973～1979 年，从短角牛和蒙古牛的杂交子代中挑选出理想的公、母个体，进行横交固定；后于 1980 年，采取自群繁育的方法对杂交牛进行选育提高，使牛群的生产性能和遗传稳定性得到了显著的改善；再到 1985 年，经农牧渔业部专家验收，将该培育牛种正式命名为中国草原红牛（盖文俊等，2012；吴健等，2008）。

体型外貌特征　中国草原红牛的体型中等，肌肉丰满，体质结实，全身被毛呈红色，有些个体的腹下、睾丸和乳房处有白色斑点，鼻镜为粉红色，角呈八字形、向前上方弯曲。其中，公牛的额头及颈肩多有卷毛；母牛的乳房发育良好，呈盆状、不下垂（图 9-10）（胡成华等，2008；国家畜禽遗传资源委员会，2011b）。

图 9-10　中国草原红牛（王德利摄）

生产性能　在产肉性能上，从 6 月龄持续育肥至 18 月龄后，中国草原红牛公牛的宰前活重为 594.58kg，胴体重为 32.76kg，屠宰率为 55%，净肉率为 47%，眼肌面积为 84.61cm^2（吴健等，2008）。在泌乳性能上，中国草原红牛经产母牛的平均年产奶量为 3168.64kg，个体最高产奶量为 5329.85kg，乳中脂肪、蛋白和糖的含量分别为 6.8%、4.3%、4.0%（胡成华等，2008）。在繁殖性能上，中国草原红牛公牛 8 月龄达到性成熟，16 月龄时可进行初次配种；母牛的初情期与季节有关，早春出生的母牛初情期为 14～16 月龄，夏季出生的母牛初情期为 18～20 月龄，全年发情，发情周期一般为 21 天，发情一次持续时间为 24～96h，初次配种年龄为 18 月龄，妊娠期为 283 天（国家畜禽遗传资源委员会，

2011b)。

4. 延黄牛

延黄牛是我国第二个培育成功的肉用型品种，具有耐寒、耐粗饲和抗逆性强等特点。

培育历史　延黄牛是以延边牛为母本、利木赞牛为父本，经过杂交、横交固定和选育提高3个阶段，历经27年（1979~2006年）培育而成的肉牛新品种，该品种含有75%的延边牛血统和25%的利木赞牛血统（李丽，2016）。

体型外貌特征　延黄牛的毛色呈黄色或浅红色，体躯的结构匀称、呈长方形，颈部粗壮、与肩部结合良好，胸部宽深，背腰平直，四肢粗壮，肌肉发育良好。其中，公牛的头部方正而短宽，牛角短粗、呈"一"字或倒"八"字形、向脑后方伸展；母牛的头部清秀，牛角细圆、尖稍向前弯曲，乳房发育较好（图9-11）（张继川，2009；李丽，2016）。

图9-11　延黄牛（王德利摄）

生产性能　在产肉性能上，延黄牛公牛的宰前平均活重为353.0kg，宰后胴体重为186.76kg，屠宰率为52.84%，净肉率为40.94%，眼肌面积为80.02cm^2（严昌国等，2004）。在产奶性能上，成年母牛的泌乳期一般为6个月，泌乳量为1002.5kg左右，乳中脂肪和蛋白的含量分别为4.31%、3.47%（张继川等，2009）。在繁殖性能上，公牛在14月龄时达到性成熟，一次射精量平均为3~5mL，精子密度为9.5亿个/mL，原精液精子活力为0.85，使用年限一般为8~10岁（李丽，2016）；母牛在8~9月龄时开始发情，13月龄时达到性成熟，全年发情，发情周期一般为20~21天，发情一次可持续20h，适配年龄一般为20~24月龄，妊娠期为285天，使用年限可达10~13岁（张继川等，2009；李丽，2016）。

5. 东北细毛羊

东北细毛羊属于毛肉兼用型细毛羊培育品种，是吉林省西部农牧交错区饲养的主要绵羊品种（宋玉贵等，2016）。

培育历史 东北细毛羊的培育可追溯到 1958 年，当时我国在东北地区成立了东北细毛羊育种委员会，制定了联合育种方案和选育指标，随后便以 2 万余只母羊为基础，统一用含 1/8～1/4 斯达夫洛普羊血液的杂种羊进行配种，经过三四个世代的自群繁育，培育出了性能优良、群体外貌趋于一致和遗传性状稳定的东北细毛羊（国家畜禽遗传资源委员会，2011c）。

体型外貌特征 东北细毛羊的体质结实，结构匀称，胸部深宽，后躯丰满，被毛多为白色、闭合较好、密度中等，毛纤维匀度好、弯曲明显，油汗为白色或乳白色、含量适中。其中，公羊的角呈螺旋形，颈部有横褶皱；母羊无角，颈部有发达的纵褶皱（肖洪俊，2003）。

生产性能 在产毛性能上，成年东北细毛羊公羊的年产毛量为 10～13kg，净毛率为 45.44%；母羊的年产毛量为 5.5～7.5kg，净毛率为 42.90%（国家畜禽遗传资源委员会，2011c）。在产肉性能上，成年公羊的屠宰率为 43.6%，净肉率为 34.0%；成年母羊的屠宰率为 52.4%，净肉率为 40.8%（赵有璋，2002）。在繁殖性能上，东北细毛羊的性成熟年龄为 10 月龄，1.5 岁可进行初次配种；母羊发情周期一般为 17 天，发情一次持续 24～30h，妊娠期为 149 天（国家畜禽遗传资源委员会，2011c）。

6. 吉林马

吉林马属于挽乘兼用型培育马种，具有繁殖力强、耐粗饲、挽力大和适应性强等特点。

培育历史 早在 1950 年，吉林省便先后引入了阿尔登马和顿河马，用于与本地蒙古马进行杂交，产生了一批轻、重型一代杂种马。在此基础上进行轮交和级进杂交，产生了大批重型二代杂种马。从 1962 年开始，在二代杂种群中，选择符合育种指标的公马和母马进行横交，同时进行严格的筛选，以扩大理想型类群。1966 年以后，以同质选配为主、异质选配为辅的育种方法，继续提高其种群性能。经过长期的选育，终在 1978 年通过省级鉴定验收，将该品种命名为吉林马（吉林马育种协作组，1979；国家畜禽遗传资源委员会，2011a）。

体型外貌特征 吉林马的毛色多呈骝毛、栗毛次之、黑毛最少，体质结实，体躯匀称、呈长方形，头部清秀，眼睛适中，颈部斜长，鬐甲较厚，胸深肋圆，背腰平宽，蹄质坚实（吉林马育种协作组，1979）。

生产性能　　在役用性能上，吉林马以体重 15% 的挽力在平坦的土道上行走，速度可达 12km/h，无鞍骑乘 3.2km，耗时 5min～5min42s（吉林马育种协作组，1979）。在产肉性能上，吉林马公马的屠宰率为 58%，净肉率为 45.5%，眼肌面积为 145.5cm^2；母马的屠宰率为 58.5%，净肉率为 45.7%，眼肌面积为 129.7cm^2（国家畜禽遗传资源委员会，2011a）。在繁殖性能上，公马在 20 月龄时达到性成熟，36 月龄可进行初次配种；母马的性成熟年龄为 16 月龄，一般在 4～8 月份发情，发情周期平均为 24.2 天，34 月龄可进行初次配种，妊娠期为 330 天，繁殖年限为 10～15 年。

9.1.5　家畜资源的保护与利用现状

松嫩平原是由松花江和嫩江冲积而成的，地跨黑龙江、吉林两省，西北接内蒙古东部。平原内的家畜资源丰富，但由于各种因素的限制，尚未形成良好的家畜资源保护与利用机制和体系。由于这种滞后的保护利用工作，个别家畜品种逐年减少，如东北细毛羊和中国草原红牛等。同时，地方家畜品种还未能得到有效的开发与利用，致使其资源优势尚无法转化为经济优势。

产生上述问题的原因主要在于：①对家畜资源保护的重要性尚未形成社会共识；②对地方家畜遗传资源的种质研究不够深入；③对家畜资源保护的资金投入仍然不足。为贯彻落实《国务院办公厅关于加强农业种质资源保护与利用的意见》，吉林省于 2020 年 5 月出台了《吉林省人民政府办公厅关于加强农业种质资源保护与利用的实施意见》，明确了三个工作目标：到 2021 年底，将完成家畜种质资源全面普查、系统调查与收集工作，建立省级家畜种质资源名录信息库；到 2025 年，建成完善的畜禽保种场；到 2035 年，力争建成系统完善、科学高效的农业种质资源保护与利用体系，其中就包括家畜种质资源。黑龙江省于 2021 年 5 月也出台了《黑龙江省人民政府办公厅关于加强农业种质资源保护与利用的实施意见》，明确提出要建立系统完整、科学高效的农业种质资源保护与利用体系，完成濒危、特有种质资源的收集和保护。可见，随着政府对家畜种质资源保护工作认识的提高，未来有望形成完整的松嫩平原家畜资源保护与利用体系，从而实现家畜资源的有效保护和高效利用。

9.2　松嫩草地畜牧业发展

利用草地直接放牧牲畜，或将草地作为饲草刈割地以饲养牲畜的畜牧业即为"草地畜牧业"（方精云等，2018）。松嫩草地畜牧业在发展过程中存在的问题是：①对牲畜重数量、轻质量，重放牧、轻舍饲；②对草地重利用、轻管理，重产出、轻投入。据统计，从 1979 年到 1997 年，牛的数量由 36.9 万头增到 110.6 万头，羊的数量由 88.5 万只增至 413.3 万只，且均为放牧饲养（杨智明，2017）。由于长期的超载过牧和不合理利用，松嫩草地退化严重，草地第一性生产力和第二性生产力下降明显。

9.2.1　草地牧草产量及营养动态

草地是由多种成分组成的具有特定结构和功能的自然资源，能够为放牧家畜的生产提供牧草营养。为此，草地的牧草产量和营养价值直接影响着放牧家畜的营养状况。

1. 牧草产量

牧草产量（forage yield）是指某一时间单位面积草地上所存在的可饲用植物量。牧草产量作为畜牧业的经济产量，既可表明草地第一性生产力的高低，又可说明它对第二性生产力的影响，是草地畜牧业生产力的基础。

牧草生物量（forage biomass）是评价牧草产量的主要指标。牧草生物量是指单位面积草地所存在的具有饲用价值的有机物的数量。近年来，由于过度放牧和割草利用，使得松嫩草地的地表植被覆盖度逐渐降低，牧草生物量也随之下降。同时，受年际降雨波动的影响，牧草生物量也会发生变化。野外草地调查结果发现，2015～2021 年，松嫩草地的健康草地牧草生物量为 301.16～500.54g/m²，中度退化草地牧草生物量为 117.87～323.73g/m²，重度退化草地牧草生物量为 101.83～241.83g/m²，牧草生物量随草地退化下降了 2～3 倍（表9-1）。

表 9-1　2015～2021 年松嫩平原不同程度退化草地牧草生物量（干物质量）

不同程度退化草地	年份	生物量（g/m²）	植被组成
未退化	2015	332.17±26.76	羊草单优，伴生少量的芦苇、黄蒿、砂引草等
	2016	423.33±25.65	
	2017	408.71±12.20	
	2018	301.16±24.66	
	2019	485.96±24.42	
	2020	462.41±98.32	
	2021	500.54±42.52	

续表

不同程度退化草地	年份	生物量（g/m²）	植被组成
中度退化	2015	117.87±16.57	小花碱茅（星星草），伴生芦苇、黄蒿、狗尾草、碱蒿等
	2016	208.16±36.84	
	2017	179.94±27.56	
	2018	185.74±24.42	
	2019	293.32±15.11	
	2020	206.15±37.09	
	2021	323.73±18.25	
重度退化	2015	101.83±12.96	碱蒿、碱地肤、虎尾草
	2016	141.91±10.43	
	2017	196.76±21.29	
	2018	177.36±21.13	
	2019	241.83±20.89	
	2020	149.99±30.59	
	2021	235.41±21.16	

注：数据在吉林松嫩草地生态系统国家野外科学观测站附近草地测得。

2. 牧草营养动态变化

羊草（*Leymus chinensis*）属于多年生、禾本科、赖草属植物，是松嫩草地的天然优势牧草，也是草地家畜的主要营养来源（祝廷成，2004）。余苗（2013）对松嫩草地不同生长期羊草的营养成分进行测定后发现，羊草的粗蛋白含量呈现"高-低-高-低"的变化趋势，灰分含量呈现降低趋势；相反，羊草的中性洗涤纤维和酸性洗涤纤维含量随生长期推进而逐渐增加（表9-2）。

表9-2 松嫩草地生长期羊草营养成分变化（余苗，2013）

项目	5月15日	5月30日	6月30日	7月30日	8月30日	9月30日
干物质（%）	91.4	92.7	92.9	93.3	94.3	96.6
粗蛋白（%）	16.7	11.6	12.5	10.5	8.9	7.7
中性洗涤纤维（%）	33.9	37	41.1	42.3	45.6	46.6
酸性洗涤纤维（%）	59.4	62.2	67.3	70.2	70.5	70.7
灰分（%）	7.2	6.8	6.4	5.7	5.5	4.5

9.2.2　草地放牧家畜营养状况

准确评价放牧家畜的营养平衡状况是实现草地放牧系统精准化管理的关键。一方面，草地的可持续管理需要了解放牧家畜的营养盈缺状况，以确定适宜的载畜量和放牧制度；另一方面，掌握放牧家畜的营养状况将有助于制定精准的营养补饲策略，从而保证家畜的高效生产。为了解松嫩草地放牧家畜的营养状况，孙海霞（2007）对松嫩天然羊草草地放牧绵羊的能量和蛋白平衡状况进行了评价，发现从5月至8月，绵羊摄入的能量和蛋白均能在满足其维持需要的同时，进一步提供额外的生长需要。绵羊在5月20日到6月20日期间的平均日增重为123g，6月20日到8月15日期间的平均日增重为185g，8月15日到9月27日的平均日增重为98g，全期的平均日增重为122g。孙泽威（2008）在松嫩平原天然羊草草地对2.5岁内蒙古绒山羊的营养状况进行了研究。结果表明，内蒙古绒山羊在主要放牧季节（6～9月）能够摄取到较高的养分，获得中等的增重效果。然而，秋季牧草枯黄开始直到翌年草地生态脆弱期结束之前，因干草质量/数量下降，放牧绒山羊的能量和蛋白质摄入不足，使其生产受到限制。杨智明（2017）对松嫩草地放牧绵羊的营养状况进行评估发现：绵羊在主要放牧季（6～9月）的代谢能摄入量呈现下降趋势，在7月、8月、9月绵羊代谢能的摄入量低于需求量；绵羊每天的粗蛋白摄入量呈现单峰曲线变化，在6月、7月、9月不能满足绵羊的粗蛋白需求量；草地牧草中K、Na、Mg、Fe能够满足绵羊的需求，而Ca、Mn、Zn元素低于营养需求。关于松嫩草地放牧家畜营养状况的评估中还缺乏对放牧牛的研究。同时，由于放牧动物复杂的采食和游走行为，放牧家畜的营养摄入和营养需要会处于动态变化之中，但以往研究对于放牧家畜营养摄入的估测缺乏准确性，且未考虑环境及游走行为所带来的营养需要的改变。可见，目前有关放牧家畜营养的研究仍存在不足，未来需要在松嫩草地开展更多的相关研究，为该区域草地畜牧业的健康发展提供理论指导。

9.2.3　草地载畜量及家畜生产力

草地载畜量（grassland carrying capacity）直接影响着家畜的生产能力。一方面，载畜量过低会造成牧草浪费，牧草利用率降低，减少单位草地面积上家畜的总生产力；另一方面，载畜量过高则导致牧草利用过度，草地退化，家畜营养匮乏，降低单个家畜的生产力。可见，确定松嫩草地的适宜载畜量及适度利用下的家畜生产力，是草地畜牧业生产中进行扩大再生产的基础。

1. 草地载畜量

草地载畜量是指在一定放牧时期内，一定草地面积上，在不影响草地生产力及保证家畜正常生长发育时，所能容纳放牧家畜的数量。为确定松嫩草地主要放牧季节（春季、夏季和秋季）的家畜适宜载畜量，王德利等（2020）起草了《松嫩草地动态放牧率测算方法》这一团体标准，该标准规定了松嫩草地季节性放牧时期，家畜最适载畜量的测算方法。根据方法测算得到的松嫩草地动态载畜量如下：以体重为 40kg 的母羊及其哺乳羔羊为 1 个标准羊单位，如果每月放牧 30 天，每天的放牧时间为 3 小时，松嫩草地 5 月载畜量为 0.7 个羊单位/hm²，6 月为 2.4 个羊单位/hm²，7 月为 3.8 个羊单位/hm²，8 月为 6.3 个羊单位/hm²，9 月为 6 个羊单位/hm²，全年平均为 3.8 个羊单位/hm²。

2. 草地家畜生产力

我国虽然是草原大国，却不是草原生产大国和强国，主要是相对于美国、澳大利亚等其他草原大国，我国的草原家畜生产力总体较低（侯扶江等，2016）。我国草原生产能力平均为 18.04APU/hm²（APU，animal production unit，畜牧生产单位），总计达 6.35×10^9 APU，仅占全世界总量的 7.3%（孔亮和宋毅，2014），显然低于世界草地放牧系统的平均家畜生产能力。由于管理模式粗放，松嫩草地的家畜生产力也处于较低水平。如在适度放牧条件下，松嫩草地放牧绵羊于 7~8 月和 9~10 月出现了平均日增重下降的现象，最大时可达到每天体重减少 200g（杨智明，2017）。因此，未来有必要针对松嫩草地开展草地放牧调控和家畜营养调控研究，以在保证草地生态功能维持稳定的同时，实现草地家畜生产力的提升。

9.3　松嫩草地的利用

松嫩草地是我国典型的草甸草原，当地水热资源丰富，草地生产力高，牧草品质优良、营养丰富、适口性好，因而发展成为我国北方主要的打草场之一，也是我国著名的畜牧业生产基地。松嫩平原牧区培育出的吉林马、东北细毛羊和草原红牛等家畜优良品种，对当地肉、奶及皮毛制品的供应具有重要贡献。同时，在松嫩草地还建有吉林万宝山国家草原自然公园、腰井子羊草草原保护区等草原基本保护区。草原自然公园及保护区凸显生态保护作用，兼具生态旅游、科研监测、宣教展示等功能。松嫩草地的合理利用对当地畜牧业发展和生态环境保护均起着至关重要的作用。

9.3.1　家畜放牧利用

放牧（grazing）是草地最主要的利用方式之一（王仁忠，1998；王德利，

2001）。利用天然草地发展畜牧业是传统的畜牧业形式，也是畜牧业中最经济的形式，因此放牧常被认为是草地产品输出的一种生产方式。然而，在草原利用的历史上，放牧常常是把双刃剑，对草原能够产生多重影响。随着放牧强度的加大，草地植被盖度、土壤有机质含量逐渐下降。过度放牧是草地退化的主要原因；而适度放牧可体现草地和家畜的互惠作用，有利于牧草产量和物种多样性的维持，实现草地多功能性的提升。现今，已将放牧作为草地生产与生态管理的关键手段（王岭等，2021）。

松嫩草地由于具有地势平坦、土壤肥沃、水热匹配等特点，也曾呈现水草丰美、牛羊成群、人与自然和谐共处的优美景观。然而随着人口逐年增加，优良的草地不断被开垦，草原大面积消失，过度放牧现象严重，松嫩草地承受了社会和经济发展所带来的前所未有的压力，并且由于产权、利用习惯等非技术性的原因，松嫩草地常被掠夺性利用，严重影响了当地畜牧业的发展（表9-3）。据统计，松嫩草地面积由 20 世纪 50 年代的 250 万 hm^2 到 2003 年仅有 97 万 hm^2，降幅达 61.2%。与此同时，家畜数量由 1950 年的 180 万羊单位，到 2000 年增加到 1050 万羊单位，而牧草产量由 1950 年的 1500kg/hm^2 下降到 500kg/hm^2（李建东和方精云，2017；王德利和郭继勋，2019）。优化放牧制度，改进草地管理举措，合理地进行放牧利用，对松嫩草地多功能性及多服务性的提升，以及对松嫩草地的可持续发展具有重要意义。

表 9-3　吉林西部的人口、家畜数量与草地产量变化

项目	1950 年	1975 年	2000 年	变幅
人口（万）	159	392	505	升高 217.6%
草地面积（万 hm^2）	250	180	97	降低 61.2%
家畜数量（万羊单位）	180	500	1050	升高 458.3%
产草量（kg/hm^2）	1500	1000	500	降低 66.7%

草地植被生产力及群落结构是体现群落功能的重要指标，也是当地畜牧业发展的物质基础。大型草食动物作为一种有效的草地管理工具，可通过合理的放牧来维持草地初级生产力及生物多样性。放牧主要通过牲畜的采食、践踏和排泄物的返还等方式对草地植被产生影响。适度的家畜采食往往对牧草生长产生积极的影响，能引起牧草的超补偿生长，使牧草净积累量超过不放牧牧草的积累量，进而增加牧草总产量（高莹，2008）。放牧还可减少枯落物的积累，进而有利于牧草的生长。在松嫩草地开展的研究表明，放牧能够明显抑制枯落物的量，例如，当放牧强度达 7.6 羊（只）/hm^2 时，积累量仅为 62g/m^2，比无放牧情况下枯落

物的积累量（223g/m²）减少74%。

　　与此同时，放牧对草地植物群落的演替也是一个主要的驱动因素，可改变植物群落物种组成和生物多样性（刘军，2015）。首先，草食动物通过采食行为直接消耗植物群落地上生物量，间接影响土壤环境和植物种间关系，从而影响植物群落多样性与生产力的关系。其次，不同特征的植物群落对草食动物放牧干扰的响应也具有显著性差异（王旭等，2002）。因此，对于有着多样化的草食动物种类的典型草地生态系统，植物群落对草食动物放牧的响应更是依赖于草食动物不同的采食行为和食性选择模式（王岭，2010；王德利和王岭，2014）。例如，牧草株高的异质性在高放牧率下较低，在低放牧率下较高，在生长季的中期最高，原因是家畜在高强度放牧中对牧草的选择性采食较弱，而在低放牧强度下有较高的择食性。一般来说，草食动物的强烈采食会主要作用于植物群落中的具有较强竞争能力的优势物种（因其具有较高的生物量，能够为草食动物提供更多能量）（王德利和王岭，2011）。这进一步提高植物群落的空间异质性，并创造出更多的可供非优势、稀有的植物种类生存的微环境（microsites），提高了植物群落多样性。前期在松嫩草地开展的大量研究表明，放牧是松嫩羊草草地植物多样性变化的重要原因（刘晨，2017）。因此，合理的草食动物放牧可以保护和维持草地植物群落物种多样性、空间结构及其生态系统稳定性。但是，放牧的作用效果还依赖于草地植物群落与草食动物的集群特征的相互作用。

　　近年来，Wang 等（2019a）在我国东北松嫩草地开展了长期受控放牧实验，从系统生态学角度，研究比较了在适度放牧强度下的牛羊单独放牧与混合放牧对草地生态系统地上地下生物多样性，以及包含地上地下生物量、土壤碳氮磷库、养分循环、水分调节等12项功能在内的生态系统多功能性的作用效应。研究结果显示，与无牧对照以及单物种放牧相比，多种家畜的混合放牧（牛、羊混牧）能够显著提高生态系统多样性，即包括地上植物和昆虫、地下细菌和线虫的整个生态系统生物多样性，同时显著提高草地生态系统的多功能性（图9-12）。该研究进一步分析表明，牛羊混合放牧主要通过提高生态系统多样性进而获得较高的生态系统多功能性，即多样化家畜放牧诱导的高生态系统多样性是引起生态系统多功能性提高的主要机制（王岭等，2021）。混合放牧不仅有益于维持生态系统的稳定性，也能够实现其多功能性的提升。同时，草原上多样化的放牧可提高牧民的收入，还可提升草原的旅游服务功能，促进草原牧区的社会经济发展。

　　基于前期开展的系列基础性研究工作，松嫩草地在生产管理方面的成果也初见成效。东北师范大学草地科学研究所放牧生态学研究团队制定的《不同退化程度松嫩草地合理利用技术规程》《松嫩草地动态放牧率测算方法》《松嫩草地绵羊放牧–舍饲技术规程》等系列地方/行业标准，通过调整、优化放牧制度，改善畜群结构，推广合理的舍饲技术，有效提升了松嫩草地的管理利用效率，促进了当地畜牧业的发展。

　　松嫩草地作为我国东北重要的生态屏障，宜采取生态优先的放牧管理和利用方式。为缓解超载过牧带来的生态威胁，部分区域已开展了由全年全季放牧，向放牧补饲和半牧半舍饲的饲养方式转变。实际上，"禁牧"和家畜"舍饲圈养"方式，只是草地保护的权宜之计。通过研究新型放牧模式，把草原真正利用起来，是维持草地可持续发展的基础。一方面，加快畜种改良，优化畜群结构，改进放牧制度，提升草地放牧利用效率。另一方面，通过建立人工草地或种植优质高产饲草的方法，开发更多的牧草资源，缓解天然草原压力。近年来，在吉林西部地区，地方政府已提出减少羊的比例，以肉牛和奶牛为主，大力发展肉牛、奶牛产业，加长产业链，实现畜产品的综合开发利用，提高畜牧业的产值。吉林省正依托松嫩草地，把吉林西部打造成现代化的畜牧业基地。

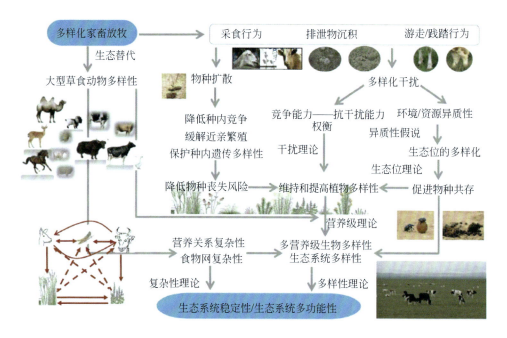

图 9-12　多样化家畜放牧提高草地生态系统功能的作用过程及机制（王岭等，2021）

9.3.2　割草利用

　　割草也是草地的主要利用方式之一。草地割草能够为家畜提供大量的干草或鲜草，是平衡草畜供需矛盾的一种手段，可提高草地的利用价值。松嫩草地的割草利用历史悠久。当地优势物种羊草具有较高的生产性能，秋季枯黄后叶片不脱落、不倒伏，并且羊草在调制干草时，也较易风干，植株完整不碎，便于打捆运输，且干草吸湿性弱，长期贮存不易霉烂。因此，羊草割制干草成为商品一直是羊草草原的重要经营方式之一（图 9-13）。长期以来，随着畜牧业的迅猛发展，家畜对干草需求越来越大，多数地区采取频繁或高强度的割草措施，草地植被组成、结构与功能均受到不同程度的影响，导致割草草地的产草量下降，草地出现不同程度退化（高莹，2008；卢黎黎，2010；宋彦涛等，2016）。

图 9-13　松嫩草地的割草场（马全会摄）

合理割草制度的建立是割草草地持久有效利用的保证。割草强度和割草时间是影响群落结构、群落演替、土壤营养元素含量、地上生物量及营养元素贮量和分配的主要因素。适度的刈割不仅能保证畜牧业的发展，还能在一定程度上刺激牧草产生超补偿生长，有助于牧草产量的提升和植物群落的更新演替。但也应注意的是，刈割的干草移出草地生态系统，导致大量的养分流出，势必造成土壤养分的贫瘠。高频率刈割虽然短期内能收获较多的牧草，但长此以往，会导致草场产量的降低。因此，只有建立适宜的割草制度，即适宜的割草强度、割草时间及合理的轮割制度（割草频率），才能够获得优质的牧草产出，持久利用草地资源（祝廷成，2004）。

1. 割草强度

不同割草强度（留茬高度）对牧草产量，地上–地下生物量分配及群落结构均有显著的影响。牧草的个体、种群、群落乃至生态系统因割草而导致的变化，最终会影响割草草地的第一性生产和牧草的品质。适度刈割可刺激牧草的补偿性生长，提高牧草产量，有利于草地的可持续发展。过度割草能导致草地群落组成、结构的改变，使群落发生逆向演替（祝廷成，2004；范广芝等，2006），还能阻断整个生态系统的正常物质能量流动，使牧草产量及营养成分降低。因此，为了维持割草草地经济产出和持续利用，必须确定适宜的割草强度。合理的割草强度能够达到割草草地持续利用与牧草产出经济效益的有机结合。

松嫩草地连续 5 年不同强度刈割实验表明，群落地上生物量随刈割强度的增强呈有规律变化。以留茬高度 0cm 时刈割强度为 100%，留茬 4cm 时刈割强度为 81.9%，留茬 8cm 时刈割强度为 73.7%，留茬 12cm 时刈割强度为 58.9%，生物量平均每年分别下降 4.5%、3.6%、2.5% 和 1.6%，刈割强度与群落生物量下降速度之间存在极显著线性相关关系。根据松嫩草地 50% 利用的原则，割草强度以留茬 8~12cm 为宜，但是应结合草地自然状况及当年雨热条件。割草强度对割草草地地上生物量的年变化也有显著影响。在松嫩羊草草地，对生长季末期的牧草进行轻度刈割处理，植物通过补偿生长进行恢复，翌年牧草可积累更多的生物量；如在生长季末期对牧草进行强度较大的刈割处理，但由于大量植物组织的损失，翌年植物的生物量积累会受到很大限制（郭继勋和祝廷成，1994；高莹，2008）。从返青时羊草种群密度及芽的数量两项指标综合考虑，中度刈割（留茬高度 8cm）对翌年羊草种群的延续和发展最为有利。

割草强度不但影响整个割草草地的产草量，而且对禾本科、豆科等优质牧草产量及其在总牧草产量中所占的比重也有显著影响（祝廷成，2004）。在羊草草地，割草强度对羊草生物量的影响略大于整个群落。研究表明，留茬高度为 0cm 时，羊草地上生物量下降 6.8%。留茬高度为 4cm、8cm 和 12cm 时，羊草地上生物量分别下降 6.0%、5.9% 和 2.7%，其生物量降低幅度大于群落生物量降低幅度（宋彦涛等，2016）。值得注意的是，以羊草等禾草为主的群落，割草为杂类草的侵入、繁殖和定居创造了有利条件，过度刈割会导致优质禾草所占比重下降，草地群落改变，割草草地牧草品质受到影响。

2. 割草时间

不同时间刈割对松嫩草地羊草群落及干草质量均有显著的影响。群落地上生物量的大小和牧草植株营养元素含量的多少，是最适割草时间选择所考虑的两个主要因素。刈割实验表明，牧草的补偿性生长受到割草时间的影响（刘颖等，2004；祝廷成，2004）。以羊草为例，在羊草生长季前期进行刈割，羊草补偿性生长速率较慢，随着时间的推移，在羊草生长季后期进行刈割，羊草再生生长速率加快，且 5 月下旬之前刈割，为家畜提供高品质饲草的同时，对再生羊草种群和群落的产量和质量没有显著的影响。在 6 月刈割，地上绿色部分被过多移除，不能充分补充地下根茎营养，致使根茎提供不了更多的能量用于蘖的再生，因此羊草分蘖能力降低，数量减少，再生地上生物量随之降低。群落中一年生杂草比例增加，饲草质量降低，不利于草地健康的维持。在 8 月对羊草进行刈割，其补偿生长后的植株高度与不刈割处理下羊草的高度已无显著差异，且这个时间段的刈割还能增加羊草密度，因为刈割后解除了由茎尖分泌的生长激素对茎基蘖芽生长的抑制作用，而且随着降水增加和温度升高，可刺激休眠芽的发育和新生长点的生长，促进羊草分蘖，增加羊草密度（祝廷成，2004；Wang et al.，2019a）。可见，不同时期刈割会影响当年植物的再生、植物群落结构、植物群落产量和饲草质量。生长季初期是植物生长的关键时期，过早或过晚刈割会影响牧草质量、家畜生长和草地健康（宋彦涛等，2016）。根据10多年的研究结果，松嫩草地羊草割草场的最适割草时间为8~9月。

3. 割草频率

草地植物地上生物量体现了草地生态系统最基本的生态系统功能，也是对草地资源进行优化管理和充分利用的主要参考标准。有效生物量（产草量）的获取是人们经营割草场的主要目的。对松嫩草地天然羊草割草场割草频率的研究表明，以割一年休一年产草量最高，割二年休一年产草量次之（宋彦涛等，2016）。一年割一次及一年割两次产草量均较低，且对土壤造成不良影响（盛军等，2018；李建东和刘建新，2000；张为政和张宝田，1993）。可见，随着割草时间间隔的缩短，割草强度、割草频率也相应增大，草地群落生物量会逐渐下降。另外，从单位面积储N量来看，割一年休一年或割二年休一年两种轮割制度依旧是较好的割草制度。尽管割一年休一年和割二年休一年的割草制度，在一定程度上会导致群落生物量较低，但年平均生物量、优良牧草所占比例均比其他处理具有显著的优越性，其优良牧草所占比重较大，可弥补该种割草频率在总生物量上较小的不足（祝廷成，2004）。

割一年休一年或割二年休一年轮割制度还可以防止割草地的严重退化，也是已退化割草地的恢复措施之一。而一年割两次和一年割一次两种割草制度，尽管在短期内能够收获较多牧草，但优良牧草比重、牧草品质等特性相对较差，而且这种割草制度受短期利益驱动，会逐渐形成恶性循环，造成割草场的严重退化（祝廷成，2004）。割草草地由于常年刈割，造成养分大量流失，氮素输入又极为有限，且缺乏家畜排泄物返还，长此以往，必然会破坏草地生态系统的养分平衡，土壤逐渐贫瘠，造成生产力下降。从营养平衡理论来看，割草场上流失的养分应及时补充，施肥或适当放牧（排泄物返还）与刈割措施相结合，有利于割草草地的可持续利用。而在没有施肥条件的地区，一年割一次和一年割多次的割草制度应被停用。

近年来，人工草地种植在松嫩平原也得到大力发展（图9-14）。例如，吉林省前郭县人工种草面积近9万亩，其中紫花苜蓿种植面积达4万亩，产草量比天然草场提高3~4倍，极大地缓解了当地草畜矛盾。东北师范大学草地科学研究所在白城、长岭、大安等县市建立人工羊草草地栽培技术示范基地1200亩，辐射带动周边4万亩退化草原的修复治理。同时，开展紫花苜蓿人工草地栽培建植，推广栽培紫花苜蓿面积3万亩，实现年经济效益2000余万元，这为松嫩草地的人工牧草栽培提供了很好示范。发展小面积优质高产的人工草地，可稳定提供畜牧业发展所需要的优质牧草，同时也是保护和恢复大面积天然草地的有效途径。

图9-14　松嫩平原人工草地灌溉措施（王建永摄）

9.3.3　围栏封育

围栏封育（grassland fencing，grassland enclosure）是对退化、沙化和盐碱化草地采用围栏（草库仑）的工程措施，从而促进其自然恢复，是对草原保护、利用及管理的基本方式之一，也是对"三化"草地恢复中最简单易行、投资省、见效快和便于推广应用的技术措施。自从人类开始放养家畜、在有限地域内进行草原资源的利用时，就存在围栏措施。如数千年前蒙古游牧人建立的"草库伦"，十六世纪末在英国建立的木杆围栏，十九世纪70年代在美国草地建立的铁丝围栏等。可以说，有草原管理，就会有围栏的存在。围栏封育在我国和世界各地广泛采用，均取得良好的效果。"围栏"不仅是对家畜放牧的限定，也是对草原所有权或使用权的空间范围的确定。近半个世纪以来，家畜过度放牧与全球气候变化已导致温带草原的90%处于退化状态，针对这一制约牧区生产、生态建设及社会发展的重大问题，在20世纪70年代，我国草原牧区在中央及地方政府的支持下，为提升家畜生产、发展草牧业，也大力提出并推广草地围栏的建设（图9-15）。2003年与2011年我国相继实施围栏禁牧政策和退牧还草工程，草原已由"局部改善、总体恶化"呈现"整体退化受到基本遏制"之向好态势。在"生态文明建设战略""构建山水林田湖草生命共同体""草牧业"建立的新时代，"围栏封育"是遏制草原退化、改善生态环境、实现社会可持续发展的关键举措。

图 9-15　松嫩草地上的围栏设施（王建永摄）

由于前期大规模开垦、过度放牧等原因，松嫩草地也出现了严重的退化。随着草原保护政策的制定，退耕还草、围栏禁牧政策的实施，草原得到了有效的恢复。例如，吉林省镇赉县东屏乡洋沙村，有一块 40hm^2 的退化牧场，围栏封育后，停止放牧，不接柴草、不挖药材和不挖碱土，3 年后干草产量由 450kg/hm^2 提高到 1200kg/hm^2，增幅高达 2 倍。通榆县边昭乡柳营子村退化的割草场，封育三年后，牧草干草产量由原来的 1125kg/hm^2 提高到 2250kg/hm^2（祝廷成，2004）。根据吉林省西部草原区各县（市）的调查统计，封育 3 年的退化草地植被发生明显变化，植被盖度从 30% 提高到 85%，牧草密度从 300 株/m^2 提高到 800 株/m^2，高度由 20cm 增高到 70cm，随着盖度、密度和高度的增长，产量由 564kg/hm^2 增加到 2531kg/hm^2，平均增加高达 3.5 倍，同时有毒植物比例大幅减少（孟华，1991）。东北师范大学松嫩草地生态研究站于 1989 年对具有大面积碱斑的羊草群落进行自然封育，5 年后观测发现，碱斑面积缩小到 1/5，群落类型由 6 个增加到 17 个，变化较大（郑慧莹和李建东，1999）。

从理论上或更广的意义上看，围栏只是草原管理的一种方式或载体，既可以与家畜放牧制度结合，也能够利用之实施禁牧、休牧，以促进退化草原恢复。建立围栏让草原通过自身的调节，改善植物生长发育条件，逐渐恢复植被，可提高牧草质量，全面提高草地的生态与生产功能。

9.3.4　草原自然保护区建设

草原自然保护区/草原自然公园的建立，是推行草原休养生息的重要手段，在保护草原自然资源和生物多样性的同时，也可提供更多优质生态产品和服务以满足人们日益增长的休憩、娱乐和审美的需求。草原自然保护区/草原自然公园集生态保护修复、科研监测、自然宣教及生态旅游于一体，坚持"尊重自然、顺应自然、保护自然"的基本原则，是促进人与自然和谐共生的重要体现。目前，在国家"退耕还草""禁牧"等政策的保护下，松嫩平原大部分退化的草地已初步得到恢复。为进一步加强松嫩草地的保护，创新草原利用方式，当地政府相继开展草原自然保护区的建设。现阶段松嫩草地常见的草地自然保护区主要包括吉林万宝山国家草原自然公园、腰井子羊草草原保护区、姜家甸草原保护区等。

1. 吉林万宝山国家草原自然公园

吉林万宝山国家草原自然公园原名为万宝山牧场（图9-16），2020年9月获国家林业和草原局批准建设，是吉林省首个国家草原自然公园（第一批国家草原自然公园试点之一）。该草原自然公园位于吉林省白城市镇赉县境内，是松嫩草地和科尔沁草原交融汇聚之地，交通便利。公园规划面积为1180hm²，草地面积占公园总面积的90%以上，草原综合植被盖度为90%以上。公园内保留有原生态草原的自然景观，植物种类丰富，植被类型主要以羊草为主，生长少量紫苜蓿（*Medicago sativa*）、燕麦草（*Arrhenatherum elatius*）等。公园内野生动物种类繁多，尤其以白鹤（*Grus leucogeranus*）、丹顶鹤（*Grus japonensis*）、灰鹤（*Grus grus*）等鹤类为代表，每年数以千计的鹤群如约而至。

图9-16　吉林万宝山国家草原自然公园俯瞰（图片来自网络）

吉林万宝山国家草原自然公园的建立，有效保护了当地典型的草原生态系统、丰富的草原生物多样性和野生动物栖息地。在松嫩草地开展国家草原自然公园试点建设，对吉林省加强草原保护修复、规范合理利用、发展草原生态旅游、传承草原文化、完善以国家公园为主体的自然保护地体系等都具有重要意义。当地政府强调，将以创建国家草原自然公园为契机，着力把万宝山国家草原自然公园打造成具有吉林省西部特色的绿色生态农牧区和草原生态保护区。同时，在西部具备条件的区域继续推进国家草原自然公园的建设工作，有效保护草原自然资源，实现高水平保护下的高质量发展，促进生态、经济和社会效益的有机统一。

2. 腰井子羊草草原保护区

腰井子羊草草原是目前欧亚草原带羊草草原保存最大最好的天然草场之一（图 9-17）（赵妍等，2004；祝廷成，2004），位于吉林省长岭县西北部距长岭县城 75km 处，地理坐标为 123°30′~123°56′E，44°30′~44°56′N。保护区地形地貌独具特点，为微波状平坦地形，大部分位于低洼地带，海拔高度在 137~167m 之间，其周围为沙丘疏林灌丛草地，生长着榆树疏林、灌丛、菊类等沙生植物。保护区内土壤类型有淡黑钙土、风沙土、草甸土和盐土等。保护区属于半干旱半湿润温带季风气候，年平均气温 4.9℃，无霜期 142 天，全年日照平均为 28824h，光热比较充足且雨热同季，适宜各种作物和牧草的生长。草原主要植被为羊草，并伴生有豆科、杂类草等植物。保护区内自然生态系统完整，自然资源丰富，湿生草甸、沼泽湿地及芦苇丛生生境是候鸟迁徙、停息、繁衍的良好场所。生物多样性高，共有 200 多种高等植物和 120 多种高等动物，其中国家级保护植物 20 余种，优质牧草 30 余种，国家和省级保护高等动物 85 种。腰井子羊草草原保护区生物多样性对于吉林省乃至全国的生物多样性研究都具有极为重要的意义。

图 9-17　腰井子的羊草草原（马全会摄）

3. 姜家甸草原保护区

姜家甸草原是我国仅有的三大天然羊草草原之一，位于吉林省大安市西南部，距大安市区 80km（图 9-18）。草原面积达 90 万 hm²，其中核心草原面积 9400hm²。姜家甸草原以产草量高、草质优良无污染而著称，年产牧草 15 万吨，所产羊草备受蒙牛、皓月等大型奶牛肉牛企业的青睐。同时，姜家甸草原每年还提供优质牧草近 3 万吨，销往日本、韩国等国家。姜家甸草场生物资源丰富，共有 130 多种植物，如珍贵的野生甘草（*Glycyrrhiza uralensis*）、黄芪属（*Astragalus*）、知母（*Anemarrhena asphodeloides*）、狼毒（*Stellera chamaejasme*）、远志科（Polygalaceae）、费菜（*Sedum aizoon*）等 27 种药用植物知名省内外。华南兔（*Lepus sinensis*）、狐（*Vulpes*）、环颈雉（*Phasianus colchicus*）、雁类等野生动物在这里出没往返，繁衍生息。

图 9-18　姜家甸草原保护区（马全会摄）

　　近年来，大安市积极争取项目，引进资金，齐抓共管，加大对姜家甸草原的投入，有效遏制了草原"三化"的速度。重点实施了 1～4 期吉林省农业综合开发草场改良项目、天然羊草保护工程、无鼠害示范区工程、牧草良种工程和草原防火站项目的建设。1994 年，大安市与吉林省农业科学院合作实施了日本援华项目等科研项目，建立姜家甸草原改良示范样板。2017 年，大安市与中国科学院东北地理与农业生态研究所合作，建成羊草草地示范区 1218hm²。同年，大安市制定畜牧产业扶贫政策，在姜家甸核心草原实施草原水利设施建设 1344hm²，2018 年，实施草原水利设施建设 1350hm²。姜家甸草原已经成为吉林省西部草场改良生态治理的示范样板。

9.4　松嫩草地利用中存在的问题与对策

　　松嫩草地由于超载过牧，盲目毁草开荒，导致草地资源遭受到严重的破坏，草地面积锐减等环境问题凸显。在 21 世纪初，其天然草场面积比新中国成立之初减少近一半，重度退化草地占比高达 40%。松嫩草地生产责任制虽然大部分已经落实，但由于落实的时间短，人们对草原资源的保护、管理利用和建设仍缺少充分的认识和足够的重视。部分草原处于大锅饭思想的管理下，责、权、利三者不统一。草地经营方式落后，只用不建，靠天养畜或收草，第一性生产与畜牧业的发展不相适应，对草地资源实行掠夺式的利用，且片面追求牲畜头数，导致草地严重超载，草畜不平衡，牧草供需矛盾突出。另外，松嫩草地至今尚未杜绝大量的毁草开荒行为，草原面积减少，草地利用方式单一，草地退化、沙化、碱化越来越严重，严重影响了该地区的生态环境和经济发展。

草地经营管理的关键在于政府的政策指导，同时尊重自然规律和市场经济规律。松嫩草地所在的黑龙江省与吉林省，均制定了相应的草原保护与管理利用政策，把草原改良建设纳入国土整治的总体规划之中，从宏观上制定草原改良建设的战略方向，力求实现生态效益、社会效益及经济效益的统一（刘继军，1997）。相关的地方政策主要包含以下几方面。

（1）引导农民集约化、专业化经营，实行承包管理。草原承包可提高草原管理的效率，控制了乱开垦现象，同时也利于基础设施的建设。承包草原既有利于普及推广科学管理技术，提高草原的生产力水平，又增加了承包者的收入。草原投资变二元结构为多元化的投资结构，可充分调动个人投资的积极性，切实落实好谁投资、谁经营、谁受益的政策。建立育草基金，增强抗灾能力，加强草原保护和建设，发展草畜产品，培育和引进优质高产的牧草品种，发挥牧草内涵潜力的优势，增加草原单位面积的产出。

（2）采取法律手段，依法治草，加强草原执法监督工作。《中华人民共和国草原法》（简称《草原法》）的颁布与实施，为保护、建设和合理利用草原，改善生态环境，发展现代畜牧业，促进社会和经济的可持续发展，提供了法律保障。地方政府应加强草原执法工作，利用广播、电视宣传《草原法》，出动宣传车，散发宣传单，召开草原执法培训班，使《草原法》基本上达到家喻户晓、人人皆知。同时，禁止非法取土、取草皮、挖药材、建房，禁止在草原上修建坟堆，对非法开垦草原行为进行严厉打击，加大对违法案件的处理。严格实施《草原法》，进一步强化草原的管理，积极恢复草原植被，有效保护草原的生态环境。

（3）实行封区育草和划区轮牧制度，用草与养草紧密结合。当地政府结合实际情况，制定相关政策，变超载过牧为以草定畜，按草原再生能力掌握合理的载畜量，严禁过度放牧。草地生态系统的良性循环是持续提高草原生产力的前提，是发展草原畜牧业的物质基础。只有使草原在能量和物质投入与产出上保持动态平衡，获得优化的生态结构和效益，才能实现草原的扩大再生产。因此，有计划地实行割草地与放牧地的轮牧制度，合理划分轮牧小区，提高资源再生能力，做到青草长生，永续利用，以减轻单位面积草地的负担。同时，对违法放牧行为应依法严肃处理，对涉及的乡镇和村屯要追究相关责任人的责任，最终达到科学合理的放牧目的，从法律政策上给牧草休养生息的机会。

（4）调整畜群结构，优化放牧制度，提升草地放牧利用效率。在适度放牧利用的基础上，改变单一的放牧畜群结构，倡导家畜多样化放牧，科学地调控多样化家畜放牧对草地的利用强度，避免对草地的过度利用。多样化家畜放牧能够直接或间接通过提高草地资源异质性、增加草地的随机性干扰过程以及物种扩散过程，维持和提高草地生物多样性和生态系统复杂性，进而促进草地生态系统多功能的发挥，有利于松嫩草地的保护和集约化畜牧业的发展。

（5）充分发挥草原资源的有偿使用机制，加大对退化草原的投入。把相应的草原承包费、草原补偿费和草原植被恢复费收缴到位，整合国家和省市相关草原生态保护、草原改良建设项目资金和有关草原收费，加大对退化草原资金方面的投入，利用现代科学手段改良退化的草原，恢复草原植被。提高草原植被的多样性和可饲性，实现生态效益、经济效益和社会效益多赢。

9.5　小　　结

基于松嫩草地家畜资源与草地利用现状，得到如下结论。

（1）松嫩草地是我国草原带自然条件最好的区域之一，养育着多种多样的家畜资源。然而，由于尚未形成良好的家畜资源保护与利用机制和体系，近年来本地区的部分家畜品种已迅速减少甚至消失，由此造成了家畜品种多样性降低。值得庆幸的是，政府对家畜种质资源保护工作重要性的认识正逐步提高，因而未来有望形成完整的松嫩平原家畜资源保护与利用体系，从而实现家畜资源的有效保护。

（2）松嫩草地拥有丰富的牧草资源，是我国重要的畜牧业生产基地。然而，由于管理模式粗放、缺乏精准的家畜放牧调控和营养调控技术，该区域的畜牧业生产水平仍然较低。因此，未来有必要针对松嫩草地开展草地放牧调控和家畜营养调控研究，以在保证草地生态功能维持稳定的同时，提高家畜的生产力，最终实现该区域草地畜牧业的可持续发展。

（3）目前松嫩草地的主要利用方式仍是割草利用。转变松嫩草地利用观念，强调多样化家畜放牧利用，同时加强草原自然保护区建设，应是未来松嫩草地可持续管理与利用的主要发展方向。近年来，随着各级政府对草原保护的重视和投入的加大，松嫩草地的生态治理已初见成效，总体得到改善，畜牧业生产向好发展，草原自然保护区建设稳步推进。历史经验再次启示我们，只有合理利用草地资源，方可实现草地的高效利用和可持续发展。

主要参考文献

陈幼春，许尚忠，李宝泰，等. 2017. 中国西门塔尔牛. 新疆畜牧业，32（12）：40-44.

范广芝，李海燕，杨允菲. 2006. 割草场不同演替系列羊草和光稃茅香种群构件结构的研究. 草业科学，23（2）：34-37.

方精云，景海春，张文浩，等. 2018. 论草牧业的理论体系及其实践. 科学通报，63（17）：1619-1631.

方晓敏，许尚忠，张英汉．2002. 我国新的牛种资源——中国西门塔尔牛．黄牛杂志，5：67-69.

盖文俊，盖中民，周彦春，等．2012. 中国草原红牛吉林系来源概述与发展展望．吉林畜牧兽医，33（12）：54-55.

高莹．2008. 松嫩平原羊草种群模拟放牧耐受性研究．长春：东北师范大学博士学位论文．

郭定恩，王文凯，崔彬辉，等．2020. 小尾寒羊与湖羊生产性能比较．吉林畜牧兽医，41（6）：60.

郭继勋，祝廷成．1994. 羊草草原枯枝落叶积累的研究—自然状态下枯枝落叶的积累及放牧、割草对积累量的影响．生态学报，14（3）：255-260.

郭云鹤．1983. 德系西门塔尔牛初胎产犊及泌乳性能．畜牧与兽医，3：41-42.

国家畜禽遗传资源委员会．2011a. 中国畜禽遗传资源志：马驴驼志．北京：中国农业出版社．

国家畜禽遗传资源委员会．2011b. 中国畜禽遗传资源志：牛志．北京：中国农业出版社．

国家畜禽遗传资源委员会．2011c. 中国畜禽遗传资源志：羊志．北京：中国农业出版社．

侯扶江，王春梅，娄珊宁，等．2016. 我国草原生产力．中国工程科学，18：80-93.

侯国生，李长磊，刘承军．2021. 鲁西黑头羊与小尾寒羊舍饲育肥对比试验．四川畜牧兽医，11：21-23.

胡成华，张国梁，霍长宽，等．2008. 吉林系中国草原红牛．中国畜禽种业，3：30-31.

吉林马育种协作组．1979. 吉林马育种初步总结．中国畜牧杂志，1：23-30.

贾明蕊，何江峰，王力伟，等．2021. 蒙古羊的起源及尾脂沉积的研究进展．畜牧与饲料科学，42（3）：70-73.

孔亮，宋毅．2014. 中国畜牧业年鉴．北京：中国农业出版社．

李建东，刘建新．2000. 羊草草地一年两次刈割可行性的研究．中国草地，22（5）：32-34.

李建东，方精云．2017. 中国草原的生态功能研究．北京：科学出版社．

李红宇，苗树君，程延彬，等．2010. 日粮蛋白质水平对北方寒区中国荷斯坦牛泌乳性能及体内尿素氮的影响．中国畜牧杂志，7：36-39.

李丽．2016. 肉用牛良种——延黄牛．农村百事通，1：37-38.

李龑，金龙福，李作臣，等．2015. 关于延边黄牛的起源、形成之探讨．黑龙江科技信息，6：176.

李斯．1999. 原种奶牛良种——荷斯坦牛．农村百事通，22：20.

刘晨．2017. 放牧对草地植被、土壤空间异质性及其相互关系的调控机制．长春：东北师范大学博士学位论文．

刘继军．1997. 正确认识松嫩草地资源，创造良好的生态环境．黑龙江畜牧科技，2：30-35.

刘军．2015. 放牧对松嫩草地植物多样性、生产力的作用及机制．长春：东北师范大学博士学位论文．

刘晓娟，仲庆振．2005. 绒山羊在退化羊草草地所采食主要牧草部位的养分分析．吉林省畜牧兽医学会 2005 年学术年会论文集：9-13.

刘颖，王德利，韩士杰，等．2004. 放牧强度对羊草草地植被再生性能的影响．草业学报，13（6）：39-44.

卢黎黎. 2010. 刈割对松嫩草地物种多样性——生产力关系及土壤特征的影响. 长春：东北师范大学硕士学位论文.

孟华. 1991. 吉林西部人工草地效益浅析. 草业科学，1：70-71.

苗树君，曲永利，刘立成，等. 2005. 不同杂交品种肉牛育肥效果的比较试验. 中国草食动物，25（1）：22-24.

裴敏. 1991. 肉羊好品种小尾寒羊在吉林地区的饲养. 吉林畜牧兽医，4：46.

盛军，朱瑶，李海燕，等. 2018. 长期刈割及围栏封育方式对大油芒种群构件特征的影响. 草地学报，26（3）：545-550.

盛连喜，刘长生，周道玮. 2001. 吉林生态与生态建设. 长春：东北师范大学出版社.

斯琴巴特尔，苏德斯琴，鄂巍，等. 2018. 西门塔尔牛与蒙古牛成年犍牛屠宰对比试验. 中国牛业科学，44（4）：34-37.

宋玉贵，杨雨江，姜怀志. 2016. 东北细毛羊同期发情与定时输精效果的研究. 现代畜牧兽医，11：24-27.

宋彦涛，周道玮，于洋，等. 2016. 生长季初刈割时间对羊草群落特征的影响. 中国草地学报，38（3）：56-62.

孙海霞. 2007. 松嫩平原农牧交错区绵羊放牧系统粗饲料利用的研究. 长春：东北师范大学博士学位论文.

孙泽威. 2008. 松嫩羊草草地放牧绒山羊营养限制因素的研究. 长春：东北师范大学博士学位论文.

王德利. 2001. 草地植被结构对奶牛放牧强度的反应特征. 东北师范大学学报，33（3）：73-79.

王德利，郭继勋. 2019. 松嫩盐碱化草地的恢复理论与技术. 北京：科学出版社.

王德利，刘军，宫海静，等. 2020. 松嫩草地动态放牧率测算方法：T/HXCY 030-2020.

王德利，王岭. 2011. 草食动物与草地植物多样性互作关系研究进展. 草地学报，19（4）：699-704.

王德利，王岭. 2014. 放牧生态学与草地管理学的相关概念：I. 偏食性. 草地学报 22（3）：433- 438.

王岭. 2010. 大型草食动物采食对植物多样性与空间格局的响应及行为适应机制. 长春：东北师范大学.

王岭，张敏娜，徐曼，等. 2021. 草地多功能提升的多样化家畜放牧理论及应用. 科学通报，66（30）：3791-3798.

王梦琦，倪炜，唐程，等. 2018. 娟珊牛和荷斯坦牛泌乳性状的比较分析. 家畜生态学报，39（7）：37-41.

王守军. 2017. 牛的饲养管理及疫病防治技术. 兰州：甘肃科学技术出版社.

王仁忠. 1998. 放牧和刈割干扰对松嫩草原羊草草地影响的研究. 生态学报，18：210-213.

王兴强. 2016. 黑龙江省牧草产业现状、存在问题及发展对策. 江西农业，9：94-96.

王旭，王德利，刘颖，等. 2002. 羊草草地生长季放牧山羊采食量和食性选择. 生态学报，22（5）：661-667.

王志刚, 刘和, 杨胤轩. 2014. "延边黄牛" 地理标志的历史沿革、发展现状、存在问题及前景展望. 农业经济与管理, 3: 67-71.

汪聪勇, 苏银池, 陈江凌, 等. 2015. 荷斯坦牛的繁殖性状及影响因素分析. 家畜生态学报, 36 (10): 45-48.

汪诗平. 2004. 草原植物的放牧抗性. 应用生态学报, 15: 517-522.

魏趁, 赵俊金, 黄锡霞, 等. 2019. 新疆地区西门塔尔牛核心群选择. 中国牛业科学, 52 (5): 921-929.

魏菁, 张子群, 高远, 等. 2021. 进口牛种质资源研究. 畜牧兽医科学, 7: 183-184.

吾豪华. 2007. 介绍三个役肉兼用型地方牛良种. 农村百事通, 15: 41-42.

吴健, 胡成华, 刘基伟, 等. 2008. 中国草原红牛 (吉林系) 及其去势牛产肉性能比较研究. 第三届中国牛业发展大会论文集: 306-308.

吴健, 张国梁, 刘基伟, 等. 2008. 吉林省中国草原红牛培育及选育提高进程. 中国畜牧兽医, 35 (11): 152-155.

肖洪俊. 2003. 纵谈东北细毛羊发展方向. 吉林畜牧兽医, 6: 8.

严昌国, 薛红枫, 金基男, 等. 2004. 酒精发酵饲料对延边黄牛产肉性能的影响. 延边大学农学学报, 2: 93-97.

杨萍. 2011. 小尾寒羊的品种特征和饲养管理要点. 养殖技术顾问, 11: 41.

杨在宾, 杨维仁, 张崇玉, 等. 1997. 小尾寒羊和大尾寒羊产乳性能比较研究. 中国养羊, 4: 42-43.

杨智明. 2017. 松嫩草地绵羊放牧及舍饲方式. 长春: 东北师范大学.

余苗. 2013. 不同生长期两种牧草瘤胃降解率及体外发酵产气特性的研究. 长沙: 湖南农业大学.

张光圣. 1997. 闻名于世的黑白花牛. 吉林畜牧兽医, 6: 22.

张继川, 黄秉周, 吕福玉. 2009. 延黄牛——中国第二个肉用型牛品种培育成功. 中国牛业科学, 35 (3): 25-26.

张胜利, 孙东晓. 2021. 奶牛种业的昨天、今天和明天. 中国乳业, 6: 3-10.

张新兰, 何小龙, 乌仁图雅, 等. 2008. 蒙古羊的起源、驯化、分化及保种措施. 畜牧与饲料科学, 29 (6): 36-38.

张为政, 张宝田. 1993. 羊草草原割草强度与土壤盐渍化的关系. 中国草地, 15 (4): 4-8.

张沅, 张勤, 孙东晓, 等. 2017. 中国荷斯坦牛. 新疆畜牧业, 12: 36-39.

赵有璋. 2002. 羊生产学. 北京: 中国农业出版社.

赵妍, 郭新春, 伦小文. 2004. 腰井子羊草草原自然保护区生物多样性现状及其能值估算. 井冈山大学学报: 社会科学版, 25 (6): 63-65.

郑希武, 郭翠兰. 1994. 小尾寒羊母羊繁殖性能的调查报告. 中国畜牧杂志, 1: 11.

郑慧莹, 李建东. 1999. 松嫩平原盐生植物与盐碱化草地的恢复. 北京: 科学出版社.

中国家畜家禽品种志编委会. 1988. 中国马驴品种志. 上海: 上海科学技术出版社.

周瑞, 赵生国, 刘立山, 等. 2016. 脂尾去除对'兰州大尾羊'和'蒙古羊'屠宰性能及肉品质的影响. 甘肃农业大学学报, 51 (4): 14-19.

周自强. 2018. 西门塔尔牛的特点及饲养管理要点. 现代畜牧科技, 11: 39.

祝廷成. 2004. 羊草生物生态学. 长春: 吉林科学技术出版社.

Wang L, Delgado- Baquerizo M, Wang D, et al. 2019a. Diversifying livestock promotes multidiversity and multifunctionality in managed grasslands. Proceedings of the National Academy of Sciences of the United States of America, 116: 6187-6192.

Wang J, Abdullah I, Xu T, et al. 2019b. Effects of mowing disturbance and competition on spatial expansion of the clonal plant *Leymus chinensis* into saline-alkali soil patches. Environmental and Experimental Botany, 168: 103890.

第10章　松嫩草地土地利用变化

土地利用活动，无论是改变自然景观供人类使用，还是改变人类主导土地管理实践，都已改变了地球上很大一部分土地表面。开垦草地、砍伐森林、强化农田生产或扩大城市建设，这些人类活动正在以普遍的方式改变着世界的陆地景观（Foley et al.，2005）。

土地利用/覆盖（land use/land cover-LULC）信息对各种地理空间应用至关重要，如生态保护、区域管理和环境管理（Liu et al.，2017），也是理解地球表面不断变化和相关社会生态相互作用的基础（Cassidy et al.，2010；Patino and Duque，2013）。本章基于地理信息系统（GIS）与遥感（RS）技术，利用1985～2020年的全国30m土地利用/覆盖数据集（CLCD和GlobeLand30数据集），通过计算土地利用转移矩阵和景观格局指数，分析了松嫩草地及松嫩研究站的土地资源现状、草地景观格局和土地利用演变规律。

10.1　土地资源现状

土地是人类生产生活等一切活动的载体。土地资源是自然资源的重要组成部分，是自然生态系统的根本，且是不可再生资源。土地资源发展的好坏关系到自然资源生态功能、质量和安全发展（陈国峰和丁青坡，2021）。从土壤、地貌、地形、植被类型及土地利用/覆盖类型的数量及空间分布特征看，松嫩草地土地和松嫩研究站的土地资源都发生了改变。

10.1.1　松嫩草地土地资源现状

松嫩草地处于43°30′N～48°00′N、121°30′E～126°30′E，是我国三大平原之一东北平原的主要组成部分，位于我国北方农牧交错带的东缘。松嫩草地的地势低平，地貌主要包括低山丘陵区、台地区和平原区，中部为地形平坦的冲积平原，东、北、西三面为台地和低山丘陵区。松嫩草地属于松花江水系，有嫩江、松花江、雅鲁河、绰而河、洮儿河、霍林河、乌裕尔河和东辽河等主要河流（图10-1），河流较多，但都属于难以利用的地表水，水资源量折合径流深仅有8.8mm（杨倩，2009）。湖泊水泡数量多，成群分布是松嫩草地的主要水文特征。

松嫩草地的土壤十分肥沃。土壤类型主要为黑钙土、淡黑钙土、栗钙土、草

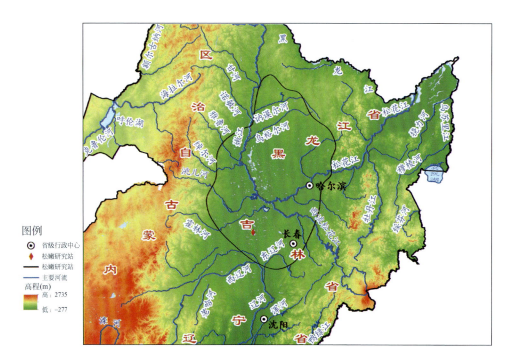

图 10-1　松嫩平原研究区的概况图

甸土、盐土与碱土和沙土,其中黑土和黑钙土占 60% 以上 (图 10-2)。不同土壤类型的分布特征及养分状况存在着明显差异。

　　该区域属于温带半干旱半湿润气候,四季变化明显,春季干燥多雨,夏季温热多雨,秋季凉爽晴朗,冬季严寒少雪,全年温差大,无霜期短。

　　植被类型主要包括栽培植被 (粮食作物和经济作物等)、草原和疏林等。作物生产是以大豆 (*Glycine max*)、小麦 (*Triticum aestivum*)、玉米 (*Zea mays*)、甜菜 (*Beta vulgaris*) 和马铃薯 (*Solanum tuberosum*) 等为主。草地以草甸和草甸草原为主,羊草 (*Leymus chinensis*) 是草原植被的优势种。由于过牧、过垦,草甸草原受到严重的破坏。

　　根据土地资源的利用类型和覆盖类型的差异,可将土地资源分为不同类型。土地覆盖侧重于土地的自然属性,土地利用侧重于土地的社会属性。根据土地利用/土地覆盖分类系统,将松嫩草地的土地资源分为耕地、草地、建设用地、水域、未利用地、林地和湿地 7 种类型 (丁泉等,2009;贾宁,2018;李晨曦等,2016)。在 2020 年,松嫩草地的土地总面积约为 200564.66km²。其中耕地面积最大,约为 153702.60km²,占土地总面积的 76.63%;其次为草地,面积为 17385.93km²,占土地总面积的 8.67%;再次为建设用地,面积为 16521.07km²,

水体、未利用地、林地和湿地的面积分别为 5986.02km^2、3711.06km^2、3243.87km^2 和 14.11km^2。

10.1.2 松嫩研究站土地资源现状

松嫩研究站位于欧亚大陆草原东缘，地处 44°45′N，123°45′E，也是典型农牧交错带区。草地类型为羊草草甸草原与草甸。该地区处于松嫩平原的低洼地带，海拔在 138~167m，为微波状平坦地形，相对高差为 7~29m。土壤多出现盐碱化，pH 值在 7.5~9.0，主要分为淡黑钙土、草甸土、碱土和风沙土 4 类（图 10-2）。为进一步分析松嫩研究站附近的土地资源特征，借鉴生态学、城乡规划学方法，引入缓冲区概念，结合研究对象类型的特点，以松嫩研究站为几何中心，在周围建立了 3km 和 10km 的缓冲区。通过分析得出，在 3km 缓冲区域内，耕地面积为 36.02km^2，占主要土地利用面积的 90.73%，所占面积比例最大。其次为草地、建设用地和未利用地。湿地所占面积最小，为 0.0018km^2。在 10km 缓冲区域内，耕地面积为 352.27km^2，占主要土地利用面积的 79.85%，所占面积比例最大。其次为草地、建设用地、未利用地和湿地。林地所占面积最小，为 0.0009km^2，是 10km 缓冲区中主要土地资源类型中面积最少的一类。

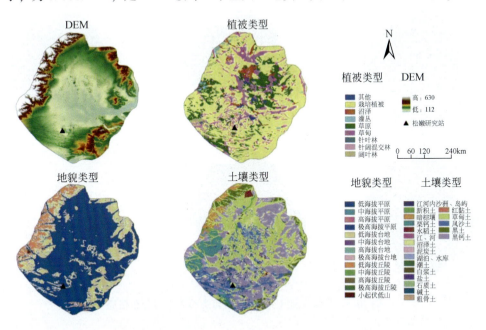

图 10-2 松嫩草地的地形、地貌、植被类型及土壤类型

10.2　松嫩草地土地利用演变

土地利用/覆盖变化（LUCC）可以体现土地资源在数量、质量上的变化，还能反映土地利用空间格局的变化。准确地描述土地利用空间格局及其变化，是土地利用变化研究的重点。1985～2020年，以每隔10年为变化区间，采用土地利用/覆盖转移矩阵及景观特征指数方法，对松嫩草地土地利用/覆盖类型的数量、空间分布格局和时空演变特征进行了统计分析。

10.2.1　土地利用分布格局

在不同历史时期，松嫩草地的土地利用/覆盖类型的分布格局存在差异。2020年，所有利用/覆盖类型面积排序，可以得到：耕地>草地>建设用地>水体>未利用地>林地>湿地。耕地、草地及建设用地分别占该地区土地总面积约76%、9%和8%。耕地和草地交错分布在整个研究区，建设用地和水体主要分布在中部地区（图10-3）。

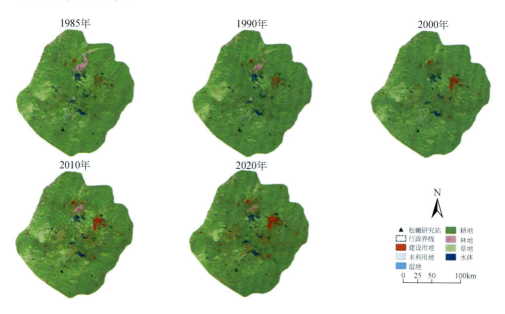

图 10-3　松嫩草地土地利用/覆盖类型的空间分布格局

通过对1985年、1990年、2000年、2010年和2020年的土地利用/覆盖分布格局的对比分析，可以发现每个时期的土地利用分布格局各不相同。1985～2020

年，耕地与草地为占地面积较大的土地利用/覆盖类型，交错分布在整个区域。耕地面积表现为先增加后减少再增加的变化趋势，耕地面积在 1990 年最大，2010 年最小，分别为 157316.60km² 和 144967.00km²。

相比耕地面积的变化趋势，草地面积表现为先减少后增加。2010 年草地分布面积最大，2020 年最小，分别为 28337.50km² 和 17385.93km²。草地面积在 10 年间减少了 38.64%。草地集中分布在松嫩草地西南部地区及中部，其中通榆县西部、前郭县中南部、长岭县北部及科尔沁右翼前旗东部分布较广。

建设用地呈现持续增长趋势，在 1985~2020 年，增加了 9502.64km²。1985 年和 1990 年建设用地占地面积小，且分散分布。自 1990 年后，建设用地面积急剧增加，1990~2000 年建设用面积增加约 3532.84km²，集中分布在大庆市与前郭县。2000~2010 年和 2010~2020 年两个时期，新增建设用地分别为 3160.47km² 和 1990.06km²。前郭县的建设用地扩张明显，长岭县南部的建设用地增多。此外，水体旁出现了部分建设用地，在本地区的中部较多。松嫩草地有多条河流，以线状形式分布，占地面积小，水体面积主要以湖泊水库面积为主。水体面积约占土地总面积的 3.20%，1985~2020 年，水体面积有减少趋势，这与气候变化和人类活动密切相关。乾安县和前郭县的湖体较多，诸如查干湖、大布苏湖等，通榆县有向海湿地。水体面积，从 1985 年的 7615.39km² 减少到了 2020 年的 5986.02km²；其中在 1990~2000 年水体减少的幅度最大，总面积减少了 1758.57km²。在 2010~2020 年，水体面积增加了约 732.55km²。未利用地主要是围绕着水体，在本地区的西南部较多，如在通榆县北部的耕地和草地之间，前郭县西部的水体（湖）旁。未利用地面积显示持续减少的趋势，但在 2020 年未利用地的面积仍然大于林地和湿地。1985~2020 年，林地与湿地为该地区分布面积较小的土地利用类型，其占比不及区域总土地面积的 2%。湿地主要是围绕湖体分布，如查干湖周围，以及相间分布在耕地与林地。林地主要分布在通榆县西部，在前郭县东部有零散分布。1985~2020 年，林地和湿地均有减少的趋势，分别减少 1608.90km² 和 224.01km²，同比降低 33.15% 和 94.07%，至 2020 年，仅有 3243.87km² 的林地和 14.11km² 的湿地（图 10-3、图 10-4、表 10-1）。

表 10-1　松嫩草地土地利用/覆盖类型的面积变化　　（单位：km²）

土地利用/覆盖类型	1985 年	1990 年	2000 年	2010 年	2020 年
耕地	152529.20	157316.60	154888.70	144967.00	153702.60
林地	4852.77	4057.86	1828.42	2825.98	3243.87
草地	23288.38	18646.29	21649.91	28337.50	17385.93

土地利用/ 覆盖类型	1985 年	1990 年	2000 年	2010 年	2020 年
水体	7615.39	7612.60	5854.03	5253.47	5986.02
未利用地	5022.38	4987.13	4947.63	4634.93	3711.06
建设用地	7018.43	7837.70	11370.54	14531.01	16521.07
湿地	238.12	106.41	25.40	14.76	14.11

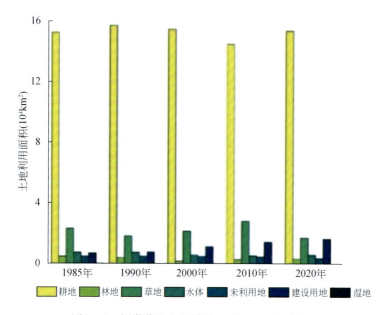

图 10-4　松嫩草地土地利用/覆盖类型的统计图

10.2.2　土地利用时空演变

土地利用变化通常会导致土地覆盖状况的变化，这种变化可以归为两大类：渐变（modification）和转换（conversion）。渐变是指土地利用/覆盖的属性仍保持原有的覆盖或利用类型，但其结构和功能等发生变化。例如，林地类型发生渐变，森林可以被保留，但生物量、生产力和生物气候等却发生了显著改变。转换指从一种利用/覆盖类型转变成另一种利用/覆盖类型，例如，从森林转变成草地。

土地利用类型的数量变化是区域土地利用变化的主要方面。数量变化反映在不同类型面积总量的变化上，通过分析土地利用/覆盖类型的数量变化，可以掌握土地利用变化总的态势及其结构变化特征。

1985~2020 年，本区域约有 42441.73km² 的土地利用类型发生变化，占该区域总面积的 78.84%。其中，土地利用/覆盖类型中变化面积最大的是耕地，1985年有 17601.83km² 的耕地转变为其他土地利用类型，到 2020 年有 18775.24km² 的其他土地利用类型转化为耕地，分布在本区域的北部及西南部，分布较集中。总体上耕地增加了 1173.42km²，草地和耕地的相互转化面积最大，12806.68km² 的草地转化为耕地，同时 8494.21km² 的耕地转化为草地。建设用地面积增加最为明显，1985~2020 年，有 137.68km² 的建设用地转化为其他土地利用类型，但从其他土地利用类型转化为建设用的面积为 9640.31km²，共增加了 9502.64km²，占区域转化面积的 22.71%，主要分布在松嫩草地北部及西南部，大庆市、齐齐哈尔市和白城市的面积较集中，其他地区虽有增加，但分布较散。本区域草地流失面积严重，有 15347.61km² 的草地转化为其他土地利用类型，有 9445.16km² 的其他土地利用类型转化为草地，草地面积共减少了 5902.45km²，转化区域分布在整个地区，且分布较零散。林地、水体和未利用的转化面积相比较小。湿地占地面积小，有 229.24km² 湿地转化为其他土地利用类型，仅有 5.23km² 的其他土地利用类型转化为湿地（表 10-2、图 10-5）。

表 10-2　1985~2020 年松嫩草地土地利用/覆盖类型的转移矩阵

（单位：km²）

2020 年 / 1985 年	耕地	林地	草地	水体	未利用地	建设用地	湿地	总计
耕地		796.17	8494.21	970.62	679.80	6657.30	3.72	17601.83
林地	2511.98		203.34	192.37	0.44	40.64	0.49	2949.25
草地	12806.68	404.37		102.00	727.68	1306.19	0.69	15347.61
水体	1548.39	128.82	174.66		361.03	868.97	0.32	3082.19
未利用地	1709.88	0.80	546.63	90.61	0.05	745.95	0.01	3093.93
建设用地	35.91	0.62	4.25	89.66	7.25			137.68
湿地	162.40	9.58	22.07	7.56	6.36	21.27		229.24
总计	18775.24	1340.35	9445.16	1452.81	1782.61	9640.31	5.23	42441.73

1985~2020 年间的土地利用/覆盖变化具体可以分为四个不同的阶段。

第一阶段 1985~1990 年，草地减少的面积最大，有 5754.22km² 的草地转化

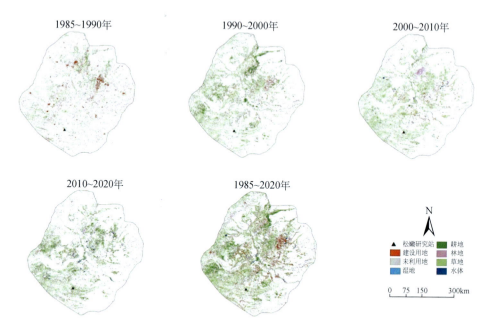

图 10-5　松嫩草地的土地利用/覆盖类型演变

为其他类型用地，流失的草地主要转化为耕地，其中 5296.13km² 的草地转化为耕地，在整个地区都有零散分布。1074.96km² 的耕地转化为草地，主要出现在本地区的西南部。其余的土地利用类型仅有略微变化。

第二阶段 1990～2000 年，耕地和草地的相互转化面积最大，有 10188.33km² 的耕地转化为草地，6713.34km² 的草地转化为耕地，两种类型土地利用/覆盖变化主要分布在本地区的西南部。耕地面积减少了 2427.921km²，草地增加了 3003.62km²。其间，2582.71km² 的耕地转化成了建设用地，其他类型的土地利用/覆盖变化较小。

第三阶段 2000～2010 年，在这阶段进一步实施了退耕还林还草政策，耕地仍持续向着草地转化，草地面积总体增加了 13102.15km²，这种变化的空间分布与第二阶段保持一致。除此之外，随着城镇建设的发展，中心建成区快速扩展，使得建设用地增加的速度加快，增加了 3373.25km²，占转化总面积的 12.92%，这主要是源于耕地、草地和水体的转化。

第四阶段 2010～2020 年，为了维护国家粮食安全，一些土地被开垦，耕地面积又出现一定程度的增多，这主要是源于草地的转化，约有 12604.90km² 的草地转化为耕地。除此之外，与前一阶段相同，由于城镇的高速发展，建设用地的面积仍有所增加，这主要是源于耕地、草地与未利用地的转化（图 10-6）。

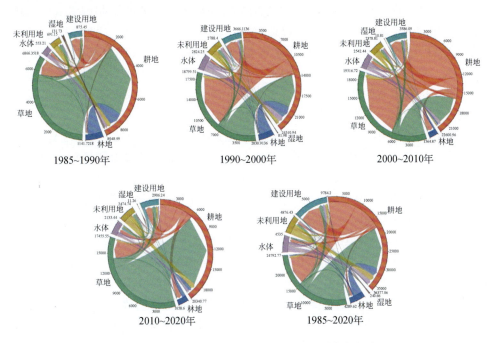

图 10-6 松嫩草地土地利用/覆盖类型的转移弦图

10.2.3 草地景观格局

景观格局（landscape pattern）是指景观的空间结构特征，也是景观异质性的具体表现。空间异质性（spatial heterogeneity）是景观格局的重要属性之一。作为自然界最普遍和最重要的景观类型，土地利用景观随着自然环境的制约和人类活动的干预而发生变化。草地退化是我国天然草地面临的突出问题，已威胁到社会经济的正常发展，在松嫩草地的情况尤其严重。由于人口增长及人为干扰强度增大，本地区的草地已由传统的草甸与草甸草原向农田、林地或其他土地格局转变，天然草地面积逐渐减少，大面积草地被开垦为耕地，部分草地发生沙化、退化，甚至成为未利用地。

在众多景观格局的分析方法中，景观指数的应用最为广泛。景观指数可以高度指示景观格局信息，反映其结构组成，是对于景观空间配置格局等特征进行比较分析的一种常用的定量指标。采用 Fragstats 软件将景观指数分为三类：斑块（patch）、类型（class）和景观（landscape）。选取 5 种景观指数对于松嫩草地景观特征进行了定量分析，发现草地景观特征表现出不同的变化规律。通过分析景观格局动态变化斑块间的空间关系，可有助于分析草地景观组成单元的数量、位置、大小和方向，也有益于辨识草地景观格局形成和发展的控制因素和驱动因子。选用的 5 个景观指数包括景观总面积（CA）、斑块百分比（PLAND）、斑块数目（NP）、斑块密度（PD）和聚集度指数（AI）。CA 值代表草地面积大小，值越大，草地覆盖度越高。PLAND 是斑块所占景观面积比例。NP 值在一定程度上反映了区域景观的破碎化程度，斑块数量越多，碎片级别越高。PD 值是反映景观分布的密度。AI 值是聚合度，值越高，聚合程度越高。

1985～2020 年，本区域草地 CA 值呈现下降–上升–上升–下降的变化趋势，1985～1990 年表现为减少，1990～2000 年表现为增加，但减少和增加的幅度较小；2000～2010 年表现为增加，2010～2020 年表现为减少，且增加后减少的幅度较大。草地的 NP 值显著下降，说明 1985～2020 年，本区域草地景观破碎化程度较低，小斑块数量减少，说明人类活动干预较轻，总体格局较为简单化。本区域草地的 PD 值与 NP 值的变化趋势相似，整体呈现下降的变化趋势，斑块数和斑块的密度变化较小。1985～2010 年，本区域草地的 AI 值出现上升趋势，表明草地的邻接度在上升。2010～2020 年，草地的 AI 值出现减少趋势，表明草地聚合度在降低。斑块所占景观面积比例，即 PLAND 值变化趋势与 CA 变化趋势相似，整体上表现为趋势线，其值在 10.89 左右徘徊（表 10-3 和图 10-7）；斑块数占景观总面积的比例表现为减少后增加再减少的趋势。

表 10-3　草地的主要景观指数变化

年份	景观指数	草地
1985	景观总面积（CA）	16141.35
	斑块百分比（PLAND）	11.59
	斑块数量（NP）	214876
	斑块密度（PD）	1.54
	集中度（AI）	56.82
1990	景观总面积（CA）	12917.16
	斑块百分比（PLAND）	9.27
	斑块数量（NP）	179903
	斑块密度（PD）	1.29
	集中度（AI）	58.47

续表

年份	景观指数	草地
2000	景观总面积（CA）	15028.2
	斑块百分比（PLAND）	10.79
	斑块数量（NP）	156718
	斑块密度（PD）	1.13
	集中度（AI）	61.50
2010	景观总面积（CA）	19700.53
	景观百分比（PLAND）	14.14
	斑块数量（NP）	154472
	斑块密度（PD）	1.11
	集中度（AI）	64.98
2020	景观总面积（CA）	12075.14
	斑块百分比（PLAND）	8.67
	斑块数量（NP）	131450
	斑块密度（PD）	0.94
	集中度（AI）	62.62

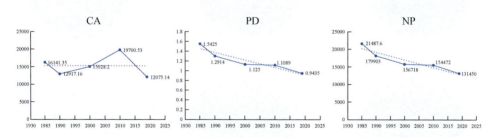

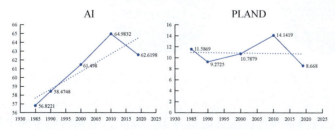

图 10-7　草地景观格局指数的变化趋势图

10.3　松嫩研究站土地利用演变

为更精确、更充分地分析松嫩研究站附近的土地利用分布格局及变化情况，本书引入缓冲区概念，以松嫩研究站为几何中心分别绘制出 3km 和 10km 的缓冲区。以此为研究范围，从数量和空间分布格局分析了 1985～2020 年，松嫩研究站的土地利用分布格局，再以 10 年为间隔，计算土地利用/覆盖类型的转化数量及变化率，分析松嫩研究站的土地利用演变特征和规律。

10.3.1　土地利用分布格局

通过统计松嫩研究站的一级地类得到，研究站在 1985 年、1990 年、2000 年、2010 年和 2020 年每个时期的土地利用分布格局分布图（图 10-8），从中可以看出，耕地、草地、水体及建设用地为本地区主要的土地利用类型。

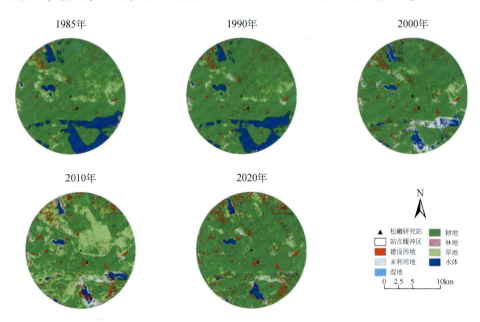

图 10-8　松嫩研究站土地利用/覆盖类型的空间分布格局

松嫩研究站 3km 缓冲区的总面积为 39.70km²，区域内的主要土地利用类型为耕地，均匀分布在整个区域。1985 年、1990 年、2000 年、2010 年和 2020 年的耕地面积分别为 34.22km²、36.12km²、36.87km²、24.47km² 和 36.02km²，分别占整个区域面积的 86.19%、90.98%、92.86%、61.64% 和 90.73%。草地的面积分别约为 3.93km^2、1.88km^2、0.76km^2、13.34km^2 和 1.74km^2，分别占整个区域面积的 9.88%、4.72%、1.91%、33.60% 和 4.39%（表 10-4）。分析发现，2010 年为突变年，这时的耕地面积减少，且草地与林地面积增加。其他年份耕地的面积变化不大，草地整体上呈现减少的趋势。水体、湿地、建设用地及未利用地在区域内占地面积较小。水体无明显变化，而湿地从 1985～2000 年逐渐增加，但从 2000～2020 年逐渐减少。建设用地呈微弱减少趋势。未利用地面积增加，幅度较小（图 10-8 和表 10-4）。从土地利用结构分析可见，1985～2020 年为农、牧面积比例分别为 34∶4、36∶2、36∶1、24∶13 和 36∶2。

表 10-4　松嫩研究站 3km 区域土地利用/覆盖类型的面积变化（单位：km^2）

土地利用/覆盖类型	1985 年	1990 年	2000 年	2010 年	2020 年
耕地	34.2225	36.1242	36.8721	24.4755	36.0216
草地	3.9249	1.8774	0.7596	13.3425	1.7433
水体	0.0027	0.0027		0.0027	
湿地	0.2484	0.0378	0.0045	0.0045	0.0018
未利用地	0.3600	0.7020	0.8361	0.3204	0.2871
建设用地	0.9450	0.9594	1.2312	1.5579	1.6497

松嫩研究站 10km 缓冲区的总面积为 441.16km^2，区域内的主要土地利用类型为耕地、水体、草地。在 1985 年、1990 年、2000 年、2010 年和 2020 年耕地的面积分别约为 321.34km^2、344.23km^2、343.67km^2、256.66km^2 和 352.27km^2，分别占整个区域面积的 72.84%、78.03%、77.90%、58.18% 和 79.85%。水体的面积分别为 56.46km^2、52.17km^2、22.53km^2、14.41km^2 和 12.11km^2，分别占整个区域面积的 12.80%、11.83%、5.11%、3.27% 和 2.75%。草地的面积分别约为 39.25km^2、20.05km^2、20.21km^2、112.55km^2 和 30.06km^2，分别占整个区域面积的 8.90%、4.55%、4.58%、25.51% 和 6.81%。从 1985～2020 年，耕地的变化不大，但林地整体上有减少的趋势。分析发现，2010 年为突变年。具体地表现为，耕地有大幅度减少的趋势，林地有大幅增加的趋势。水体面积逐渐减少。研究站的东南部及西北部的大面积水体自 2000 年逐渐减少。林地及湿地的占地面积较小，并且呈现减少趋势。未利用地的面积逐渐增加。建设用地的占地面积增加，在 10km 缓冲区边缘增加明显（图 10-8、表 10-5）。分析结果表明，农、牧用地面积比例（因林地面积太小，故直接计算农牧面积比例），分别为 321∶39、344∶20、343∶20、256∶112 和 352∶30。

表 10-5　松嫩研究站 **10km** 区域土地利用/覆盖类型的面积变化　（单位：km^2）

土地利用/覆盖类型	1985 年	1990 年	2000 年	2010 年	2020 年
耕地	321.3441	344.2374	343.6740	256.6629	352.2753
林地	0.8478	0.2736	0.0684	0.0225	0.0009
草地	39.2589	20.0511	20.2086	112.5549	30.0627
水体	56.4615	52.1775	22.5360	14.4108	12.1113
湿地	4.7178	1.1898	0.2241	0.1260	0.0522
未利用地	5.8122	9.4239	36.1368	26.8173	13.1067
建设用地	12.7152	13.8042	18.3096	30.5631	33.5484

10.3.2　土地利用时空演变

在自然和人为因素的影响下，区域内各种土地利用/覆盖类型的数量变化幅度和速度存在时空差异。土地利用/覆盖变化的速度，可以通过土地利用类型动态模型进行度量，它既可以表征单一土地利用类型的时间变化，也可以对区域土地利用动态的总体状况及其区域分异进行分析。

1985～2020 年，松嫩研究站 3km 缓冲区内，土地利用/覆盖类型的变化面积为 6.63km^2，占总面积的 16.71%。耕地与建设用地呈现增加趋势，草地、水体、未利用地和湿地呈现减少趋势。耕地的增加最显著，年变化为 0.05km^2/a；草地是流失最显著的土地利用/覆盖变化类型，年变化率为 $-0.06km^2$/a。从 1985～1990 年，水体面积未发生变化，草地和湿地呈减少趋势，年变化率分别为 $-0.41km^2$/a 和 $-0.04km^2$/a。耕地、未利用地和建设用地呈增加趋势，年变化率分别为 0.38km^2/a、0.07km^2/a 和 0.0029km^2/a。从 1990～2000 年，草地、水体和湿地呈减少趋势，年变化率分别为 $-0.11km^2$/a、$-0.0003km^2$/a 和 $-0.0033km^2$/a。耕地、未利用地和建设用地呈微弱的增加趋势，年变化率分别为 0.07km^2/a、0.013km^2/a 和 0.03km^2/a。从 2000～2010 年间，湿地面积未发生变化，耕地与未利用地呈减少趋势，年变化率为 $-1.24km^2$/a 和 $-0.05km^2$/a。草地、水体和建设用地呈增加趋势，年变化率分别为 1.26km^2/a、0.0003km^2/a、0.03km^2/a。从 2010～2020 年间草地、水体、未利用地和湿地呈减少趋势，年变化率分别为 $-1.16km^2$/a、$-0.0003km^2$/a、$-0.0033km^2$/a 和 $-0.0003km^2$/a。耕地和建设用地呈增加趋势，年变化率分别为 1.15km^2/a 和 0.0092km^2/a。分析结果表明，具有较高生态价值（或服务功能）的土地类型（草地、水体和湿地）

面积呈减少趋势。在分析期间内，研究站 3km 缓冲区内耕地的转出面积占
6.78%，其中最大面积转为草地，在本地区的西部零散分布。在转入耕地的土
地利用/覆盖类型中，草地占 87.90%，这是耕地面积增加的主要来源，在本地
区的中东部集中分布。草地的转出面积占 96.33%，其中最大面积转为耕地。
转入草地的土地利用/覆盖类型中，耕地占 98.82%，这是草地面积增加的主要
来源。水体分别向耕地和未利用地转化 0.0018km² 和 0.0009km²。在 2020 年
3km 缓冲区内已无水体，是七种类型中最不稳定的。未利用地的转出面积占
79.00%，其中最大面积转为耕地。转入未利用地的土地利用/覆盖类型中，耕
地占 58.72%，这是未利用地面积增加的主要来源。建设用地为最为稳定的土
地利用类型，在分析期间内未向其他类型转出。转入建设用地的土地利用/覆
盖类型中，耕地占 87.36%，是建设用地面积增加的主要来源，位于本地区的南
部。湿地的转出面积占 99.28%，其中最大面积转为耕地。无其他土地利用/覆盖
类型转为湿地（图 10-9 和图 10-10）。

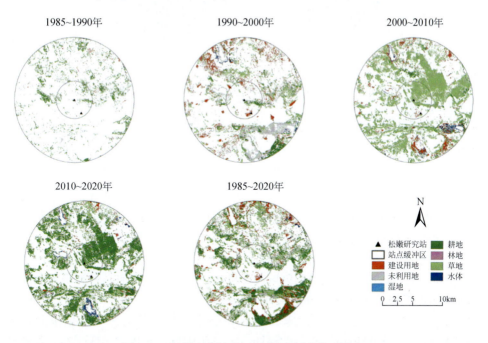

图 10-9　松嫩研究站的土地利用/覆盖类型演变

1985～2020 年，松嫩研究站 10km 的缓冲区内，土地利用/覆盖类型的变化
面积为 124.62km²，占总面积的 28.25%。在初期，耕地和水体是区内主要的土
地利用/覆盖类型，但在末期则耕地和建设用地是主要的土地利用/覆盖类型。在

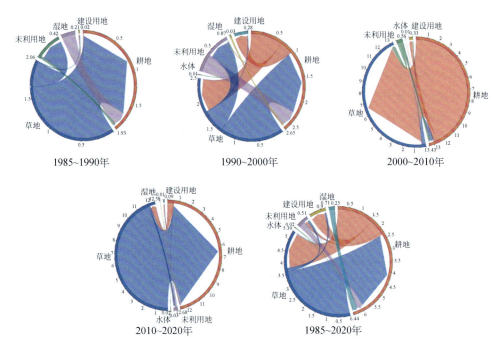

图 10-10　松嫩研究站 3km 缓冲区的土地利用/覆盖类型转移弦图

分析期间内，耕地、未利用地和建设用地呈现增加趋势，林地、草地、水体和湿地呈现减少趋势。其中耕地是土地利用/覆盖变化类型中增加最显著的，年变化为 $0.88km^2/a$；水体是流失最显著的土地利用/覆盖变化类型，年变化率为 $-1.27km^2/a$。1985～1990 年，林地、草地、水体和湿地呈减少趋势，年变化率分别为 $-0.11km^2/a$、$-3.84km^2/a$、$-0.86km^2/a$ 和 $-0.71km^2/a$。耕地、未利用地和建设用地呈增加趋势，年变化率分别为 $4.58km^2/a$、$0.72km^2/a$ 和 $0.22km^2/a$。1990～2000 年，耕地、林地、水体和湿地呈减少趋势，年变化率分别为 $-0.06km^2/a$、$-0.02km^2/a$、$-2.96km^2/a$ 和 $-0.10km^2/a$。草地、未利用地和建设用地呈增加趋势，年变化率分别为 $0.02km^2/a$、$2.67km^2/a$ 和 $0.45km^2/a$。2000～2010 年，耕地、林地、水体、未利用地和湿地呈减少趋势，年变化率分别为 $-8.70km^2/a$、$-0.0046km^2/a$、$-0.81km^2/a$、$-0.93km^2/a$ 和 $-0.01km^2/a$。草地和建设用地呈增加趋势，年变化率为 $9.23km^2/a$ 和 $1.23km^2/a$。2010～2020 年林地、草地、水体、未利用地和湿地呈减少趋势，年变化率分别为 $-0.0022km^2/a$、$-8.25km^2/a$、$-0.23km^2/a$、$-1.37km^2/a$ 和 $-0.01km^2/a$。耕地和建设用地呈增加趋势，年变化率分别为 $9.56km^2/a$、$0.30km^2/a$。分析结果表明，具有较高生态价值的土地类型（林地、草地、水体和湿地）面积呈减少趋势。在分析期间内，

10km 缓冲区内耕地的转出面积占 10.73%，其中最大面积转为草地。转入耕地的土地利用/覆盖变化类型中，草地占 48.26%，这是耕地面积增加的主要来源，在研究区东南部集中分布。林地的转出面积占 99.89%，其中最大面积转为耕地。无其他土地利用/覆盖类型转为林地。草地的转出面积占 89.53%，其中最大面积转为耕地。转入草地的土地利用/覆盖类型中，耕地占 76.69%，这是草地面积增加的主要来源，在本地区的北部和西南部零散分布。水体的转出面积占 79.37%，其中最大面积转为耕地。转入水体的土地利用/覆盖类型中，耕地占 76.69%，这是水体面积增加的主要来源。未利用地的转出面积占 79.44%，其中最大面积转为耕地。转入未利用地的土地利用/覆盖类型中，耕地占 23.29%，这是未利用地面积增加的主要来源。建设用地为最为稳定的土地利用类型，向其他类型转出的面积只有 0.50%，其中最大面积转为耕地。转入建设用地的土地利用/覆盖类型中，耕地占 54.52%，这是建设用地面积增加的主要来源。湿地的转出面积占 98.89%，其中最大面积转为耕地。无其他土地利用/覆盖类型转为湿地（图 10-9 和图 10-11）。

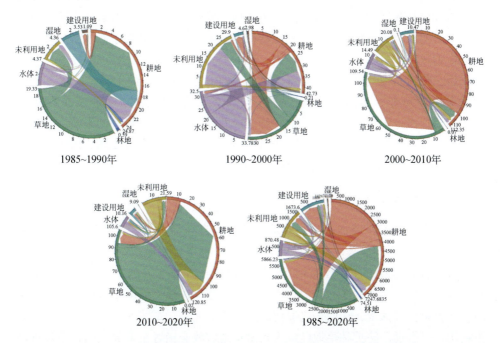

图 10-11　松嫩研究站 10km 缓冲区的土地利用/覆盖类型转移弦图

10.4 松嫩草地土地利用变化驱动机制

土地利用/覆盖变化受自然和人为因素共同影响。自然因素包括气候条件、自然灾害和海陆位置等，人为因素包括由于人口增长带来的生产需求与政策导向等。其中，人口压力、畜牧业发展和经济利益驱动是松嫩草地土地利用/覆盖变化的主导因素，而在不同地区或特殊时期，全球变化等自然因素也常常成为一定的影响因素。

10.4.1 自然因素

气候变化是土地利用/覆盖类型演变的一个重要原因。松嫩草地气温呈逐年升高趋势，降水量趋势基本未变，蒸发量亦呈升高趋势，总体上，气候有变暖、变干的趋势。松嫩草地土地利用/覆盖变化中，尤其是湿地、水体、草地、耕地和未利用地，气候的变暖变干起到了不可忽略的作用（刘殿伟等，2006）。全球气温20世纪70年代以来持续升高，本区域气候逐渐变干，春季多风少雨，导致盐碱地上面的覆盖草死亡，草地变成盐碱地。该区蒸发量远大于降水量，较少的水分影响牧草的生长和土壤蓄水能力，使得许多草地退化之后难以恢复。在1995年以后，松嫩草地气候时常出现异常，先后经历了1997年的干旱、1998年的特大洪水和1999年、2000年的严重干旱。干旱使得牧草难以进入到种子成熟阶段，长势不佳，水淹干扰对草地植被的物种组成及其组成比例有显著的影响，导致松嫩草地的优势种羊草的优势度迅速降低，草原生态系统受到破坏。1985～2020年，727.68 km^{2}草地转变为未利用地，以重度的盐碱地为主（李建平等，2006）。

10.4.2 人为因素

随着人口的不断增加和生态环境恶化，生存压力加大，人类活动对土地利用/覆盖变化的影响显著。草地和耕地是松嫩草地主要土地利用/覆盖类型，也是转化最显著的类型，且多数为相互转化。1985～1990年，由于追求经济效益及缺乏科学管理，草地过度开垦与建设，主要转变为耕地。但由于这种荒地产量不高，便大量弃荒撂荒，久而久之退化成盐碱地。此外，畜牧业发展迅速，对草原重利用、轻管理，防护林草地已成为松嫩草地农牧交错区主要放牧场，草地逐渐退化。1990～2000年，草地管理部门发布了《关于保护草原的布告》，并实行草场承包责任制，以及围栏禁牧政策，这期间草地的面积变化不大，仅有部分草地转为耕地，同时也有耕地转为草地。随着退耕还草治理工程的大规模实施，2000～2010年，有13102.15 km^{2}耕地转为草地。但是，2010～2020年，为保障粮食安全及保护耕地红线，有 12604.90km² 的草地转化为耕地。除此之外，因人口增长与城镇发展需求，建设用地面积大幅增加，1985～2020 年共增加 9502km²。

10.5　小　　结

以 1985～2020 年土地利用数据集为数据源，绘制了松嫩草地及松嫩研究站土地利用/覆盖空间分布图，并利用 GIS 空间分析、景观格局指数等方法，定量分析了近 35 年来松嫩草地和松嫩研究站土地利用/覆盖和草地景观格局时空演变。研究表明，耕地和草地为松嫩草地的主要土地利用/覆盖类型，变化比较明显，不同时期松嫩草地的土地利用/覆盖类型的变化趋势不同。

（1）耕地和草地为松嫩草地的主要土地利用/覆盖类型。耕地和草地 1985 年占研究区总面积的 88%，2020 年约占研究区总面积的 85%。2020 年，各类土地利用/覆盖类型面积排序为耕地>草地>建设用地>水体>未利用地>林地>湿地。耕地均匀分布于整个区域，草地集中分布在区域的中北部及西南部。

（2）不同时期松嫩草地的土地利用/覆盖的类型变化趋势不同。1985～1990年，草地减少的面积最大，有 5754.22km² 的草地转化为其他类型用地，流失的草地主要转化为耕地，其中 5296.13km² 的草地转化为耕地；1990～2000 年，耕地和草地的相互转化面积最大，10188.33km² 的耕地转化为草地，6713.34km² 的草地转化为耕，耕地减少了 2427.921km²，草地增加了 3003.62km²；2000～2010年，草地面积总体增加了 13102.15km²；2010～2020 年，为了维护国家粮食安全，一些土地被开垦，耕地面积又出现一定程度的增多，约有 12604.90km² 的草地转化为耕地。

（3）不同缓冲区松嫩研究站的土地利用/覆盖类型的变化趋势不同。在 1985～2020 年间，松嫩研究站 3km 缓冲区内，土地利用/覆盖变化趋势与松嫩草地土地利用变化趋势一致，耕地和建设用地呈现增加趋势，草地、水体、未利用地和湿地呈现减少趋势。耕地面积变化最为显著，年变化率为 0.05km²/a；草地流失最为显著，年变化率为 -0.06km²/a。松嫩研究站 10km 缓冲区内，耕地和水体是研究初期占地面积较大的土地利用/覆盖类型，耕地和建设用地是研究末期占地面积较大的土地利用/覆盖类型。耕地、未利用地和建设用地呈现增加趋势，林地、草地、水体、湿地呈现减少趋势。耕地面积增加最显著，年变化为 0.88km²/a；水体是流失最显著的土地利用/覆盖变化类型，年变化率为 -1.27km²/a。

（4）松嫩草地土地利用变化是自然因素与人为因素共同作用的结果。人为活动干扰是影响松嫩草地土地利用变化的主要驱动因素，大面积开荒、垦建脱节、超载过牧、人口增加、城市化进程的加快等人为活动改变了土地利用类型。气候逐渐变干，春季多风少雨，导致盐碱地上面的覆盖草死亡，草地变成盐碱地。蒸发量远大于降水量，较少的水分影响牧草的生长和土壤蓄水能力，使得许多草地退化之后难以恢复。气候变化的影响也不可忽视，干旱和洪涝使松嫩草地的优势种植被覆盖率降低，草原生态系统受到破坏。

主要参考文献

陈国峰, 丁青坡. 2021. 生态文明建设下土地资源发展研究. 西部资源, 6: 169-171.

崔开俊, 石诗源. 2007. 南通市区土地利用现状与结构分析. 安徽农业科学, 24: 7506-7507.

丁泉. 2009. 临海市土地利用结构分析及其演化趋势研究. 杭州: 浙江大学硕士学位论文.

胡苗, 石培基, 齐志男. 2007. 兰州经济区土地利用空间结构变化分析. 干旱区资源与环境, 21 (8): 92-95.

黄方, 刘湘南, 王平, 等. 2003. 松嫩平原西部地区土地利用/覆盖变化的驱动力分析. 水土保持学报, 6: 14-17.

惠珊. 2021. 丹凤县土地利用现状及变化特征分析. 河南科技, 40 (30): 97-99.

贾宁. 2018. 基于常态化调查数据的土地利用现状时空变化分析研究. 济南: 山东科技大学硕士学位论文.

李晨曦, 吴克宁, 查理思. 2016. 京津冀地区土地利用变化特征及其驱动力分析. 中国人口·资源与环境, 26 (S1): 252-255.

李春玉, 杜会石, 李明玉. 2008. 吉林省西部土地利用变化对生态系统服务价值的影响. 延边大学学报, 34 (4): 301-305.

李建平, 赵江洪, 张柏. 2006. 松嫩草地草地时空动态与景观空间格局变化研究. 中国草地学报, 28 (2): 7-12.

刘殿伟, 宋开山, 王丹丹, 等. 2006. 近 50 年来松嫩平原西部土地利用变化及驱动力分析. 地理科学, 3: 277-283.

柳炳友, 马培, 齐怒涛. 2008. 浮梁县土地利用现状分析与评价研究. 现代农业科技, 20: 271-276.

马耘秀, 贺斌. 2008. 太原市土地利用数量及空间结构分析. 山西农业大学学报, 28 (2): 121-124.

唐菊莉. 2013. 基于 RS 和 GIS 的武汉市土地利用分类及其时空变化分析. 北京: 中国地质大学硕士学位论文.

唐小娟, 崔静, 王以兵, 等. 2021. 肃南裕固族自治县土地利用时空结构分析. 中国农村水利水电, 5: 94-101.

杨倩. 2009. 吉林省西部地区土地资源开发与保护研究. 长春: 吉林大学硕士学位论文.

张大伟, 王新亮, 包广道, 等. 2016. 基于景观指数的吉林省西部土地类型变化及驱动因子分析. 吉林林业科技, 45 (6): 41-41.

张晓静, 张一奇. 2021. 基于"三生空间"视角的浙中城市群土地利用空间结构分析. 现代园艺, 44 (3): 33-35.

Cassidy L, Binford M, Southworth J, et al. 2010. Social and ecological factors and land-use land-cover diversity in two provinces in Southeast Asia. Land Use Science, 5: 277-306.

Foley J A, DeFries R, Asner G P, et al. 2005. Global consequences of land use. Science, 309: 570-574.

Foley J A, Ramankutty N, Brauman K A, et al. 2011. Solutions for a cultivated planet. Nature, 478: 337-342.

Liu X, He J, Yao Y, et al. 2017. Classifying urban Land use by integrating remote sensing and social media data. International Journal of Geographical Information Science, 31: 1675-1696.

Patino J E, Duque J C. 2013. A review of regional science applications of satellite re-mote sensing in urban settings. Computers, Environment and Urban Systems, 37: 1-17.

附　　录

附录1　松嫩研究站植物名录

蕨类植物门 Pteridophyta

Equisetaceae 木贼科

Equisetum arvense L.

中名：问荆

生活型与生境：G；荒地，田间杂草

区系与分布：兴安区；我国东北、西北、华北、西南

用途：饲用，嫩茎可食用，药用

裸子植物门 Gymnospermae

Pinaceae 松科

Pinus sylvestris var. *mongolica* Litv.

中名：樟子松

生活型与生境：Ph，M；干燥沙地

区系与分布：蒙古区、东北区、兴安区；我国内蒙古、黑龙江等省区，欧洲

用途：材用，固沙植物，枝节药用

Ephedraceae 麻黄科

Ephedra sinica Stapf

中名：草麻黄、麻黄

生活型与生境：Ch，N；固定沙丘

区系与分布：蒙古区；我国东北、河北、山西、河南、陕西等省区，蒙古

用途：药用，固沙，饲用

被子植物门 Angiospermae

Salicaceae 杨柳科

Populus pseudosimonii Kitag.

中名：小青杨

生活型与生境：Ph，M；散生固定沙丘，常栽培

区系与分布：华北区、蒙古区；我国东北、河北、山西、陕西、甘肃、青海、四川等省区

用途：材用，防风固沙

P. simonii Carr.

中名：小叶杨

生活型与生境：Ph，M；河岸，固定沙丘

区系与分布：华北区、蒙古区、东北区；东北、华北、华中、西北及西南各省区

用途：材用

Salix linearistipularis（Franch.）Hao. = *S. mongolica* Siuzev.

中名：筐柳、蒙古柳

生活型与生境：Ph，N；草甸，河岸

区系与分布：华北区、东北区；我国东北、华北、河南、陕西等省区

用途：编织，蜜源植物，饲用

S. matsudana Koidz.

中名：旱柳

生活型与生境：Ph，M；河岸，平原散生

区系与分布：华北区、东北区；我国东北、华北

用途：材用

Ulmaceae 榆科

Ulmus davidiana Planch. var. *japonica*（Rehd.）Nakai = *U. propinaqua* Koidz.

中名：春榆、栓皮春榆、沙榆

生活型与生境：Ph，M；固定沙丘

区系与分布：华北区、东北区；我国东北、华北、西北及华中，蒙古、俄罗斯、朝鲜、日本

用途：材用，嫩叶果早春可食

Ulmus macrocarpa Hance = *U. macrocarpa* Hance. var. *mongolica* Liou et Li.

中名：大果榆、黄榆、蒙古黄榆

生活型与生境：Ph，M；固定沙丘

区系与分布：华北区、东北区、蒙古区；我国东北、西北、华北、华东，蒙古、朝鲜、俄罗斯

用途：材用，固沙，嫩叶果早春可食用

Ulmus pumila L.

中名：榆树、家榆、白榆

生活型与生境：Ph，M；平原散生，常栽培

区系与分布：华北区、东北区、蒙古区、兴安区；我国东北、华北、西北、华东、华中及西南，俄罗斯、蒙古、朝鲜

用途：材用，嫩叶果早春可食用，韧皮部药用

Cannabaceae 大麻科

Cannabis sativa L.

中名：大麻、线麻、火麻

生活型与生境：Th；路旁、沙丘

分布：原产锡金、不丹、印度和中亚细亚，现在我国东北、华北、西北等省区有栽培或沦为野生

用途：纤维植物，种子药用

Humulus scandens（Lour.）Merr.

中名：葎草

生活型与生境：Th；沟边、荒地、废墟、林缘

区系与分布：华北区、东北区、蒙古区、兴安区；除新疆、青海省外的全国各地，俄罗斯、朝鲜、蒙古、日本

用途：害草，全草药用

Moraceae 桑科

Morus alba L.

中名：桑、家桑、白桑

生活型与生境：Ph，M；固定沙丘

区系与分布：华北区、东北区；我国东北、华北、华东、华中，全国各地均有栽培，欧洲、朝鲜、蒙古、日本

用途：材用，叶、果药用，养蚕用

Urticaceae 荨麻科

Urtica angustifolia Fisch.

中名：狭叶荨麻

生活型与生境：H；沙丘灌丛

区系与分布：华北区、东北区、蒙古区、兴安区；我国东北、华北，蒙古、朝鲜、俄罗斯、日本

用途：全草药用，饲用，纤维植物

Santalaceae 檀香科

Thesium chinense Turcz.

中名：百蕊草

生活型与生境：H；干草原，草甸草原，山坡草地

区系与分布：华北区、东北区；我国东北、华东、华中、华南、西南、陕西、台湾等省区，朝鲜、日本、蒙古、俄罗斯

用途：全草药用

Polygonaceae 蓼科

Atraphaxis manshurica Kitag.

中名：东北木蓼、东北针枝蓼

生活型与生境：Ch、N；固定沙丘

区系与分布：蒙古区；我国东北西部、华北北部

用途：固沙、饲用

Persicaria amphibium（L.）S. F. Gray

中名：两栖蓼

生活型与生境：H，HH；水中，湿地

区系与分布：华北区、东北区、蒙古区、兴安区；我国各省区，广布亚洲、欧洲、北美

用途：全草药用

Polygonum aviculare L.

中名：萹蓄、萹蓄蓼

生活型与生境：Th；道旁，村边

区系与分布：华北区、东北区、蒙古区、兴安区，广布欧洲、亚洲、美洲

用途：全草药用，饲用

Persicaria bungeana Turcz.

中名：柳叶刺蓼、本氏蓼

生活型与生境：Th；路旁，湿地

区系与分布：华北区、东北区；我国东北、华北，朝鲜

用途：饲用

Polygonum divaricatum L.

中名：叉分蓼

生活型与生境：H；干草原，草甸草原，沙丘

区系与分布：东北区、蒙古区；我国东北、华北，东西伯利亚、蒙古、远东、朝鲜

用途：全草药用

Polygonum lapathifolium L. = *Polygonum nodosum* Pers.

中名：酸模叶蓼

生活型与生境：Th；田边，路旁，水边，荒地或沟边湿地

区系与分布：东北区、华北区；我国各省区，欧亚大陆温带地区

用途：种子药用

var. *sacifolium* Sibth. 绵毛酸模叶蓼

Persicaria orientalis L.

中名：红蓼、东方蓼、荭草

生活型与生境：Th；沟边湿地，村边路旁

区系与分布：华北区、东北区、蒙古区、兴安区；全国各地野生或栽培，欧洲、朝鲜、蒙古、俄罗斯、日本、菲律宾、印度

用途：全草药用，观赏

Polygonum arenastrum Boreau

中名：伏地蓼

生活型与生境：Th；河岸沙地，沙丘

区系与分布：东北区、蒙古区；我国东北及内蒙古

用途：饲用

Polygonum sibiricum Laxm.

中名：西伯利亚蓼

生活型与生境：G；碱斑

区系与分布：华北区、蒙古区；我国东北、华北、西北、西南，蒙古、俄罗斯西伯利亚

用途：饲用

Rumex acetosa L.

中名：酸模、山羊蹄、酸不溜

生活型与生境：G；草原，草甸，路旁

区系与分布：华北区、东北区、蒙古区、兴安区；我国各省区，朝鲜、日本、蒙古、俄罗斯、欧洲及北美洲

用途：全草药用，叶饲用

Rumex crispus L.

中名：皱叶酸模、羊蹄、土大黄

生活型与生境：G；草甸，湿地，路旁

区系与分布：华北区、东北区；我国东北、西北、华北、四川、广西、福建、云南、台湾等省区，亚洲北部、北美和非洲北部

用途：根药用

Amaranthaceae 苋科

Amaranthus lividus L.

中名：凹头苋

生活型与生境：Th；路旁，村边

区系与分布：东北区、华北区；我国东北各地

用途：食用，饲用

Amaranthus retroflexus L.

中名：反枝苋、苋、苋菜

生活型与生境：Th；人家附近，田间杂草

区系与分布：华北区；我国东北、华东、西北和华北，广布世界各地

用途：食用，种子药用，饲用

Atriplex patens（Litv.）Iijin = *A. laevis* var. *patens*（Litv.）Grubov

中名：滨藜

生活型与生境：Th；轻度盐碱湿草地、海滨、沙土地

区系与分布：东北区、蒙古区；我国东北西部、内蒙古及新疆等，哈萨克斯坦、土耳其

用途：饲用

Bassia dasyphylla（Fisch. et Mey.）O. Kuntze

中名：雾冰藜

生活型与生境：Th；沙丘

区系与分布：蒙古区；我国东北西部、华北北部、西北、山东及西藏等省区，蒙古、俄罗斯中亚

用途：饲用

Chenopodium acuminatum Willd.

中名：尖头叶藜、绿珠藜

生活型与生境：Th；荒地，河岸，田边，盐碱地

区系与分布：东北区、蒙古区；我国东北、内蒙古、西北、河南等省区，蒙古、朝鲜、日本、俄罗斯

用途：饲用

Chenopodium album L.

中名：藜、灰菜

生活型与生境：Th；路旁，荒地及田间

区系与分布：华北区、东北区、蒙古区、兴安区；我国各地，世界广布种

用途：全草药用，嫩叶食用，杂草

var. *centrorubrum* Makino. 红心藜

Dysphania aristata（Linnaeus）Mosyakin & Clemants = *Ch. aristatum* L.

中名：刺藜、针尖藜

生活型与生境：Th；田间，荒地

区系与分布：华北区、东北区、蒙古区、兴安区；我国东北、西北、华北、河南、四川、青海、新疆等省区，蒙古、朝鲜、日本、俄罗斯及北美

用途：全草药用，饲用

Chenopodium glaucum L.

中名：灰绿藜、水灰菜

生活型与生境：Th；农田，村房，水边等轻度盐碱地

区系与分布：华北区、东北区、蒙古区、兴安区；我国东北、西北、华北、山东、河南、安徽等省区，广布于温带

用途：食用，饲用

Chenopodium hybridum L.

中名：杂配藜、大叶藜

生活型与生境：Th；村边，道旁

区系与分布：华北区、东北区、兴安区；我国华北、东北，欧洲、北美、朝鲜、日本

用途：全草药用，饲用

Dysphania schraderiana（Roemer & Schultes）Mosyakin & Clemants ＝ *Ch. foetidum* Schrad.

中名：菊叶香藜、菊叶刺藜

生活型与生境：Th；林缘草地、沟岸、河沿、人家附近

区系与分布：东北区；我国东北、华北

用途：饲用

Chenopodium ficifolium Smith ＝ *Ch. serotinum* L.

中名：小藜

生活型与生境：Th；撂荒地

区系与分布：华北区、东北区；我国东北、华北，欧洲、俄罗斯

用途：饲用

Chenopodium urbicum L.

中名：市藜

生活型与生境：Th；盐碱地

区系与分布：蒙古区；我国东北西部及内蒙古东部，欧洲、俄罗斯

用途：饲用

Corispermum macrocorpum Bge.

中名：大果虫实

生活型与生境：Th；沙丘

区系与分布：蒙古区；我国东北西部及内蒙古东部，蒙古、俄罗斯远东

用途：饲用

var. *rubrum* Fub. et Wang-wei 红虫实

Corispermum sibiricum Iijin

中名：西伯利亚虫实

生活型与生境：Th；固定沙丘

区系与分布：蒙古区；我国东北西部及内蒙古，俄罗斯西伯利亚

用途：饲用

Krascheninnikovia ceratoides （Linnaeus） Gueldenstaedt ＝ *Eurotia ceratoides* （L.） L. A. M. ＝ *Ceratoides latens* （J. F. Gmel.） Rovel et Holmgren

中名：驼绒藜、优若藜、驼绒蒿

生活型与生境：Ch，N；固定沙丘

区系与分布：蒙古区；我国东北西部、内蒙古、甘肃、青海、新疆、宁夏、西藏等省区，整个欧亚大陆干旱地区

用途：固沙，饲用

Kochia prostrata （L.） Schrad.

中名：木地肤、伏地肤

生活型与生境：Ch；沙地，路旁，丘陵

区系与分布：蒙古区；我国东北、华北、西北及西藏等省区，蒙古、俄罗斯中亚、欧洲

用途：饲用

Kochia scoparia （L.） Schrad.

中名：地肤、扫帚菜

生活型与生境：Th；路旁，村边，荒废地

区系与分布：华北区；我国及世界各地均有分布，广布种

用途：食用，饲用，果药用

Kochia sieversiana （Pall.） C. A. M.

中名：碱地肤

生活型与生境：Th；盐碱地，碱泡子边

区系与分布：蒙古区；我国东北、华北、西北，蒙古、俄罗斯中亚和西伯利亚

用途：饲用，全草药用

Atriplex centralasiatica Iijin ＝ *Obione centralasiatica* （Iijin） Kitag.

中名：中亚滨藜、中亚粉藜

生活型与生境：Th；盐碱地

区系与分布：华北区、蒙古区；我国东北、内蒙古、河北、山西、陕西、宁夏、甘肃、西藏、青海、新疆等省区，蒙古及俄罗斯

用途：饲用，药用

Atriplex fera (L.) Bge. = *O. fera* Moq.

中名：野滨藜、三齿粉藜

生活型与生境：Th；盐碱地

区系与分布：蒙古区；我国东北、西北、内蒙古、河北及西藏等省区，蒙古、俄罗斯

用途：饲用

Atriplex sibirica L. = *O. sibirica* Fisch.

中名：西伯利亚滨藜、刺果粉藜

生活型与生境：Th；盐碱化草原，盐碱地

区系与分布：蒙古区；我国东北、西北、内蒙古、河北等省区，蒙古、俄罗斯

用途：饲用，药用

Salsola collina Pall.

中名：猪毛菜、札蓬棵

生活型与生境：Th；路边，荒地，田间杂草

区系与分布：东北区、华北区；我国东北、华北、西北、四川、云南及西藏等省区，朝鲜、蒙古、俄罗斯及印度

用途：全草药用，饲用，嫩叶食用

Suaeda corniculata (C. A. M.) Bge.

中名：角果碱蓬

生活型与生境：Th；碱斑，碱泡子边

区系与分布：蒙古区；我国东北、华北、西北、四川及西藏等省区，蒙古、俄罗斯

用途：饲用，嫩苗食用，种子药用

Suaeda glauca Bge.

中名：碱蓬

生活型与生境：Th；碱斑，碱泡子边

区系与分布：华北区、蒙古区；我国东北、华北、西北，朝鲜、日本及俄罗斯也有分布

用途：饲用，嫩苗食用，果药用

Suaeda salsa（L.）Pall. = *S. hetroptera* Kitag.

中名：盐地碱蓬、翅碱蓬

生活型与生境：Th；碱斑，碱泡子边

区系与分布：华北区、蒙古区；我国东北、西北、华北、山东、江苏及浙江等省区，亚洲及欧洲均有分布

用途：饲用，嫩苗食用，种子药用

Portulacaceae 马齿苋科

Portulaca oleracea L.

中名：马齿苋

生活型与生境：Th；人家附近，荒芜地上，田间

区系与分布：华北区、东北区；广布种，我国和世界各地

用途：食用，全草药用

Caryophyllaceae 石竹科

Dianthus chinensis L. = *D. amurensis* Jacq.

中名：石竹、东北石竹

生活型与生境：H；干草原

区系与分布：华北区；我国东北、华北、西北及长江流域各省区，朝鲜、俄罗斯远东

用途：药用

Silene aprica Turcx. ex Fisch. et Mey. = *Melandrium apricum*（Turcz.）Rohrb.

中名：女娄菜

生活型与生境：H，Th；干草原

区系与分布：华北区、东北区、蒙古区、兴安区；我国东北、华北、西北、西南和华东，俄罗斯西伯利亚和远东、朝鲜、蒙古、日本

用途：饲用

Silene jenisseensis Willd.

中名：山蚂蚱草、旱麦瓶草

生活型与生境：H；干草原

区系与分布：华北区、东北区、蒙古区；我国东北、华北，蒙古、朝鲜、俄罗斯西伯利亚及远东

用途：根药用，饲用

Ranunculaceae 毛茛科

Clematis hexapetala Pall.

中名：棉团铁线莲

生活型与生境：G；固定沙丘，丘陵，干草原，草甸草原

区系与分布：华北区、东北区、兴安区；我国东北、华北、甘肃，朝鲜、蒙古、俄罗斯

用途：根药用，观赏

Delphinium grandiflorum L.

中名：翠雀、大花飞燕草

生活型与生境：G；固定沙丘，干草原，草甸草原

区系与分布：兴安区；我国东北、华北、西南，蒙古、俄罗斯西伯利亚

用途：根药用，有毒植物，观赏

Pulsatilla chinensis（Bge.）Rgl.

中名：白头翁

生活型与生境：G；固定沙丘，草原

区系与分布：华北区、东北区；我国东北、华北、西北、华东、华中、四川等省区，朝鲜、俄罗斯远东

用途：根药用，有毒植物

Halerpestes sarmentosa（Adams）Komarov & Alissova ＝ *Ranunculus cymbalaria* Pursh ＝ *H. salsuginosa*（Pall.）Greene

中名：碱毛茛、圆叶碱毛茛

生活型与生境：H；湿碱地，碱水泡子边

区系与分布：蒙古区；我国东北西部、华北、西北、西南，蒙古、朝鲜、俄罗斯、北美

用途：有毒植物

Ranunculus japonicus Thunb.

中名：毛茛

生活型与生境：G；湿草地、路旁

区系与分布：华北区、东北区、蒙古区、兴安区；我国各地，朝鲜、日本、蒙古、俄罗斯

用途：全草药用

Halerpestes ruthenica（Jacq.）Ovcz. ＝ *R. ruthenicus* Jacq.

中名：长叶碱毛茛

生活型与生境：H；湿碱地，碱水泡子边

区系与分布：蒙古区；我国东北西部、华北、西北，蒙古、俄罗斯远东

用途：有毒植物，药用

Thalictrum simplex L.

中名：箭头唐松草

生活型与生境：G；草甸草原，草甸

区系与分布：华北区、东北区、蒙古区、兴安区；我国东北西部、内蒙古、新疆等省区，朝鲜、日本、蒙古、欧洲

用途：全草药用

Thalictrum squarrosum Steph. et Willd.

中名：展枝唐松草

生活型与生境：G；半固定沙丘，固定沙丘，草原

区系与分布：蒙古区；我国东北、内蒙古、山西、陕西等省区，蒙古、俄罗斯

用途：根药用

var. *supradecompositum*（Nakai）Kitag.　蒙古唐松草、卷叶唐松草

Paeoniaceae 芍药科

Paeonia lactiflora Pall.

中名：芍药

生活型与生境：G；固定沙丘，灌丛疏林

区系与分布：华北区、东北区、兴安区；我国东北、华北、陕西、甘肃等省区，朝鲜、日本、蒙古、俄罗斯

用途：根药用，观赏

Cruciferae 十字花科

Capsella bursa-pastoris（L.）Medic.

中名：荠

生活型与生境：Th，H；山坡、田边及路旁

区系与分布：华北区、东北区、蒙古区、兴安区；我国各地，全世界温带地区广布

用途：食用，饲用

Dontostemon micranthus C. A. Mey.

中名：小花花旗杆

生活型与生境：Th，H；沙质地

区系与分布：蒙古区；我国东北、内蒙古、河北等省区，蒙古、俄罗斯

用途：饲用

Draba nemorosa L.

中名：葶苈

生活型与生境：Th；田边，路旁，山坡草地，河谷湿地

区系与分布：东北区、华北区；我国东北、华北、西北、华东、四川，亚洲、欧

洲、美洲

用途：种子药用，食用，饲用

Lepidium apetalum Willd.

中名：独行菜、腺独行菜

生活型与生境：Th，H；轻碱地，人家附近

区系与分布：华北区、东北区、蒙古区、兴安区；我国东北、华北、西北、云南，亚洲和欧洲

用途：种子药用

Rorippa palustris（Linnaeus）Bess. = *R. islandica* Borb.

中名：沼生蔊菜、风花菜

生活型与生境：H；田间，路旁

区系与分布：华北区、东北区、蒙古区、兴安区；我国东北、华北、西北、华东、云南，北温带地区

用途：全草药用，食用，饲用

Crassulaceae 景天科

Sedum aizoon L.

中名：费菜、土三七

生活型与生境：H；丘陵，干草原

区系与分布：东北区、兴安区；我国东北、华北、西北、长江流域，朝鲜、日本、蒙古、俄罗斯

用途：全草药用，观赏

Grossulariaceae 茶藨子科

Ribes diacanthum Pall.

中名：双刺茶藨子、楔叶茶藨

生活型与生境：Ph，N；丘陵

区系与分布：蒙古区、东北区、兴安区；我国东北、内蒙古，朝鲜、蒙古、俄罗斯

用途：果药用

Rosaceae 蔷薇科

Prunus sibirica L. = *Armenica sibirica*（L.）Lam.

中名：山杏

生活型与生境：Ph，N；固定沙丘，丘陵

区系与分布：蒙古区；我国东北、内蒙古，蒙古、俄罗斯西伯利亚和远东

用途：种子药用，食用，观赏

Prunus humilis（Bge.）Sok. = *Cerasus humilis*（Bge.）Sok.

中名：欧李

生活型与生境：Ph，N；固定沙丘

区系与分布：蒙古区；我国东北、河北、山东、内蒙古等省区，蒙古

用途：果药用，食用

Potentilla anserina L.

中名：蕨麻、鹅绒委陵菜

生活型与生境：H；草甸，草甸草原，水湿地

区系与分布：华北区、东北区、蒙古区、兴安区；我国各地，欧亚及北美大陆

用途：全草药用，蜜源植物，饲用

Potentilla betonicaefolia Poiet.

中名：白萼委陵菜、三出委陵菜、白叶委陵菜

生活型与生境：H；干草原

区系与分布：华北区、蒙古区、兴安区；我国东北、华北，蒙古、俄罗斯西伯利亚

用途：饲用，药用

Potentilla bifurca L.

中名：二裂委陵菜、叉叶委陵菜

生活型与生境：H；干草原，草甸，路旁

区系与分布：华北区、东北区、蒙古区、兴安区；我国东北西部、华北、西北、四川，蒙古、朝鲜、俄罗斯

用途：药用，饲用

Potentilla chinensis Ser.

中名：委陵菜、萎陵菜

生活型与生境：H；干草原，草甸草原

区系与分布：华北区、东北区、蒙古区、兴安区；我国东北、西北、华北、西南，蒙古、朝鲜、俄罗斯、日本

用途：全草药用，饲用

Potentilla discolor Bge.

中名：翻白草、翻白委陵菜

生活型与生境：H；干草原，草甸草原

区系与分布：华北区、东北区；我国各地，蒙古、朝鲜、日本

用途：全草药用，饲用

Potentilla flagellaris Willd.

中名：匍枝委陵菜、蔓委陵菜

生活型与生境：H；草甸草原

区系与分布：华北区、东北区、蒙古区、兴安区；我国东北、河北、内蒙古、山东、山西、甘肃等省区，朝鲜、蒙古、俄罗斯

用途：饲用

Potentilla supina L.

中名：朝天委陵菜、铺地委陵菜、伏委陵菜

生活型与生境：Th，H；草甸，路旁

区系与分布：华北区、东北区、蒙古区、兴安区；我国长江以北各地，欧亚大陆及北美

用途：饲用

Potentilla verticillaris Steph.

中名：轮叶委陵菜

生活型与生境：H；干草原，草甸草原

区系与分布：蒙古区、兴安区；我国东北西部、内蒙古、河北等省区，蒙古、俄罗斯西伯利亚及远东

用途：药用，饲用

Sanguisorba officinalis L.

中名：地榆

生活型与生境：H；草甸，草甸草原

区系与分布：华北区、东北区、蒙古区、兴安区；我国各地，欧亚大陆及北美

用途：根药用，饲用，嫩时可食

Sanguisorba tenuifloia Fisch.

中名：细叶地榆、垂穗粉花地榆

生活型与生境：H；草甸，草甸草原

区系与分布：华北区、东北区；我国东北、内蒙古，朝鲜、日本、蒙古、俄罗斯

用途：根药用，饲用

Fabaceae 豆科

Gueldenstaedtia verna (Georgi) Boriss. = *Amblytropis muitiflora* (Bge.) Kitag.

中名：少花米口袋、米口袋

生活型与生境：H；草甸草原，草甸

区系与分布：华北区、东北区；我国东北、华北、西北、江苏、云南、广西等省区，俄罗斯中、东西伯利亚和朝鲜北部

用途：饲用，全草药用

Astragalus laxmannii Jacquin ＝ *A. adsurgens* Pall.

中名：斜茎黄耆、斜茎黄芪、直立黄耆

生活型与生境：H；草甸草原，路旁

区系与分布：华北区、东北区、蒙古区、兴安区；我国东北、华北、西北、西南，朝鲜、蒙古、俄罗斯

用途：根、种子药用，饲用

Astragalus complanatus R. Br.

中名：扁茎黄耆、夏黄耆、蔓枝黄耆

生活型与生境：H；草甸草原、路旁

区系与分布：蒙古区；我国东北、西北、华北

用途：根药用，饲用

Astragalus dahuricus (Pall.) D C.

中名：达乌里黄芪、兴安黄耆

生活型与生境：Th，H；干草原，路旁，杂草地

区系与分布：蒙古区、华北区、兴安区；我国东北、华北，朝鲜、蒙古、俄罗斯的西伯利亚及远东

用途：饲用

Astragalus galactites Pall.

中名：乳白黄芪、乳白黄耆、乳白花黄耆

生活型与生境：H；干草原，沙质地，固定沙丘

区系与分布：华北区、蒙古区、兴安区；我国东北、华北，蒙古、俄罗斯

用途：饲用

Astragalus melilotoides Pall.

中名：草木樨状黄芪、草木樨状黄耆

生活型与生境：H；草甸草原，路旁，固定沙丘

区系与分布：华北区、蒙古区；我国东北、西北、华北，蒙古、俄罗斯

用途：饲用，全草药用

Astragalus scaberrimus Bge.

中名：糙叶黄芪、糙叶黄耆、春黄耆、春黄耆

生活型与生境：H；干草原，固定沙丘

区系与分布：蒙古区、华北区、东北区、兴安区；我国东北、华北、西北，蒙古、俄罗斯

用途：饲用

Astragalus tenuis Turcz. ＝ *A. melilotoides* Pall. var. *tenuis* Ledeb.

中名：细叶黄芪、细叶黄耆

生活型与生境：H；固定沙丘，草甸草原

区系与分布：蒙古区；我国东北、华北，蒙古、俄罗斯

用途：饲用

Glycyrrhiza pallidiflora Maxim.

中名：刺果甘草、头序甘草

生活型与生境：G；草甸草原，沙地，河谷地

区系与分布：华北区、东北区；我国东北、华北、华东，蒙古、俄罗斯西伯利亚
及远东

用途：种子药用、榨油

Glycyrrhiza uralensis Fisch.

中名：甘草、甜草

生活型与生境：G；固定沙丘，沙质地

区系与分布：蒙古区；我国东北、华北、西北，蒙古、俄罗斯

用途：根、种子药用，饲用

Kummerowia striata（Thunb.）Schindl.

中名：鸡眼草

生活型与生境：Th；路旁，荒地，杂草地

区系与分布：华北区、东北区；我国东北、华北、华东、中南、西南、台湾，朝
鲜、日本、俄罗斯

用途：药用，饲用，幼苗食用

Lathyrus quinquenervius（Miq.）Litv.

中名：山黧豆、五脉山黧豆

生活型与生境：G；草甸，草甸草原

区系与分布：华北区、东北区；我国东北、华北，朝鲜、日本、俄罗斯西伯利亚
及远东

用途：饲用，幼苗食用

Lespedeza davurica（Laxmann）Schindler

中名：兴安胡枝子

生活型与生境：Ch；干草原，固定沙丘

区系与分布：东北区、华北区、蒙古区、兴安区；我国东北、华北、西北，朝
鲜、日本、蒙古、俄罗斯西伯利亚

用途：饲用

Lespedeza juncea（L. f.）Pers. ＝ *L. hedysaroides* Kitag. var. *subsericea*（Kom.）

Kitag.

中名：尖叶铁扫帚、尖叶胡枝子、细叶胡枝子

生活型与生境：Ch；固定沙丘，干草原，丘陵

区系与分布：东北区、蒙古区；我国东北、内蒙古、河北等省区，朝鲜、蒙古

用途：饲用

Midicago ruthenica (L.) Trautv. = *Trigonella ruthenica* L. = *Pocockia ruthenica* (L.) P. Y. Fu

中名：花苜蓿，扁蓿豆

生活型与生境：H；草甸草原，草甸

区系与分布：蒙古区；我国东北西部、西北、内蒙古、河北等省区，朝鲜、蒙古、俄罗斯西伯利亚

用途：饲用

Medicago sativa L.

中名：紫苜蓿、紫花苜蓿、苜蓿

生活型与生境：H；草甸草原，干草原，路旁

分布：原产欧洲，国内外均有栽培，我国东北半野生

用途：饲用，叶、根药用，幼苗食用

Melilotus albus Desr.

中名：白花草木犀、白花草木樨

生活型与生境：H, Th；路旁，田边

区系与分布：原产亚洲西部，各地均有栽培，我国东北和内蒙古半野生

用途：饲用，花、叶药用

Melilotus officinalis (L.) Pall. = *M. suaveolens* Ledeb.

中名：草木樨、草木樨

生活型与生境：H；草甸，路旁

区系与分布：华北区、东北区；我国东北、华北、西北，朝鲜、蒙古、日本、俄罗斯

用途：饲用，果药用

Oxytropis hirta Bge.

中名：硬毛棘豆、毛棘豆

生活型与生境：H；固定沙丘，干草原

区系与分布：蒙古区、兴安区；我国东北、华北、西北、华中，蒙古、俄罗斯西伯利亚

用途：药用

Oxytropis leptophylla D C.

中名：山泡泡、光棘豆、薄叶棘豆

生活型与生境：H；固定沙丘，干草原，草甸草原

区系与分布：蒙古区；我国东北、华北，蒙古、俄罗斯西伯利亚

用途：药用，饲用

Oxytropis myriophylla（Pall.）D C.

中名：多叶棘豆、狐尾藻棘豆

生活型与生境：H；草甸草原，干草原，固定沙丘

区系与分布：蒙古区、兴安区；我国东北、华北，蒙古、俄罗斯西伯利亚

用途：药用

Sophora flavescens Soland.

中名：苦参、野槐

生活型与生境：G；干草原，草甸草原

区系与分布：华北区、蒙古区；我国东北、华北，朝鲜、俄罗斯远东

用途：根药用，有毒植物

Thermopsis lanceolata R. Br.

中名：披针叶野决明、披针叶黄华、牧马豆

生活型与生境：G；草甸草原，干草原

区系与分布：蒙古区；我国东北、华北、西北，蒙古、俄罗斯远东

用途：有毒植物，药用，秋茎饲用

Vicia amoena Fisch.

中名：山野豌豆

生活型与生境：G；草甸草原，草甸，固定沙丘

区系与分布：华北区、东北区、蒙古区、兴安区；我国东北、华北、华东、西北、西南，朝鲜、日本、蒙古、俄罗斯西伯利亚及远东

用途：饲用，全草药用，幼苗食用

var. *oblongifolia* Regel 狭叶山野豌豆

Vicia cracca L.

中名：广布野豌豆、草藤、落豆秧

生活型与生境：G；草甸化草原，草甸，路旁

区系与分布：东北区、华北区、兴安区；我国东北、华北、西北，朝鲜、日本、蒙古、俄罗斯、欧洲、北美

用途：饲用，幼苗食用

Geraniaceae 牻牛儿苗科

Erodium stephanianum Willd.

中名：牻牛儿苗、太阳花

生活型与生境：H；干草原，固定沙丘，沙质地

区系与分布：东北区、华北区、兴安区；我国东北、华北、西北、西南，朝鲜、蒙古、俄罗斯、印度

用途：全草药用

f. atranthum（Nakai et Kitag.）Kitag.　紫太阳花

Nitrariaceae 白刺科

Nitraria sibirica Pall.　＝ *N. schoberi* L.

中名：小果白刺、白刺、西伯利亚白刺

生活型与生境：Ch；盐渍化沙地

区系与分布：蒙古区；我国东北、华北、西北，蒙古、俄罗斯

用途：叶饲用，果药用

var. *globicarpa* Kitag.　球果白刺

Zygophyllaceae 蒺藜科

Tribulus terrestris L.

中名：蒺藜

生活型与生境：Th；沙质地

区系与分布：东北区、华北区、蒙古区；我国各地，全球温带地区，广布种

用途：种子药用

Linaceae 亚麻科

Linum stelleroides Planch.

中名：野亚麻

生活型与生境：Th；固定沙丘，干草原

区系与分布：东北区、华北区、蒙古区、兴安区；我国东北、华北、西北、华东，蒙古、朝鲜、俄罗斯、日本

用途：纤维植物，种子药用

Euphorbiaceae 大戟科

Acalypha australis L.

中名：铁苋菜

生活型与生境：Th；田间路旁

区系与分布：华北区、东北区；我国各地；朝鲜、蒙古、俄罗斯、日本、北美

用途：全草药用

Euphorbia esula L.

中名：乳浆大戟

生活型与生境：G；沙质草原，山坡

区系与分布：华北区、蒙古区；我国各地，朝鲜、蒙古、俄罗斯、日本

用途：根药用，有毒植物

Euphorbia fischeriana Steud. = *E. pallasii* Turcz. = *E. mandshurica* Mxim.

中名：狼毒大戟

生活型与生境：G；干草原，固定沙丘，丘陵

区系与分布：蒙古区；我国东北、华北，蒙古、俄罗斯

用途：根药用，有毒植物

Euphorbia humifusa Willd.

中名：地锦草、地锦

生活型与生境：Th；沙丘，田间路旁

区系与分布：华北区、东北区、蒙古区；除广东、广西外全国各地均有分布，朝鲜、蒙古、俄罗斯、日本

用途：全草药用

Speranskia tuberculata（Bge.）Baill.

中名：地构叶

生活型与生境：Ch；沙丘，干草原，丘陵

区系与分布：华北区、蒙古区；我国东北、华北、西北、华东，蒙古

用途：叶药用

Phyllanthaceae 叶下珠科

Flueggea suffruticosa（Pall.）Baill. = *Securinega suffruticosa*（Pall.）Rehder.

中名：一叶萩、叶底珠、狗杏条

生活型与生境：Ph，N；丘陵，沙丘

区系与分布：东北区、华北区、蒙古区；我国东北、华北、华南、河南、陕西、四川等省区，蒙古、朝鲜、俄罗斯、日本

用途：枝、叶药用，编织

Rutaceae 芸香科

Haplophyllum dahuricum（L.）G. Don

中名：北芸香、假芸香、草芸香

生活型与生境：H；干草原

区系与分布：蒙古区、兴安区；我国东北、华北、西北，蒙古、俄罗斯西伯利亚

用途：药用

Polygalaceae 远志科

Polygala sibirica L.

中名：西伯利亚远志、瓜子金、卵叶远志

生活型与生境：H；草甸、草甸草原

区系与分布：华北区、蒙古区、兴安区、东北区；我国东北、华北、华东、华南、西南，日本、朝鲜、蒙古、俄罗斯、印度

用途：根药用，饲用

Polygala tenuifolia Willd.

中名：远志、细叶远志

生活型与生境：H；干草原，草甸草原

区系与分布：华北区、东北区、蒙古区；我国东北、华北、西北，朝鲜、蒙古、俄罗斯

用途：根药用，饲用

Celastraceae 卫矛科

Euonymus maackii Rupr＝*E. bungeanus* Maxim.

中名：白杜、桃叶卫矛、白杜卫茅

生活型与生境：Ph，N；丘陵湿地

区系与分布：华北区、东北区；我国东北、华北、华东、华中，朝鲜、日本

用途：材用

Rhamnaceae 鼠李科

Rhamnus parvifolia Bge.

中名：小叶鼠李

生活型与生境：Ph，N；丘陵沟边

区系与分布：东北区、兴安区；我国东北、内蒙古、河北等省区，俄罗斯、朝鲜、日本

用途：观赏

Rhamnus ussuriensis J. Vass.

中名：乌苏里鼠李

生活型与生境：Ph，N；丘陵沟边

区系与分布：东北区；我国东北、内蒙古，俄罗斯西伯利亚及远东、朝鲜、日本

用途：果药用，观赏

Vitaceae 葡萄科

Ampelopsis aconitifolia Bge.

中名：乌头叶蛇葡萄、草白蔹

生活型与生境：Ch；固定沙丘

区系与分布：华北区；我国东北西部、内蒙古北部及中部各省

用途：果药用

var. *glabra* Diels 掌裂草白蔹

Ampelopsis japonica（Thunb.）Makino

中名：白蔹

生活型与生境：Ch；固定沙丘

区系与分布：华北区；我国东北、华北、华中、华南，朝鲜、日本

用途：果药用

Malvaceae 锦葵科

Abutilon theophrasti Medicus

中名：苘麻

生活型与生境：Th；田野、路旁

区系与分布：我国华北、东北、西北等省区

用途：纤维植物

Hibiscus trionum L.

中名：野西瓜苗

生活型与生境：Th；田野

区系与分布：华北区、东北区、蒙古区、兴安区；我国各地，蒙古、朝鲜、俄罗斯、欧洲、非洲、北美

用途：全草药用

Malva cathayensis M. G. Gilbert，Y. Tang & Dorr = *M. mauritiana* L.

中名：锦葵、冬葵、大花葵

生活型与生境：Th；我国常见栽培植物，偶有逸生

区系与分布：华北区、东北区；我国各地，蒙古、俄罗斯、欧洲

用途：种子药用

Tamaricaceae 柽柳科

Tamarix chinensis Lour.

中名：柽柳

生活型与生境：Ph，N；河岸冲积地

区系与分布：东北区；我国东北、华北、西北

用途：编织，固沙，药用，观赏

Violaceae 堇菜科

Viola dissecta Ledeb.

中名：裂叶堇菜

生活型与生境：H；固定沙丘，草甸草原，干草原

区系与分布：华北区；我国东北、华北、西北，朝鲜、蒙古、俄罗斯西伯利亚及远东

用途：全草药用

Viola prionantha Bge.

中名：早开堇菜

生活型与生境：H；草甸草原，荒地，路旁

区系与分布：华北区、东北区；我国东北、华北、西北、湖北，朝鲜、俄罗斯远东

用途：全草药用，食用

Viola philippica Cav. = *V. yedoensis* Makino

中名：紫花地丁

生活型与生境：H；草甸草原，干草原，荒地路旁

区系与分布：东北区、华北区；我国东北、华北、西北、华东、中南、云南等省区，朝鲜、日本、俄罗斯远东

用途：全草药用，食用

Thymelaeaceae 瑞香科

Stellera chamaejasme L.

中名：狼毒、洋火头花、断肠草

生活型与生境：H；沙质干草原

区系与分布：蒙古区、东北区、兴安区；我国东北、华北、西北、西南，朝鲜、蒙古、俄罗斯

用途：根药用，有毒植物

Lythraceae 千屈菜科

Lythrum salicaria L.

中名：千屈菜

生活型与生境：H；沼泽性草甸

区系与分布：东北区、华北区、兴安区；我国东北、河北、内蒙古、山西、河南、四川等省区，蒙古、朝鲜、日本、俄罗斯、欧洲

用途：全草药用

Umbelliferae 伞形科

Bupleurum scorzonerifolium Willd.

中名：红柴胡、柴胡、香柴胡、狭叶柴胡

生活型与生境：H；干草原

区系与分布：东北区、华北区、蒙古区、兴安区；我国东北、华北、西北、华

东，蒙古、朝鲜、日本、俄罗斯

用途：根药用，饲用

var. *angustissimum*（Framch.）Kitag. 线叶柴胡

Cnidium salinum Turcz.

中名：碱蛇床

生活型与生境：G；草甸、盐碱滩、沟渠边等潮湿地段

区系与分布：蒙古区；我国东北、宁夏、甘肃、青海、内蒙古等省区，蒙古、俄罗斯西伯利亚

用途：饲用

Saposhnikovia divaricata（Turcz.）Schischk. = *Siler divaricatum* Benth. et Hook.

中名：防风

生活型与生境：G；干草原，丘陵，固定沙丘

区系与分布：蒙古区；我国东北、华北、西北，朝鲜、蒙古、俄罗斯

用途：根药用，饲用

Sphallerocarpus gracilis（Bess.）K. – Pol.

中名：迷果芹

生活型与生境：Th；草甸，田间，路旁

区系与分布：东北区、华北区；我国东北、华北、西北，朝鲜、蒙古、俄罗斯

用途：饲用

Primulaceae 报春花科

Androsace longifolia Turcz.

中名：长叶点地梅、矮葶点地梅

生活型与生境：Ch；干草原，沙质地

区系与分布：蒙古区；我国东北西部、内蒙古、宁夏、山西等省区，蒙古

Androsace umbellate Merr.

中名：点地梅

生活型与生境：Th；草甸

区系与分布：东北区、华北区；我国东北、华北、秦岭以南各地，朝鲜、日本、印度、越南

用途：全草药用

Glaux maritima L.

中名：海乳草

生活型与生境：G；碱性草甸

区系与分布：华北区、蒙古区；我国东北、华北、西北，广布北半球温带

用途：饲用

Lysimachia barystachys Bge.

中名：狼尾花

生活型与生境：G；草甸

区系与分布：华北区、蒙古区、东北区；我国东北、华北、西北、华东、西南，朝鲜、日本、俄罗斯远东

用途：全草药用

Lysimachia davurica Ledeb.

中名：黄连花

生活型与生境：G；草甸子

区系与分布：华北区、东北区、蒙古区、兴安区；我国东北、华北、华东、华中、西南，朝鲜、日本、蒙古、俄罗斯西伯利亚及远东

用途：全草药用

Plumbaginaceae 白花丹科

Limonium bicolor（Bge.）Kuntze

中名：二色补血草、矶松、苍蝇架

生活型与生境：H；碱斑，碱泡子

区系与分布：蒙古区；我国东北、内蒙古、山东、江苏等省区，蒙古、俄罗斯西伯利亚

用途：药用，观赏

Gentianaceae 龙胆科

Gentiana squarrosa Ledeb.

中名：鳞叶龙胆

生活型与生境：Th；草甸草原，草甸

区系与分布：华北区、东北区；我国东北、华北、西北、华东、华中，蒙古、俄罗斯

用途：药用

Gentiana triflora Pall.

中名：三花龙胆

生活型与生境：G；草甸草原

区系与分布：东北区、兴安区；我国东北、内蒙古，朝鲜、日本、俄罗斯西伯利亚

用途：根药用

Swertia diluta（Turcz.）Benth. et Hook. f. = *S. chinensis* Franch.

中名：北方獐牙菜

生活型与生境：Th；草甸草原，固定沙丘

区系与分布：东北区、蒙古区；我国东北、内蒙古东部

用途：全草药用

Apocynaceae 夹竹桃科

Apocynum venetum L. ＝ *A. lancifolium* Russan.

中名：罗布麻、红麻、茶叶花

生活型与生境：Ch；盐碱地，沙质地

区系与分布：华北区、蒙古区；我国东北西部、内蒙古、河北、山东、河南、山西、江苏、陕西、青海、甘肃、新疆等省区

用途：全草药用，纤维植物，饲用

Cynanchum amplexicaule（Sieb. et Zucc.）Hemsl.

中名：合掌消、抱茎白前

生活型与生境：G；草甸，草甸草原

区系与分布：华北区、东北区、蒙古区；我国东北西部、内蒙古，朝鲜、日本、蒙古

用途：根药用，有毒植物

var. *castaneum* Makino 紫花合掌消

Cynanchum atratum Bge.

中名：白薇

生活型与生境：G；草甸草原

区系与分布：华北区、东北区；我国东北、华北、华东、中南、西南、陕西等省区，朝鲜、日本

用途：根及茎药用

Cynanchum chinense R. Br.

中名：鹅绒藤

生活型与生境：G；干草甸

区系与分布：东北区、华北区；我国东北、华北、西北、江苏、浙江等省区

用途：根及茎药用

Cynanchum paniculatum（Bge.）Kitag. ＝ *Pycnostelma paniculatum* K. Schum.

中名：徐长卿

生活型与生境：G；干草原

区系与分布：华北区、东北区、蒙古区；我国东北、华北、西北、中南、华东，朝鲜、日本、蒙古、俄罗斯西伯利亚及远东

用途：根药用

Cynanchum thesioides（Freyn）K. Schum. = *C. sibiricum* R. Br.

中名：地梢瓜

生活型与生境：G；沙质地，田边

区系与分布：华北区、蒙古区、兴安区；我国东北、华北、西北、江苏等省区，蒙古、俄罗斯西伯利亚及远东

用途：根、果药用

var. *australea* Maxim. 雀瓢

Metaplexis japonica（Thunb.）Makino

中名：萝藦、老鸹瓢

生活型与生境：G；荒地、河边、路旁

区系与分布：华北区、东北区；我国东北、西北、华北、西南、华东，亚洲东部各国

用途：果药用，嫩果可食

Periploca sepium Bge.

中名：杠柳

生活型与生境：N；固定沙丘

区系与分布：华北区、蒙古区；我国东北西部、内蒙古、河北、山东、河南、四川、贵州、黄土高原等省区，俄罗斯远东

用途：根皮药用，茎皮纤维

Convolvulaceae 旋花科

Calystegia pubescens Lindley = *Calystegia japonica* Choisy

中名：柔毛打碗花、日本打碗花

生活型与生境：G；荒地

区系与分布：东北区；我国东北，朝鲜、日本

用途：饲用

Calystegia pellita（Ledeb.）G. Don = *C. dahurica* Choisy

中名：藤长苗、毛打碗花

生活型与生境：G；草甸草原

区系与分布：华北区、东北区、蒙古区；我国东北、华北、华东、西北、湖北、安徽、四川等省区，蒙古、朝鲜、日本、俄罗斯西伯利亚及远东

用途：饲用

Convolvulus ammannii Desr.

中名：银灰旋花、阿氏旋花

生活型与生境：G；干草原，草甸草原

区系与分布：蒙古区；我国东北、华北、西北、青藏，蒙古、俄罗斯

用途：全草药用，饲用

Convolvulus arvensis L.

中名：田旋花

生活型与生境：G；草甸草原

区系与分布：东北区、华北区、蒙古区、兴安区；广泛分布我国及世界各地，广布种

用途：全草药用，饲用

Convolvulus chinensis Ker-Gawler.

中名：中国旋花

生活型与生境：G；草地上

区系与分布：东北区、华北区；我国东北、华北、西北，蒙古、俄罗斯

用途：全草药用，饲用

Cuscuta chinensis Lam.

中名：菟丝子、豆寄生、金丝藤

生活型与生境：Th；寄生植物

区系与分布：华北区、东北区、蒙古区、兴安区；我国各地，朝鲜、日本、伊朗、斯里兰卡、印度、澳大利亚

用途：种子药用

Cuscuta japonica Choisy

中名：金灯藤、日本菟丝子

生活型与生境：Th；寄生植物

区系与分布：华北区、东北区、蒙古区、兴安区；我国各地，朝鲜、日本、蒙古、俄罗斯

用途：种子药用

Boraginaceae 紫草科

Stenosolenium saxatile（Pall.）Turcz. = *Arnebia saxatilis* Benth. et Hook.

中名：紫筒草

生活型与生境：H；固定沙丘

区系与分布：华北区、蒙古区；我国东北、内蒙古、河北、山西、山东、陕西、甘肃等省区，蒙古、俄罗斯西伯利亚

用途：全草药用

Cynoglossum divaricatum Stephan.

中名：大果琉璃草、大赖毛子

生活型与生境：H；固定沙丘，沙质地上

区系与分布：华北区、蒙古区；我国东北、华北、陕西、甘肃、新疆等省区，蒙古、俄罗斯西伯利亚

用途：根果药用

Lappula myosotis Moench = *Lappula echinata* Gilib.

中名：鹤虱

生活型与生境：Th；沙丘，干草原

区系与分布：东北区、华北区、蒙古区、兴安区；我国东北、华北、西北，朝鲜、蒙古、俄罗斯、中欧、北美

用途：果药用

Lappula redowskii Greene

中名：卵盘鹤虱、中间鹤虱、蒙古鹤虱

生活型与生境：Th；沙丘，干草原

区系与分布：东北区、蒙古区；我国东北、华北，蒙古、俄罗斯西伯利亚

用途：果药用

Tournefortia sibirica L. = *Messerschmidia sibirica* L.

中名：砂引草、紫丹草

生活型与生境：G；沙丘

区系与分布：蒙古区；我国东北西部、内蒙古、河北、河南、山东、陕西等省区，蒙古、俄罗斯西伯利亚

用途：固沙植物

var. *angrustior*（DC.）Nakai 蒙古柴丹草

Labiatae 唇形科

Amethystea caerulea L.

中名：水棘针

生活型与生境：Th；田间

区系与分布：华北区、东北区、蒙古区、兴安区；我国各地，蒙古、朝鲜、日本、中亚、俄罗斯

用途：幼时饲用

Dracocephalum moldavica L.

中名：香青兰、山薄荷

生活型与生境：Th；丘陵

区系与分布：东北区、华北区；我国东北、内蒙古、河北、河南、山西、陕西、

甘肃、新疆、青海等省区；蒙古、俄罗斯西伯利亚

用途：全草药用

Elsholtzia ciliata（Thamb.）Hyland.

中名：香薷、山苏子

生活型与生境：Th，H；路旁杂草地

区系与分布：华北区；我国各地，日本、朝鲜、蒙古、俄罗斯、印度

用途：全草药用

Leonurus japonicus Houtt.

中名：益母草

生活型与生境：Th，H；田野，草甸草原

区系与分布：华北区、东北区；全国各地均有分布，朝鲜、日本、俄罗斯远东、非洲、美洲

用途：药用

Leonurus sibiricus L.

中名：细叶益母草

生活型与生境：Th，H；路旁，杂草地

区系与分布：华北区、东北区、蒙古区、兴安区；我国东北、内蒙古、河北、山西、陕西等省区，蒙古、俄罗斯西伯利亚

用途：全草药用

Leonurus deminutus V. Kreczetovicz ex Kuprianova = *L. tataricus* L.

中名：兴安益母草

生活型与生境：H；丘陵

区系与分布：兴安区；我国东北，俄罗斯西伯利亚

用途：全草药用

Lycopus lucidus Turcz.

中名：地笋、地瓜苗

生活型与生境：G；草甸，草甸草原

区系与分布：华北区、东北区；我国东北、内蒙古、河北、陕西、四川、贵州、云南等省区，日本、俄罗斯

用途：全草药用

Mentha sachalinensis Kudo = *M. haplocalyx* Briq.

中名：东北薄荷

生活型与生境：H；草甸，湿地

区系与分布：华北区、东北区；我国各地，日本、俄罗斯远东

用途：全草药用

Scutellaria regeliana Nakai ＝ *S. ikonnikovii* Juz.

中名：狭叶黄芩

生活型与生境：G；草甸

区系与分布：东北区、兴安区；我国东北、华北，朝鲜、俄罗斯远东

用途：全草药用，饲用

Scutellaria scordifolia Fisch. ex Schrank

中名：并头黄芩

生活型与生境：G；草甸，沙地

区系与分布：蒙古区、兴安区；我国东北、华北、青海等省区，蒙古、日本、俄罗斯西伯利亚及远东

用途：全草药用，饲用

Stachys chinensis Bge. ＝ *S. riederi* Cham. ex Benth.

中名：华水苏、毛水苏

生活型与生境：H；湿草甸

区系与分布：东北区、兴安区；我国东北、内蒙古、河北、山东、山西、陕西、甘肃等省区，朝鲜、蒙古、俄罗斯

用途：全草药用，饲用

Stachys japonica Miq.

中名：水苏、宽叶水苏

生活型与生境：H，G；湿地

区系与分布：东北区；我国东北、内蒙古，日本、俄罗斯远东

用途：全草药用，饲用

Thymus dahuricus Serg. ＝ *Th. serphllum* L. var. *asiaticus* Kitag.

中名：兴安百里香

生活型与生境：Ch；干草原

区系与分布：蒙古区；我国东北西部及内蒙古东部，蒙古

用途：全草药用，蜜源，饲用

Solanaceae 茄科

Datura stramonium L.

中名：曼陀罗

生活型与生境：Th；村边，路旁

区系与分布：华北区、东北区、蒙古区、兴安区；我国各地，世界广布种

用途：药用

Hyoscyamus niger L.

中名：天仙子、山烟子

生活型与生境：Th；山坡、路旁、住宅区及河岸沙地

区系与分布：东北区、华北区、蒙古区；我国东北、华北、西北、西南，蒙古、俄罗斯、印度、欧洲

用途：药用

Lycium chinense Mvill.

中名：枸杞

生活型与生境：Ph，N；丘陵，干草原

区系与分布：东北区、蒙古区、华北区；我国各省区，亚洲东部及欧洲也有分布

用途：果及根皮药用

Physalis alkekengi L. var. *francheti* Makino

中名：酸浆、红姑娘

生活型与生境：G；村边路旁

区系与分布：华北区、东北区；除新疆外我国各地均有分布，朝鲜、日本

用途：果食用，药用

Physalis pubescens L.

中名：毛酸浆、黄姑娘

生活型与生境：Th；村边，路旁

区系与分布：东北区；原产美洲，我国东北、内蒙古半野生

用途：萼药用

Solanum nigrum L.

中名：龙葵、黑天天

生活型与生境：Th；田间路旁，杂草地

区系与分布：东北区、华北区、蒙古区；我国各地，广布种，世界各地均有分布

用途：叶、果药用

Solanum septemlobum Bge.

中名：青杞、红葵、药鸡豆、草枸杞

生活型与生境：G；路旁

区系与分布：东北区、华北区；我国东北、华北、西北、山东、安徽、江苏、河南、四川等省区，蒙古、俄罗斯西伯利亚

用途：全草药用

Solanum rostratum Dunal.

中名：黄花刺茄、刺萼龙葵

生活型与生境：Th；田间路旁，杂草地，河滩

区系与分布：原产北美洲，我国第四批外来入侵物种，1981 年首次在辽宁省朝阳县发现，现已相继入侵吉林、河北、山西、北京和新疆等地

Mazaceae 通泉草科

Mazus pumilus（N. L. Burman）Steenis

中名：通泉草

生活型与生境：Th；草甸，草甸草原

区系与分布：华北区、东北区、蒙古区；我国东北、华北、南至广东、台湾、四川、陕西等省区，蒙古、朝鲜、俄罗斯远东

用途：全草药用

Mazus stachydifolium Maxim.

中名：弹刀子菜

生活型与生境：H；草坡，林缘

区系与分布：华北区、东北区、蒙古区；我国东北、华北、南至广东、台湾、四川、陕西等省区，蒙古、朝鲜、俄罗斯远东

用途：全草药用

Bignoniaceae 紫葳科

Incarvillea sinensis Lam.

中名：角蒿

生活型与生境：Th；草甸草原，干草原，固定沙丘，田间

区系与分布：华北区、东北区、蒙古区；我国东北、华北、西北、山东、四川等省区，蒙古、俄罗斯

用途：全草药用，有毒植物，观赏

Orobanchaceae 列当科

Orobanche coerulescens Steph.

中名：列当

生活型与生境：Th；寄生蒿属植物根部

区系与分布：东北区、蒙古区；我国东北、内蒙古、山东、陕西、甘肃、四川等省区，欧洲、亚洲北部及中部

用途：全草药用

Cymbaria dahurica L.

中名：达乌里芯芭、芯芭

生活型与生境：H；干草原，草甸草原

区系与分布：蒙古区、兴安区；我国东北西部、内蒙古、河北等省区，蒙古、俄

罗斯西伯利亚

用途：观赏

Siphonostegia chinensis Benth.

中名：阴行草

生活型与生境：Th；草甸草原

区系与分布：华北区、东北区、蒙古区、兴安区；我国各地，朝鲜、日本、俄罗斯

用途：全草药用

Lentibulariaceae 狸藻科

Utricularia intermedia L.

中名：异枝狸藻、小狸藻

生活型与生境：食虫草本，G，HH；水泡子中

区系与分布：东北区；我国东北，星散分布于北温带地区

Plantaginaceae 车前科

Plantago asiatica L.

中名：车前、车轱辘菜

生活型与生境：H；路边，草甸

区系与分布：华北区、东北区、蒙古区、兴安区；我国各地，蒙古、俄罗斯、日本、印度尼西亚

用途：种子药用，幼苗食用，饲用

Plantago depressa Willd.

中名：平车前

生活型与生境：H；路边，草甸

区系与分布：华北区、东北区、蒙古区、兴安区；我国各地，蒙古、朝鲜、俄罗斯、日本、印度

用途：种子药用，幼苗食用，饲用

Plantago major L.

中名：大车前

生活型与生境：H；路边，河边，田野湿地

区系与分布：华北区、东北区、兴安区、蒙古区；我国各地，亚洲、欧洲

用途：全草药用，饲用

Pseudolysimachion linariifolium（Pallas ex Link）Holub = *Veronica linarifolia* Pall. ex Link

中名：细叶水蔓菁、细叶婆婆纳

生活型与生境：G；草地，草甸草原

区系与分布：华北区、东北区、兴安区；我国东北、河北、内蒙古、山东、河南等省区，蒙古、朝鲜、俄罗斯西伯利亚及远东、日本

用途：绿化植物，切花生产

Rubiaceae 茜草科

Galium verum L.

中名：蓬子菜

生活型与生境：G；草甸草原

区系与分布：华北区、东北区、蒙古区、兴安区；我国东北、华北、西北、长江流域，欧洲、亚洲温带地区、北美

用途：全草药用，饲用

Rubia cordifolia L.

中名：茜草、伏茜草

生活型与生境：G；疏林、林缘、灌丛或草地

区系与分布：华北区、东北区、兴安区；我国各地，亚洲北部、澳大利亚

用途：根药用

var. *pratensis* Maxim. 黑果伏茜草

Valerianaceae 败酱科

Patrinia scabiosifolia Link ＝ *Patrinia scabiosaefolia* Fisch.

中名：败酱

生活型与生境：G；草甸草原

区系与分布：华北区、东北区、蒙古区、兴安区；我国各地，朝鲜、蒙古、俄罗斯西伯利亚及远东、日本

用途：全草及根药用

Caprifoliaceae 忍冬科

Valeriana alternifolia Bge.

中名：缬草、毛节缬草

生活型与生境：H；草甸

区系与分布：东北区、华北区；我国东北至西南，亚洲西部及欧洲

用途：根药用，饲用

Cucurbitaceae 葫芦科

Actinostemma tenerum Griff. ＝ *A. lobatum* Maxim.

中名：盒子草

生活型与生境：Th，HH；水边

区系与分布：华北区、东北区；我国各地，朝鲜、日本、印度

用途：全草及种子药用

Campanulaceae 桔梗科

Adenophora gmelinii Fisch.

中名：狭叶沙参

生活型与生境：G；草甸草原，干草原

区系与分布：兴安区、蒙古区；我国东北、华北、甘肃等省区，蒙古、俄罗斯西伯利亚及远东

用途：根药用

var. *coronopifolia*（Fisch.）Y. Z. Zhao 柳叶沙参

Adenophora stenophylla Hemsl. = *A. mongolica* Bar.

中名：扫帚沙参、细叶沙参

生活型与生境：G；草甸草原

区系与分布：蒙古区；我国东北西部及内蒙古东部

用途：根药用

Adenophora tetraphylla Fisch.

中名：轮叶沙参

生活型与生境：G；草甸草原

区系与分布：华北区、东北区；我国东北、华北、华中、华南、华东、陕西、四川、贵州等省区，朝鲜、日本、俄罗斯远东

用途：根药用

Platycodon grandiflorus（Jacq.）A. DC.

中名：桔梗

生活型与生境：G；草甸，草原草甸

区系与分布：华北区、东北区；我国东半部各地，朝鲜、日本、俄罗斯远东

用途：根药用，食用，饲用

Compositae 菊科

Achillea millefolium L.

中名：蓍、千叶蓍

生活型与生境：G；路旁

区系与分布：东北区、兴安区；我国东北、西北、内蒙古，蒙古、俄罗斯、欧洲、亚洲北部、伊朗

用途：药用，饲用

Artemisia anethifolia Web. ex Stechm.

中名：碱蒿

生活型与生境：Th，H；碱斑

区系与分布：蒙古区；我国东北西部、内蒙古、河北、山西、陕西、宁夏、甘肃、青海、新疆等省区，蒙古、俄罗斯西伯利亚

用途：饲用

Artemisia anethoides Mattf.

中名：莳萝蒿

生活型与生境：Th，H；盐生草甸

区系与分布：蒙古区；我国东北西部、内蒙古、河北、西北、新疆、山东、河南等省区

用途：饲用

Artemisia annua L.

中名：黄花蒿、臭蒿

生活型与生境：Th；路旁杂草地

区系与分布：华北区、东北区、蒙古区、兴安区；我国各省区，广布亚洲、欧洲温带、寒温带及亚热带地区、北美、北非

用途：全草药用，饲用

Artemisia argyi Levl. et Van.

中名：艾蒿、家艾

生活型与生境：H，G；草甸草原

区系与分布：华北区、东北区、蒙古区、兴安区；广布我国各地，蒙古、朝鲜、俄罗斯远东

用途：全草药用，饲用

var. *gracilis* Pamp. 朝鲜艾蒿

Artemisia desertorum Spreng.

中名：沙蒿

生活型与生境：H，G；沙地，沙丘

区系与分布：蒙古区；我国东北、华北、西北、西南，朝鲜、蒙古、俄罗斯西伯利亚及远东、日本、印度、巴基斯坦

用途：饲用

Artemisia dracunculus L.

中名：龙蒿、狭叶青蒿

生活型与生境：Th，H；草甸草原

区系与分布：蒙古区、兴安区；我国东北、西北、华北，蒙古、阿富汗、印度、

巴基斯坦、锡金、中亚、俄罗斯、欧洲、北美

用途：饲用

Artemisia frigida Willd.

中名：冷蒿、小白蒿

生活型与生境：Ch；草甸草原，干草原

区系与分布：蒙古区；我国东北、华北、西北、西藏，蒙古、俄罗斯、伊朗、土耳其、欧洲、北美

用途：饲用，全草药用

var. *atropurpurea* Pamp. 紫花冷蒿

Artemisia japonica Thunb. = *A. manshurica*（Kom.）Kom. et Alis

中名：牡蒿、东北牡蒿

生活型与生境：H，G；草甸，沙地

区系与分布：东北区；我国东北、内蒙古、河北等省区，朝鲜、日本

用途：苗药用，饲用

Artemisia tanacetifolia L. = *A. laciniata* Willd.

中名：裂叶蒿

生活型与生境：H，G；草甸草原

区系与分布：东北区、蒙古区、兴安区；我国东北、内蒙古、河北、西北等省区，蒙古、朝鲜、俄罗斯西伯利亚、中亚、欧洲、北美

用途：饲用

Artemisia lavandulaefolia D C. = *A. umbrosa*（Bess.）Turcz.

中名：野艾蒿

生活型与生境：G；草甸草原

区系与分布：华北区、东北区、蒙古区、兴安区；我国东北、华北、西北、山东、江苏、安徽、江西、华南、西南等省区，朝鲜、日本、蒙古、俄罗斯西伯利亚及远东

用途：饲用

Artemisia mongolica Fisch.

中名：蒙古蒿

生活型与生境：H，G；草甸草原

区系与分布：东北区、华北区、兴安区、蒙古区；我国各地，蒙古、朝鲜、日本、俄罗斯西伯利亚

用途：饲用，全草药用

Artemisia pubescens Ledeb. = *A. commutata* Bess.

中名：柔毛蒿、立沙蒿、变蒿

生活型与生境：H；固定沙丘

区系与分布：蒙古区、兴安区；我国东北西部、内蒙古、河北、山西、陕西、甘肃、青海、新疆、四川等省区，蒙古、俄罗斯西伯利亚及远东

用途：饲用

Artemisia rubripes Nakai

中名：红足蒿、红梗蒿

生活型与生境：H，G；草甸草原

区系与分布：华北区、东北区；我国东北、内蒙古、河北、山东、山西、江苏、安徽、浙江、江西、福建等省区，蒙古、朝鲜、日本、俄罗斯西伯利亚及远东

用途：饲用

Artemisia stechmanniana Bess. ＝ *A. sacrorum* Ledeb. ＝ *A. gmelinii* Auct.

中名：白莲蒿、万年蒿、铁杆蒿

生活型与生境：Ch；草甸草原，干山坡

区系与分布：华北区、东北区、蒙古区、兴安区；广布我国各地，蒙古、朝鲜、俄罗斯、阿富汗、印度、巴基斯坦、尼泊尔、克什米尔

用途：饲用

var. *messerschmidtiana*（Bess.）Y. B. Ling 密毛白莲蒿

var. *incana*（Bess.）Y. R. Ling 灰莲蒿

Artemisia scoparia Waldst. et Kit. ＝ *A. capillaries* Thunb.

中名：猪毛蒿、茵陈蒿

生活型与生境：Th，H；摺荒地

区系与分布：华北区、东北区、蒙古区、兴安区；广布我国各地，蒙古、朝鲜、日本、伊朗、土耳其、阿富汗、巴基斯坦、印度、中亚、俄罗斯西伯利亚、欧洲

用途：幼苗药用，饲用

Artemisia selengensis Turcz.

中名：蒌蒿、水蒿

生活型与生境：H，G；水边湿地，草甸

区系与分布：华北区、东北区、兴安区、蒙古区；我国各地，蒙古、朝鲜、俄罗斯西伯利亚及远东

用途：嫩芽食用，饲用，全草药用

Artemisia sieversiana Willd.

中名：大籽蒿

生活型与生境：H，Th；杂草地

区系与分布：华北区、蒙古区、东北区、兴安区；我国东北、华北、西北、西南，朝鲜、蒙古、俄罗斯、印度、巴基斯坦、阿富汗、中亚

用途：全草药用，饲用

Artemisia subulata Nakai

中名：线叶蒿

生活型与生境：H，G；草甸草原

区系与分布：华北区、东北区；我国东北、华北，朝鲜、日本、俄罗斯西伯利亚及远东

用途：饲用

Artemisia vestita Wall. ex Bess.

中名：毛莲蒿、万年蒿

生活型与生境：Ch；干草原

区系与分布：东北区、华北区、蒙古区；我国各地，蒙古、朝鲜、日本、俄罗斯西伯利亚及远东、中亚

用途：饲用

Aster tataricus L.

中名：紫菀

生活型与生境：H；草甸草原

区系与分布：华北区、东北区、兴安区；我国东北、华北、西北，蒙古、朝鲜、俄罗斯西伯利亚及远东

用途：根药用，饲用

Bidens parviflora Willd.

中名：小花鬼针草

生活型与生境：Th；湿草地

区系与分布：华北区、东北区、蒙古区、兴安区；我国东北、华北、西南、山东、河南、陕西、甘肃等省区，朝鲜、蒙古、俄罗斯、日本

用途：全草药用

Symphyotrichum ciliatum （Ledebour）G. L. Nesom = *Brachyactis ciliata* Ledeb.

中名：短星菊

生活型与生境：Th；山坡荒野，山谷河滩或盐碱湿地

区系与分布：华北区、东北区；我国东北、内蒙古、河北、山东、陕西、甘肃、新疆等省区；日本、蒙古、中亚、俄罗斯

Cirsium pendulum Fisch.

中名：烟管蓟

生活型与生境：H；草甸草原，草甸

区系与分布：华北区、东北区、兴安区；我国东北、华北、陕西、甘肃等省区，朝鲜、日本、俄罗斯西伯利亚及远东

用途：全草药用

Cirsium arvense var. *integrifolium* C. Wimm. et Grabowski = *C. segetum* Bge.

中名：刺儿菜、小蓟

生活型与生境：H，G；田间，路旁

区系与分布：华北区、东北区；广布我国各地，朝鲜、蒙古、日本

用途：全草药用，饲用

Cirsium japonicum Fisch. ex DC.

中名：蓟、大蓟、大刺菜

生活型与生境：H，G；路旁，荒地

区系与分布：华北区、东北区；我国东北、华北，蒙古、日本、俄罗斯西伯利亚及远东、欧洲

用途：全草药用，饲用

Echinops dahuricus Fischer ex Hornemann = *Elatifolius* Tausch.

中名：兰刺头、驴欺口

生活型与生境：G；固定沙丘，干草原

区系与分布：蒙古区、东北区、兴安区；我国东北、内蒙古、河北、西北，蒙古、俄罗斯西伯利亚

用途：根药用

Erigeron acris L. = *E. acer* L

中名：飞蓬

生活型与生境：H；干草原

区系与分布：华北区、蒙古区、东北区、兴安区；我国东北、华北、西北、四川、西藏等省区，蒙古、俄罗斯、日本、朝鲜、欧洲西部

用途：饲用

Filifolium sibiricum（L.）Kitam. = *Tanacetum sibiricum* L.

中名：线叶菊、兔毛蒿

生活型与生境：H；干草原，岗地，丘陵

区系与分布：蒙古区、兴安区；我国东北西部、内蒙古东部、河北、山西等省区，蒙古东部、俄罗斯东西伯利亚

用途：饲用

Aster altaicus Willd. = *Heteropappus altaicus*（Willd.）Novopokr.

中名：阿尔泰狗娃花

生活型与生境：H，G；草甸草原，路旁

区系与分布：蒙古区；我国东北、华北、西北、湖北、四川等省区，蒙古、俄罗斯西伯利亚及中亚

用途：全草药用，饲用

Hypochaeris ciliata（Thunb.）Makino = *Hypochaeris grandiflora* Ledeb.

中名：猫儿菊、黄金菊

生活型与生境：H；草甸草原

区系与分布：东北区、华北区；我国东北、华北，蒙古、朝鲜、俄罗斯西伯利亚及远东

用途：根药用，观赏

Inula japonica Thunb.

中名：旋覆花

生活型与生境：H，G；草甸草原

区系与分布：华北区、东北区；我国东北、华北，蒙古、朝鲜、日本

用途：花序药用，饲用

Inula linariaefolia Turcz.

中名：线叶旋覆花

生活型与生境：H，G；草甸草原

区系与分布：东北区、华北区；我国北、中、东部各省区，蒙古、朝鲜、日本、俄罗斯远东

用途：花序药用，饲用

Ixeris chinensis Nakai

中名：中华苦荬菜、苦菜、山苦菜

生活型与生境：H，G；田间

区系与分布：华北区、东北区；我国北部、东部及南部，朝鲜、蒙古、俄罗斯、日本

用途：全草药用，饲用

var. *granminifolia*（Ledeb.）H. C. Fu 丝叶苦菜

var. *intemedia*（Kitag.）Kitag. 狭叶苦菜

Crepidiastrum sonchifolium（Maximowicz）Pak & Kawano = *I. sonchifolia* Hance

中名：尖裂假还阳参、抱茎苦荬菜

生活型与生境：H；荒地

区系与分布：华北区、东北区；我国东北、华北，朝鲜、俄罗斯远东

用途：药用

var. *serotina*（Maxim.）Kitag. 秋抱茎苦菜

Aster pekinensis（Hance）Kitag. ＝ *Kalimeris integrifllia* Turcz.

中名：全叶马兰、鸡儿肠

生活型与生境：H，G；草甸草原，路旁

区系与分布：东北区、华北区；我国北部、东北部、中部、西部各省区，朝鲜、日本、蒙古、俄罗斯

用途：根药用，饲用，观赏

Lactuca indica L.

中名：翅果菊、山莴苣

生活型与生境：H，G；湿草甸，废耕地

区系与分布：东北区、华北区、蒙古区、兴安区；我国各地，朝鲜、日本、俄罗斯、蒙古、印度、缅甸、尼泊尔、不丹等地

用途：叶药用，嫩叶可食，饲用

Leibnitzia anandria（L.）Turcz.

中名：大丁草

生活型与生境：H；草甸草原，干草原

区系与分布：华北区、东北区、蒙古区、兴安；我国各地，朝鲜、日本、蒙古、俄罗斯东西伯利亚及远东

用途：饲用，药用

Leontopodium leontopodioides（Willd.）Beauv.

中名：火绒草

生活型与生境：H；草甸草原，干草原，丘陵，固定沙丘

区系与分布：华北区、东北区、蒙古区、兴安区；我国东北、内蒙古、河北、山东、山西、陕西、甘肃、青海、新疆等省区，朝鲜、蒙古、俄罗斯、日本

用途：全草药用，饲用

Picris japonica Thunb. ＝ *P. davurica* Fisch. ex Hornem.

中名：日本毛连菜、兴安毛连菜

生活型与生境：H；草甸草原，干草原，撂荒地

区系与分布：东北区、华北区、兴安区；我国各地均有分布，朝鲜、蒙古、俄罗斯西伯利亚及远东

用途：叶药用

Rhaponticum uniflora D C.

中名：漏芦、祁州漏芦

生活型与生境：G；固定沙丘，草甸草原，干草原

区系与分布：东北区、蒙古区；我国东北、内蒙古、河北、山西等省区，朝鲜、蒙古、俄罗斯西伯利亚及远东

用途：根药用，观赏

Saussurea amurensis Turcz.

中名：龙江风毛菊

生活型与生境：G；草甸，草甸草原

区系与分布：东北区、兴安区；我国吉林、黑龙江、内蒙古等省区，朝鲜、俄罗斯西伯利亚及远东

用途：全草药用，饲用

Saussurea amara D C. ＝ *S. glomerata* Poir.

中名：草地风毛菊、驴耳风毛菊

生活型与生境：G；盐碱地，草原，杂草地

区系与分布：东北区、华北区、蒙古区、兴安区；我国东北、华北、西北，蒙古、俄罗斯西伯利亚、中亚、欧洲

用途：全草药用，饲用

Saussurea odontolepis Schultz Bip.

中名：齿苞风毛菊

生活型与生境：G；固定沙丘，草甸草原

区系与分布：东北区、华北区、兴安区；我国东北、内蒙古，朝鲜、俄罗斯西伯利亚

用途：全草药用，饲用

Saussurea runcinata D C.

中名：倒羽叶风毛菊、碱地风毛菊

生活型与生境：G；盐碱地

区系与分布：蒙古区；我国东北、内蒙古、河北、山西、陕西、宁夏等省区，蒙古、俄罗斯西伯利亚

用途：全草药用，饲用

var. *integrifolia* H. C. Fu et D. S. Wen 全叶碱地风毛菊

Scorzonera albicaulis Bge.

中名：华北鸦葱、笔管草

生活型与生境：H；草甸草原，干草原，草甸，固定沙丘

区系与分布：华北区、东北区；我国东北、华北、西北，朝鲜、蒙古、俄罗斯西伯利亚及远东

用途：全草药用

Scorzonera austriaca Willd. ＝ *S. glabra* Rupr. ＝*S. ruprechtiana* Lipsch. et Krasch.

中名：鸦葱

生活型与生境：H；干草原

区系与分布：华北区、东北区、蒙古区；我国东北、内蒙古、河北、山东、山西、陕西、宁夏、甘肃、青海等省区，蒙古、中亚、中欧、俄罗斯

用途：全草药用

Scorzonera mongolica Maxim.

中名：蒙古鸦葱

生活型与生境：H；干草原

区系与分布：蒙古区；我国东北、内蒙古

用途：全草药用

Senecio ambraceus Turcz.

中名：琥珀千里光、大花千里光

生活型与生境：H；草甸

区系与分布：华北区、蒙古区；我国东北、华北，蒙古、朝鲜、俄罗斯西伯利亚及远东

用途：全草药用，饲用

Senecio argunensis Turcz.

中名：额河千里光、羽叶千里光

生活型与生境：H；草甸草原，丘陵

区系与分布：东北区、华北区、兴安区；我国东北、华东、华北、西北，蒙古、俄罗斯、日本

用途：全草药用，饲用

Klasea centauroides（L.）Cass. ＝ *Serratula centauroides* L. ＝ *S. komarovii* Iijin ＝ *S. yamatsutana* Kitag.

中名：麻花头、草地麻花头、兴安麻花头

生活型与生境：H；干草原，固定沙丘

区系与分布：华北区、兴安区、蒙古区；我国东北、内蒙古、河北、山西、陕西等省区，蒙古、俄罗斯西伯利亚

用途：饲用

Sonchus brachyotus D C. ＝ *S. arvensis* L.

中名：长裂苦苣菜、苣荬菜

生活型与生境：H，G；田间

区系与分布：华北区、东北区、蒙古区、兴安区；我国各地，朝鲜、蒙古、日本、俄罗斯

用途：全草药用，嫩苗食用，饲用

Sonchus oleraceus L.

中名：苦苣菜

生活型与生境：Th，H；田间，撂荒地

区系与分布：东北区、华北区、蒙古区、兴安区；我国各地，世界各地均有分布

用途：全草药用，饲用

Taraxacum scariosum（Tausch）Kirsch. & Štepan. = *T. asiaticum* Dahlst.

中名：深裂蒲公英、戟叶蒲公英

生活型与生境：H；草甸草原，草甸

区系与分布：东北区、华北区；我国东北、内蒙古、河北、山西、陕西、甘肃、四川等省区，朝鲜

用途：全草药用，嫩苗可食，饲用

Taraxacum erythropodium Kitag.

中名：淡红座蒲公英、红梗蒲公英

生活型与生境：H；草甸，道旁

区系与分布：东北区、华北区；我国东北、内蒙古、河北等省区

用途：全草药用，嫩苗可食，饲用

Taraxacum mongolicum Hand-Mazz.

中名：蒲公英、蒙古蒲公英

生活型与生境：H；湿草地，路旁

区系与分布：华北区；我国东北、华北、华东、华中、西北、西南，朝鲜、蒙古、俄罗斯

用途：全草药用，嫩苗可食，饲用

Taraxacum ohwianum Kitam.

中名：东北蒲公英

生活型与生境：H；草甸草原

区系与分布：东北区；我国东北、内蒙古，朝鲜、俄罗斯远东

用途：全草药用，嫩苗可食，饲用

Taraxacum sinicum Kitag.

中名：碱地蒲公英、华蒲公英

生活型与生境：H；碱地，碱斑

区系与分布：华北区、蒙古区；我国东北、华北、西北、西南，蒙古、俄罗斯西

伯利亚

用途：全草药用，嫩苗可食，饲用

Tephroseris kirilowii Holub = *Senecio integrifolius* Claiv.

中名：狗舌草

生活型与生境：H；草甸草原

区系与分布：东北区、华北区、蒙古区、兴安区；我国北部各省区，朝鲜、日本、俄罗斯

用途：药用，饲用

Tripolium pannonicum（Jacquin）Dobroczajeva = *T. vulgare* Ness. Gen. et Spes. = *Aster tripolium* L.

中名：碱菀、铁杆蒿

生活型与生境：Th；盐碱地

区系与分布：华北区、蒙古区、兴安区；我国东北、华北、西北、华东，朝鲜、蒙古、日本、俄罗斯、中亚、伊朗、欧洲、北美

用途：饲用

Turczaninowia fastigiatus（Fisch.）D. C.

中名：女菀

生活型与生境：H；草甸草原

区系与分布：东北区、华北区；我国东北、华北、陕西及长江流域各省区，朝鲜、日本、俄罗斯西伯利亚及远东

用途：饲用

Xanthium strumarium L. =*X. sibiricum* Patin ex Willd.

中名：苍耳

生活型与生境：Th；路旁

区系与分布：东北区、华北区；我国各地，朝鲜、日本、伊朗、印度、中亚、俄罗斯西伯利亚及远东、欧洲

用途：果药用

Typhaceae 香蒲科

Typha minima Funk.

中名：小香蒲

生活型与生境：G，HH；水泡，沼泽中

区系与分布：华北区、蒙古区；我国东北、华北、西北，欧洲、亚洲北部

用途：花粉、根茎药用，纤维植物

Typha orientalis Presl.

中名：香蒲

生活型与生境：G，HH；水泡，沼泽中

区系与分布：东北区、蒙古区华北区；我国东北、华北、华东，日本、俄罗斯远东、菲律宾

用途：花粉、根茎药用，纤维植物

Poaceae 禾本科

Achnatherum sibiricum（L.）Keng

中名：羽茅、光颖芨芨草

生活型与生境：H；干草原

区系与分布：蒙古区；我国东北、内蒙古，蒙古、俄罗斯

用途：饲用

Aeluropus sinensis（Debeaux）Tzvel. = *A. litthoralis* Parl. var. *sinensis* Debeaux

中名：獐毛

生活型与生境：H；盐碱地

区系与分布：华北区、蒙古区；我国东北、华北、西北、西南、新疆等省区，蒙古

用途：饲用，全草药用

Agropyron cristatum（L.）Gaertn.

中名：冰草

生活型与生境：H；固定沙丘，丘陵

区系与分布：蒙古区；我国东北西部、内蒙古、河北、山西、宁夏、甘肃、青海、新疆等省区，蒙古、中亚、俄罗斯西伯利亚、北美

用途：饲用

Agropyron michnoi Roshev.

中名：根茎冰草、米氏冰草

生活型与生境：H，G；沙地，沙丘

区系与分布：蒙古区；我国东北西部、内蒙古，蒙古、俄罗斯西伯利亚

用途：饲用

Alopecurus aequalis Sobol.

中名：看麦娘

生活型与生境：Th；湿草甸，田边湿地

区系与分布：华北区、东北区、蒙古区、兴安区；我国各地，欧亚大陆温带及北美

用途：饲用

Arthraxon hispidus（Thunb.）Makino

中名：荩草

生活型与生境：Th；草甸

区系与分布：华北区、东北区；我国各地，朝鲜、蒙古、日本、俄罗斯远东

用途：饲用

Arundinella hirta（Thunb.）Tanaka

中名：野古草、毛秆野古草

生活型与生境：H，G；草甸草原，草甸

区系与分布：华北区；除青藏高原、新疆外全国各地，蒙古、俄罗斯、朝鲜、日本

用途：饲用

Beckmannia syzigachne（Steud.）Fern.

中名：茵草

生活型与生境：Th；路边湿草地，水边

区系与分布：华北区、蒙古区、东北区、兴安区；我国各地，世界广布种

用途：饲用，种子可食用

Bromus inermis Layss.

中名：无芒雀麦

生活型与生境：H，G；路边，草甸草原

区系与分布：华北区、蒙古区、兴安区；我国东北、华北、西北，欧亚大陆温带地区

用途：饲用

Calamagrostis epigejos（L.）Roth.

中名：拂子茅、狼尾草

生活型与生境：H，G；草甸，草甸草原

区系与分布：华北区、蒙古区、东北区、兴安区；我国各地，欧亚温带地区均有分布

用途：饲用

Calamagrostis macrolepis Litv. = *C. rigidula* Bar. et SKv.

中名：大拂子茅、硬拂子茅

生活型与生境：H，G；草甸，草甸草原

区系与分布：华北区、蒙古区；我国东北、内蒙古、河北、山西、青海等省区，蒙古、俄罗斯西伯利亚、中亚、欧洲

用途：饲用

Calamagrostis pseudophragmites（Hall. F. ）Koel.

中名：假苇拂子茅

生活型与生境：H，G；草甸，草甸草原

区系与分布：华北区、蒙古区、兴安区；我国东北、华北、西北、四川、湖北、贵州、云南等省区，欧洲亚洲温带地区均有分布

用途：饲用

Cleistogenes hackelii（Honda）Honda = *C. chinensis*（Maxim. ）Keng

中名：朝阳隐子草、中华隐子草

生活型与生境：H；干草原

区系与分布：华北区、蒙古区；我国东北西部、内蒙古、河北、山西、陕西、宁夏、甘肃、青海等省区

用途：饲用

Cleistogenes squarrosa（Trin. ）Keng

中名：糙隐子草

生活型与生境：H；干草原

区系与分布：华北区；我国东北、华北、黄土高原、新疆等省区，蒙古、日本、中亚、俄罗斯西伯利亚及远东、欧洲

用途：饲用

Cenchrus calyculatus Cavan.

中名：蒺藜草

生活型与生境：Th；沙质土壤，沙丘

区系与分布：外来种；我国广东、广西、福建、云南、海南、台湾、内蒙古科左后旗、吉林，日本、印度、巴基斯坦、东南亚也有分布

用途：果期为害草，饲用

Chloris virgata Sw.

中名：虎尾草

生活型与生境：Th；碱性草地，碱斑，农田，路旁

区系与分布：华北区、东北区、蒙古区、兴安区；广布我国各地，除欧洲外世界各地

用途：饲用

Crypsis aculeata（L. ）Ait.

中名：隐花草、扎屁股草

生活型与生境：Th；碱斑，碱性地

区系与分布：华北区、蒙古区；我国东北、华北、西北、山东、江苏、安徽等省

区，欧亚大陆寒温地区

用途：饲用

Digitaria ciliaris（Roel.）Koel.

中名：升马唐、毛马唐

生活型与生境：Th；田间，路旁

区系与分布：华北区、东北区、蒙古区、兴安区；我国各地，世界各地，广布种

用途：饲用

Digitaria ischaemum Schreb.

中名：止血马唐

生活型与生境：Th；田间，路旁

区系与分布：华北区、东北区、蒙古区、兴安区；我国各地，世界各地，广布种

用途：饲用

Digitaria sanguinalis（L.）Scop.

中名：马唐

生活型与生境：Th；田间，路旁

区系与分布：东北区；我国东北，广布于温带和亚热带山地

用途：饲用

Echinochloa crusgalli（L.）Beauv.

中名：稗、野稗、水稗、稗子

生活型与生境：Th；湿地，田间杂草，路边

区系与分布：华北区、东北区、蒙古区；我国各地，世界各地，广布种

用途：饲用，种子可食用

var. *caudata*（Rosh.）Kitag. 长芒野稗

var. *coryzicola*（Vasing）Ohwi 水田稗

var. *submutica*（Meyer）Kitag. 无芒野稗

Eleusine indica（L.）Gaertn.

中名：牛筋草、蟋蟀草

生活型与生境：Th；路旁

区系与分布：华北区；我国东北、华北、南方各省区，中亚、印度、美洲、非洲、大洋洲

用途：饲用，全草药用

Elymus dahuricus Turcz. = *C. dahuricus*（Turcz.）Nevski

中名：披碱草

生活型与生境：H；草甸草原，路旁

区系与分布：华北区、蒙古区、兴安区；我国东北、内蒙古、河北、山西、河南、陕西、青海、四川、新疆等省区，朝鲜、日本、蒙古、俄罗斯

用途：饲用

Elymus excelsus Turcz. = *C. excelsus* (Turcz.) Nevski

中名：肥披碱草

生活型与生境：H；草甸草原，沙丘

区系与分布：华北区、东北区、兴安区；我国东北、河北、河南、内蒙古、山西、陕西、四川、甘肃、青海、新疆等省区，朝鲜、日本、俄罗斯

用途：饲用

Elymus sibiricus L. = *C. sibiricus* (L.) Nevski

中名：老芒麦

生活型与生境：H；草甸，路旁

区系与分布：蒙古区、东北区、兴安区；我国东北、内蒙古、河北、山西、陕西、甘肃、青海、新疆、四川、西藏等省区，朝鲜、日本、蒙古、俄罗斯

用途：饲用

Eragrostis pilosa (L.) Beauv.

中名：画眉草、星星草

生活型与生境：Th；路旁草地，田野

区系与分布：华北区、东北区、蒙古区、兴安区；我国各地，世界各地，广布种

用途：饲用，全草药用

Eragrostis minor Host = *E. poaeoides* Beauv.

中名：小画眉草

生活型与生境：Th；草甸草原，路旁

区系与分布：华北区、东北区、蒙古区、兴安区；我国各地，世界各地，广布种

用途：饲用

Eriochloa villosa (Thunb.) Kunth

中名：野黍

生活型与生境：Th；路旁草地，田野

区系与分布：华北区、东北区、蒙古区、兴安区；我国东北、华北、华东、华中、西南、福建等省区，日本、俄罗斯西伯利亚及远东、印度、伊朗

用途：饲用

Hemarthria sibirica (Gand.) Ohwi = *H. japonica* (Hack.) Roshev.

中名：牛鞭草

生活型与生境：H，G；草甸，草甸草原

区系与分布：华北区、东北区；我国东北、华北、华东、华中，朝鲜、日本、俄罗斯

用途：饲用

Anthoxanthum glabrum（Trinius）Veldkamp = *Hierochloe glabra* Trin.

中名：光稃茅香、光稃香草

生活型与生境：H，G；草甸草原，草甸，撂荒地

区系与分布：蒙古区；我国东北、内蒙古、河北、青海等省区，蒙古、日本、俄罗斯西伯利亚及远东

用途：饲用

Hordeum brevisubulatum（Trin.）Link

中名：短芒大麦草、野大麦

生活型与生境：H，G；碱性草甸草原，草甸，碱斑

区系与分布：蒙古区；我国东北、内蒙古、河北、陕西、宁夏、甘肃、青海、新疆、西藏等省区，蒙古、日本、俄罗斯、中亚

用途：饲用

Koeleria macrantha（Ledebour）Schult. = *Koeleria cristata*（L.）Pers.

中名：阿尔泰落草、落草

生活型与生境：H；干草原，草甸草原

区系与分布：华北区、东北区；我国东北、华北、西北及青藏高原，蒙古、日本、朝鲜、俄罗斯、欧洲、北美

用途：饲用

Leymus chinensis（Trin.）Tzvel. = *Aneurolepidium chinense*（Trin.）Kitag.

中名：羊草、碱草

生活型与生境：H，G；草甸草原，草甸，盐碱化草甸

区系与分布：华北区、蒙古区、兴安区；我国东北、华北、西北、山东、新疆等省区，蒙古、朝鲜、俄罗斯、中亚

用途：饲用

Leymus secalinus（Georgi）Tzvel. = *A. dasystachys*（Trin.）Nevski

中名：赖草

生活型与生境：H，G；干草原，草甸草原

区系与分布：蒙古区；我国东北西部、内蒙古、河北、山西、甘肃、西藏等省区，朝鲜、日本、蒙古、俄罗斯、中亚

用途：饲用

Miscanthus sacchariflorus（Maxim.）Hack.

中名：荻

生活型与生境：H，G；草甸，固定沙丘

区系与分布：华北区、东北区、兴安区、蒙古区；我国东北、华北、西北、华东，日本、朝鲜、俄罗斯远东

用途：饲用，根茎药用

Pennisetum flaccidum Griseb.

中名：白草

生活型与生境：H，G；固定沙丘，路旁

区系与分布：华北区、蒙古区；我国东北、华北、西北、西南，中亚、日本、喜马拉雅地区

用途：饲用，根茎药用

Phalaris arundinacea L. = *Digrophis arundinacea*（L.）Trin.

中名：虉草

生活型与生境：H，G；湿地，草甸

区系与分布：华北区、东北区、蒙古区；我国东北、华北、华中、江苏、浙江等省区，温带地区均有分布

用途：饲用

Phragmites australis（Clav.）Trin. = *Ph. communis* Trin.

中名：芦苇

生活型与生境：H，G，HH；沼泽，水边

区系与分布：华北区、东北区、蒙古区、兴安区；我国各地，世界广布种

用途：纤维植物，根茎药用，嫩时可食，饲用

Phragmites hirsute Kitag.

中名：毛芦苇

生活型与生境：H，G；沙地

区系与分布：华北区；我国东北西部

用途：饲用，纤维植物

Poa pratensis L.

中名：草地早熟禾

生活型与生境：H，G；草甸草原

区系与分布：华北区、东北区、兴安区；我国东北、内蒙古、河北、山西、甘肃、山东、四川、江西等省区，广布北半球温带地区

用途：饲用

Poa sphondylodes Trin.

中名：硬质早熟禾

生活型与生境：H；草甸草原，干草原

区系与分布：华北区、东北区、蒙古区；我国东北、西北、华北、山东、江苏等省区，蒙古、日本、俄罗斯西伯利亚及远东

用途：饲用

Puccinellia chinampoensis Ohwi

中名：朝鲜碱茅

生活型与生境：H；碱性草甸草原，碱地

区系与分布：蒙古区；我国东北西部及内蒙古东部

用途：饲用

Puccinellia tenuiflora (Turcz.) Scribn. et Merr.

中名：星星草、小花碱茅

生活型与生境：H；碱性草甸草原，碱斑，碱泡子边

区系与分布：蒙古区；我国东北、华北，蒙古、俄罗斯西伯利亚、中亚

用途：饲用

Setaria arenaria Kitag.

中名：断穗狗尾草

生活型与生境：Th；沙质地，沙丘

区系与分布：华北区、蒙古区、东北区；我国东北西部、内蒙古东部、山西、甘肃等省区

用途：饲用

Setaria glauca (L.) Beauv.

中名：金色狗尾草

生活型与生境：Th；撂荒地

区系与分布：华北区、东北区、蒙古区、兴安区；我国各地，欧亚大陆广布种

用途：饲用，果可食用

Setaria viridis (L.) Beauv.

中名：狗尾草

生活型与生境：Th；撂荒地，田间

区系与分布：华北区、东北区、蒙古区、兴安区；我国各地，世界广布种

用途：饲用，果可食用，全草药用

var. *purparascens* Maxim. 紫狗尾草

Spodiopogon sibiricus Trin.

中名：大油芒

生活型与生境：H，G；草甸草原，干草原

区系与分布：华北区、东北区、蒙古区、兴安区；我国东北、华北、华东、西北，蒙古、朝鲜、日本、俄罗斯东西伯利亚

用途：饲用

Stipa baicalensis Roshev.

中名：狼针草、贝加尔针茅

生活型与生境：H；干草原

区系与分布：蒙古区、兴安区；我国东北西部、华北北部、黄土高原、甘肃、西藏等省区，蒙古、日本、俄罗斯西伯利亚及远东

用途：纤维植物，饲用，果对羊有害

Stipa grandis P. Smirn.

中名：大针茅

生活型与生境：H；干草原

区系与分布：蒙古区；我国东北西部、内蒙古、黄土高原等省区，蒙古、日本、俄罗斯东西伯利亚

用途：纤维植物，饲用，果对牲畜有害

Tragus berteronianus Schult.

中名：虱子草

生活型与生境：Th；固定沙丘，干草原

区系与分布：蒙古区；我国东北西部及内蒙古东部

用途：饲用

Zizania latifolia（Griseb.）Stapf = *Z. caduciflora*（Turcz.）Hand-Mazz.

中名：菰

生活型与生境：G，HH；水中，水泡子边

区系与分布：华北区、东北区、蒙古区；我国各地，日本、朝鲜、俄罗斯、东南亚、欧洲

用途：饲用

Cyperaceae 莎草科

Carex duriuscula C. A. M.

中名：寸草、寸草苔

生活型与生境：H，G；草甸草原，草甸，山坡草地

区系与分布：蒙古区、兴安区；我国东北、内蒙古、河北等省区，蒙古、朝鲜、俄罗斯西伯利亚及远东

用途：饲用，草坪植物

Carex heterostachya Bge.

中名：异穗薹草

生活型与生境：H，G；湿草甸

区系与分布：华北区；我国东北、内蒙古东部、华北、山东、河南、陕西、甘肃等省区，朝鲜

用途：饲用

Eleocharis palustris Bge. = *E. intersita* Zinserl.

中名：沼泽荸荠、针蔺、中间型荸荠

生活型与生境：H，G，HH；湿地，沼泽

区系与分布：华北区、东北区、蒙古区、兴安区；我国东北、内蒙古，蒙古、朝鲜、俄罗斯、欧洲、北美

用途：饲用

Bolboschoenus maritimus（L.）Palla. = *Scirprs fluriatilis*（Torr.）A. Gray. = *S. yagara* Ohwi

中名：海滨三棱草、三棱草、荆三棱

生活型与生境：H，G，HH；草甸，沼泽

区系与分布：华北区、东北区；我国东北、华北、西南、长江流域，朝鲜、日本、俄罗斯

用途：饲用

Schoenoplectus tabernaemontani Gmel.

中名：水葱

生活型与生境：H，G，HH；积水地

区系与分布：华北区、东北区、蒙古区；我国各地，朝鲜、日本、俄罗斯、中亚、欧洲、大洋洲、北美

用途：饲用

Schoenoplectus triqueter L.

中名：三棱水葱、三棱藨草、藨草

生活型与生境：H，G，HH；沼泽地

区系与分布：东北区、华北区；我国各地，朝鲜、日本、俄罗斯、中亚、欧洲、北美

用途：饲用

Commelinaceae 鸭跖草科

Commelina communis L.

中名：鸭跖草

生活型与生境：Th；路边湿地，田间

区系与分布：华北区、东北区；我国东北、华北、华东、华中、华南、西南，朝鲜、日本、俄罗斯、越南、北美

用途：饲用，全草药用

Juncaceae 灯心草科

Juncus bufonius L.

中名：小灯心草

生活型与生境：Th，HH；水湿地，草甸，路旁，碱泡子边

区系与分布：华北区、东北区、蒙古区、兴安区；我国长江以北各省区及四川、云南，蒙古、朝鲜、俄罗斯、欧洲、北美

用途：饲用

Amaryllidaceae 石蒜科

Allium anisopodium Ledeb.

中名：矮韭

生活型与生境：G；固定沙丘，干草原

区系与分布：华北区、东北区、蒙古区；我国东北、内蒙古、山东、河北、新疆等省区，蒙古、朝鲜、俄罗斯

用途：饲用

Alliumcondensatum Turcz.

中名：黄花葱

生活型与生境：G；草甸草原，干草原

区系与分布：华北区、东北区、蒙古区；我国东北、内蒙古、河北、山东、山西等省区，蒙古、朝鲜、俄罗斯

用途：蜜源植物

Alliummacrostemon Bge.

中名：薤白、小根蒜

生活型与生境：G；田间，草地，草原

区系与分布：华北区、东北区、蒙古区、兴安区；我国各地，蒙古、朝鲜、日本、俄罗斯

用途：食用，鳞茎药用

Allium neriniflorum （Herb.）G. Don

中名：长梗韭、长梗葱

生活型与生境：G；草甸草原，沙质地

区系与分布：蒙古区；我国东北、内蒙古、河北等省区，蒙古、俄罗斯

用途：饲用，蜜源植物，鳞茎可食

Allium ramosum L. ＝*A. odorum* L.

中名：野韭

生活型与生境：G；草甸，草甸草原，固定沙丘

区系与分布：东北区、华北区、蒙古区；我国东北、华北、西北，中亚、蒙古、俄罗斯

用途：食用，饲用，蜜源

Alliumpolyrhizum Turcz.

中名：碱韭

生活型与生境：G；碱斑

区系与分布：蒙古区；我国东北西部、内蒙古、河北、山西、宁夏、甘肃、青海、新疆等省区，蒙古、中亚、俄罗斯

用途：饲用，食用，蜜源

Allium bidentatum Fisch. ex Prokh. ＝ *A. salsum* Skv. et Bar.

中名：砂韭、丝韭

生活型与生境：G；干草原，草甸草原

区系与分布：华北区、蒙古区；我国东北、内蒙古、河北、山西、宁夏、新疆等省区，蒙古、俄罗斯

用途：饲用

Alliumtenuissimum L.

中名：细叶韭

生活型与生境：G；干草原

区系与分布：华北区、蒙古区；我国东北、内蒙古、河北、山西、宁夏、甘肃、山东、河南、四川、江苏等省区，蒙古、俄罗斯

用途：饲用，蜜源，花序食用

Asparagaceae 天门冬科

Anemarrhena asphodeloides Bge.

中名：知母

生活型与生境：G；草甸草原，干草原，固定沙丘

区系与分布：蒙古区；我国东北西部、华北、西北、华东，蒙古、朝鲜

用途：根茎药用，饲用

Asparagus brachyphyllus Thrcz.

中名：攀援天门冬、海滨天冬

生活型与生境：G；碱性草原，碱斑

区系与分布：华北区、东北区；我国东北西部、华北、西北，朝鲜、蒙古、俄罗斯

用途：观赏

Asparagus oligoclonos Maxim.

中名：南玉带

生活型与生境：G；草甸草原，干草原，固定沙丘

区系与分布：华北区、东北区；我国东北、内蒙古、河北、山东、河南等省区，朝鲜、日本、俄罗斯远东

用途：全草药用，观赏

Polygonatum humile Fisch.

中名：小玉竹

生活型与生境：G；固定沙丘，草甸草原

区系与分布：华北区、东北区、兴安区；我国东北、华北，朝鲜、日本、俄罗斯西伯利亚及远东

用途：根茎药用，饲用

Polygonatum sibiricum Deler. ex Redoute

中名：黄精

生活型与生境：G；固定沙丘

区系与分布：东北区、华北区、蒙古区；我国东北、华北、华东、西北，朝鲜、蒙古、俄罗斯西伯利亚及远东

用途：根茎药用，饲用

Polygonatum stenophyllum Maxim.

中名：狭叶黄精

生活型与生境：G；固定沙丘，草甸

区系与分布：东北区；我国东北，朝鲜、俄罗斯远东

用途：根茎药用，饲用

Barnardia japonica (Thunberg) Schultes & J. H. Schultes = *Scilla sinensis* (Lour.) Merr.

中名：绵枣儿

生活型与生境：G；山坡草地，草甸草原，草甸

区系与分布：华北区、东北区；我国东北、华北、华东、华中、西南，朝鲜、日本、俄罗斯远东

用途：全草药用

Asphodelaceae 阿福花科

Hemerocallis minor Mill.

中名：小黄花菜、黄花菜

生活型与生境：H，G；草甸，草甸草原

区系与分布：华北区、东北区、蒙古区、兴安区；我国东北、华北、西北，朝鲜、俄罗斯远东

用途：花食用，根药用

Liliaceae 百合科

Lilium pumilum D C. ＝ *A. tenuifolium* Fisch.

中名：山丹、细叶百合

生活型与生境：G；草甸草原，草甸

区系与分布：华北区、东北区、蒙古区、兴安区；我国东北、华北、西北、山东、河南等省区，朝鲜、蒙古、俄罗斯西伯利亚及远东

用途：鳞茎药用和食用，饲用

Iridaceae 鸢尾科

Iris dichotoma Pall.

中名：野鸢尾、白射干

生活型与生境：H，G；草甸草原，干草原

区系与分布：华北区、东北区、兴安区；我国东北、华北、西北、华东、华中，蒙古、俄罗斯西伯利亚及远东

用途：园艺，根状茎药用

Belamcanda chinensis（L.）Redouté

中名：射干、射干鸢尾

生活型与生境：H，G；林缘或山坡草地

区系与分布：华北区、东北区、兴安区；我国东北西部、华北、西北、华南等省区，朝鲜、日本、印度、越南、俄罗斯

用途：根状茎药用

Iris lactea Pall. ＝ *I. lactea* Pall. var. *chinensis*（Fisch.）Koidz.

中名：马蔺、马莲

生活型与生境：H；路旁，草甸草原

区系与分布：东北区、蒙古区；我国东北、华北、西北、华东、华中、西南，蒙古、朝鲜、俄罗斯、中亚

用途：纤维植物，蜜源植物，观赏，饲用

Iris tenuifolia Pall.

中名：细叶鸢尾

生活型与生境：H；固定沙丘，干草原

区系与分布：蒙古区；我国东北、华北、西北、西藏等省区，蒙古、俄罗斯、中亚

用途：纤维植物

Orchidaceae 兰科

Spiranthes sinensis（Pers.）Ames = *S. amoena* Sprengel

中名：绶草

生活型与生境：G；草甸草原，干草原，固定沙丘

区系与分布：华北区、东北区；我国各大区，朝鲜、日本、蒙古、俄罗斯西伯利亚及远东

用途：药用

生活型注释

Ph–高位芽，M–乔木，N–灌木，M、N–小乔木、灌木状，Ch–地上芽植物，H–地面芽植物，G–地下芽植物，HH–水湿生植物，Th–一年生植物

附录 2　松嫩研究站土壤动物名录

原生动物门 Protozoa

轮形动物门 Rotifera

Digononta 双巢纲

1 蛭态目 Bdelloidea

（1）盘网轮科 Adinetidae

盘网轮属 *Adineta*

（2）宿轮科 Habrotrochidae

宿轮属 *Habrotrocha*

（3）旋轮科 Philodinidae

间盘轮属 *Dissotrocha*

粗径轮属 *Macrotrachela*

蛭轮属 *Mniobia*

旋轮属 *Philodina*

轮虫属 *Rotaria*

Monogononta 单巢纲

1 游泳目 Ploimida

（1）椎轮科 Notommatidae

巨头轮属 *Cephalodella*

线虫动物门 Nemata

Secernentea 泄管纲

1 垫刃目 Tylenchida

（1）真滑刃科 Aphelenchidae

真滑刃属 *Aphelenchus*

（2）滑刃科 Aphelenchoididae

滑刃属 *Aphelenchoides*

（3）环科 Criconematidae

环属 *Criconema*

（4）纽带科 Hoplolaimidae

螺旋属 *Helicotylenchus*

盘旋属 *Rotylenchus*

（5）伪垫刃科 Nothotylenchidae

散香属 *Boleodorus*

（6）针科 Paratylenchidae

针属 *Paratylenchus*

（7）短体线虫科 Pratylenchidae

伪垫刃属 *Nothotylenchus*

短体属 *Pratylenchus*

（8）垫刃科 Tylenchidae

裸矛属 *Psilenchus*

垫刃属 *Tylenchus*

（9）矮化科 Tylenchorhynchidae

矮化属 *Tylenchorhynchus*

2 小杆目 Rhabditida

（1）头叶科 Cephalobidae

拟丽突属 *Acrobeloides*

头叶属 *Cephalobus*

鹿角唇属 *Cervidellus*

板唇属 *Chiloplacus*

（2）双胃科 Diplogsteridae

双胃属 *Diplogaster*

（3）杆状线虫科 Rhabditidae

三等齿属 *Pelodera*

杆状线虫属 *Rhabditis*

（4）畸头科 Teratocephalidae

畸头属 *Teratocephalus*

Adenophorea 泄腺纲

1 窄咽目 Araeolaimida

（1）绕线科 Plectidae

似绕线属 *Anaplectus*

绕线属 *Plectus*

2 矛线目 Dorylaimida

（1）膜皮科 Diphtherophoridae

膜皮属 *Diphtherophora*

（2）矛线科 Dorylaimidea

孔咽属 *Aporcelaimus*

中矛线属 *Mesodorylaimus*

（3）长针科 Longidoridae

剑属 *Xiphinema*

3 嘴刺目 Enoplida

（1）烙线虫科 Ironidae

伊龙属 *Ironus*

4 色矛目 Chromadorida

（1）色矛线虫科 Chromadoridae

色矛属 *Chromadorita*

（2）杯咽线虫科 Cyatholaimidae

异色矛属 *Achromadora*

拟杯咽属 *Paracyatholaimus*

5 单齿目 Mononchida

（1）单齿科 Mononchidae

基齿属 *Iotonchus*

单齿属 *Mononchus*

矬齿属 *Mylonchulus*

环节动物门 Annelida

Oligochaeta 寡毛纲

1 颤蚓目 Tubificida

（1）线蚓科 Enchytraeidae

裸线蚓属 *Achaeta*

线蚓属 *Enchytraeus*

2 正蚓目 Lumbricida

（1）正蚓科 Lumbricidae

爱胜蚓属 *Eisenia*

正蚓属 *Lumbricus*

（2）链胃蚓科 Moniligastridae

杜拉蚓属 *Drawida*

软体动物门 Mollusca

Gastropoda 腹足纲

1 中腹足目 Mesogastropoda

（1）环口螺科 Cyclophoridae

双边凹螺属 *Chamalycaeus*

拇指螺属 *Pollicaria*

2 基眼目 Basommatophora

（1）果瓣螺科 Carychiidae

3 柄眼目 Stylommatophora

（1）拟阿勇蛞蝓科 Ariophantidae

（2）巴蜗牛科 Bradybaenidae

华蜗牛属 *Cathaica*

（3）槲果螺科 Cochlicopidae

（4）琥珀螺科 Succineidae

（5）瓦娄蜗牛科 Valloniidae

（6）虹蛹螺科 Pupillidae

缓步动物门 Tardigrada

Heterotardigrada 异缓步纲

1 棘节目 Echiniscoidea

（1）棘影科 Echiniscidae

苔小猪属 *Bryodelphax*

棘影属 *Echiniscus*

假棘影属 *Pseudechiniscus*

Eutardigrada 真缓步纲

1 离爪目 Apochela

（1）小斑科 Milnesiidae

小斑属 *Milnesium*

2 并爪目 Parachela

（1）高生熊虫科 Hypsibiidae

高生属 *Hypsibius*

（2）大生科 Macrobiotidae

大生属 *Macrobiotus*

节肢动物门 Arthropoda

Arachnida 蛛形纲

1 蜘蛛目 Araneae

（1）安蛛科 Anapidae

（2）近管蛛科 Anyphaenidae

（3）园蛛科 Araneidae

（4）水蛛科 Argyronetidae

（5）地蛛科 Atypidae

地蛛属 *Atypus*

（6）螲蟷科 Ctenizidae

（7）平腹蛛科 Gnaphosidae

（8）栅蛛科 Hahniidae

（9）巨蟹蛛科 Heteropodidae

（10）弱蛛科 Leptonetidae

弱蛛属 *Leptoneta*

（11）光盔蛛科 Liocranidae

（12）节板蛛科 Liphistiidae

七纺蛛属 *Heptathela*

（13）狼蛛科 Lycosidae

（14）拟态蛛科 Mimetidae

（15）卵形蛛科 Oonopidae

（16）逍遥蛛科 Philodromidae

（17）粗螯蛛科 Prodidomidae

（18）跳蛛科 Salticidae

（19）花皮蛛科 Scytodidae

（20）类石蛛科 Segestriidae

（21）刺客蛛科 Sicariidae

（22）肖蛸科 Tetragnathidae

（23）捕鸟蛛科 Theraphosidae

（24）球珠科 Theridiidae

（25）球体蛛科 Theridiosomatidae

（26）蟹蛛科 Thomisidae

（27）拟平腹蛛科 Zodariidae

（28）逸蛛科 Zoropsidae

2 盲蛛目 Opiliones

（1）长奇盲蛛科 Phalangiidae

双齿盲蛛属 *Bidentolophus*

3 寄满目 Parasiformes

中气门亚目 Mesostigmata

（1）美绥螨科 Ameroseiidae

美绥螨属 *Ameroseius*

拟表刻螨属 *Epicriopsis*

克螨属 *Kleenannia*

（2）囊螨科 Ascidae

囊螨属 *Ascidae*

（3）表刻螨科 Epicriidae

表刻属 *Epicrius*

（4）厉螨科 Laelapidae

下盾螨属 *Hypoaspis*

土厉螨属 *Oloaelaps*

（5）土革螨科 Ologamasidae

小革螨属 *Gamasellus*

革伊螨属 *Gamasiphis*

（6）厚厉螨科 Pachylaelapidae

厚厉螨属 *Pachylaelaps*

厚绥螨属 *Pachyseius*

（7）寄螨科 Parasitidae

（8）派盾螨科 Parholaspididae

全盾螨属 *Holaspulus*

新派盾螨属 *Neparholaspis*

小派盾螨属 *Parholaspulus*

派盾螨属 *Parolaspis*

前小派盾螨属 *Proparholaspulus*

（9）植绥螨科 Phytoseiidae

（10）足角螨科 Podocinidae

足角螨属 *Podocinum*

（11）胭螨科 Rhodacaridae

小胭螨属 *Rhodacarellus*

胭螨属 *Rhodacarus*

（12）尾足螨科 Uropodidae

（13）维螨科 Veigaiidae

维螨属 *Veigaia*

（14）蚖螨科 Zerconidae

蚖螨属 *Zercon*

4 真螨目

前气门亚目 Prostigmata

（1）大赤螨科 Angstidae

（2）吸螨科 Bdellidae

吸螨属 *Bdella*

（3）盲蛛螨科 Caeculidae

（4）小黑螨科 Caligonellidae

小黑螨属 *Caligonella*

（5）肉食螨科 Cheylrtidae

肉食螨属 *Cheylteus*

（6）隐鄂螨科 Cryptognathidae

隐鄂螨属 *Cryptognathus*

（7）巨须螨科 Cunaxidae

巨须螨属 *Cunaxa*

拟邦佐螨属 *Pseudobonzia*

（8）赤螨科 Erythraeidae

（9）小真古螨科 Eupalopsellidae

（10）携卵螨科 Labidostommidae

（11）微离螨科 Microdispidae

奇矮螨属 *Allopygmephorus*

布伦螨属 *Brennandania*

（12）叶爪螨科 Penthaleidae

（13）矮蒲螨科 Pygmephoridae

麦氏螨属 *Mahunkania*

（14）莓螨科 Rhagidiidae

（15）缝鄂螨科 Raphignathidae

缝鄂螨属 *Raphignathus*

（16）盾螨科 Scutacaridae

盾螨属 *Scutaracu*

（17）长须螨科 Stigmaeidae

长须螨属 *Stigmaeus*

（18）跗线螨科 Tarsonmidae

跗线螨属 *Tarsonemus*

（19）绒螨科 Trombidiidae

（20）异小黑螨科 Xenocaligonellidae

异小黑螨属 *Xenocaligonellidus*

隐气门亚目 Crytostigmata

（1）角翼甲螨科 Achipteridae

无前翼甲螨属 *Anachipteria*

（2）无领甲螨科 Ameridae

新领甲螨属 *Caenosamerus*

残领甲螨属 *Defectamerus*

（3）直卷甲螨科 Archoplophoridae

直卷甲螨属 *Archoplophora*

（4）阿斯甲螨科 Astegistidae

阿斯甲螨属 *Astegistes*

刀肋甲螨属 *Cultroribula*

叉肋甲螨属 *Furcoribula*

（5）洼甲螨科 Camisiidae

洼甲螨属 *Camisia*

半懒甲螨属 *Heminothrus*

平懒甲螨属 *Platynothrus*

（6）步甲螨科 Carabodidae

步甲螨属 *Carabodes*

（7）鲜甲螨科 Cepheidae

真翅背甲螨属 *Eupterotegaeus*

（8）尖棱甲螨科 Ceratozetidae

尖棱甲螨属 *Ceratozetes*

（9）缰扳腮甲螨科 Chamobatidae

缰扳腮甲螨属 *Chamobates*

（10）卷边甲螨科 Cymbaeremaeidae

船甲螨属 *Scapheremus*

（11）珠甲螨科 Damaeidae

珠足甲螨属 *Belba*

（12）滑珠甲螨科 Damaeolidae

隐肋甲螨属 *Costeremus*

（13）上罗甲螨科 Epilohmanniidae

上罗甲螨属 *Epilohmannia*

拟上罗甲螨属 *Epilohmannoides*

（14）龙足甲螨科 Eremaeidae

龙足甲螨属 *Eremaeus*

（15）沙甲螨科 Eremulidae

沙甲螨属 *Eremulus*

（16）真罗甲螨科 Eulohmanniidae

真罗甲螨属 *Eulohmannia*

（17）真卷甲螨科 Euphthiracaridae

微三甲螨属 *Microtritia*

（18）大翼甲螨科 Galumnidae

大翼甲螨属（*Galumna*）

（19）小大翼甲螨科 Galumnellidae

孔翼甲螨属 *Porogalumnella*

（20）小赫甲螨科 Hermanniellidae

小赫甲螨属 *Hermanniella*

（21）赫甲螨科 Hermanniidae

赫甲螨属 *Hermannia*

（22）缝甲螨科 Hypochthoniidae

缝甲螨属 *Hypochthonius*

（23）丽甲螨科 Liacaridae

丽甲螨属 *Liacarus*

（24）高壳甲螨科 Liodidae

高壳甲螨属 *Liodes*

平壳甲螨属 *Platyliodes*

（25）罗甲螨科 Lohmanniidae

罗甲螨属 *Lohmannia*

爪哇甲螨属 *Javacarus*

裂甲螨属 *Meristacarus*

混居甲螨属 *Mixacarus*

（26）盲甲螨科 Malaconothridae

盲甲螨属 *Malaconothrus*

（27）小棱甲螨科 Microzetidae

小棱甲螨属 *Microzetes*

（28）矮汉甲螨科 Nanhermanniidae

日本汉甲螨属 *Nippohermannia*

（29）懒甲螨科 Nothridae

懒甲螨属 *Nothrus*

（30）奥甲螨科 Oppiidae

隐奥甲螨属 *Cryptoppia*

拉奥甲螨属 *Lauroppia*

微奥甲螨属 *Microppia*

奥甲螨属 *Oppia*

小奥甲螨属 *Oppiella*

纹奥甲螨属 *Striatoppia*

（31）若甲螨科 Oribatulidae

庭甲螨属 *Dometorina*

若甲螨属 *Oribatula*

（32）三甲螨科 Oribotritiidae

三甲螨属 *Oribotritia*

（33）耳头甲螨科 Otocepheidae

隐甲螨属 *Dolicheremaeus*

裂头甲螨属 *Fissicepheus*

（34）古甲螨科 Palaeacaridae

古甲螨属 *Palaeacarus*

（35）副大翼甲螨科 Parakalumnidae

新肋甲螨属 *Neoribates*

原大翼甲螨属 *Protokalumna*

（36）全罗甲螨科 Perlohmanniidae

全罗甲螨属 *Perlohmannia*

（37）里奥甲螨科 Rioppiidae

琴甲螨属 *Lyroppia*

（38）菌甲螨科 Scheloribatidae

菌甲螨属 *Scheloribates*

（39）垂盾甲螨科 Scutoverticidae

下盾甲螨属 *Hypovertex*

（40）盾珠甲螨科 Suctobelbidae

异盾珠甲螨属 *Allosuctobelba*

（41）联甲螨科 Synichotritiidae

联甲螨属 *Synichotritia*

（42）盖头甲螨科 Tectocepheidae

盖头甲螨属 *Tectocepheus*

（43）木单翼甲螨科 Xylobatidae

全单翼甲螨属 *Perxylobates*

木单翼甲螨属 *Xylobates*

（44）毛跳甲螨科 Zetomotrichidae

格甲螨属 *Ghiralovus*

（45）跳甲螨科 Zetorchestidae

小跳甲螨属 *Microzetorchestes*

跳甲螨属 *Zetorchestidae*

　　　　Malacostraca 软甲纲

1 等足目 Isopoda

（1）鼠妇科 Porcellionidae

鼠妇虫属 *Porcellio*

（2）潮虫科 Oniscidae

　　　　Myriapoda 多足纲

　　　　Chilopoda 唇足纲

1 蜈蚣目 Scolopendromorpha

（1）蜈蚣科 Scolopendridae

2 石蜈蚣目 Lithobiomorpha

3 地蜈蚣目 Geophilomorpha

（1）地蜈蚣科 Geophilidae

地蜈蚣属 *Geophilus*

　　　　Protura 原尾纲

　　　　Collembola 弹尾纲

1 弹尾目 Collembola

（1）短吻跳科 Brachystomellidae

短吻跳属 （*Brachystomella*）

（2）驼跳科 Cyphoderidae

刺驼跳属 *Cyphoderopsis*

（3）长角跳科 Entomobryidae

刺跳属 *Acanthocyrtus*

长跳属 *Entomobrya*

鳞长跳属 *Lepidocyrtus*

裸长角跳属 *Sinella*

（4）球角跳科 Hypogastruridae

四刺球角跳属 *Chinogastrura*

球角跳属 *Hypogastrura*

奇跳属 *Xenylla*

泡角跳属 *Ceratophysella*

（5）等节跳科 Isotomidae

库跳属 *Coloburella*

符跳属 *Folsomia*

类符跳属 *Folsomina*

原等跳属 *Proisotoma*

拟缺跳属 *Pseudanurophorus*

二刺跳属 *Uzelia*

次等跳属 *Subisotoma*

（6）疣跳科 Neanridae

疣跳属 *Neanura*

（7）短角跳科 Neelidae

短角跳属 *Neelus*

（8）圆跳科 Sminthuridae

圆跳属 *Heterosminthurus*

铲圆跳属 *Papirinus*

钩圆跳属 （*Bourletiella*）

（9）长角长跳科 Orchesellidae

长角长跳属 *Orchesellides*

（10）棘跳科 Onychiuridae

棘跳属 *Onychiurus*

（11）跳虫科 Poduridae

跳虫属 *Podura*

（12）鳞跳科 Tomoceridae

鳞跳属 *Tomocerus*

（13）土跳科 Tullbergiidae

土跳属 *Tullbergia*

Diplura 双尾纲

1 双尾目 Diplura

（1）铗虫八科 Japygidae

伟铗虫八属 *Atlasjapyx*

Insecta 昆虫纲

1 直翅目 Orthoptera

（1）蝼蛄科 Gryllotalpidae

（2）鳞蟋科 Mogoplistidae

2 革翅目 Deramptera

（1）螯蠼科 Chelisochidae

拟螯蠼属 *Chelisochella*

长足蠼属 *Exypnus*

动蠼属 *Kinesis*

（2）球蠼科 Forficulidae

异蠼属 *Allodahlia*

（3）蠼蠼科 Labiduridae

（4）苔蠼科 Spongiphoridae

虹苔蠼属 *Irdex*

3 半翅目 Hemiptera

（1）花蝽科 Anthocoridae

点刻花蝽属 *Almeida*

叉胸花蝽属 *Amphiareus*

（2）栉蝽科 Ceratocombidae

（3）缘蝽科 Coreidae

（4）土蝽科 Cydnidae

圆土蝽属 *Byrsinus*

领土蝽属 *Chilocoris*

（5）奇蝽科 Enicocephalidae

瘤背奇蝽属 *Hoplictocoris*

沟背奇蝽属 *Oncylocotis*

（6）膜蝽科 Hebridae

膜蝽属 *Hebrus*

（7）长蝽科 Lygaeidae

突喉长蝽属 *Diniella*

脊盾长蝽属 *Entisberus*

（8）驼蝽科 Microphysidae

苔驼蝽属 *Myrmedobia*

（9）盲蝽科 Miridae

（10）蝽科 Pentatomidae

（11）姬蝽科 Nabidae

（12）红蝽科 Pyrrhocoridae

红蝽属 *Pyrrhocoris*

（13）猎蝽科 Reduviidae

（14）跳蝽科 Saldidae

（15）网蝽科 Tingidae

狭膜网蝽属 *Acalypta*

（16）宽蝽科 Veliidae

宽蝽属 *Velia*

4 啮虫目 Corrodentia

（1）啮科 Psocidae

5 缨翅目 Thysanoptera

（1）尖角蓟马科 Ceratothripidae

（2）锥蓟马科 Ecacanthothripidae

（3）管蓟马科 Phlaeothripidae

（4）蓟马科 Thripidae

6 毛翅目 Trichoptera

7 长翅目 Mecoptera

8 食毛目 Mallophaga

9 鞘翅目 Coleoptera

（1）长角象科 Anthribidae

（2）毛蕈甲科 Biphyllidae

（3）三锥象科 Brentidae

（4）丽金龟科 Butelidae

（5）花萤科 Cantharidae

（6）步甲科 Carabidae

（7）天牛科 Cerambycidae

（8）缩头甲科 Chelonariidae

（9）叶甲科 Chrysomelidae

（10）虎甲科 Cicindelidae

（11）郭公虫科 Cleridae

（12）拟球甲科 Corylophidae

（13）象甲科 Curculionidae

（14）盘甲科 Discolomidae

（15）泥甲科 Dryopidae

（16）叩甲科 Elateridae

（17）伪瓢甲科 Endomychidae

（18）大蕈甲科 Erotylidae

（19）粪金龟科 Geotrupidae

（20）瓢甲科 Goccinellidae

（21）阎虫科 Histeridae

（22）牙甲科 Hydrophilidae

（23）萤科 Lampyridae

（24）拟叩甲科 Languriidae

（25）薪甲科 Lathridiidae

（26）球蕈甲科 Leiodidae

（27）锹甲科 Lucanidae

（28）红萤科 Lycidae

（29）芫菁科 Meloidae

（30）鳃金龟科 Melolonthidae

（31）长朽木甲科 Melandryidae

（32）小蕈甲科 Mycetophagidae

（33）露尾甲科 Nitidulidae

（34）黑蜣科 Passalidae

（35）蚁甲科 Pselaphidae

（36）出尾蕈甲科 Scaphidiidae

（37）金龟科 Scarabaeidae

（38）拟花蚤科 Scraptidae

（39）苔甲科 Scydmaenidae

（40）葬甲科 Silphidae

（41）隐翅虫科 Staphylinidae

（42）拟步甲科 Tenebrionidae

（43）皮金龟科 Trogidae

10 鳞翅目 Lepidoptera

（1）尺蛾科 Geometridae

尺蠖属 *Culcula*

（2）蝙蝠蛾科 Hepialidae

蝙蛾属 *Phassus*

（3）沼石蛾科 Limnophilidae

（4）细翅石蛾科 Molannidae

（5）夜蛾科 Noctuidae

切根虫属 *Euxoa*

（6）舟蛾科 Notodontidae

掌舟蛾属 *Phalera*

（7）蛱蝶科 Nymphalidae

赤蛱蝶属 *Vanessa*

（8）粉蝶科 Pieridae

豆粉蝶属 *Colias*

（9）螟蛾科 Pyralidae

禾草螟蛾属 *Chilo*

（10）大蚕蛾科 Saturniidae

柞蚕属 *Antheraea*

（11）天蛾科 Sphingidae

（12）卷蛾科 Tortricidae

小食心虫属 *Grapholitha*

11 双翅目 Diptera

（1）潜蝇科 Agromyzidae

（2）伪大蚊科 Anisopodidae

（3）食虫虻科 Asilidae

（4）丽蝇科 Calliphoridae

（5）摇蚊科 Chironomidae

（6）秆蝇科 Chloropidae

（7）长足虻科 Dolichopodidae

（8）舞虻科 Empididae

（9）长角毛蚊科 Hesperinidae

（10）粗股粪蚊科 Hyperoscelididae

（11）尖尾蝇科 Lonchaeidae

（12）叶蝇科 Milichiidae

（13）蝇科 Muscidae

（14）菌蝇科 Mycetophilidae

（15）蚤蝇科 Phoridae

（16）毛蠓科 Psychodidae

（17）虻科 Tabanidae

（18）剑虻科 Therevidae

（19）大蚊科 Tipulidae

（20）食木虻科 Xylophagidae

12 膜翅目 Hymenoptera

（1）蚁科 Formicidae

弓背蚁属 *Camponotus*

行军蚁属 *Dorylus*

蚁属 *Formica*

草蚁属 *Lasius*

狂蚁属 *Paratrechina*

路舍蚁属 *Tetramorium*

附录 3　松嫩研究站地上节肢动物名录

昆虫纲 Insecta

Orthoptera 直翅目

1 斑翅蝗科 Oedipodidae

（1）赤翅蝗属 *Celes*

小赤翅蝗 *Celes skalozubovi*

（2）尖翅蝗属 *Epacromius*

大垫尖翅蝗 *Epacromius coerulipes*

小垫尖翅蝗 *Epacromius tergestinus*

（3）小车蝗属 *Oedaleus*

黄胫小车蝗 *Oedaleus infernalis*

亚洲小车蝗 *Oedaleus asiticus*

（4）异痂蝗属 *Bryodemella*

轮纹异痂蝗 *Bryodemella tuberculatum dilutum*

2 网翅蝗科 Arcypteridae

（1）异爪蝗属 *Euchorthippus*

素色异爪蝗 *Euchorthippus unicolor*

条纹异爪蝗 *Euchorthippus vittatus*

邱式异爪蝗 *Euchorthippus cheui*

（2）雏蝗属 *Chorthippus*

小黑雏蝗 *Chorthippus minutus*

白纹雏蝗 *Chorthippus albonemus*

（3）曲背蝗属 *Pararcyptera*

宽翅曲背蝗 *Pararcyptera microptera meridionalis*

（4）网翅蝗属 *Arcyptera*

隆额网翅蝗 *Arcyptera coreana*

3 斑腿蝗科 Catantopidae

（1）稻蝗属 *Oxya*

中华稻蝗 *Oxya chinensis*

（2）星翅蝗属 *Calliptamus*

短星翅蝗 *Calliptamus abbreviatus*

（3）素木蝗属 *Shirakiacris*

长翅素木蝗 *Shirakiacris shirakii*

4 剑角蝗科 Acrididae

（1）剑角蝗属 *Acrida*

中华剑角蝗 *Acrida cinerea*

5 槌角蝗科 Gomphoceridae

（1）棒角蝗属 *Dasyhipps*

毛足棒角蝗 *Dasyhipps barbipes*

北京棒角蝗 *Dasyhipps peipingensis*

6 锥头蝗科 Pyrgomorphidae

（1）负蝗属 *Atractomorpha*

短额负蝗 *Atractomorpha sinensis*

7 蚱科 Tetrigidae

（1）蚱属 *Tetrix*

波氏蚱 *Tetrix bolivari*

8 草螽科 Conocephalidae

（1）钩额螽属 *Ruspolia*

姬钩额螽 *Ruspolia jezoensis*

9 螽蟖科 Tettigoniidae

（1）蝈螽属 *Gampsocleis*

乌苏里蝈螽 *Gampsocleis ussuriensis*

10 蝼蛄科 Gryllotalpidae

（1）蝼蛄属 *Gryllotlp*

单刺蝼蛄 *Gryllotlp unispin*

11 蟋蟀科 Gryllidae

（1）灶蟋属 *Gryllodes*

短翅灶蟋 *Gryllodes sigillatus*

（2）油葫芦属 *Teleogryllus*

黑脸油葫芦 *Teleogryllus occipitalis*

Mantodea 螳螂目

1 螳科 Mantidae

（1）薄翅螳螂属 *Mantis*

薄翅螳螂 *Mantis religiosa*

Hemiptera 半翅目

1 蝽科 Pentatomidae

（1）麦蝽属 *Aelia*

华麦蝽 *Aelia fieberi*

（2）灰盾蝽属 *Odontoscelis*

灰盾蝽 *Odontoscelis fuliginosa*

（3）果蝽属 *Carpocoris*

东亚螺蝽 *Carpocoris seidensicickeri*

（4）斑须蝽属 *Dolycoris*

斑须蝽 *Dolycoris baccarum*

（5）菜蝽属 *Euryderma*

横纹菜蝽 *Euryderma gebleri*

2 盲蝽科 Miridae

（1）条蝽属 *Graphosoma*

赤条盲蝽 *Graphosoma rubrolineata*

（2）苜蓿盲蝽属 *Adelphocoris*

苜蓿盲蝽 *Adelphocoris lineolatus*

中黑苜蓿盲蝽 *Adelphocoris suturalis*

三点苜蓿盲蝽 *Adelphocoris fasciaticollis*

（3）异盲蝽属 *Polymerus*

红楔异盲蝽 *Polymerus cognatus*

（4）后丽盲蝽属 *Apolygus*

绿后丽盲蝽 *Apolygus lumrum*

（5）赤须盲蝽属 *Trigonotylus*

长趾赤须盲蝽 *Trigonotylus longitarsis*

3 姬蝽科 Nabidae

（1）姬蝽属 *Nabis*

暗色姬蝽 *Nabis stenoferus*

（2）海姬蝽属 *Halonabis*

华海姬蝽 *Halonabis sinicus*

（3）花姬蝽属 *Prostemma*

黄翅花姬蝽 *Prostemma kiborti*

4 猎蝽科 Reduviidae

（1）土猎蝽属 *Coranus*

中黑土猎蝽 *Coranus lativentris*

5 花蝽科 Anthocoridae

（1）小花蝽属 *Orius*

东亚小花蝽 *Orius sauteri*

6 缘蝽科 Coreidae

（1）姬缘蝽属 *Corizu*

亚姬缘蝽 *Corizu tetraspilus*

（2）栗缘蝽属 *Liorhyssus*

栗缘蝽 *Liorhyssus hyalinus*

（3）缘蝽属 *Coreus*

东方原缘蝽 *Coreus marginatus orientalis*

（4）蜂缘蝽属 *Riptortus*

点蜂缘蝽 *Riptortus pedestris*

7 长蝽科 Lygaeidae

（1）狭长蝽属 *Dimorphopterus*

高粱狭长蝽 *Dimorphopterus spinolae*

（2）大眼长蝽属 *Geocoris*

黄纹大眼长蝽 *Geocoris ater*

（3）脊长蝽属 *Tropidothorax*

红脊长蝽 *Tropidothorax elegans*

（4）小长蝽属 *Nysius*

小长蝽 *Nysius ericae*

8 土蝽科 Cydnidae

（1）伊土蝽属 *Aethus*

（2）地土蝽属 *Geotomus*

9 皮蝽科 Piesmidae

（1）皮蝽属 *Piesma*

10 网蝽科 Tingidae

（1）无孔网蝽属 *Dictyla*

紫无孔网蝽 *Dictyla montandoni*

（2）贝脊网蝽属 *Galeatus*

菊贝脊网蝽 *Galeatus spinifrons*

11 蚜总科 Aphidoidea

Coleoptera 鞘翅目

1 瓢虫科 Coccinellidae

（1）长隆瓢虫属 *Coccinula*

双七星瓢虫 *Coccinula quatuordecimpustulata*

（2）小毛瓢虫属 *Scymnus*

后斑小瓢虫 *Scymnus（Pullus）podoides*

（3）和谐瓢虫属 *Harmonia*

异色瓢虫 *Harmonia axyridis*

（4）瓢虫属 *Coccinella*

七星瓢虫 *Coccinella septempunctata*

（5）龟纹瓢虫属 *Propylea*

龟纹瓢虫 *Propylea japonica*

（6）长足瓢虫属 *Hippodamia*

十三星瓢虫 *Hippodamia tredecimpunctata*

多异瓢虫 *Hippodamia variegata*

（7）裂臀瓢虫属 *Henosepilachna*

茄二十八星瓢虫 *Henosepilachna viginti-octopunctata*

（8）显盾瓢虫属 *Hyperaspis*

六斑显盾瓢虫 *Hyperaspis gyotokui*

（9）隐胫瓢虫属 *Aspidimerus*

双斑隐胫瓢虫 *Aspidimerus matsumurai*

2 象甲科 Curculionidae

（1）甜菜象属 *Bothynoderes*

黑斜纹象 *Bothynoderes declivis*

（2）毛足象属 *Phacephorus*

甜菜毛足象 *Phacephorus umbratus*

（3）绿象属 *Chlorophanus*

隆脊绿象 *Chlorophanus lineolus*

3 叶甲科 Chrysomelidae

（1）榆叶甲属 *Ambrostoma*

紫榆叶甲 *Ambrostoma quadriimpressum*

4 隐头叶甲科 Cryptocephalidae

（1）筒金花虫属 *Cryptocephalus*

绿蓝隐头叶甲 *Cryptocephalus regalis cyanescens*

5 萤叶甲科 Galerucidae

（1）长跗莹叶甲属 *Monolepta*

双斑长跗叶甲 *Monolepta hieroglyphica*

6 跳甲科 Alticidae

（1）寡毛跳甲属 *Luperomorpha*

葱黄寡毛跳甲 *Luperomorpha suturalis*

（2）毛跳甲属 *Epitrix*

枸杞毛跳甲 *Epitrix abeillei*

（3）凹胫跳甲属 *Chaetocnema*

栗茎跳甲 *Chaetocnema ingenua*

（4）长跗跳甲属 *Longitarsu*

细角长跗跳甲 *Longitarsu succineus*

7 龟甲亚科 Cassididae

8 肖叶甲科 Eumolpidae

（1）角胸肖叶甲属 *Basilepta*

褐足角胸肖叶甲 *Basilepta fulvipes*

（2）钳叶甲属 *Labidostomis*

中华钳叶甲 *Labidostomis chinensis*

9 蚁形甲科 Anthicida

（1）角蚁形甲属 *Notoxus*

三点角蚁形甲 *Notoxus monoceros*

10 铁甲科 Hispidae

狭龟甲亚科 Clyphocassis

11 芫菁科 Meloidae

（1）豆芫菁属 *Epicauta*

中华豆芫菁 *Epicauta chinensis*

暗头豆芫菁 *Epicauta gorhami*

（2）斑芫菁属 *Mylabris*

苹斑芫菁 *Mylabris calida*

12 蜉金龟科 Aphodiidae

（1）蜉金龟属 *Aphodius*

血斑蜉金龟 *Aphodius haemorrhoidalis*

直蜉金龟 *Aphodius rectus*

黑蜉金龟 *Aphodius breviusculus*

哈氏蜉金龟 *Aphodius haroldianus*

弱蜉金龟 *Aphodius languidulus*

13 粪金龟科 Geotrupidae

（1）粪金龟属 *Geotrupes*

粪堆粪金龟 *Geotrupes stercorarius*

（2）锤角粪金龟属 *Bolbotrypes*

戴锤角粪金龟 *Bolbotrypes davidis*

（3）角粪金龟属 *Ceratophus*

费氏角粪金龟 *Ceratophus fischeri*

14 金龟科 Scarabaeidae

（1）凯蜣螂属 *Caccobius*

短亮凯蜣螂 *Caccobius brevis*

（2）嗡蜣螂属 *Onthophagus*

小驼翁蜣螂 *Onthophagus gibbulus*

公羊嗡蜣螂 *Onthophagus tragus*

双顶嗡蜣螂 *Onthophagus bivvertex*

15 花金龟科 Cetoniidae

（1）星花金龟属 *Protaetia*

白星花金龟 *Protaetia brevitarsis*

16 鳃金龟科 Melolonthidae

（1）鳃角金龟属 *Melolontha*

大栗鳃金龟 *Melolontha*

hippocastani mongolica

17 犀金龟科 Dynastidae

（1）玉米犀金龟属 *Pentodon*

阔胸禾犀金龟 *Pentodon patruelis*

18 丽金龟科 Rutelidae

（1）弧丽金龟属 *Popillia*

中华弧丽金龟 *Popillia quadriuttata*

19 虎甲科 Cicindelidae

（1）虎甲属 *Cicindela*

斜斑虎甲 *Cicindela germanica*

花斑虎甲 *Cicindela laetescripta*

细虎甲 *Cicindela gracilis*

20 叩头虫科 Elateridae

（1）叩甲属 *Agriotes*

细胸锥尾叩甲 *Agriotes subvittatus*

21 拟步甲科 Tenebrionidae

（1）沙土甲属 *Opatrum*

类沙土甲 *Opatrum subaratum*

22 步甲科 Carabidae

（1）青步甲属 *Chlaenius*

大黄缘青步甲 *Chlaenius nigricans*

（2）婪步甲属 *Harpalus*

单齿婪步甲 *Harpalus simplicidens*

淡鞘婪步甲 *Harpalus pallidipennis*

圆角婪步甲 *Harpalus corpsrosus*

（3）蝎步甲属 *Dolichus*

蝎步甲 *Dolichus halensis haensis*

（4）步甲属 *Calosoma*

中华金星步甲 *Calosoma chinense*

齿星步甲 *Calosoma denticolle*

23 隐翅虫科 Staphylinidae

（1）突眼隐翅虫属 *Stenus*

分离突眼隐翅虫 *Stenus alienus*

瘤隐翅虫属 *Ochthephilus*

曲毛瘤隐翅虫 *Ochthephilus densipenne*

24 天牛科 Cerambycidae

（1）竖毛天牛属 *Thyestilla*

麻天牛 *Thyestilla gebleri*

25 郭公虫科 Cleridae

26 花蚤科 Mordellidae

27 吉丁科 Buprestidae

28 葬甲科 Silphidae

（1）覆葬甲属 *Nicrophorus*

日本覆葬甲 *Nicrophorus japonicus*

29 花萤科 Cantharidae

（1）伊细花萤属 *Idgia*

Lepidoptera 鳞翅目

1 夜蛾科 Noctuidae

（1）银纹夜蛾属 *Argyrogrammana*

银纹夜蛾 *Argyrogramma agnata*

（2）宽胫夜蛾属 *Protoschinia*

宽胫夜蛾 *Protoschinia scutosa*

2 尺蛾科 Geometridae

3 舟蛾科 Notodontidae

4 螟蛾科 Pyralididae

5 灯蛾科 Arctiidae

6 粉蝶科 Pieridae

（1）云粉蝶属 *Pontia*

云粉蝶 *Pontia edusa*

（2）豆粉蝶属 *Colias*

斑缘豆粉蝶 *Colias erate*

东亚豆粉蝶 *Colias poliographus*

（3）粉蝶属 *Pieris*

菜粉蝶 *Pieris rapae*

（4）勾粉蝶属 *Gonepteryx*

淡色勾粉蝶 *Gonepteryx aspasia*

7 灰蝶科 Lycaenidae

（1）灰蝶属 *Lycaena*

橙灰蝶 *Lycaena dispar*

（2）琉璃灰蝶属 *Celastrina*

琉璃灰蝶 *Celastrina argiola*

（3）豆灰蝶属 *Plebejus*

豆灰蝶 *Plebejus argus*

红珠灰蝶 *Plebejus argyrognomon*

8 眼蝶科 Satyridae

（1）珍眼蝶属 *Coenonympha*

牧女珍眼蝶 *Coenonympha amaryllis*

9 蛱蝶科 Nymphalidae

（1）红蛱蝶属 *Vanessa*

小红蛱蝶 *Vanessa cardui*

大红蛱蝶 *Vanessa indica*

（2）闪蛱蝶属 *Apatura*

柳紫闪蛱蝶 *Apatura ilia*

细带闪蛱蝶 *Apatura metis*

（3）福蛱蝶属 *Fabriciana*

灿福蛱蝶 *Fabriciana adippe*

Homoptera 同翅目

1 蝉科 Cicadidae

2 象蜡蝉科 Dictyopharidae

（1）象蜡蝉属 *Dictyophara*

伯瑞象蜡蝉 *Dictyophara patruelis*

3 叶蝉科 Cicadellidae

（1）大叶蝉属 *Cicadella*

大青叶蝉 *Cicadella viridis*

（2）网室叶蝉属 *Orosius*

网室叶蝉 *Orosius albicinctus*

（3）铲头叶蝉属 *Hecalus*

4 沫蝉科 Cercopidae

（1）圆沫蝉属 *Lepyronia*

鞘翅圆沫蝉 *Lepyronia coleopleraca*

5 耳叶蝉科 Ledridae

（1）片头蝉属 *Petalocephala*

6 飞虱科 Delphacidae

（1）库氏飞虱属 *Kusnezoviella*

半黑库氏飞虱 *Kusnezoviella dimidiati-frons*

7 木虱科 Psyllidae

（1）木虱属 *Psylla*

异杜梨喀木虱 *Psylla heterobetulaefoliae*

Diptera 双翅目

1 丽蝇科 Calliphoridae

（1）绿蝇属 *Lucilia*

丝光绿蝇 *Lucilia sericata*

2 实蝇科 Trypetidae

3 杆蝇科 Chloropidae

4 食虫虻科 Asilidae

（1）单羽食虫虻属 *Cophinopoda*

中华单羽食虫虻 *Cophinopoda chinensis*

（2）叉径食虫虻属 *Promachus*

白毛叉径食虫虻 *Promachus albopiosus*

5 食蚜蝇科 Syrphidae

（1）管蚜蝇属 *Eristalis*

长尾管蚜蝇 *Eristalis tenax*

短腹管蚜蝇 *Eristalis arbustorum*

喜马拉雅管蚜蝇 *Eristalis himalayensis*

缝管蚜蝇 *Eristalis rupium*

灰带管蚜蝇 *Eristalis cerealis*

（2）离眼蚜蝇属 *Eristalinus*

钝黑离眼蚜蝇 *Eristalinus sepulchralis*

（3）条胸蚜蝇属 *Helophilus*

黄条条胸蚜蝇 *Helophilus parallelus*

连斑条胸食蚜蝇 *Helophilus continuus*

（4）宽盾蚜蝇属 *Phytomia*

羽芒宽盾蚜蝇 *Phytomia zonata*

（5）黑蚜蝇属 *Cheilosia*

印黑蚜蝇 *Cheilosia impressa*

（6）毛食蚜蝇属 *Dasysyrphus*

双线毛蚜蝇 *Dasysyrphus bilineatus*

（7）粗股蚜蝇属 *Syritia*

黄环粗股蚜蝇 *Syritia pipiens*

（8）斑目蚜蝇属 *Lathyrophthalmus*

黑色斑目蚜蝇 *Lathyrophthalmus aeneus*

（9）木蚜蝇属 *Xylota*

暗木蚜蝇 *Xylota crepera*

（10）斜额蚜蝇属 *Pipizella*

金绿斜额蚜蝇 *Pipizella virens*

（11）壮食蚜蝇属 *Ischyrosyrphus*

黑盾壮食蚜蝇 *Ischyrosyrphus laternarius*

（12）蚜蝇属 *Syrphus*

狭带食蚜蝇 *Syrphus serarius*

野食蚜蝇 *Syrphus torvus*

胡氏食蚜蝇 *Syrphus hui*

黄颜食蚜蝇 *Syrphus ribesii*

（13）优食蚜蝇属 *Eupeodes*

大灰优食蚜蝇 *Eupeodes corollae*

林优食蚜蝇 *Eupeodes silvaticus*

（14）狭腹食蚜蝇属 *Meliscaeva*

黄带狭腹食蚜蝇 *Meliscaeva cinctella*

（15）毛管蚜蝇属 *Mallota*

索格毛管蚜蝇 *Mallota sogdiana*

（16）粉颜蚜蝇属 *Mesembrius*

宽条粉颜蚜蝇 *Mesembrius flaviceps*

（17）黑带食蚜蝇属 *Episyrphus*

慧黑带食蚜蝇 *Episyrphus perscitus*

黑带食蚜蝇 *Episyrphus balteatus*

（18）宽扁蚜蝇属 *Xanthandrus*

圆斑宽扁蚜蝇 *Xanthandrus comtus*

（19）鼓额食蚜蝇属 *Scaeva*

斜斑鼓额蚜蝇 *Scaeva pyrastri*

（20）小蚜蝇属 *Paragus*

四条小食蚜蝇 *Paragus quadrifasciatus*

双色小蚜蝇 *Paragus bicolor*

（21）墨蚜蝇属 *Melanostoma*

方斑墨蚜蝇 *Melanostoma mellinum*

（22）狭口食蚜蝇属 *Asarkina*

切黑狭口食蚜蝇 *Asarkina ericetorum*

（23）细腹食蚜蝇属 *Sphaerophoria*

印度细腹蚜蝇 *Sphaerophoria indiana*

6 花蝇科 Anthomyiidae

（1）花蝇属 *Anthomyia*

横带花蝇 *Anthomyia illocata*

7 虻科 Tabanidae

（1）黄虻属 *Atylotus*

双斑黄虻 *Atylotus bivittatelinus*

8 大蚊科 Tipulidae

9 蝇科 Muscidae

10 蜂虻科 Bombyliidae

11 舞虻科 Empididae

12 麻蝇科 Sarcophagidae

（1）麻野蝇属 *Sarcophila*

拉氏麻野蝇 *Sarcophila rasnitzyni*

13 缟蝇科 Lauxaniidae

14 寄蝇科 Tachinidae

（1）长喙寄蝇属 *Prosena*

金龟长喙寄蝇 *Prosena siberita*

15 沼蝇科 Sciomyzidae

（1）长角沼蝇属 *Sepedon*

具刺长角沼蝇 *Sepedon spinipes*

16 蝇科 Muscidae

（1）翠蝇属 *Neomyia*

蓝翠蝇 *Neomyia timorensis*

　　　　　Hymenoptera 膜翅目

1 蛛蜂科 Pompilidae

2 蜜蜂科 Apidae

（1）蜜蜂属 *Apis*

西方蜜蜂 *Apis mellifera*

（2）长须蜂属 *Eucera*

北京长须蜂 *Eucera pekingensis*

（3）熊蜂属 *Bombus*

明亮熊蜂 *Bombus lucorum*

（4）无垫蜂属 *Amegilla*

四条无垫蜂 *Amegilla*（*s. str.*）*quadri-fasciata*

3 切叶蜂科 Megachilidae

（1）隐脊切叶蜂亚属 *Eutricharaea*

净切叶蜂 *Megachile*（*Eutricharaea*）*abluta*

（2）切叶蜂属 *Megachile*

北方切叶蜂 *Megachile manchuriana*

双斑切叶蜂 *Megachile leachella*

海切叶蜂 *Megachile maritima*

单齿切叶蜂 *Megachile willughbiella*

黑切叶蜂 *Megachile melanura*

（3）黄斑蜂属 *Anthidium*

七齿黄斑蜂 *Anthidium septemspinosum*

（4）尖腹蜂属 *Coelioxys*

红带尖腹蜂 *Coelioxys ruficincta*

4 隧蜂科 Halictidae

（1）淡脉隧蜂属 *Lasioglossum*

黄带淡脉隧蜂 *Lasioglossum calceatum*

西伯利亚淡脉隧蜂 *Lasioglossum sibiria-cum*

霍氏淡脉隧蜂 *Lasioglossum hoffmanni*

（2）隧蜂属 *Halictus*

宽带隧蜂 *Halictus zonulus*

赤黄隧蜂 *Halictus leucaheneus*

（3）红腹蜂属 *Sphecodes*

粗红腹蜂 *Sphecodes gibbus*

5 泥蜂科 Sphecidae

（1）沙泥蜂属 *Ammophila*

细沙泥蜂 *Ammophila gracillima*

沙泥蜂北方亚种 *Ammophila sabulosa nipponica*

平原沙泥蜂 *Ammophila campestris*

（2）戎泥蜂属 *Hoplammophila*

角戎泥蜂 *Hoplammophila aemulans*

（3）盗方头泥蜂属 *Lestica*

弯角盗方头泥蜂亚种 *Lestica alata basalis*

（4）斑沙蜂属 *Bembix*

雁斑沙蜂 *Bembix weberi*

黑带斑沙蜂 *Bembix melanura*

6 方头泥蜂科 Crabronidae

7 姬蜂科 Ichneumqnidae

（1）瘦姬蜂属 *Ophion*

夜蛾瘦姬蜂 *Ophion luteus*

（2）细颚姬蜂属 *Enicospilus*

（3）欧姬蜂属 *Opheltes*

银翅欧姬蜂 *Opheltes glaucopterus apicalis*

8 蜾蠃科 Eumenidae

9 胡蜂科 Vespidae

（1）黄胡蜂属 *Vespula*

德国黄胡蜂 *Vespula germanica*

（2）马蜂属 *Polistes*

普通马蜂 *Polistes nimphus*

10 青蜂科 Chrysididae

11 蚁科 Formicidae

（1）蚁属 *Formica*

光亮黑蚁 *Formica candida*

（2）弓背蚁属 *Camponotus*

广布弓背蚁 *Camponotus herculeanus*

（3）毛蚁属 *Lasius*

玉米毛蚁 *Lasius alienus*

黄墩蚁 *Lasius flavus*

12 茧蜂科 Braconidae

（1）小腹茧蜂属 *Microgaster*

稻螟小腹茧蜂 *Microgaster russata*

13 赤眼蜂科 Trichogrammatidae

14 小蜂科 Chalcididae

（1）大腿小蜂属 *Brachymeria*

次生大腿小蜂 *Brachymeria secundaria*

粉蝶大腿小蜂 *Brachymeria femaorta*

15 蚁蜂科 Mutillidae

（1）蚁蜂属 *Mutilla*

欧蚁蜂日本亚种 *Mutilla europaea*

16 广肩小蜂科 Eurytomidae

（1）广肩小蜂属 *Eurytoma*

粘虫广肩小蜂 *Eurytoma verticillata*

17 三节叶蜂科 Argidae

（1）三节叶蜂属 *Arge*

榆红胸三节叶峰 *Arge captiva*

18 叶蜂科 Tenthredinidae

19 土蜂科 Scoliidae

（1）土蜂属 *Scolia*

中华土蜂 *Scolia sinensis*

20 分舌蜂科 Colletidae

（1）分舌蜂属 *Colletes*

阿氏分舌蜂 *Colletes alini*

Neuroptera 脉翅目

1 草蛉科 Chrysopidae

（1）草蛉属 *Chrysopa*

大草蛉 *Chrysopa pallens*

褐角草蛉 *Chrysopa chemoensis*

2 蚁蛉科 Myrmeleontidae

（1）距蚁蛉属 *Distoleon*

条斑次蚁蛉 *Distoleon lineatus*

Odonata 蜻蜓目

1 螅科 Coenagrionidae

（1）异痣螅属 *Ischnura*

东亚异痣螅 *Ischnura asiatica*

二色异痣螅 *Ischmura lobata*

（2）绿螅属 *Enallagma*

心斑绿螅 *Enallagma cyathigerum*

（3）丝螅属 *Lestes*

桨尾丝螅 *Lestes sponsa*

2 蜻科 Libellulidae

（1）赤蜻属 *Sympetrum*

竖眉赤蜻 *Sympetrum eroticum*

（2）黄蜻属 *Pantala*

黄蜻 *Pantala flavescens*

蛛形纲 Arachnida

Araneae 蜘蛛目

1 管巢蛛科 Clubionidae

（1）红螯蛛属 *Cheiracanthium*

彭妮红螯蛛 *Chiracanthium pennyi*

2 狼蛛科 Lycosidae

（1）舞蛛属 *Alopecosa*

白纹舞蛛 *Alopecosa albostriata*

利氏舞蛛 *Alopecosa schenk licenti*

（2）狼蛛属 *Lycosa*

山西狼蛛 *Lycosa shansia*

附录4　松嫩研究站丛枝菌根真菌（AMF）名录

球囊霉亚门 Glomeromycotina

Acaulospora 无梗囊霉属

Acaulospora bireticulata Rothwell & Trappe.

中名：双网无梗囊霉

区系与分布：东北、西北、华北、西南、华南

宿主植物：拂子茅、黄蒿、碱蒿、蒙古蒿、牛鞭草、全叶马兰、山野豌豆、小花碱茅、羊草、野古草

Acaulospora laevis Gerdermann & Trappe.

中名：光壁无梗囊霉

区系与分布：广东、云南、湖北、湖南、黑龙江、福建、江西、四川、新疆、吉林

宿主植物：芦苇、羊草

Acaulospora morrowae Spain & Schenck.

中名：莫氏无梗囊霉

区系与分布：福建、安徽、山东、河北、西藏、吉林

宿主植物：全叶马兰

Acaulospora rehmii Sieverding & Toro.

中名：瑞氏无梗囊霉

区系与分布：海南、广西、江西、安徽、云南、新疆、吉林

宿主植物：羊草

Glomus 球囊霉属

Glomus aggregatum Schenck & Smith.

中名：聚丛球囊霉

区系与分布：东北、华北、华中、西北、西南等地区

宿主植物：寸草苔、碱蒿、箭头唐松草、女菀、羊草

Glomus albidum Walker & Rhodes.

中名：白色球囊霉

区系与分布：东北、西北、黑龙江、吉林、甘肃等省区

宿主植物：野枯草

Glomus ambisporum Smith & Schenck.

中名：双型球囊霉

区系与分布：吉林、黑龙江、新疆、广东、广西、福建、浙江、山东

宿主植物：寸草苔、拂子茅、黄蒿、虎尾草、碱蒿、箭头唐松草、罗布麻、蒙古蒿、女菀、全叶马兰、山野豌豆、五脉山黧豆、小花碱茅、小獐茅、羊草

Glomus chimonobambusa Wu & Liu.

中名：方竹球囊霉

区系与分布：吉林、黑龙江、四川、新疆、内蒙古、广东

宿主植物：女菀、全叶马兰、野古草

Glomus claroideum Trappe & Gerdemann.

中名：近明球囊霉

区系与分布：吉林、新疆、甘肃、内蒙古、宁夏、黑龙江等

宿主植物：寸草苔、朝鲜碱茅、芦苇、蒙古蒿、女菀、全叶马兰、山野豌豆、五脉山黧豆、小花碱茅、羊草、野古草

Glomus clarum Nicolson & Gerdermann.

中名：明球囊霉

区系与分布：吉林、黑龙江、云南、湖南、广东等

宿主植物：碱蒿、箭头唐松草、蒙古蒿、牛鞭草、全叶马兰、山野豌豆、五脉山黧豆、羊草

Glomus constrictum Trappe.

中名：缩球囊霉

区系与分布：吉林、内蒙古、云南、山西、陕西等

宿主植物：寸草苔、拂子茅、全叶马兰、羊草、野古草

Glomus convolutum Gerdemann & Trappe.

中名：卷曲球囊霉

区系与分布：吉林、宁夏、云南、贵州、内蒙古、甘肃、新疆等

宿主植物：女菀

Glomus dolichosporum Zhang & Wang.

中名：长孢球囊霉

区系与分布：吉林、福建、广西、浙江等

宿主植物：箭头唐松草

Glomus etunicatum Becker & Gerdemann.

中名：幼套球囊霉

区系与分布：东北、西北、华北、华南、西南等

宿主植物：寸草苔、朝鲜碱茅、碱蒿、箭头唐松草、罗布麻、芦苇、马蔺、女菀、全叶马兰、五脉山黧豆、小花碱茅、小獐茅、羊草、野古草

Glomus formosanum Wu & Chen.

中名：宝岛球囊霉

区系与分布：吉林、山东、福建、浙江、广东、台湾等

宿主植物：拂子茅、山野豌豆、五脉山黧豆、小花碱茅

Glomus fasiculatum Walker & Koske.

中名：聚生球囊霉

区系与分布：东北、西北、华北等

宿主植物：朝鲜碱茅、拂子茅、虎尾草、黄蒿、马蔺、蒙古蒿、女菀、牛鞭草、全叶马兰、山野豌豆、五脉山黧豆、小花碱茅、小獐茅、羊草、野古草

Glomus geosporum Walker.

中名：地球囊霉

区系与分布：吉林、黑龙江、内蒙古、新疆、甘肃、青海等

宿主植物：黄蒿、箭头唐松草、罗布麻、芦苇、马蔺、女菀、全叶马兰、山野豌豆、五脉山黧豆、羊草、野古草

Glomus intraradices Schench & Smith.

中名：根内球囊霉

区系与分布：华北区、东北区、西北区、华中区、华南区、西南区

宿主植物：羊草

Glomus microaggregatum Koske，Gemma & Olexia.

中名：微丛球囊霉

区系与分布：吉林、黑龙江、青海、新疆等

Glomus macrocarprum Tul & Tul.

中名：大果球囊霉

区系与分布：吉林、黑龙江、内蒙古、新疆、湖南、海南等

宿主植物：全叶马兰

Glomus microcarprum Berch & Fortin.

中名：小果球囊霉

区系与分布：吉林、黑龙江、青海、新疆等

宿主植物：牛鞭草、女菀、小花碱茅

Glomus mosseae Nicolson & Gerdemann.

中名：摩西球囊霉

区系与分布：吉林、新疆、北京、江西、云南、贵州、广西、四川，内蒙古、河北、山东、青海等

宿主植物：寸草苔、拂子茅、黄蒿、虎尾草、碱蒿、箭头唐松草、罗布麻、芦

苇、马蔺、蒙古蒿、女菀、全叶马兰、山野豌豆、小花碱茅、小獐茅、羊草、野古草

Glomus pansihalos Berch & Koske.

中名：膨果球囊霉

区系与分布：吉林、内蒙古、陕西、甘肃、宁夏、新疆等

宿主植物：拂子茅、箭头唐松草、罗布麻、蒙古蒿、牛鞭草、女菀、全叶马兰

Glomus reticulatum Bhattacharjee & Mukerji.

中名：网状球囊霉

区系与分布：吉林、河北等

宿主植物：野古草

Glomus tortuosum Schenck & Smith.

中名：纽形球囊霉

区系与分布：吉林、内蒙古、河北

宿主植物：小花碱茅

Glomus versiforme Berch.

中名：地球囊霉

区系与分布：吉林、湖南、广东、内蒙古、新疆等

宿主植物：野枯草

Gigaspora albida Schendk & Smith.

中名：微白巨孢囊霉

区系与分布：吉林、河南、山东、贵州、广西、新疆等

宿主植物：女菀、小花碱茅、羊草

Paraglomus occultum Morton & Redeker.

中名：隐类球囊霉

区系与分布：吉林、北京、黑龙江、辽宁等

宿主植物：拂子茅、箭头唐松草、罗布麻、蒙古蒿、牛鞭草、女菀、全叶马兰

Scutellospora pellucida Walker & Sanders.

中名：透明盾巨孢囊霉

区系与分布：吉林、新疆、甘肃、陕西、贵州、浙江等

宿主植物：全叶马兰

附录5　吉林松嫩草地生态系统国家野外科学观测研究站简介

研究站自然地理概况

吉林松嫩草地生态系统国家野外科学观测研究站（简称松嫩研究站），依托单位为东北师范大学和中国科学院东北地理与农业生态研究所。研究站处于欧亚大陆草原带东缘、松嫩平原的西南部。在行政区域上，研究站位于吉林省的长岭县长岭种马场境内，地理坐标为：123°53′17″E，44°58′12″N；海拔145～147m。目前，松嫩研究站是我国东北平原上唯一的草地生态系统研究站。由于其独特的地理位置、典型的草地类型，以及系统而深厚的研究基础，使得松嫩研究站在诸多方面具有突出的优势特色与代表性。

松嫩研究站的区域是温带大陆性半湿润、半干旱季风气候区。气候特点是夏季高温多雨，冬季寒冷干燥。研究站区域（长岭县气象站，1953—2020年）的年平均温度为5.60℃；年均降水量444.89mm（降水范围253.20～716.20mm），降雨多集中在7～9月，年均降雪量约8.43mm，年际间波动较大；年蒸发量为1400～1600mm，约为降水量的3倍；年平均有风日数在100天以上，强风多集中在春季；年无霜期142天左右。研究站及附近的地势平坦，主要地理景观是低地草甸与坨状沙丘，呈现坨甸相间分布。这里是我国苏打盐碱化土壤的集中分布区域之一，土壤类型以盐碱土、黑钙土、草甸土、沙土等为主。研究站的地表水资源受季节影响较大，夏秋季节降水丰富，地表径流多汇入附近湖泡，冬春季降水较少，呈现季节性短缺特征。

松嫩研究站及附近的生物区系较为复杂，汇聚了蒙古植物区系、兴安植物区系、东北植物区系和华北植物区系成分，以蒙古植物区系多占优势，包含植物种类（高等植物）属于3门、67科、450余种。自然植被可划分为疏林、灌丛、草原、草甸、沼泽等5个类型，建群种分别为榆树（*Ulmus pumila*）、山杏（*Prunus sibirica*）、狼针草（*Stipa baicalensis*）、羊草（*Leymus chinense*）、芦苇（*Phragmites australis*）等。区域占优势的自然植被是草甸草原与草甸。

受地理因素（地形地貌）、气候变化，以及开垦、放牧、刈割等人类活动的综合影响，在过去近50年间，松嫩研究站及附近的土地利用发生了显著变化。主要表现为耕地面积迅速扩张，建设用地逐年增加，草地、水体与湿地面积逐渐减少，尤其是草地面积快速萎缩，且破碎程度加剧。近年在国家"退耕还草"、"围栏禁牧"及"退化草地治理工程"等政策的实施下，草地的总体退化态势得以遏制，在局部地区逐渐得到恢复。

研究站主要目标与任务

松嫩研究站致力于松嫩草地生态系统的长期科学观测，研究草地生态学的重大前沿科学问题，破解草地可持续利用中的关键技术性难题，并实施技术示范与应用推广，为我国区域生态环境建设，黑土地保护和草牧业发展等国家与行业战略需求提供科学与技术支撑，力争使本研究站成为国内一流、国际知名的草地生态系统野外科学观测研究平台。

松嫩研究站的主要任务是：①草地生态系统的长期科学观测。基于气候、生物、土壤、水文等要素进行长期科学观测，尤其是对气象变化，草地生物群落的组成、生产力、多样性特征，以及土壤理化性质、地下水与地表水等观测分析，建立和共享多模块的区域生态系统数据库。②草地生态学的基础理论研究。针对生态系统的结构、过程与功能变化，尤其是草地对全球变化的响应与适应进行系统性理论与实验研究，依托原位实验与多因子控制实验，解析生物多样性与多物种相互作用关系及其对人类活动和全球变化的响应和适应机制。③草地可持续利用关键技术的研发与示范。为解决温带草地由于退化、生产-生态功能失调而导致的草地不可持续利用的技术瓶颈，开展牧草种质资源挖掘与利用、牧草品种选育与转化、退化草地恢复和草地精准管理等关键技术研发，并在我国北方草地及农牧交错区实施技术示范和应用推广。④持续广泛的社会服务。实施平台开放、共享、联合，与高校、科研机构合作；面向中小学生与社会公众进行科普宣传与公民教育，开展农牧民技能培训，并为行业管理部门提供政策建议与咨询，为基础教育、乡村振兴、绿色发展及生态文明建设做出贡献。

研究站基本设施与队伍

为充分发挥科技基础平台作用，松嫩研究站着重进行基础设施与服务保障能力建设。研究站现有固定天然草地 350hm^2，试验农田 30hm^2，为开展草地生态系统的长期观测，以及相关科学与研究所研究提供了基础条件。研究站设有永久围封天然草地 5hm^2，为本区域原始、典型的草地研究样地。研究站院落占地总面积 52000m^2。主要建筑包括面积 1900m^2 的主楼 1 座，内设有宿舍、食堂、会议室、多媒体室和报告厅等；还有实验用房 3 栋，内设有土壤分析室、样品处理室、样品储藏室和草产品加工室等多个专门实验室。研究站的食宿条件良好，生活与工作设施齐全，还有篮球场、羽毛球场、乒乓球室等体育运动场所。研究站的接待能力稳步提升，现年均接待师生人数超过 6000 余人/（天·次）。

松嫩研究站建成一系列完善的观测研究平台，并配有各类先进实验仪器设备。在天然草地上建有标准气象观测场 1 个、综合观测场 1 个和辅助观测场 2 个；并且根据区域草地特点与研究需要，设立了固定放牧样地、割草样地、人工草地与弃耕地等实验平台。研究站拥有 10 万元及以上的大型观测仪器与实验设备 26 台/套，总价值 2171 万元。利用这些仪器设施，可以高效地开展草地生态系统的基础性、理论性与技术性研究。

松嫩研究站拥有一支以优秀中青年为主、创新能力突出的高层次研究队伍，也形成了训练有素的精干观测与管理团队。研究站的科研和技术人员共计 42 人，其中教授 20 人，副教授 13 人；队伍规模适中，结构合理（87.5% 固定人员年龄 ≤55 岁）。研究队伍中有国务院学位委员会学科评议组成员、教育部"长江学者奖励计划"特聘教授、中国科学院"百人计划"入选者、国家自然科学基金优秀青年科学基金获得者、教育部"新世纪优秀人才支持计划"入选者、吉林省"长白山学者"特聘教授等。同时，研究站还有专门管理人员 2 人，长期观测技术人员 9 人，能够高质量地开展数据采集、分析及汇交等观测任务。

研究站历史沿革

从 20 世纪 80 年代至今，松嫩研究站已有四十多年的发展历史。

1980 年 5 月，东北师范大学草原研究室的祝廷成教授、李建东教授等在吉林省松原市长岭种马场建立了"东北师范大学草原研究站"，这是我国东北草地的第一个草地研究站。国内研究者，以及日本、加拿大、美国等学者相继在研究站开展合作研究。

1992 年 6 月，依据"国家草地生态工程实验室"（1989）发展的需要，研究站新建了一栋建筑面积为 200m² 的水泥砖混平房，作为实验室和研究人员的宿舍。研究站承担了国家自然科学基金重大项目、科技部科技攻关项目等任务。

2000 年 8 月，"东北师范大学草原研究站"更名为"东北师范大学松嫩草地生态研究站"。

2002 年 7 月，根据"植被生态科学教育部重点实验室"（2001）建设的需要，进一步扩建了研究站的院落、实验室、宿舍及研究设施，新增建筑面积 150m²，草地面积 50hm²，农田面积 7hm²。研究站的实验条件不断提升，对国内外研究人员的接待能力逐渐增强。

2009 年 4 月，中科院东北地理与农业生态研究所于长岭种马场设立了"长岭草地农牧业生态研究站"，院落面积为 40000m²，宿舍面积为 400m²，圈舍面积为 2000m²。

2009 年 5 月，利用教育部"修购基金"继续改善提升研究站条件，建造了总面积 1900m² 楼房一栋，为研究站拓展了工作与学习生活空间。

2019 年 8 月，研究站成为教育部的野外台站，定名为"松嫩草地生态系统教育部野外科学观测研究站"。

2020 年 1 月，国家林业和草原局批准，在研究站建设第一批国家草品种区域试验站，即"国家林业和草原局国家草品种区域试验站（长岭）"。

2021 年 10 月，研究站被科技部列入国家野外台站序列，定名为"吉林松嫩草地生态系统国家野外科学观测研究站"，隶属于陆地自然生态系统与生物多样性领域。至此，研究站成为国家科技创新体系的重要组成部分，能够开展高水平基础理论研究和应用技术研究，成为聚集和培养优秀科技人才、开展高水平学术交流、科普教育的重要基地。

松嫩研究站的观测与研究场地和设施